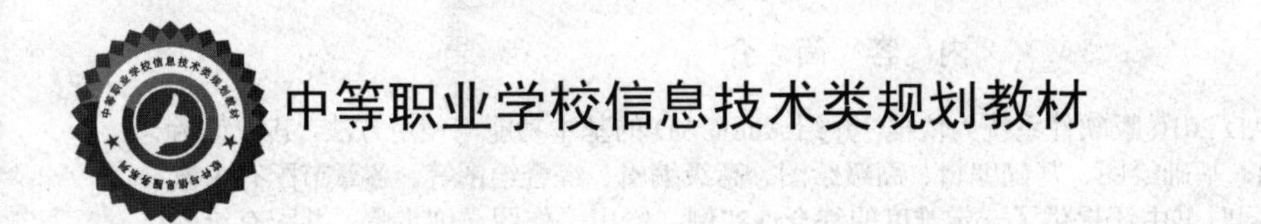

工程绘图软件应用

（AutoCAD）

（第 2 版）

主　编　钮立辉
副主编　陈　颖　李铁君
参　编　杜世龙　刘英男　赵长海

中国铁道出版社有限公司
CHINA RAILWAY PUBLISHING HOUSE CO., LTD.

内 容 简 介

本书以 AutoCAD 2010 版软件系统为依据，介绍 AutoCAD 的基本功能与使用方法，其中包括 AutoCAD 绘图基础、基础绘图、基础编辑、高级绘图、高级编辑、综合绘图等。各章节配有大量典型实例和习题，同时书中还提供了一定难度的综合性实例，给出了作图详细步骤，并配有绘图技巧和提示。

本书分析和总结了教学中的大量实例和操作技巧，由浅入深地安排教学实践内容，将复杂的教学实例化繁为简，围绕主要命令，并对重点和难点给出操作步骤，既方便教师备课，又可使学生练习时有的放矢。

本书结构严谨、叙述清晰、内容丰富、通俗易懂，采用总述知识要点、主题讲解、实例练习的形式，并精选了大量的应用实例练习。上机实验以第 7 章要求为准，相信通过本书的阅读及上机实验，学生能够迅速、全面地掌握 AutoCAD 的绘图方法。建议学时数为 70～100，也可根据使用者具体情况掌握。

本书适合作为中等职业学校相关专业的教材或教学参考书，以及 CAD 技术人员的培训教程，也可作为相关行业技术人员基础学习教材与实用指南。

图书在版编目（CIP）数据

工程绘图软件应用：AutoCAD / 钮立辉主编. —2 版. —北京：中国铁道出版社，2016.9（2024.9 重印）
中等职业学校信息技术类规划教材
ISBN 978-7-113-21883-6

Ⅰ. ①工… Ⅱ. ①钮… Ⅲ. ①工程制图－AutoCAD 软件－中等专业学校－教材 Ⅳ. ①TB237

中国版本图书馆 CIP 数据核字（2016）第 157358 号

书　　名：工程绘图软件应用（AutoCAD）
作　　者：钮立辉

策　　划：邬郑希　　　　编辑部电话：（010）83527746
责任编辑：邬郑希　鲍　闻
封面设计：付　巍
封面制作：白　雪
责任校对：汤淑梅
责任印制：樊启鹏

出版发行：中国铁道出版社有限公司（100054，北京市西城区右安门西街 8 号）
网　　址：https:// www.tdpress.com/51eds/
印　　刷：三河市国英印务有限公司
版　　次：2010 年 12 月第 1 版　2016 年 9 月第 2 版　2024 年 9 月第 3 次印刷
开　　本：787 mm×1 092 mm　1/16　印张：19.75　字数：474 千
书　　号：ISBN 978-7-113-21883-6
定　　价：45.00 元

前 言

AutoCAD是由美国Autodesk公司为微机上应用CAD技术而开发的绘图程序软件包，经过不断的完善，现已成为国际上广为流行的工程制图工具。它是一体化的、功能丰富的、面向未来的先进设计软件。

AutoCAD经过多年的升级和改版，功能不断更新和完善，现在AutoCAD的最高版本是AutoCAD 2016。由于设备、技术等条件的限制，国内大部分企事业单位和学校还使用AutoCAD较低版本。本书以AutoCAD 2010这个版本为主要蓝本，讲解理论知识和绘图实例，同时也考虑到AutoCAD高版本和低版本用户的习惯，保留了大部分的通用绘图实例，满足AutoCAD 2000至AutoCAD 2016的用户的练习需要。本书共分7章，具体内容如下:

第1章主要介绍AutoCAD 2010的基本功能及操作方法、AutoCAD绘图的相关理论;

第2章介绍绘图环境的设置及二维图形直线、矩形、正多边形、圆的绘制;

第3章主要介绍绘图的基本捕捉工具及基础编辑命令中的复制、偏移、修剪、打断、倒角、圆角、镜像、旋转、缩放、移动、对齐的操作练习;

第4章主要介绍高级绘图工具当中的曲线类的工具，主要包括圆弧、椭圆、多段线、样条曲线;

第5章主要讲解高级编辑工具当中的拉长与延伸、线型、图案填充、阵列、图块、点的等分、多线及编辑、拉伸;

第6章主要讲解综合绘图工具当中的正等测轴测图绘制、尺寸标注、夹点绘图;

第7章主要针对全书中的知识要点，设计了适合初级、中级、高级学员的若干练习题目，配合理论讲解，使读者更有目的地开展练习。

本书结构严谨、叙述清晰、内容丰富、通俗易懂，精选了大量的应用实例练习。建议学时数为70～100，也可根据使用者具体情况掌握。上机实验集中编排在第7章，共58个实验。按不同的难度分基础练习、提高练习、综合练习三部分。每个实验都全面翔实地展现了各章节的知识内容，请按各实验的目的和要求进行实验，实验时认真填写实验报告，以便及时发现问题和总结经验。相信通过本书的阅读及上机实验，读者能够迅速、全面地掌握AutoCAD的通用绘图方法。本书在编写过程中，充分考虑到了读者的需要和使用习惯，尽量采用有代表性的图形作为实例。

本书由钮立辉任主编，陈颖、李铁君任副主编，杜世龙、刘英男、赵长海参编。本书的作者具有多年的AutoCAD使用和教学经验，在AutoCAD的全国比赛中，指导学生参赛并多次获奖。参加编写的人员都是教学一线有丰富经验的人员。具体编写分工如下:本书的第1章由李铁君编写，第2章由刘英男编写，第3章由赵长海编写，第4章、第5章由杜世龙编写，第6章由陈颖编写，第7章由钮立辉编写，最后由钮立辉统稿。

本书在编写过程中，得到了吉林信息工程学校钱洪晨同志的指导和帮助。钱洪晨对编写工作提出了很多的宝贵意见，在此表示感谢。

由于笔者水平有限、编写时间仓促，书中遗漏和不足之处在所难免。恳请广大读者提出宝贵意见。

编　者

2016年4月

前　言

目　录

CONTENTS

第1章 绘图基础

AutoCAD是由美国Autodesk公司为微机上应用CAD技术而开发的绘图程序软件包，经过不断完善，现已成为国际上广为流行的工程制图工具。它是一体化的、功能丰富的、面向未来的先进设计软件。通过智能化的轻松的设计环境，AutoCAD 2010在设计过程中变得更加透明，使用户把精力集中于设计而不是软件上。本章主要介绍AutoCAD 2010的启动、AutoCAD 2010的界面、图形文件的管理和绘图操作基础等相关知识。

知识要点

- 启动AutoCAD 2010；
- AutoCAD 2010的工作空间；
- AutoCAD 2010的界面；
- AutoCAD 2010界面设定和自定义；
- AutoCAD 2010的图形文件管理；
- AutoCAD 2010的绘图操作基础。

1.1 启动AutoCAD 2010

启动AutoCAD 2010的方法有如下几种：

- 从Windows系统的“开始”菜单中选择“所有程序”子菜单的 AutoCAD 2010 选项；
- 在Windows资源管理器中双击AutoCAD 2010的文档文件；
- 双击桌面上AutoCAD 2010的快捷方式图标。

启动AutoCAD 2010后，将出现默认的工作空间界面，如图1-1所示。

AutoCAD 2010默认安装后，并没有沿用AutoCAD以前版本的启动时弹出启动对话框这种启动界面。对于初学者开始学习绘图不很方便，为了便于初学者画图及使用软件，这里沿用了AutoCAD以前版本的使用习惯，具体设置方法：在命令行中输入命令“STARTUP”，在出现提示“输入 STARTUP 的新值 <0>: ”时输入“1”并按【Enter】键即可。设置完成后退出AutoCAD 2010，下次再启动AutoCAD 2010就会弹出“启动”对话框，如图1-2所示。

在该对话框中，AutoCAD 2010提供四种进入绘图环境的方式，它们分别为“打开图形”“默认设置”“使用样板”“使用向导”。这几项的含义分别是：

- 打开图形：打开原有的图形。
- 默认设置：使用默认的英制或公制单位创建新的图形。

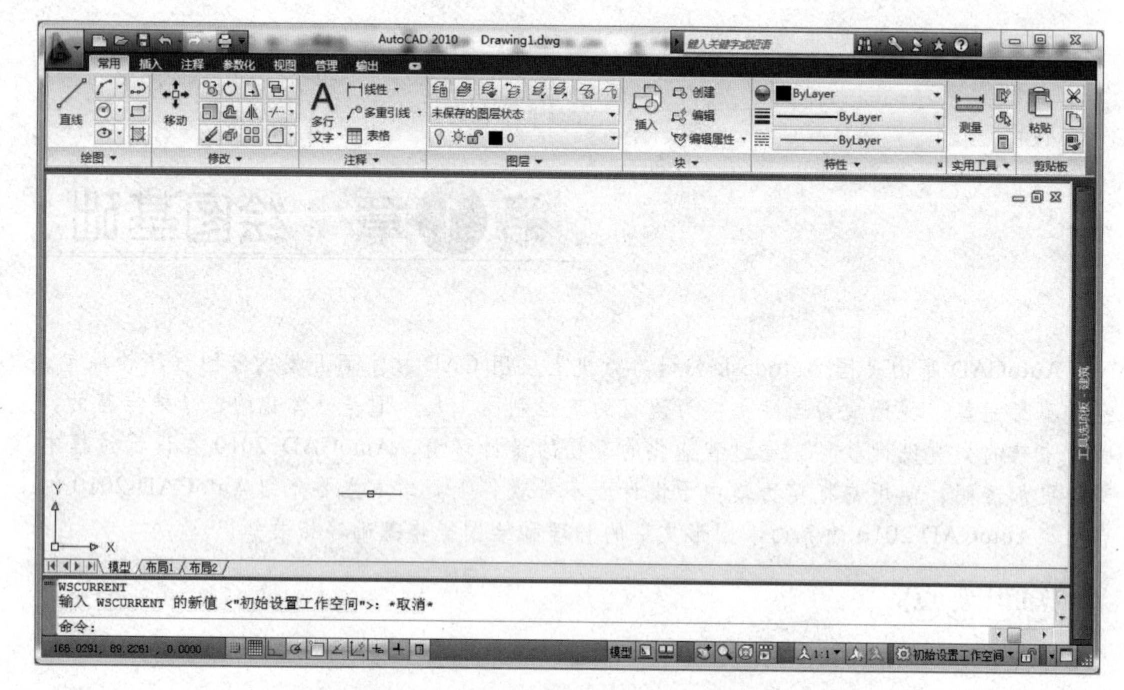

图 1-1　默认工作空间

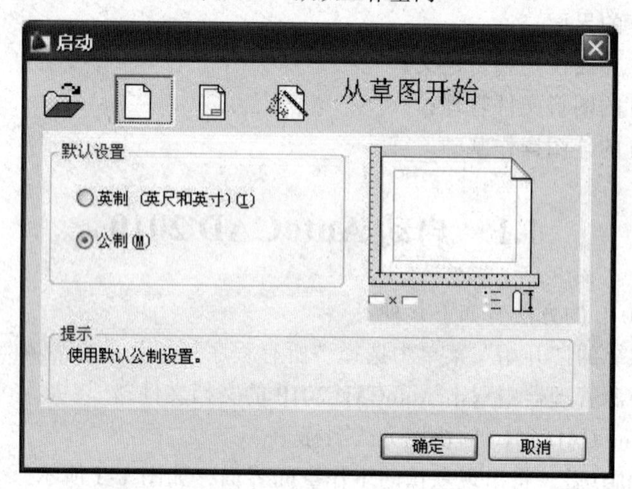

图 1-2　AutoCAD 2010“启动”对话框

- 使用样板：使用 AutoCAD 提供的样板文件绘图。
- 使用向导：使用 AutoCAD 的高级或快速向导设置开始一张新图。

如果选择“打开图形”选项卡，则会出现图 1-3 所示的对话框。提示最近打开过的文件，选择其中一个文件，预览图像将显示在右边，单击“确定”按钮则会打开相应的图形文件。也可以单击 浏览... 按钮查找其他文件。

如果选择“使用样板”选项卡，则会出现图 1-4 所示对话框，可以选择一个样板文件作为绘制新图的基础，选定文件的预览图像显示在右边。

如果选择“使用向导”选项卡，我们可以看到“高级设置”和“快速设置”两个选项，如图 1-5 所示。

图 1-3 “打开图形”对话框

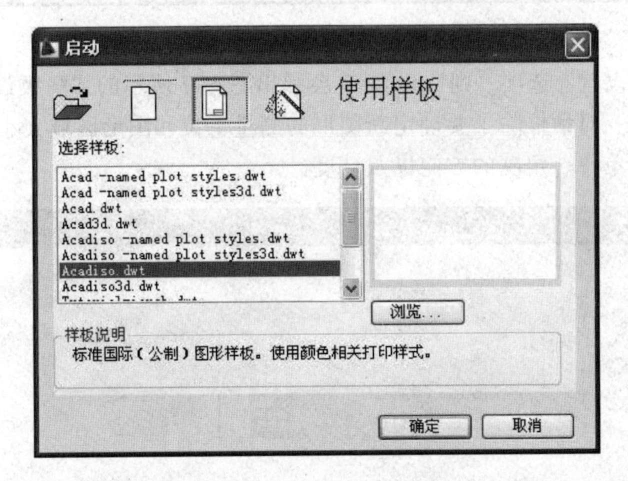

图 1-4 “使用样板”对话框

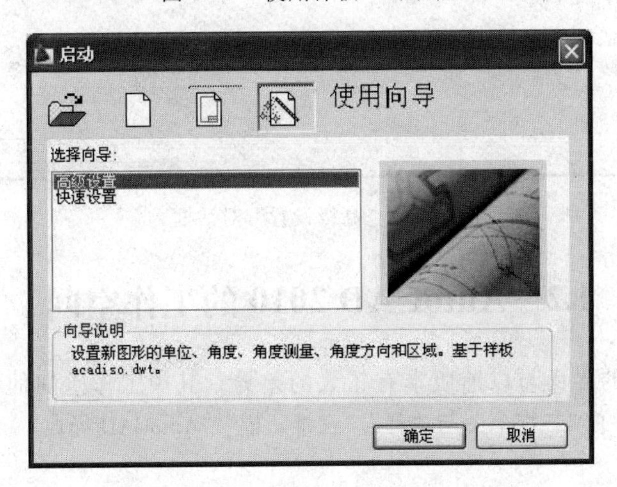

图 1-5 “使用向导”对话框

选择快速设置，单击 确定 按钮，则 AutoCAD 会弹出图 1-6 所示的“快速设置”对话框，确定新图形单位和区域。

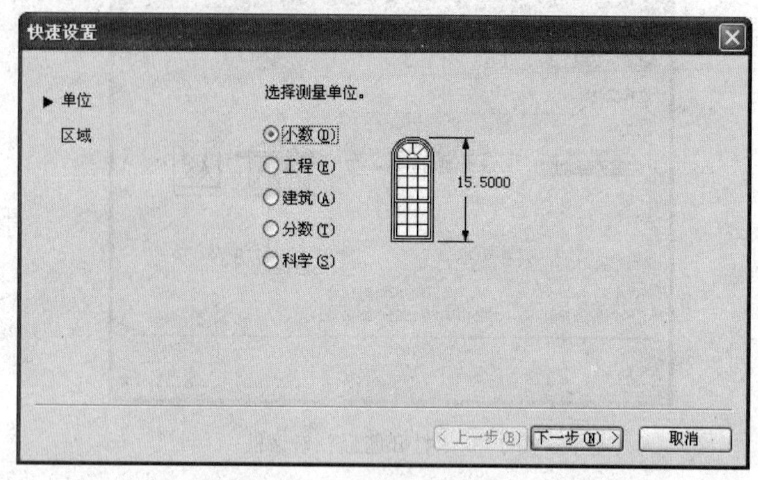

图 1-6 “快速设置”对话框

如果选择“高级设置”选项，则 AutoCAD 会弹出图 1-7 所示的“高级设置”对话框。从中可以看出“高级设置”对话框除了要确定新图形的测量单位和图形区域大小，还要确定新图形的角度、角度的测量单位、角度的方向以及精度。

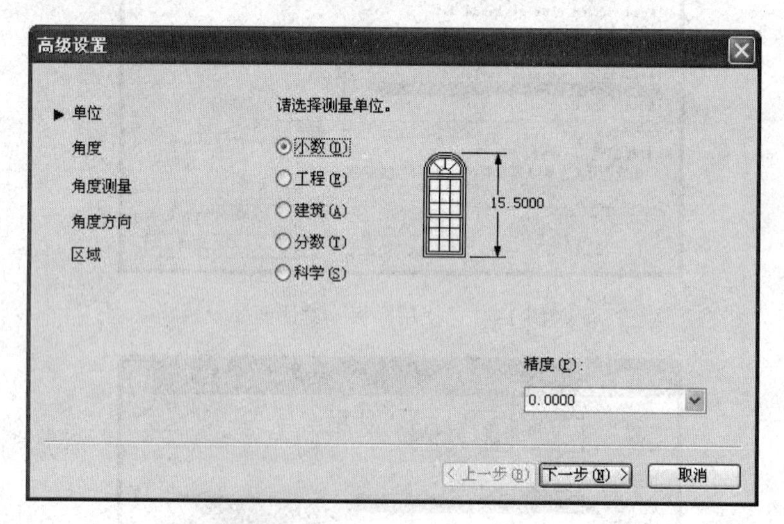

图 1-7 “高级设置”对话框

1.2 AutoCAD 2010 的工作空间

AutoCAD 2010 的界面与以前版本有较大的差异，其中工作空间的设计最为明显。在 AutoCAD 2010 中提供了“二维草图与注释”“三维建模”“AutoCAD 经典”“初始设置工作空间”四种工作空间模式。

1.2.1 工作空间的选择

按照不同的工作内容与使用习惯，可以任意切换工作空间，具体步骤如下：

- 菜单栏方法："工具" | "工作空间"；
- 工具栏方法："状态栏" | "切换" 工作空间 初始设置工作空间 按钮；
- 命令行方法：WSCURRENT。

当使用状态栏上的切换工作空间按钮 初始设置工作空间 时，弹出菜单，在菜单中选择相应的命令即可，如图 1-8 所示。

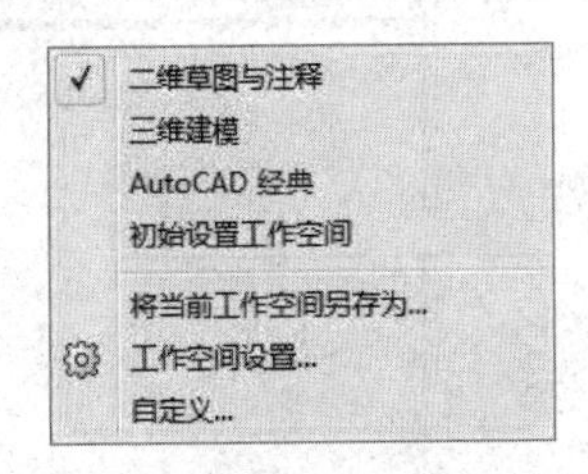

图 1-8　选择工作空间菜单

1.2.2　工作空间界面

为了适应不同的用户群，AutoCAD 2010 设计了四种工作空间，这些空间的工作界面的布局有所不同，其中"初始设置工作空间"与"二维草图与注释"工作空间基本相同，所以这里只介绍"二维草图与注释""三维建模""AutoCAD 经典"工作空间，具体如下：

1．二维草图与注释空间

AutoCAD 2010 默认的工作空间是初始设置工作空间，二维草图与注释空间界面如图 1-9 所示。在该空间中，新添加了菜单浏览器，功能区面板，以及图形化的状态栏按钮等。

功能区面板包括"常用""插入""注释""参数化""视图""管理""输出"等选项卡，其中包含了"绘图""修改""图层""注释""块""特性""实用工具""剪贴板"等常用的面板，用户可以很方便地利用这些面板绘制二维图形。

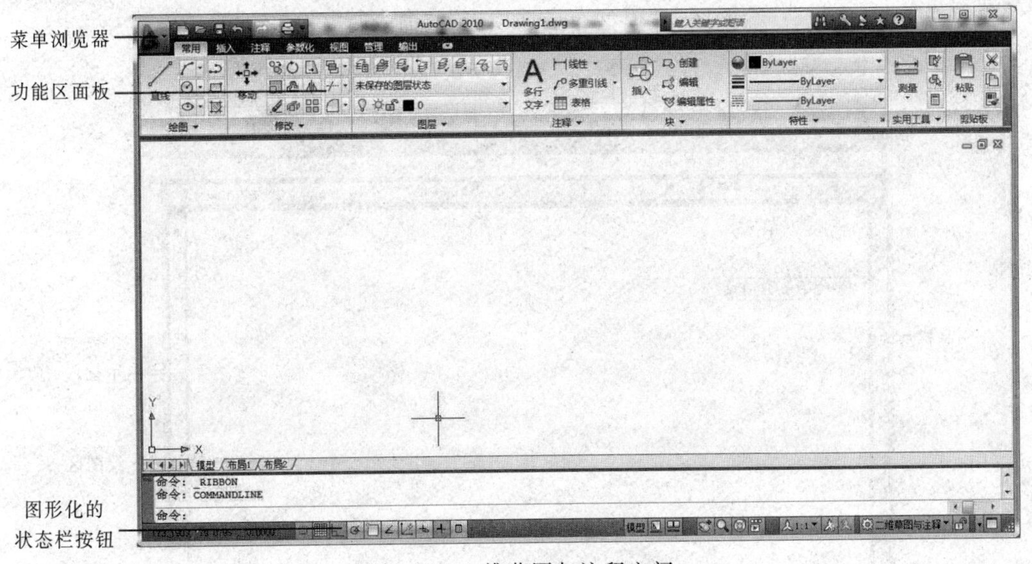

图 1-9　二维草图与注释空间

2．三维建模空间

使用三维建模空间，可以方便地绘制三维图形，它的界面如图 1-10 所示。功能区包括"常用""网格建模""渲染""插入""注释""视图""管理""输出"等选项卡，其中包含了"建模""网格""实体编辑""绘图""修改""截面""视图""子对象""剪贴板"等常用的面板，可以很方便地利用这些面板绘制三维图形。

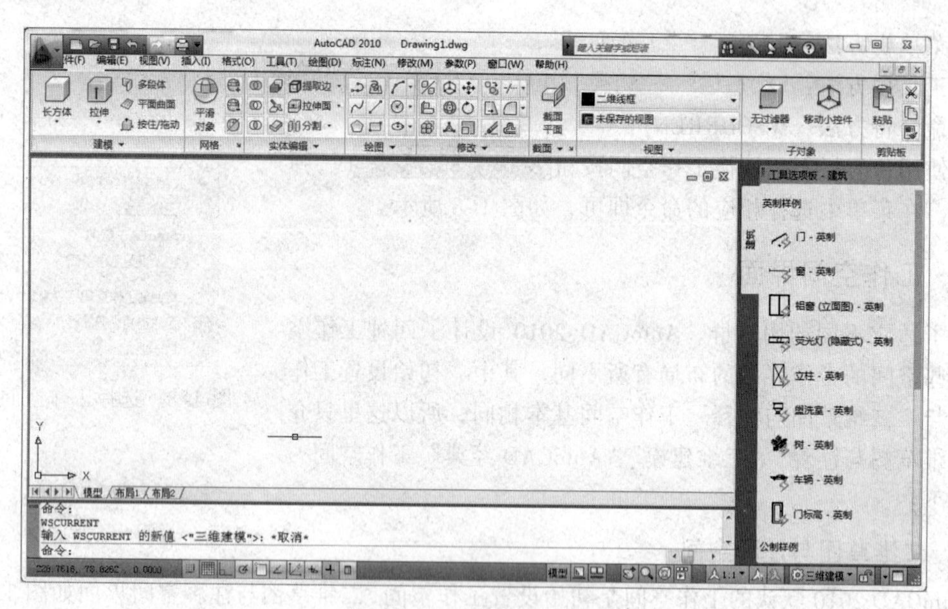

图 1-10　三维建模空间

3. AutoCAD 2010 经典空间

AutoCAD 2010 的经典空间是传统的界面，对于习惯 AutoCAD 以前版本的用户，可以使用“AutoCAD 经典”空间，其界面如图 1-11 所示。界面由上到下包括“快速访问工具栏”“标题栏”“菜单栏”“工具栏”“绘图区”“模型布局选项卡”“命令行”“状态栏”等。

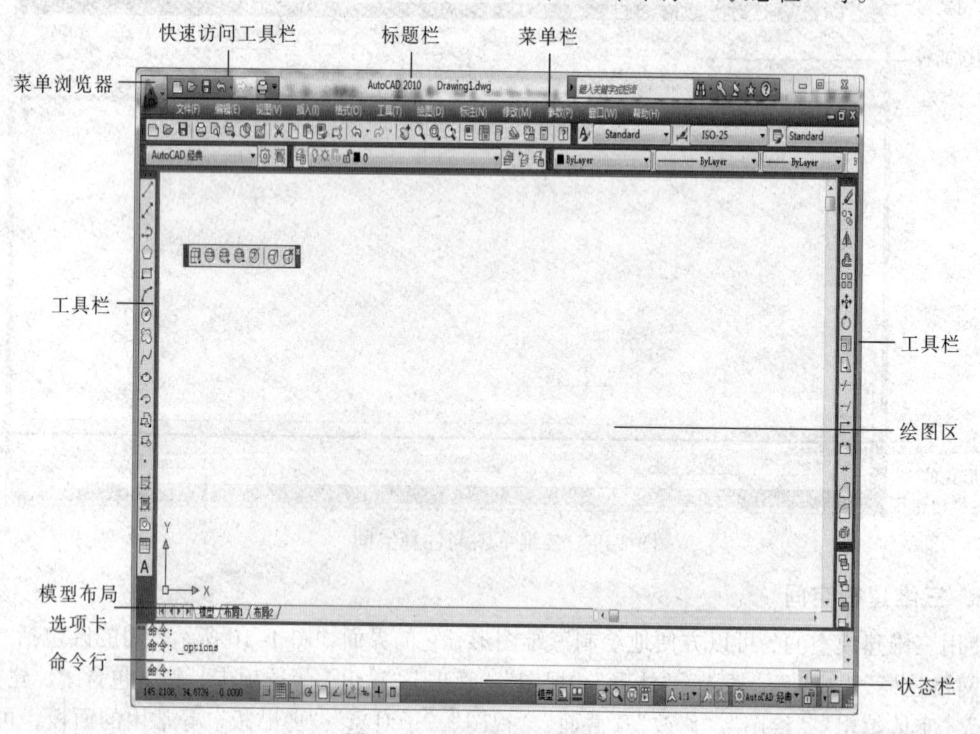

图 1-11　AutoCAD 经典空间

1.3　AutoCAD 2010的界面

AutoCAD 2010的软件界面，是标准的Windows程序界面，如图1-11所示。为了能使新老用户快速地适应AutoCAD 2010，并能兼容以前版本，这里主要讲解AutoCAD 2010经典绘图空间的界面。

1．菜单浏览器

“菜单浏览器”按钮位于界面的左上角，单击此按钮系统会弹出AutoCAD 2010的浏览器菜单，如图1-12所示，菜单包含了AutoCAD 2010的大部分文件操作功能和命令，选择其中的项目则执行相应的操作。

2．快速访问工具栏

快速访问工具栏位于界面的上部偏左位置，它包括AutoCAD 2010最常用的快捷按钮，如图1-13所示。在默认状态，“快速访问工具栏”包含6个快捷按钮，分别为“新建”“打开”“保存”“放弃”“重做”“打印”。

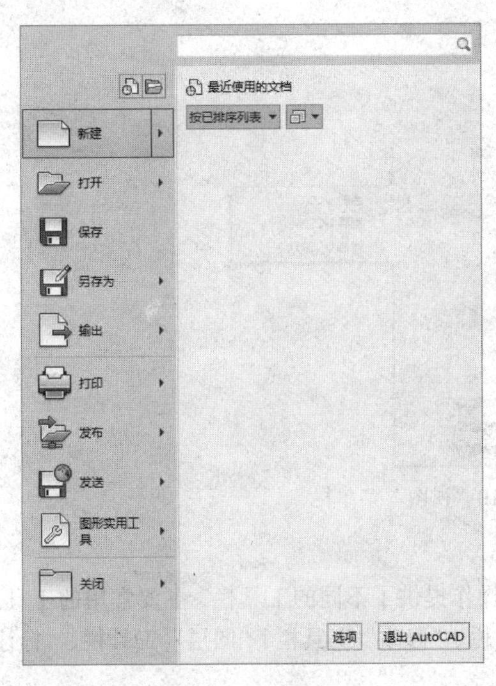

图1-12　菜单浏览器

图1-13　快速访问工具栏

如果想在快速访问工具栏中添加或删除按钮，可以在快速访问工具栏右击，在弹出的快捷菜单中选择“自定义快速访问工具栏”命令，在弹出的“自定义用户界面”对话框中进行相应的设置。

3．标题栏

标题栏位于AutoCAD 2010软件界面的最上部，主要用于移动窗口及显示当前编辑的图形文件名，当第一次打开AutoCAD 2010软件，没有保存文件时，标题栏上显示的是AutoCAD 2010

Drawing1.dwg，DrawingX.dwg 是系统默认的文件名，不退出软件，每次新建文件时 X 序号会依次递增。存盘后会提示用户输入新的正式文件名称。

4．菜单栏

AutoCAD 2010 的常用菜单栏，主要有“文件”“编辑”“视图”“插入”“格式”“工具”“绘图”“标注”“修改”等。这些菜单中涵盖了 AutoCAD 2010 绝大多数命令及相关的操作，用户可以非常方便地使用菜单栏中的菜单进行操作，如图 1-14 所示。菜单中有快捷键的命令选项，在使用时可以直接使用快捷键调出命令。菜单中带有黑三角的项目说明其包含子菜单，当鼠标放上去时，会展开子菜单项，菜单中包含有省略号的，说明单击这个选项会弹出对话框。

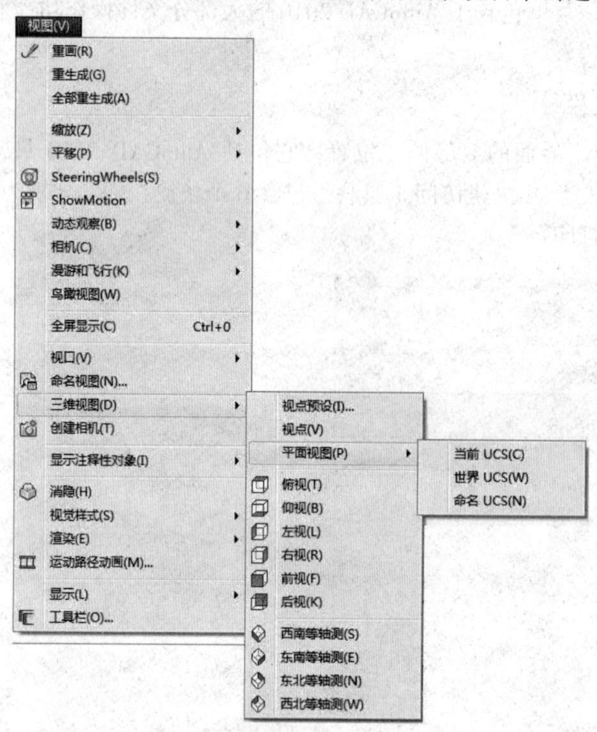

图 1-14　AutoCAD 2010“视图”菜单栏

5．工具栏

AutoCAD 2010 工具栏十分丰富，针对不同的操作提供了不同的工具栏，主要常用的工具栏有“标准”工具栏、“特性”工具栏、“绘图”工具栏、“修改”工具栏、“图层”工具栏、“标注”工具栏等，如图 1-15 所示。

工具栏是由一些形象的图标组成，当鼠标在工具栏的图标上短暂停留时，可显示图标按钮的名称，同时在状态栏也会出现相应的提示信息，单击图标即可启动相对应的命令。

AutoCAD 2010 系统内部定义工具栏有 30 多个，默认只显示一些常用的工具栏，其他工具栏如果在作图时需要，可通过在任意工具栏上任意位置右击鼠标调出。

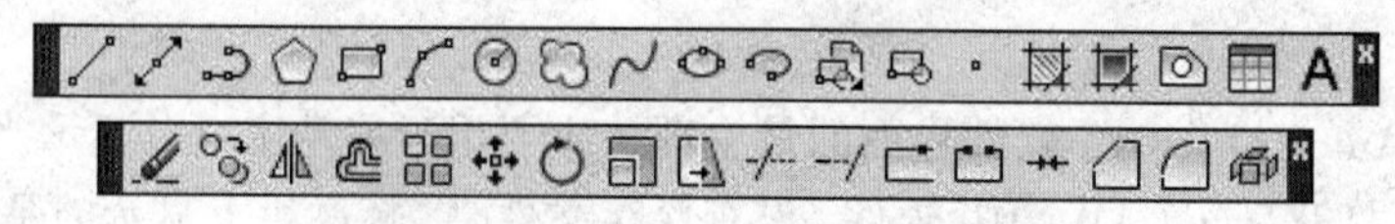

图 1-15　AutoCAD 2010 绘图和修改工具栏

6. 绘图区

AutoCAD 2010 的绘图区是 AutoCAD 2010 界面中面积最大的区域，如图 1-16 所示。它是进行绘图的位置，默认为黑色背景，利用视图显示工具可以任意增大和缩小绘图区，以便适合绘制图形大小。

在绘图区左下角显示的是世界坐标系（WCS）图标。鼠标在绘图时显示为十字光标，方便定位。

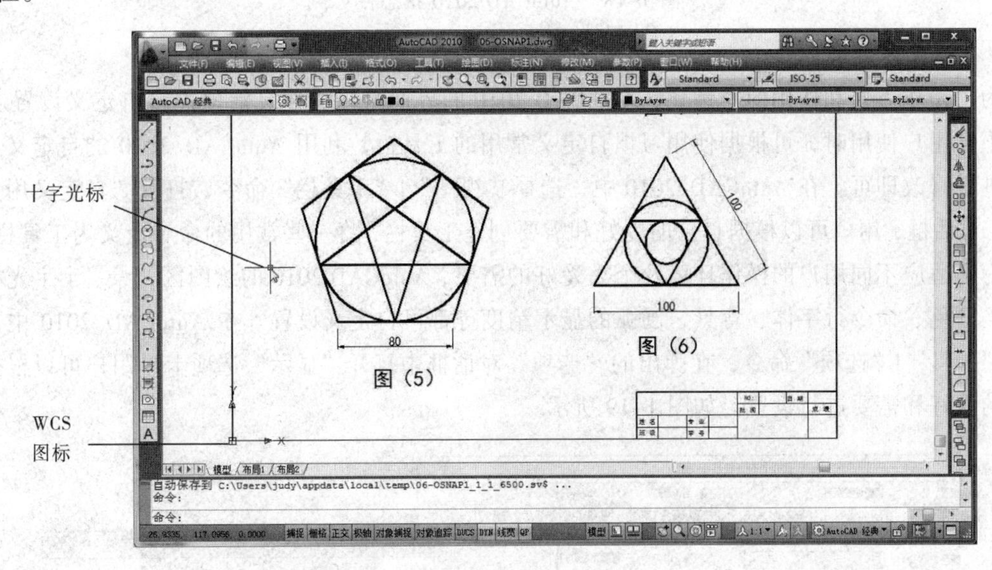

图 1-16　AutoCAD 2010 绘图区

7. 命令行

AutoCAD 2010 命令行是人机交互的位置，主要是命令的输入及显示命令提示信息。命令行在 AutoCAD 2010 下部位置，是一个默认有三行文本高的矩形区域。命令行可以按用户的需求进行调整，当用鼠标放在命令行边界时，鼠标会出现带箭头的双线形状，这时可以拖动鼠标移动，即可改变其大小。如果要进一步显示详细信息，可以按【F2】功能键，打开“AutoCAD 文本窗口”，从中可以显示使用过的命令和命令的提示信息等，如图 1-17 所示，当再次按下【F2】功能键时，即可关闭“AutoCAD 文本窗口”。

图 1-17　AutoCAD 2010 命令行

8. 状态栏

AutoCAD 2010 的状态栏在 AutoCAD 2010 软件界面的最下部。用于显示 AutoCAD 的当前工作状态及坐标等相关提示的位置。当鼠标在绘图区移动时，状态栏上的坐标会随之产生变化，以显示鼠标当前位置的坐标。状态栏上还放有常用的快捷工具按钮。主要有“捕捉”“栅格”“正交”“极轴”“对象捕捉”“对象追踪”“DOCS”“DYN”“线宽”“QP”“模型”等。这些开关按钮有两种状态，当处于按下状态（淡蓝色）时为功能打开，当处于抬起状态（浅灰色）时为功能关闭。在快捷工具按钮上右击，选择“使用图标”，可以切换用图标或文字显示状态，如图 1-18 所示。

图 1-18　AutoCAD 2010 状态栏

9. 自定义界面

为了操作方便和使用的个性化，AutoCAD 2010 的界面可以方便灵活地进行自定义设置。

不同用户使用时，可根据使用习惯自定义常用的工具栏，利用 AutoCAD 2010 的自定义工具栏进行修改即可。在 AutoCAD 2010 中，选择“视图”|“工具栏”命令，打开“自定义用户界面”对话框，用户可以根据自己的爱好和需要创建工具栏，将一些常用的命令定义为工具栏。

为了适应不同用户的操作环境及个人爱好的需要，AutoCAD 2010 的绘图区背景、十字光标大小、颜色、命令行字体、背景，圆弧的显示精度等都可自定义设置。在 AutoCAD 2010 中，选择“工具”|“选项”命令，在弹出的“选项”对话框中打开“显示”选项卡，用户可以根据自己的爱好和需要进行设置，如图 1-19 所示。

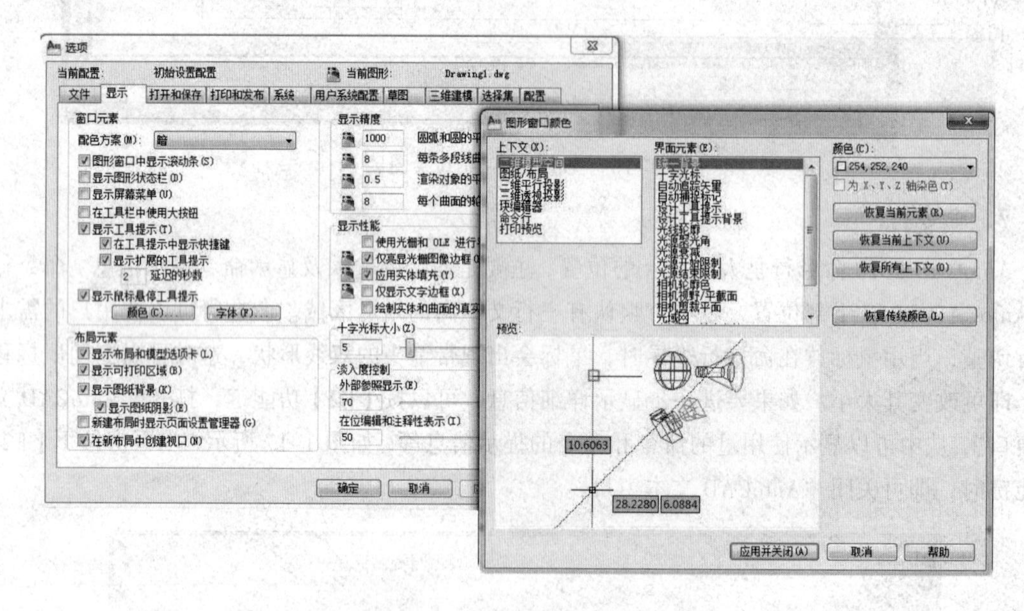

图 1-19　AutoCAD 2010 定义显示界面

1.4　图形文件管理

图形文件管理操作主要包括建立新图形文件、打开图形文件、输出数据、保存图形文件和关闭图形文件等。文件管理是进行绘图的基础操作，因此在学习绘图前必需先掌握文件管理的操作知识。本节主要详细讲解 AutoCAD 中文件管理的基础知识。

1.4.1 建立新图形文件

在进行 AutoCAD 绘图时，首先要建立一个图形文件。只有将所绘制的图形以文件形式保存，才能对其修改、补充、完善。

建立新图形文件的方法如下：

- 菜单栏方法："文件" | "新建（N）..."；
- 工具栏方法："标准" |新建按钮；
- 命令行方法：NEW。

当启用"建立新图形文件"命令，将弹出"启动"对话框，如图 1-20 所示，可以选择除"打开文件"外其他三个选项卡中任意一个进入绘图环境。具体详见 1.1 节内容。

1.4.2 打开图形文件

使用"打开"命令可以打开已存在的图形文件。用户可浏览编辑已经绘制过的图形文件。

打开图形文件的方法如下：

- 菜单栏方法："文件" | "打开（O）..."；
- 工具栏方法："标准" | "打开按钮"；
- 命令行方法：OPEN。

当执行"打开图形文件"命令，将弹出"选择文件"对话框，如图 1-21 所示，在列表框中选择要打开的文件，或者在"文件名"文本框中直接输入要打开的文件路径和名称，然后按【Enter】键或单击 打开(O) 按钮，打开选中的图形文件。

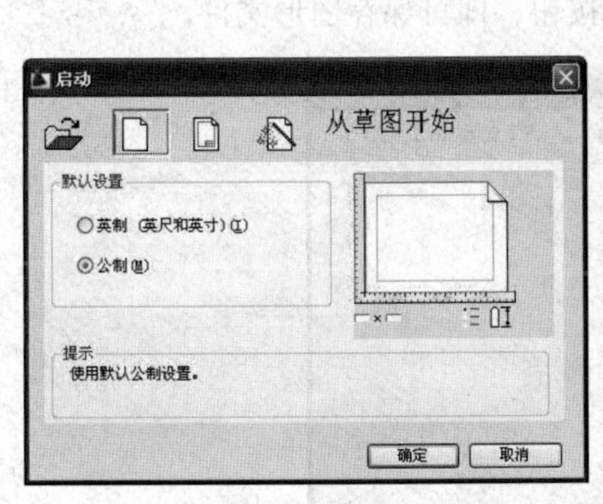

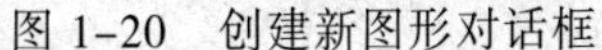
图 1-20 创建新图形对话框

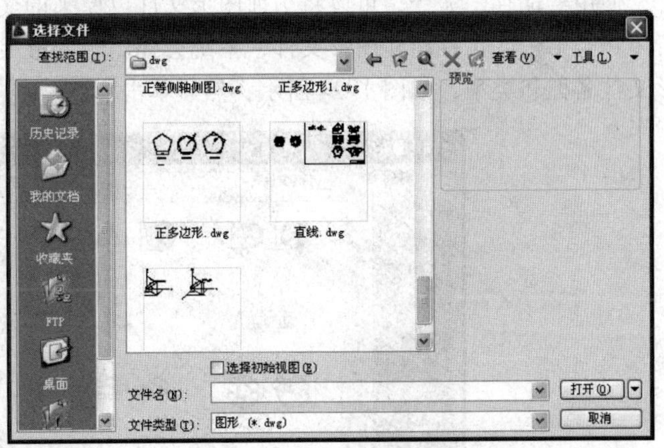

图 1-21 "选择文件"对话框

单击 打开(O) 按钮右侧的▾按钮，弹出下拉菜单，如图 1-22 所示。选择"以只读方式打开"命令，打开的图形文件只能查看，不能对其进行保存；选择"局部打开"命令，可以打开图的一部分；选择"以只读方式局部打开"命令，可以使用只读方式打开图形的一部分。

在"选择文件"对话框中单击工具(L)选项右侧的▾按钮，弹出下拉菜单。选择"查找"对话框，可以根据文件名称、类型、位置及修改日期对文件进行相应的查找操作，如图 1-23 所示。

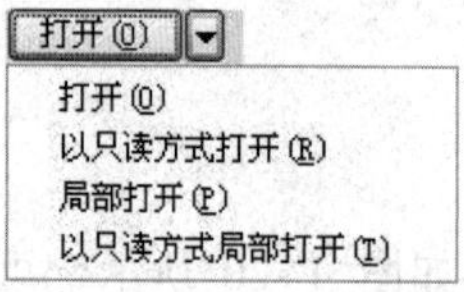

打开(O)

打开(O)
以只读方式打开(R)
局部打开(P)
以只读方式局部打开(T)

图 1-22　打开下拉列表

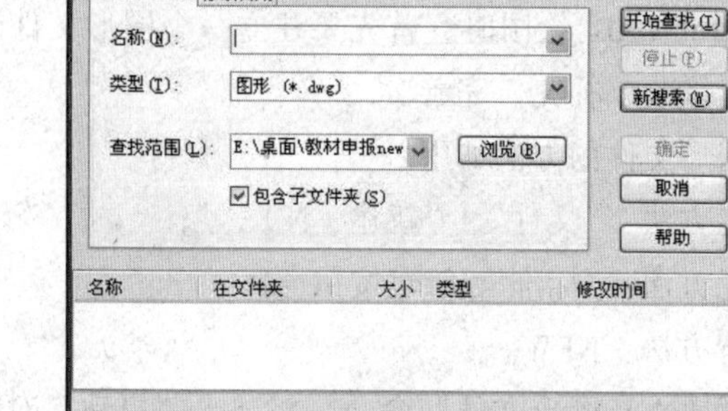

图 1-23　查找对话框

1.4.3　保存图形文件

绘制完图形后，即可对其进行保存。保存图形文件的方法有两种，一种是以当前文件名保存，另一种是以另存文件名保存。

1．以当前文件名保存

使用“保存”命令可以不改变文件名，以当前文件名保存图形文件。

启用命令的方法如下：

- 菜单栏方法：“文件”|“保存（S）”；
- 工具栏方法：“标准”|“保存按钮 ”；
- 命令行方法：QSAVE。

使用“保存”命令，可以将当前图形文件以原来的文件名直接保存到原来所在磁盘位置。若用户是第一次保存新建图形文件，系统会弹出“图形另存为”对话框，这时可以重新指定图形文件名称和类型，如图 1-24 所示，然后单击 保存(S) 按钮，即可保存图形文件。

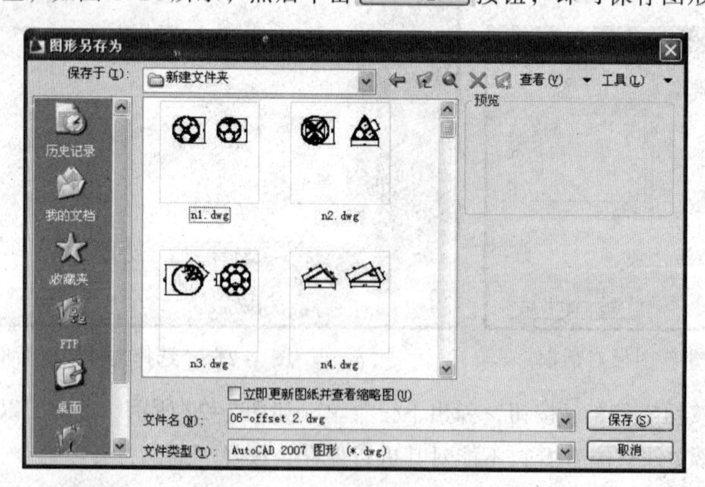

图 1-24　“图形另存为”对话框

2．以另存文件名保存

使用“另存为”命令可以重新指定文件名，以另外不同于当前文件的名称保存图形文件。

启用命令的方法如下：

- 菜单栏方法：“文件”|“保存（S）”；
- 工具栏方法：“标准”|“保存按钮”；
- 命令行方法：SAVE 或 SAVEAS。

使用“另存为”命令，弹出“图形另存为”对话框。在“文件名”文本框中输入要保存的文件新名称，并指定保存位置和类型，然后单击 保存(S) 按钮，即可保存图形文件。

1.4.4　文件的输出

使用文件“输出”命令可以将当前打开的图形文件输出为多种图形格式的其他类型文件。

启用命令的方法如下：

- 菜单栏方法：“文件”|“输出（E）”；
- 命令行方法：EXPORT。

使用“输出”命令，弹出“输出数据”对话框，如图 1–25 所示。在对话框中的“文件类型”下拉列表框中可以选择图形文件的输出格式。

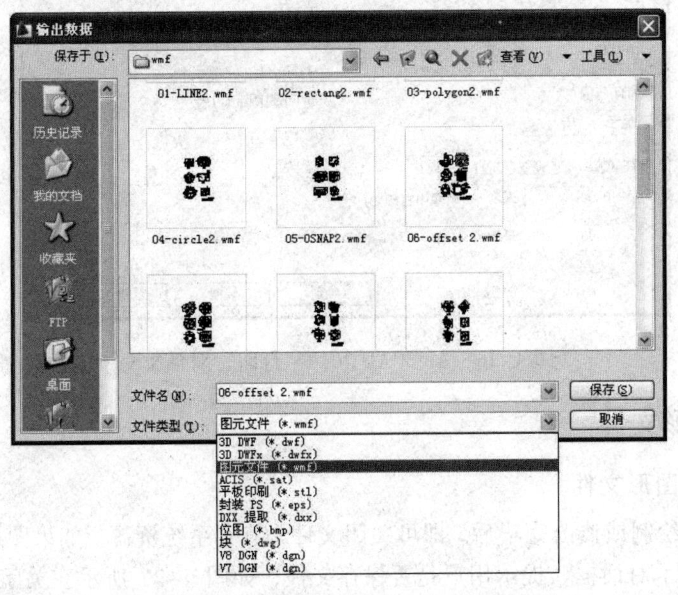

图 1–25　AutoCAD 2010“输出数据”对话框

“输出”命令可以很方便地将 AutoCAD 文件转换成图元（*.wmf）文件、位图（*.bmp）文件、3D DWF 文件（*.dwf）、平板印刷（*.stl）文件等，配合其他软件可以作进一步的处理。

1.4.5　打印输出

图形文件准备打印输出时，可使用“打印”命令，将文件输出为图纸。

启用命令的方法如下：

- 菜单栏方法：“文件”|“打印（P）...”；
- 工具栏方法：“标准”|“打印按钮”；
- 命令行方法：PLOT。

使用“打印”命令，弹出“打印”对话框，如图 1-26 所示。在“打印机/绘图仪”选项组的“名称”下拉列表中可以选择打印机，单击“特性（R）”按钮可以打开所选打印机的具体参数对话框，在“图纸尺寸”下拉列表中可以设置选定当前打印机所支持的纸张大小，“打印范围”下拉列表可以设置打印的范围。当基本打印选项设置完后，可以单击 预览(P)... 按钮查看最终打印效果，如果满意即可单击 确定 按钮联机打印输出图纸了。

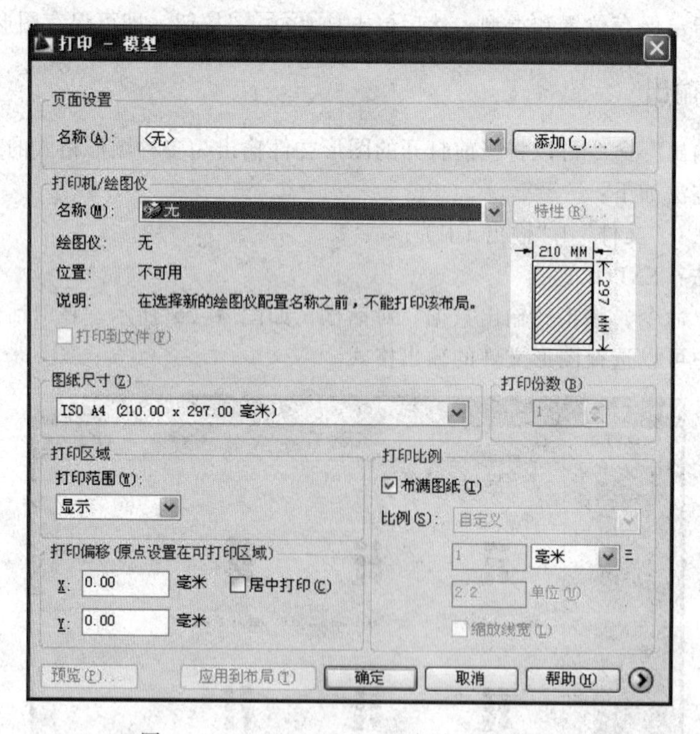

图 1-26 AutoCAD 2010“打印”对话框

1.4.6 关闭图形文件

1. 关闭当前图形文件

当前图形文件绘制或修改完毕后，即可关闭文件，节省系统资源。如果图形文件尚未保存，系统将弹出保存提示对话框，提示用户是否保存文件，如图 1-27 所示。关闭文件后 AutoCAD 主界面并不关闭，只有使用“退出”命令才能退出 AutoCAD。

启用命令的方法如下：

- 菜单栏方法：“文件” | “关闭（C）”；
- 命令行方法：CLOSE。

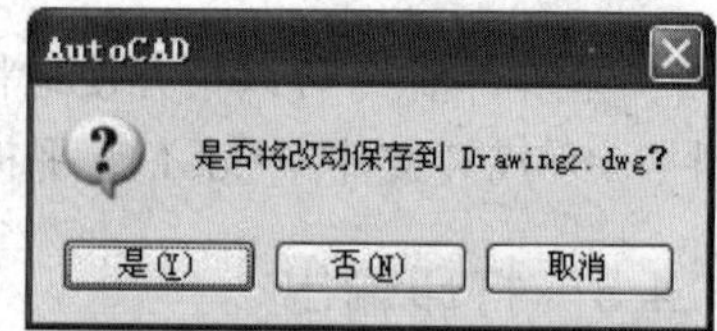

图 1-27 保存提示对话框

2. 退出 AutoCAD

绘图完毕，如果不再使用 AutoCAD 软件了，可以退出 AutoCAD。选择“文件” | “退出（X）”命令，或者单击标题栏右侧的“关闭”按钮，即可退出 AutoCAD。如果图形文件尚未保存，系统将弹出保存提示对话框，提示用户是否保存文件，如图 1-27 所示。

1.5　绘图操作基础

1.5.1　AutoCAD 命令输入方法

启动 AutoCAD 软件后，进入绘图状态。此时用户可以选择要执行的操作，即通过鼠标、键盘或菜单来输入相应的命令，以实现"建立""查看""修改"等各种绘制图形的操作。

下面介绍用户输入命令时可以采用的方式：

1. 通过键盘输入命令

从键盘输入命令时，只要在命令行的"命令："提示符后键入命令全称或简称，按【Space】键或【Enter】键即可。

2. 通过菜单输入命令

AutoCAD 可以通过以下几种菜单输入命令：

（1）从下拉菜单输入命令；

（2）从右键快捷菜单输入命令；

（3）从屏幕菜单输入命令。

3. 重复输入命令

用以上各种方法输入的命令，都可以在命令行的下一个"命令："提示符出现后，通过按【Space】格键、【Enter】键重复该命令或在绘图区右击从弹出的快捷菜单中选择需要重复的命令，一般情况下，使用键盘重复输入命令时，命令重复执行时会略过某些正常提示。

1.5.2　点的输入方法

使用 AutoCAD 绘图时，经常会要求用户输入一个点的位置，一般可采用如下方法给定一个点：

（1）通过定点设备（鼠标或数字化仪等）在屏幕上拾取点，即通过定点设备将光标移动到目标位置，然后按下拾取键（一般为鼠标左键）。

（2）通过目标捕捉的方式捕捉一些特殊的点（如线的端点，圆心点等）。

（3）通过键盘输入点的坐标。

当通过键盘输入点的坐标时，用户既可以用绝对坐标的方式，也可以用相对坐标的方式来输入。而且在每一种坐标方式中，又有直角坐标、极坐标、球面坐标和柱面坐标之分，下面分别进行介绍。

1. 绝对坐标

绝对坐标是指相对于当前用户坐标系（UCS）坐标原点的坐标（对于 AutoCAD 的初学者来说，可以把绝对坐标看成为相对于当前坐标系坐标原点的坐标）。当用户以绝对坐标形式输入一点时，可以采用直角坐标、极坐标、球面坐标或柱面坐标中任意一种来实现。

（1）直角坐标

直角坐标就是输入点的 X，Y，Z 坐标值，坐标间用逗号隔开。例如要输入一个点，其中 X 为 4，Y 坐标为 5，Z 坐标为 6，则可在输入坐标点的提示后输入 4,5,6。

对于二维绘图来说，可略去 Z 坐标，Z 轴取为当前的高度值（默认为 0），用户只要输入点

的 *X*，*Y* 坐标即可，直角坐标的几何意义如图 1–28 所示。

（2）极坐标

用户可以通过输入某点在当前 UCS 的 *XOY* 坐标平面上的投影点与当前 UCS 原点的距离以及两点的连线在 *XOY* 平面中与 *X* 轴正向的夹角（使用“<”号分隔）来确定该点，这种形式的坐标为极坐标。例如某点在当前 UCS 的 *XOY* 平面上的投影距 UCS 原点的距离为 15，这两点的连线相对于 UCS 的 *X* 轴正向（在 UCS 的 *XOY* 平面内）的夹角为 45°，则该点的输入格式可以为：15<45°极坐标的几何意义如图 1–29 所示。

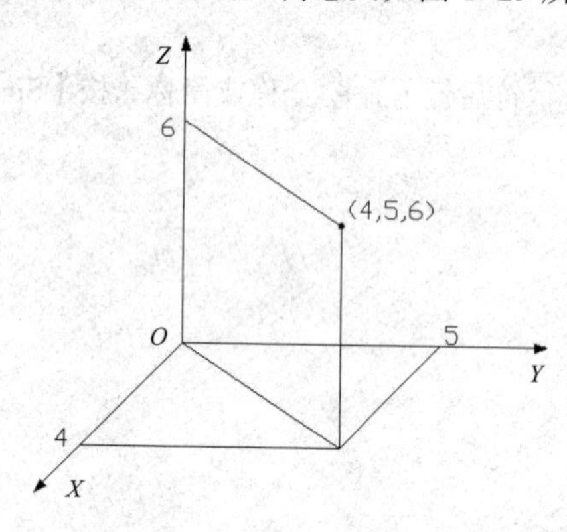

图 1–28　直角坐标的几何意义

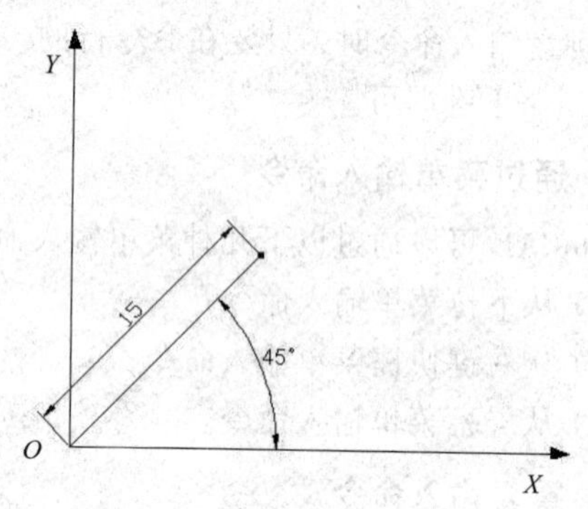

图 1–29　极坐标的几何意义

（3）球面坐标

球面坐标点的格式是极坐标形式在三维空间的扩展，此格式采用以下三项来描述一个点的位置：距离当前 UCS 原点的距离，在当前 UCS 的 *XOY* 坐标平面上的角度以及与 *XOY* 平面的夹角，以“<”分隔。例如，某点与 UCS 原点的距离为 15、在 *XOY* 平面上与 *X* 轴的正向夹角为 60°，与 *XOY* 平面的夹角为 45°，则该点的球面坐标的输入格式为：15<60<45°球面坐标的几何意义如图 1–30 所示。

（4）柱面坐标

柱面坐标是极坐标形式在三维空间的另一种扩展形式，它通过以下三项来描述一个点的位置：与当前 UCS 原点的距离，在 *XOY* 平面上与 *X* 轴正向的夹角以及该点的 *Z* 坐标值。距离和角度间用“<”分隔，角度值与 *Z* 坐标值间以逗号分隔。例如，某点距 UCS 的原点为 20，在 *XOY* 平面上与 *X* 轴正向夹角为 45°，该点的 *Z* 坐标值为 25，则该点的柱面坐标的输入格式为：20<45,25 柱面坐标的几何意义如图 1–31 所示。

2. 相对坐标

相对坐标是指相对于前一坐标点的坐标。相对坐标也有直角坐标、极坐标、球面坐标、柱面坐标四种表示方式，输入和格式与绝对坐标相同，只是在输入格式前加上一个“@”，例如，已知前一个坐标点为（10,10,10），如果在输入点的提示后输入：@1,–2,3 则相当于新输入点的绝对坐标为（11,8,13），即前一点的坐标的 *X,Y,Z* 值与输入相对坐标的 *x,y,z* 值分别相加的结果就是新的绝对坐标值。AutoCAD 绘图时点的输入多数采用相对坐标。

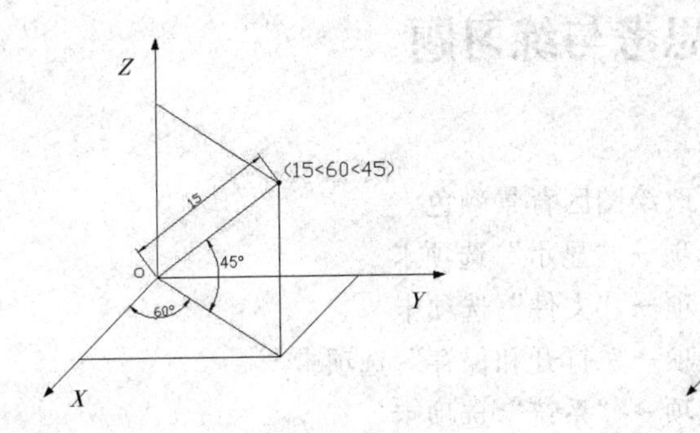

图 1-30　球面坐标的几何意义

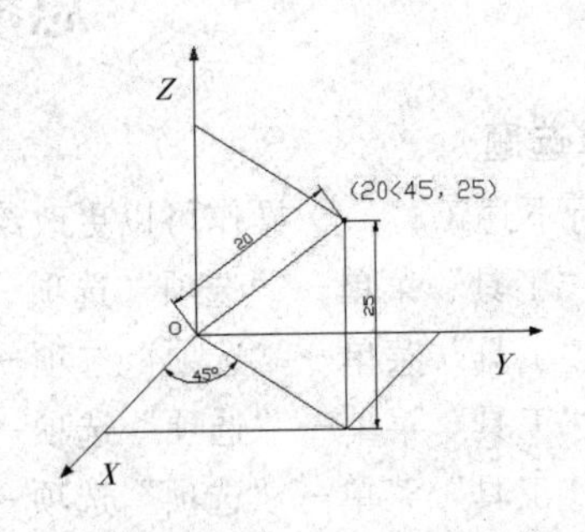

图 1-31　柱面坐标的几何意义

1.6　实 训 案 例

自定义工具栏，效果如图 1-32 所示。

操作步骤如下：

（1）选择“视图”|“工具栏”命令，打开“自定义用户界面”对话框。或者右击任意工具栏任意位置，在弹出的快捷菜单中选择“自定义(C)...”命令。

（2）在对话框的“所有 CUI 文件中的自定义”选项组的列表框中找到“工具栏”选项，在上面右击，在弹出的快捷菜单中选择“新建”|“工具栏”命令。

（3）将工具栏重新命名为“我的工具栏”，在“工具栏”区域中，找到“绘图”项，展开下拉列表，分别将 直线 、 矩形 、 圆环 在按住【Ctrl】键的同时拖动图标到“我的工具栏上”。

（4）右击“我的工具栏”中的 圆环，在弹出的快捷菜单中选择“插入分隔符” 命令，插入一分隔符。

（5）再次在“工具栏”区域中，找到“修改”项，分别将 复制 、 镜像 在按住【Ctrl】键的同时拖动图标到“我的工具栏”上。

（6）右击“我的工具栏”，在弹出的快捷菜单中选择“新建”|“弹出”命令，重新命名为“我的弹出工具栏”。

（7）在“工具栏”区域中，找到“绘图”项，分别将 两点 、 三点 、 圆弧 图标拖动到“我的工具栏”|“我的弹出工具栏”下。

（8）所有步骤完成，最后单击 确定 按钮即可，设置效果如图 1-33 所示。

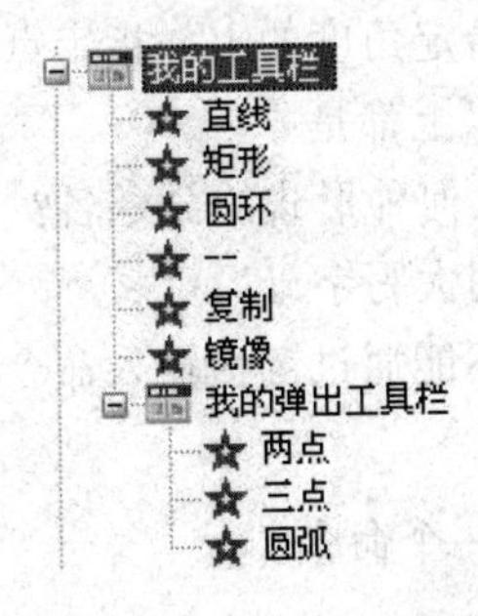

图 1-32　自定义工具栏

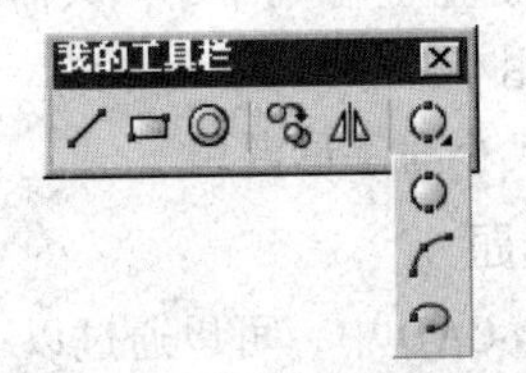

图 1-33　自定义工具栏设置效果

思考与练习题

一、单选题

1. 执行下述（　　）操作可以更改绘图区背景颜色。
   A. “工具”菜单→“选项”选项→“显示”选项卡
   B. “工具”菜单→“选项”选项→“文件”选项卡
   C. “工具”菜单→“选项”选项→“打开和保存”选项卡
   D. “工具”菜单→“选项”选项→“系统”选项卡
2. 在同时打开多个不连续的文件时使用的键是（　　）。
   A.【Alt】　　B.【Ctrl】
   C.【Shift】　　D.【Esc】
3. WCS 是 AutoCAD 中的（　　）。
   A. 世界坐标　　B. 用户自定义坐标
   C. 视图坐标　　D. 父系坐标
4. UCS 中的“S”的缩写单词是（　　）。
   A. system　　B. sebacate
   C. systaltic　　D. sybaris
5. AutoCAD 中 CAD 标准文件扩展名为（　　）。
   A. dwg　　B. dxf
   C. dwt　　D. dws
6. AutoCAD 不能处理的信息有（　　）。
   A. 矢量图形　　B. 光栅图形
   C. 声音信息　　D. 文字信息
7. AutoCAD 是（　　）公司开发的计算机辅助设计软件包。
   A. Adobe　　B. Macromedia
   C. Autodesk　　D. Microsoft
8. SAVE 命令可以（　　）。
   A. 保存图形　　B. 不会退出 AutoCAD
   C. 定期地将信息保存在磁盘上　　D. 以上都是
9. 极坐标是基于下列哪个坐标点到指定点的距离？（　　）
   A. 极坐标原点　　B. 给定角度的上一指定点
   C. 显示中心　　D. 以上都是
10. 要从键盘上输入命令，只需在“命令:”提示后输入何种形式的命令名？（　　）
    A. 用小写字母　　B. 用大写字母
    C. 大小写字母混用　　D. 不能通过键盘输入命令

二、多选题

1. 在 AutoCAD 中，可以通过以下（　　）的方法激活一个命令。
   A. 在命令行输入命令名

B. 单击命令对应的工具栏图标
C. 从下拉菜单中选择命令
D. 右击，从快捷菜单中选择命令

2. 在 AutoCAD 环境下，能实现图形与文本状态交换的命令或功能键是（　　）。
A. GRAPHSCR　B.【F2】
C.【F7】　D. TEXTSCR

3. AutoCAD 常用的菜单类型有（　　）。
A. 屏幕菜单　B. 光标菜单
C. 下拉菜单　D. 图标菜单

4. PLOT 命令具有（　　）功能。
A. 可以设置输出图形的比例，旋转角度和原点位置
B. 可以输出部分图形
C. 可以将当前输出设备的各个参数保存到文件中
D. 可以预览输出图形

5. 下列是 AutoCAD 中命令调用方法的是（　　）。
A. 屏幕菜单　B. 在命令行输入命令
C. 工具菜单　D. 下拉菜单

6. AutoCAD 提供的坐标系有（　　）。
A. 世界坐标系　B. 目标坐标系
C. 用户坐标系　D. 全球坐标系

第2章 基础绘图

AutoCAD 提供了丰富的绘图工具及大量的相关命令，使用它绘制各种工程图形，设计图纸非常简便易行，其中基础绘图工具是我们学习的主要内容，本章主要通过具体的绘图案例，讲解常用的绘图命令的操作方法和使用技巧。

知识要点

- 设置绘图环境；
- 直线的绘制（LINE）；
- 矩形的绘制（RECTANG）；
- 正多边形绘制（POLYGON）；
- 圆的绘制（CIRCLE）。

2.1 设置绘图环境

在使用 AutoCAD 绘图前，应对当前的绘图环境进行设置，以保证图形文件的规范，同时也可以提高绘图的精确度和绘图的效率。本节主要学习绘图界限的设置和绘图单位的设置。

2.1.1 设置绘图界限

绘图界限表示绘图区范围大小，打开栅格可以显示出其表示范围。图形界限类似于绘图图纸的大小，可以参照国家制图标准中图幅尺寸的规定设置。

设置绘图界限有以下几种方法：

- 菜单栏方法："格式"|"图形界限（A）"；
- 命令行方法：LIMITS。

下面以 A2 图纸为例，介绍设置绘图界限的方法：

```
命令: LIMITS                    /*启动图形界限命令*/
重新设置模型空间界限:
指定左下角点或 [开(ON)/关(OFF)] <0.0000,0.0000>: 0,0
                                /*指定左下角坐标为 WCS 的零点*/
指定右上角点 <420.0000,297.0000>: 594,420
                                /*指定右上角坐标为 WCS 绝对直角坐标 594, 420*/
命令: z                         /*输入缩放命令*/
ZOOM
```

```
指定窗口的角点，输入比例因子 (nX 或 nXP)，或者
[全部(A)/中心(C)/动态(D)/范围(E)/上一个(P)/比例(S)/窗口(W)/对象(O)]: a
                                   /*指定缩放命令的全部(A)选项，将全部图形缩放的屏幕范围*/
命令: <栅格 开>                    /*打开栅格，观察图形范围区域*/
```

命令行中出现各选项的含义如下：

（1）指定左下角点：指定绘图区左下角的坐标。

（2）指定右上角点：指定绘图区右上角的坐标。

（3）开（ON）/关（OFF）："开"指绘图时只能在设定绘图界限内绘制图形，"关"指绘图时不受绘图界限的限制，可以将图形绘制到绘图区以外。

2.1.2　设置绘图单位

在绘制 AutoCAD 图形前，一般应先设置一下绘图单位，这样可以方便地调整图形尺寸比例。设置绘图单位主要有长度和角度类型，以及精度、方向等。

设置绘图单位有以下几种方法：

- 菜单栏方法："格式" | "单位（U）"；
- 命令行方法：UNITS，简写为 UN。

执行设置绘图单位命令后，会弹出图 2-1 所示的"图形单位"对话框，该对话框上选项具体含义如下：

（1）长度类型：设定长度测量单位的类型，该值包括"建筑""小数""工程""分数""科学"。其中，"工程"和"建筑"格式提供英尺和英寸显示，假定每个图形单位表示一英寸。

（2）长度精度：设置线性测量值显示的小数位数或分数大小。

（3）角度类型：设置当前角度格式。

（4）角度精度：设置当前角度显示的精度。

（5）顺时针：以顺时针方向计算正的角度值，默认的正角度方向是逆时针方向。当提示用户输入角度时，可以单击所需方向或输入角度，而不必考虑"顺时针"设置。

（6）插入时的缩放单位：控制插入当前图形中的块和图形的测量单位。如果块或图形创建时使用的单位与该选项指定的单位不同，则在插入这些块或图形时，将对其按比例缩放。插入比例是源块或图形使用的单位与目标图形使用的单位之比。如果插入块时不按指定单位缩放，请选择"无单位"。注意，当源块或目标图形中的"插入比例"设置为"无单位"时，将使用"选项"对话框的"用户系统配置"选项卡中的"源内容单位"和"目标图形单位"设置。

（7）输出样例：显示用当前单位和角度设置的例子。

在"图形单位"对话框中单击 方向(D)... 按钮，会弹出如图 2-2 所示的"方向控制"对话框。该对话框的方向基准角度有"东""北""西""南""其他"五个选项，主要作用是设置零度的方向，默认为东。此选项会影响角度、显示格式、极坐标、柱坐标和球坐标等条目。

（8）光源：指定光源的强度单位。

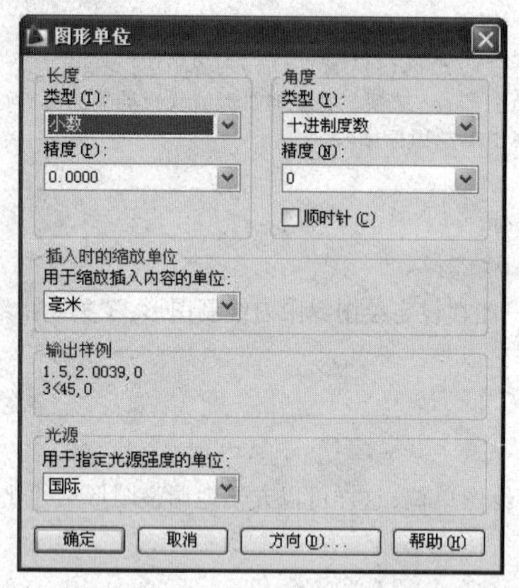

图 2-1 “图形单位”对话框

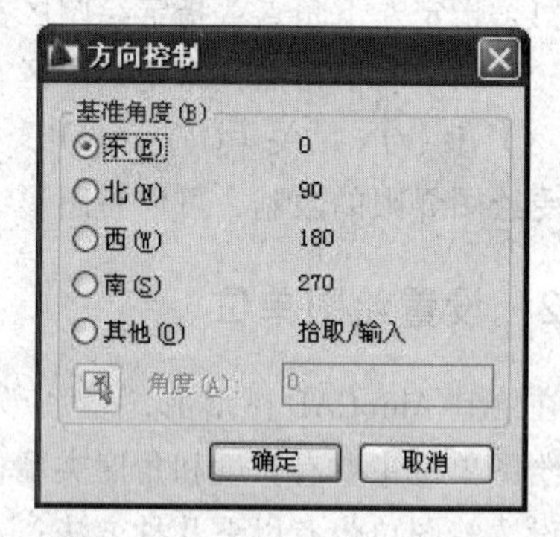

图 2-2 “方向控制”对话框

2.2 直线的绘制（LINE）

学习 AutoCAD 绘图时，最先学习和掌握的是直线（LINE）命令。熟练掌握直线（LINE）命令的基本功能，对以后的课程学习非常重要，它是学习好 AutoCAD 前提条件。下面我们就对直线（LINE）命令展开详细介绍。

2.2.1 直线命令

启动 AutoCAD 后，如果要绘制图形，调用命令方法有很多种，常用的有三种方法：

（1）直接在命令行输入需要的命令；

（2）在菜单中调用需要的命令；

（3）使用工具栏上的按钮调用命令。

本教材对此三种方法都进行列举，以方便用户学习。启动直线命令有以下几种方法：

- 菜单栏方法：“绘图”|“直线（L）”；
- 工具栏方法：“绘图工具栏”|“按钮”；
- 命令行方法：LINE，简写为 L。

以绘制如图 2-3 所示的图形为例，讲解直线命令的绘制过程。

```
命令: LINE                                    /*输入直线命令*/
指定第一点: 100,100                           /*指定直线起点坐标为100,100*/
指定下一点或 [放弃(U)]: @100,0                /*指定直线下一点坐标@100,0 */
指定下一点或 [放弃(U)]: @0,50                 /*指定直线下一点坐标@0,50*/
指定下一点或 [闭合(C)/放弃(U)]: @-100,0       /*指定直线下一点坐标@-100,0*/
指定下一点或 [闭合(C)/放弃(U)]: c             /*选择闭合(C)方法*/
```

命令行中出现各选项的含义如下：

（1）指定第一点：使用键盘或鼠标给定即将绘制直线的起始点坐标位置。

（2）指定下一点：使用键盘或鼠标给定即将绘制直线的下一点坐标位置。

（3）放弃（U）：当绘制的点给定有误时，使用键盘输入 U 即可放弃刚刚给定的点，回退到上次输入的坐标位置。

（4）闭合（C）：当绘制的直线等于或超过连续的两条时，会出现此选项，此时使用键盘输入 C 可使所绘制的直线首尾闭合，同时结束直线的绘制。

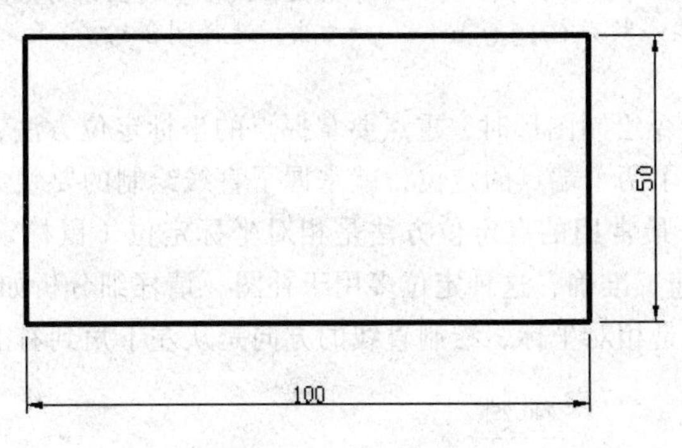

图 2-3　直线绘图

2.2.2　实例与练习

如图 2-4 所示，请按图中给定的尺寸，使用直线命令绘制图形。

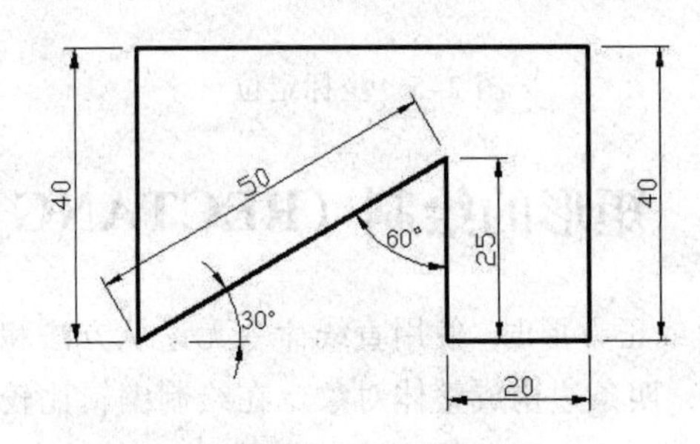

图 2-4　直线绘制实例

方法一：使用键盘坐标方法绘制直线

本实例可使用键盘坐标方法绘制，具体绘制过程如下：

```
命令:LINE ↙            /*使用键盘输入直线命令*/
指定第一点:            /*使用鼠标在屏幕点选输入坐标位置（图形的左上角点位置）*/
指定下一点或 [放弃(U)]: @0,-40
                       /*相对直角坐标方式，也可为相对极坐标方式@40<-90*/
指定下一点或 [放弃(U)]: @50<30              /*相对极坐标方式*/
指定下一点或 [闭合(C)/放弃(U)]: @25<-90
                                            /*也可为相对直角坐标方式@0,-25*/
指定下一点或 [闭合(C)/放弃(U)]: @20,0       /*也可为相对极坐标方式@20<0*/
指定下一点或 [闭合(C)/放弃(U)]: @0,40       /*也可为相对极坐标方式@40<90*/
指定下一点或 [闭合(C)/放弃(U)]: c           /*直线首尾闭合*/
```

方法二：使用鼠标方法绘制直线

本实例也可使用鼠标方法绘制，具体绘制过程如下：

```
命令:LINE                         /*单击绘图工具栏上╱按钮启动直线命令*/
指定第一点:                       /*使用鼠标在屏幕点选输入坐标位置*/
指定下一点或 [放弃(U)]: 40        /*锁定极轴90°角，方向向下，直接输入长度40*/
```

```
指定下一点或 [放弃(U)]: 30                /*重新设定极轴为30°角增量*/
指定下一点或 [放弃(U)]: 50                /*沿极轴为30°角方向，直接输入长度50*/
指定下一点或 [闭合(C)/放弃(U)]: 25        /*沿极轴线垂直向下方向，直接输入长度25*/
指定下一点或 [闭合(C)/放弃(U)]: 20        /*沿极轴线水平向右方向，直接输入长度20*/
指定下一点或 [闭合(C)/放弃(U)]: 40        /*沿极轴线垂直向上方向，直接输入长度40*/
指定下一点或 [闭合(C)/放弃(U)]: c         /*右击，选择闭合*/
```

技巧与提示：

使用直线（LINE）命令绘制图形时，重点要掌握点的坐标定位方法，对一条直线，它有起始点和结束点，只要明确了两个端点的定位，就掌握了直线绘制的要领。

我们在绘制直线时，最常用的点定位方法是相对坐标定位（鼠标定位也属于相对坐标定位）。因为绘图简单、快速、准确，这种定位多用于补图。请仔细分析如图 2-5 所示的坐标定位方法，此处坐标使用的是相对坐标，绘制直线的方向是从左下角到右上角。

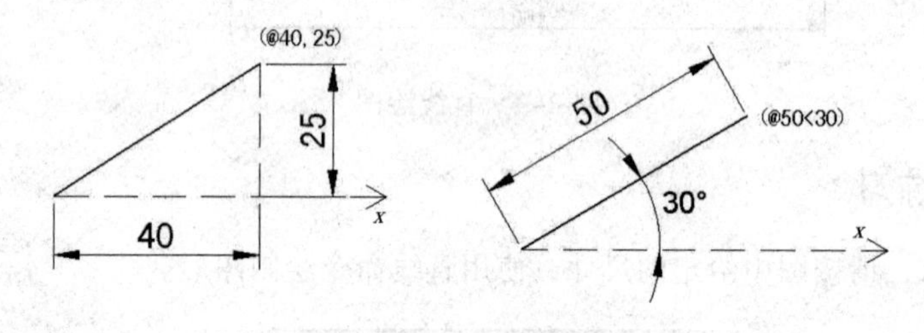

图 2-5　坐标定位

2.3　矩形的绘制（RECTANG）

使用 AutoCAD 绘制矩形或正方形时，使用直线命令无论从方法和效率上都不及矩形工具方便，矩形工具绘制出的图形，四条边构成整体对象。在绘制编辑比较复杂的图形时，使用矩形非常方便。

2.3.1　矩形命令

启动矩形命令有以下几种方法：

- 菜单栏方法："绘图" | "矩形（G）"；
- 工具栏方法："绘图工具栏" | "按钮"；
- 命令行方法：RECTANG，简写为 REC。

绘制如图 2-3 所示的图形为例，讲解矩形命令的绘制过程。

```
命令: RECTANG                      /*启动矩形命令*/
指定第一个角点或 [倒角(C)/标高(E)/圆角(F)/厚度(T)/宽度(W)]: 100,100
                                   /*指定左下角点绝对坐标为100,100*/
指定另一个角点或 [面积(A)/尺寸(D)/旋转(R)]: @100,50
                                   /*指定右上角点相对坐标为@100,50*/
```

命令行中出现各选项的含义如下：

（1）指定第一个角点：使用键盘或鼠标给定即将绘制矩形的起始角点坐标位置。

（2）指定另一个角点：使用键盘或鼠标给定即将绘制矩形的结束角点坐标位置。

（3）倒角（C）：设置矩形的倒角距离。

（4）标高（E）：指定矩形的标高。

（5）圆角（F）：指定矩形的圆角半径。

（6）厚度（T）：指定矩形的厚度。

（7）宽度（W）：为要绘制的矩形指定多段线的宽度。

（8）面积（A）：指定要绘制的矩形面积以及长度或宽度。

（9）尺寸（D）：指定要绘制的矩形长度以和宽度及另一角点坐标。

（10）旋转（R）：指定要绘制的矩形的旋转角度。

使用矩形工具不仅能绘制出直角矩形，也可绘出一些非直角矩形和特殊的矩形，如图 2-6 和图 2-7 所示。

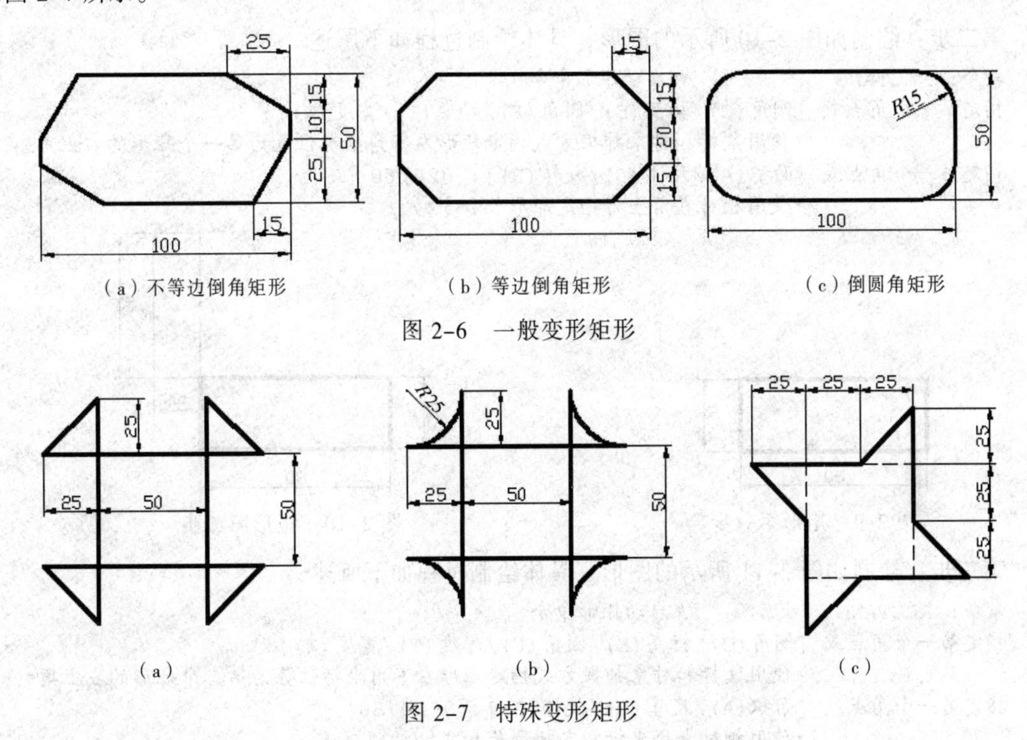

（a）不等边倒角矩形　（b）等边倒角矩形　（c）倒圆角矩形

图 2-6　一般变形矩形

（a）　（b）　（c）

图 2-7　特殊变形矩形

2.3.2　实例与练习

矩形的绘制有一般方法和特殊方法，现就两种不同的矩形方法分别举例讲解。

1. 正常矩形命令绘制图形

如图 2-8 所示，请按图中给定的尺寸，使用矩形命令绘制图形。

第一步：绘制如图 2-9 所示的图形，具体绘制过程如下所述。

```
命令: RECTANG                    /*启动矩形命令*/
指定第一个角点或 [倒角(C)/标高(E)/圆角(F)/厚度(T)/宽度(W)]:
                                 /*使用鼠标指定矩形左下角坐标位置*/
指定另一个角点或 [面积(A)/尺寸(D)/旋转(R)]: @80,30
                                 /*使用相对直角坐标指定矩形长和宽*/
```

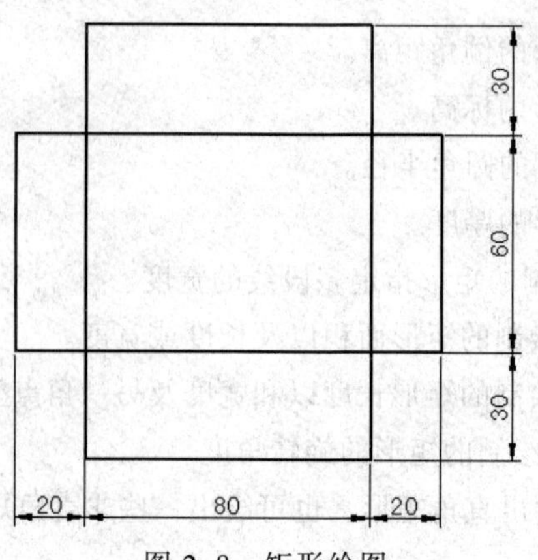

图2-8　矩形绘图

第二步：绘制如图2-10所示的图形，具体绘制过程如下所述。

```
命令: RECTANG                /*启动矩形命令*/
指定第一个角点或 [倒角(C)/标高(E)/圆角(F)/厚度(T)/宽度(W)]:
                   /*使用鼠标和对象捕捉方式指定矩形左下角坐标位置为第一个矩形的右上角*/
指定另一个角点或 [面积(A)/尺寸(D)/旋转(R)]: @20,60
                   /*使用相对直角坐标指定矩形长和宽*/
```

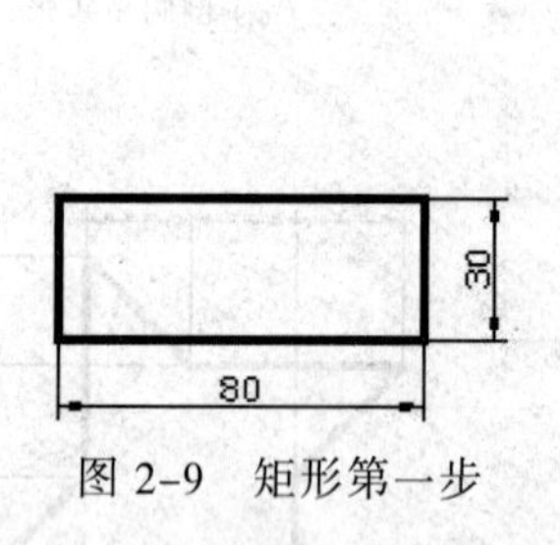

图2-9　矩形第一步

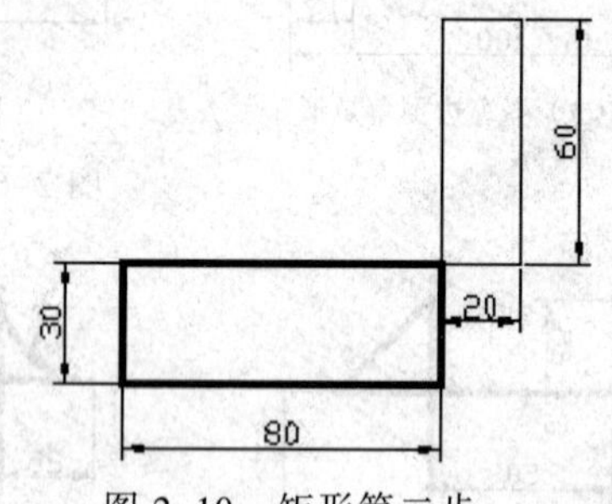

图2-10　矩形第二步

第三步：绘制如图2-11所示的图形，具体绘制过程如下所述。

```
命令: RECTANG                /*启动矩形命令*/
指定第一个角点或 [倒角(C)/标高(E)/圆角(F)/厚度(T)/宽度(W)]:
                   /*使用鼠标和对象捕捉方式指定矩形左下角坐标位置为第二个矩形的左上角*/
指定另一个角点或 [面积(A)/尺寸(D)/旋转(R)]: @-80,30
                   /*使用相对直角坐标指定矩形长和宽*/
```

第四步：绘制如图2-12所示的图形，具体绘制过程如下所述。

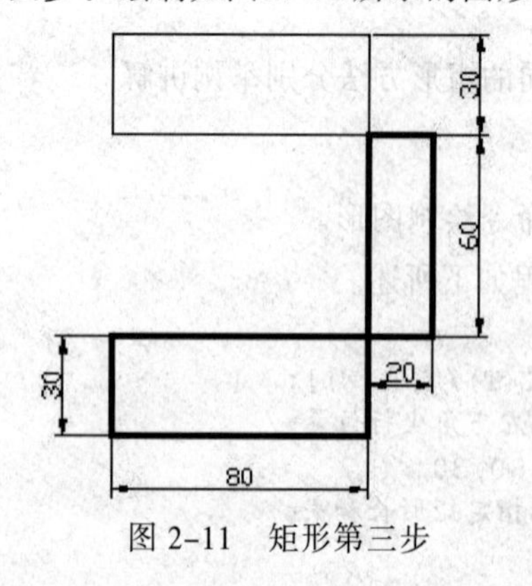

图2-11　矩形第三步

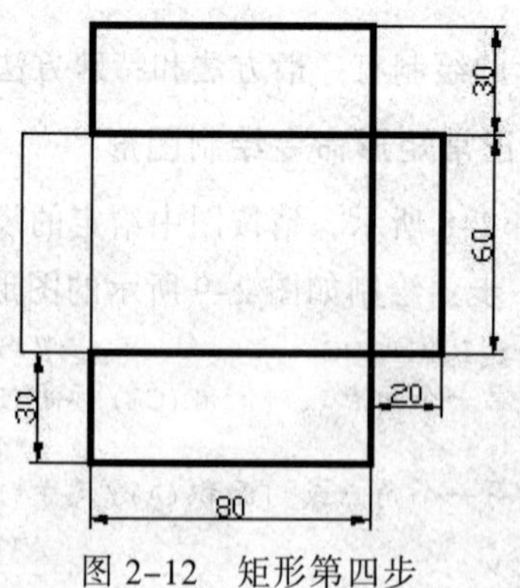

图2-12　矩形第四步

```
命令: RECTANG                        /*启动矩形命令*/
指定第一个角点或 [倒角(C)/标高(E)/圆角(F)/厚度(T)/宽度(W)]:
          /*使用鼠标和对象捕捉方式指定矩形左下角坐标位置为第三个矩形的左上角*/
指定另一个角点或 [面积(A)/尺寸(D)/旋转(R)]: @-20,-60
          /*使用相对直角坐标指定矩形长和宽*/
```

2. 特殊矩形命令绘制图形

如图 2-7 所示，请按图中给定的尺寸，使用矩形命令绘制图形。

第一步：绘制如图 2-7（a）所示的图形，具体绘制过程如下所述。

```
命令:RECTANG                                       /*启动矩形命令*/
指定第一个角点或 [倒角(C)/标高(E)/圆角(F)/厚度(T)/宽度(W)]: c
                                                   /*选择倒角(C)方法*/
指定矩形的第一个倒角距离 <0.0000>: -25            /*输入倒角值为-25*/
指定矩形的第二个倒角距离 <-25.0000>: -25          /*输入倒角值为-25*/
指定第一个角点或 [倒角(C)/标高(E)/圆角(F)/厚度(T)/宽度(W)]:
          /*使用鼠标在屏幕上指定一点，为矩形的左下角点坐标*/
指定另一个角点或 [面积(A)/尺寸(D)/旋转(R)]: @50,50
          /*输入矩形右上角点的坐标为@50,50*/
```

第二步：绘制如图 2-7（b）所示的图形，具体绘制过程如下所述。

```
命令:RECTANG                                       /*启动矩形命令*/
指定第一个角点或 [倒角(C)/标高(E)/圆角(F)/厚度(T)/宽度(W)]: f
                                                   /*选择圆角(F)方法*/
指定矩形的圆角半径 <-25.0000>: -25                 /*输入圆角半径为-25*/
指定第一个角点或 [倒角(C)/标高(E)/圆角(F)/厚度(T)/宽度(W)]:
          /*使用鼠标在屏幕上指定一点，为矩形的左下角点坐标*/
指定另一个角点或 [面积(A)/尺寸(D)/旋转(R)]: @50,50
          /*输入矩形右上角点的坐标为@50,50*/
```

第三步：绘制如图 2-7（c）所示的图形，具体绘制过程如下所述。

```
命令:RECTANG                                       /*启动矩形命令*/
指定第一个角点或 [倒角(C)/标高(E)/圆角(F)/厚度(T)/宽度(W)]: c
                                                   /*选择倒角(C)方法*/
指定矩形的第一个倒角距离 <0.0000>: -25            /*输入倒角值为-25*/
指定矩形的第二个倒角距离 <-25.0000>: 25           /*输入倒角值为 25*/
指定第一个角点或 [倒角(C)/标高(E)/圆角(F)/厚度(T)/宽度(W)]:
          /*使用鼠标在屏幕上指定一点，为矩形的左下角点坐标*/
指定另一个角点或 [面积(A)/尺寸(D)/旋转(R)]: @50,50
          /*输入矩形右上角点的坐标为@50,50*/
```

技巧与提示：

“矩形”命令相对“直线”命令来说，对于四边形的绘制完成起来要快速得多。它的绘制重点也在于点的定位，因为我们在绘制矩形时，多数绘图需要绘制出一个已知长和宽的矩形，所以这里很多操作是要求指定矩形的两个对角坐标来完成。给定两个对角的坐标，实际上就是绘制矩形的一条对角线，绘制方法同直线的方法，这里就不再介绍了。

“矩形”命令的另一个容易忽视的要点是它倒角和圆角参数的特殊性。对于倒角，在练习时多数情况下输入的是正值，实际应用时也可为两个方向的倒角指定负值，当输入负值倒角，绘制出的图形将产生特殊效果。另外矩形的圆角半径值，在实际应用中也可以给定负值，对于“矩形”命令的以上操作变化，学生应仔细体会加以分析理解。

2.4　正多边形绘制（POLYGON）

在绘制边数较多的等边图形时，可以采用正多边形命令方法。此方法可以方便地绘制出 3～1 024 条边的正多边形。

2.4.1　正多边形命令

启动正多边形命令有以下几种方法：

- 菜单栏方法：“绘图”|“正多边形（Y）”；
- 工具栏方法：“绘图工具栏”|“按钮”；
- 命令行方法：POLYGON，简写为 POL。

以绘制如图 2-13 所示的图形为例，讲解正多边形命令的绘制过程。

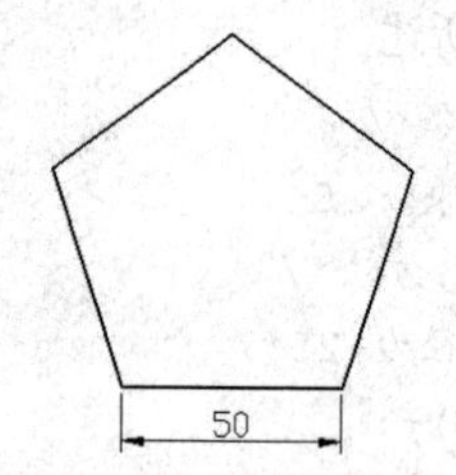

（a）已知边长绘正多边形

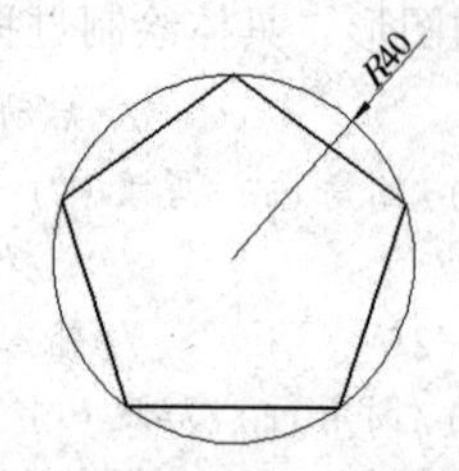

（b）已知内接圆半径绘正多边形

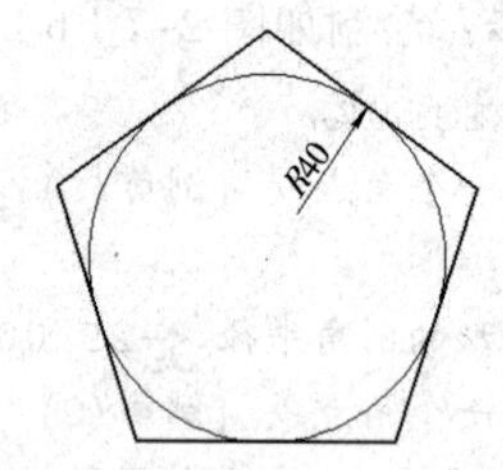

（c）已知外切圆半径绘正多边形

图 2-13　正多边形

第一步：如图 2-13（a）所示。

```
命令: polygon 输入边的数目 <5>: 5 /*指定正多边形的边数为 5*/
指定正多边形的中心点或 [边(E)]: e        /*选定边(E)方法*/
指定边的第一个端点:                      /*使用鼠标点选一点作为正多边形一边的起始点*/
指定边的第二个端点: 50                   /*向右沿水平极轴移动鼠标直接输入长度 50*/
```

第二步：如图 2-13（b）所示。

```
命令: circle 指定圆的圆心或 [三点(3P)/两点(2P)/相切、相切、半径(T)]:
指定圆的半径或 [直径(D)] <40.0000>: 40            /*先绘制一个半径为 40 的圆*/
命令: polygon 输入边的数目 <5>: 5                 /*指定正多边形的边数为 5*/
指定正多边形的中心点或 [边(E)]:          /*使用对象捕捉功能，捕捉圆心为正多边形中心*/
输入选项 [内接于圆(I)/外切于圆(C)] <C>:i          /*选定内接于圆方法*/
指定圆的半径: 40                                  /*指定内接圆半径为 40*/
```

第三步：如图 2-13（c）所示。

```
命令: circle 指定圆的圆心或 [三点(3P)/两点(2P)/相切、相切、半径(T)]:
指定圆的半径或 [直径(D)] <40.0000>: 40            /*先绘制一个半径为 40 的圆*/
命令: polygon 输入边的数目 <5>: 5                 /*指定正多边形的边数为 5*/
指定正多边形的中心点或 [边(E)]:          /*使用对象捕捉功能，捕捉圆心为正多边形中心*/
输入选项 [内接于圆(I)/外切于圆(C)] <C>:c          /*选定外切于圆方法*/
指定圆的半径: 40                                  /*指定外切圆半径为 40*/
```

命令行中出现各选项的含义如下：

（1）输入边的数目：指定正多边形的边数，输入值为 3 ~ 1 024。

（2）指定正多边形的中心点：定义正多边形中心点位置坐标。

（3）边（E）：通过指定第一条边的两个端点来定义正多边形。

（4）指定边的第一个端点：定位正多边形边的第一个端点坐标。

（5）指定边的第二个端点：定位正多边形边的第二个端点坐标。

（6）内接于圆（I）：指定内接圆的半径方法，正多边形的所有顶点都在此圆周上。

（7）外切于圆（C）：指定外切圆的半径方法，从正多边形中心点到各边中点的距离。

（8）指定圆的半径：使用内接于圆（I）或外切于圆（C）方法时从圆心到相应圆的半径的距离。

2.4.2　实例与练习

如图 2-14 所示，请按图中给定的尺寸，使用正多边形命令绘制图形。

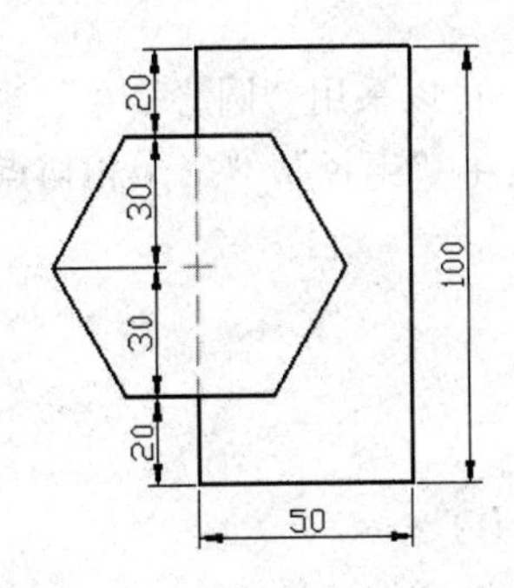

图 2-14　正多边形绘图实例

第一步： 绘制正多边形，如图 2-15 所示。

```
命令:POLYGON 输入边的数目 <6>: 6   /*启用正多边形命令，输入正多边形的边数为 6*/
指定正多边形的中心点或 [边(E)]:          /*使用鼠标定位一坐标点为正多边形中心点*/
输入选项 [内接于圆(I)/外切于圆(C)] <C>: c   /*选定外切于圆(C)方法*/
指定圆的半径: @30<90                    /*使用相对极坐标输入距离长度 30,控制方向向上*/
```

第二步： 绘制直线，如图 2-16 所示。

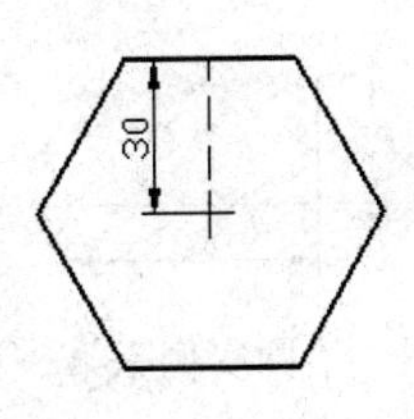

图 2-15　绘制正多边形实例第一步

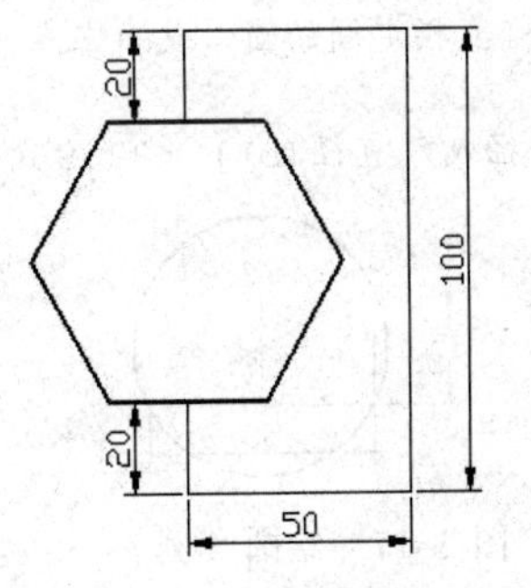

图 2-16　绘制正多边形实例第二步

```
命令: LINE                        /*启用画直线命令*/
指定第一点:                        /*使用对象捕捉，捕捉正多边形下边中点*/
指定下一点或 [放弃(U)]: 20          /*锁定极轴向下方向，输入直线长度为 20*/
```

```
指定下一点或 [放弃(U)]: 50                  /*锁定极轴向右方向，输入直线长度为 50*/
指定下一点或 [闭合(C)/放弃(U)]: 100         /*锁定极轴向上方向，输入直线长度为 100*/
指定下一点或 [闭合(C)/放弃(U)]: 50          /*锁定极轴向左方向，输入直线长度为 50*/
指定下一点或 [闭合(C)/放弃(U)]:20           /*锁定极轴向下方向，输入直线长度为 20*/
指定下一点或 [闭合(C)/放弃(U)]:             /*按空格键结束直线命令*/
```

技巧与提示：

正多边形的绘制，实际操作时应多注意“边（E）”方法和“中心点”＋“半径”方法的区别。使用“边（E）”的方法时，所绘制的正多形，要已知边的长度或任一边的两端点位置才可。对于“中心点”＋“半径方法”，多数用于对图形的补充绘图，或对已知图形的辅助绘图。如果在指定半径长度后，正多边形方向有误，可以为半径值指定一个相对坐标值来固定正多边形的方向，如实例的第一步中所指定的半径情况。

2.5 圆的绘制（CIRCLE）

圆形在绘制过程中方法比较多，可以采用“圆心”＋“半径”、“圆心”＋“直径”、“三点（3P）”、“二点(2P)”、“两个相切点”＋“半径”，“三个相切点”的方法。这些方法可以针对不同的已知条件方便地绘制圆形。

2.5.1 圆命令

启动圆命令有以下几种方法：

- 菜单栏方法：“绘图”|“圆（C）”；
- 工具栏方法：“绘图工具栏”|“⊙按钮”；
- 命令行方法：CIRCLE，简写为 C。

以绘制如图 2-17 所示的图形为例，讲解圆命令的使用方法。

方法一：“圆心”＋“半径”法。

```
命令:LINE 指定第一点:                      /*启动直线命令，用鼠标指定三角形的左上角点为起点*/
指定下一点或 [放弃(U)]: 25                 /*移动鼠标锁定向下极轴，输入长度 25*/
指定下一点或 [放弃(U)]: 50                 /*移动鼠标锁定向右极轴，输入长度 50*/
指定下一点或 [闭合(C)/放弃(U)]: c /*闭合直线*/
命令:circle 指定圆的圆心或 [三点(3P)/两点(2P)/相切、相切、半径(T)]:
                                           /*启动圆命令，捕捉斜线中点为圆心*/
指定圆的半径或 [直径(D)] <27.9508>:  /*捕捉斜线任一端点，自动获得圆的半径(见图 2-18)*/
```

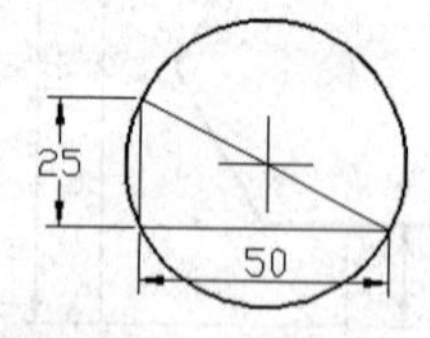

图 2-17　绘圆实例一

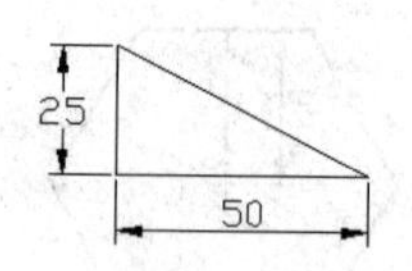

图 2-18　绘圆实例一第一步

方法二：二点法。

```
命令:LINE 指定第一点:
指定下一点或 [放弃(U)]: 25
指定下一点或 [放弃(U)]: 50
指定下一点或 [闭合(C)/放弃(U)]: c
```

```
命令: circle 指定圆的圆心或 [三点(3P)/两点(2P)/相切、相切、半径(T)]: 2P
                                  /*启动圆命令, 使用两点(2P)命令选项*/
指定圆直径的第一个端点:            /*指定斜线第一端点为第一点*/
指定圆直径的第二个端点:            /*指定斜线的另一端点为第二点*/
```

方法三：三点法。

```
命令:LINE 指定第一点:
指定下一点或 [放弃(U)]: 25
指定下一点或 [放弃(U)]: 50
指定下一点或 [闭合(C)/放弃(U)]: c
命令:circle 指定圆的圆心或 [三点(3P)/两点(2P)/相切、相切、半径(T)]: 3P
                                /*启动圆命令, 使用三点(3P)命令选项*/
指定圆上的第一个点:             /*指定三角形第一项点为第一点*/
指定圆上的第二个点:             /*指定三角形第二项点为第二点*/
指定圆上的第三个点:             /*指定三角形第三项点为第三点*/
```

命令行中出现各选项的含义如下：

（1）指定圆的圆心：基于圆心和直径（或半径）绘制圆，指定圆心点坐标位置。

（2）三点（3P）：基于圆周上的三点绘制圆。

（3）两点（2P）：基于圆直径上的两个端点绘制圆。

（4）相切、相切、半径（T）：基于指定半径和两个相切对象绘制圆。

2.5.2　实例与练习

请按图 2-19 中给定的尺寸，使用圆和相关命令绘制图形。

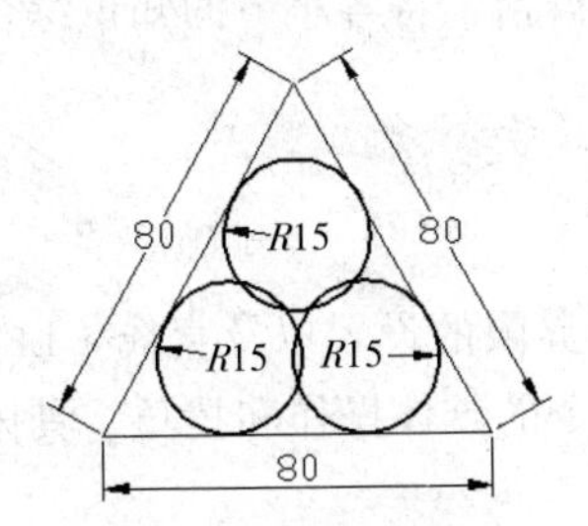

图 2-19　绘圆实例二

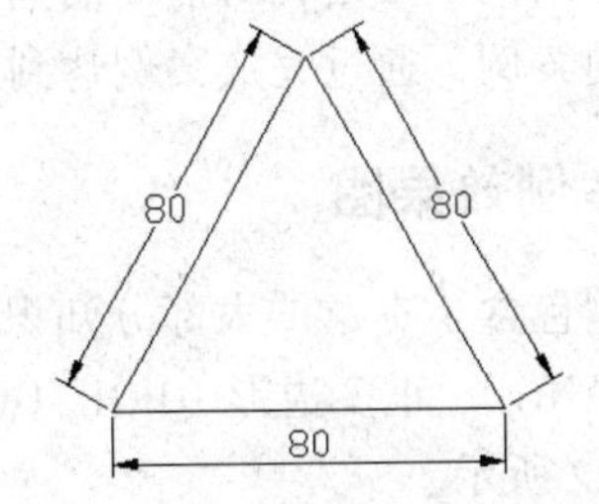

图 2-20　绘圆实例二第一步

绘制方法如下：

```
命令:polygon 输入边的数目 <4>: 3   /*如图 2-20 所示, 启动正多边形命令, 输入边数为 3*/
指定正多边形的中心点或 [边(E)]: e   /*启用边(E)命令*/
指定边的第一个端点: 指定边的第二个端点: 80
                          /*指定左下角点, 移动鼠标锁定向右极轴, 输入长度 80*/
命令:circle 指定圆的圆心或 [三点(3P)/两点(2P)/相切、相切、半径(T)]:t
                                 /*启动圆命令, 使用相切、相切、半径(T)命令选项*/
指定对象与圆的第一个切点:          /*在三角形左边上捕捉一切点*/
指定对象与圆的第二个切点:          /*在三角形下边上捕捉一切点*/
指定圆的半径 <27.9508>: 15          /*指定相切圆半径为 15*/
命令:circle 指定圆的圆心或 [三点(3P)/两点(2P)/相切、相切、半径(T)]: t
指定对象与圆的第一个切点:          /*在三角形下边上捕捉一切点*/
指定对象与圆的第二个切点:          /*在三角形右边上捕捉一切点*/
指定圆的半径 <15.0000>: 15          /*指定相切圆半径为 15*/
命令:circle 指定圆的圆心或 [三点(3P)/两点(2P)/相切、相切、半径(T)]: t
```

```
指定对象与圆的第一个切点:            /*在三角形右边上捕捉一切点*/
指定对象与圆的第二个切点:            /*在三角形左边上捕捉一切点*/
指定圆的半径 <15.0000>: 15           /*指定相切圆半径为 15*/
```

技巧与提示：

圆在绘图过程中使用比较频繁，应仔细体会其绘制的方法和其选项的具体含义，其中重点为“相切、相切、半径（T）”命令选项的应用，在操作中鼠标单击的切点位置不同，可能有时产生的结果也不同，如图 2-21 所示，应多加练习，注意其变化规律。

绘图时如果出现使用三个切点来定位相切圆的操作时，用 CIRCLE 命令是不能满足绘制需要的，这时需从绘图菜单栏启用圆命令的“相切，相切，相切”选项来完成绘图。

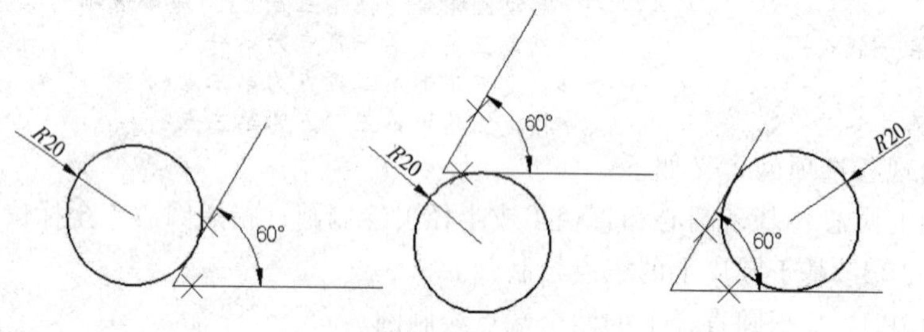

图 2-21　绘圆切点位置

2.6　实训案例

本实训案例主要是针对前面的基础绘图部分进行总结和概括，将各小节的知识综合成一个相对完整的案例，通过完成案例达到知识和技能的融会贯通。

2.6.1　案例效果图

本案例包含了本章的大部分知识和绘图方法，涉及绘图界限的设置以及直线（LINE）、矩形（RECTANG）、正多边形（POLYGON）、圆（CIRCLE）命令的具体操作和技巧，具体案例效果如图 2-22 所示。

2.6.2　绘图步骤

1. 设置图形界限

本例中的图形界限大小为设定为 420×297，设置图形界限可以使显示和绘图操作方便，针对本案例的特点，只需要在图形界限内绘制一个矩形，用来表示图幅范围，其他设置采用 AutoCAD 2010 图形空间默认值即可。设置图形界限可以使用菜单栏方法“格式”|“图形界限（A）”或在命令行输入“LIMITS”进行设置。具体操作如下：

```
命令: LIMITS                    /*启动图形界限命令*/
重新设置模型空间界限:
指定左下角点或 [开(ON)/关(OFF)] <0.0000,0.0000>: 0,0
                                /*指定左下角坐标为 WCS 的零点*/
指定右上角点 <420.0000,297.0000>: 420,297
                                /*指定右上角坐标为 WCS 绝对直角坐标 420, 297*/
命令: rectang                   /*启动矩形命令*/
指定第一个角点或 [倒角(C)/标高(E)/圆角(F)/厚度(T)/宽度(W)]: 0,0
```

```
                          /*指定矩形左下角坐标（与图形界限范围匹配）*/
指定另一个角点或 [面积(A)/尺寸(D)/旋转(R)]: 420,297
                          /*指定矩形右上角坐标（与图形界限范围匹配）*/
命令: zoom                 /*输入缩放命令*/
```

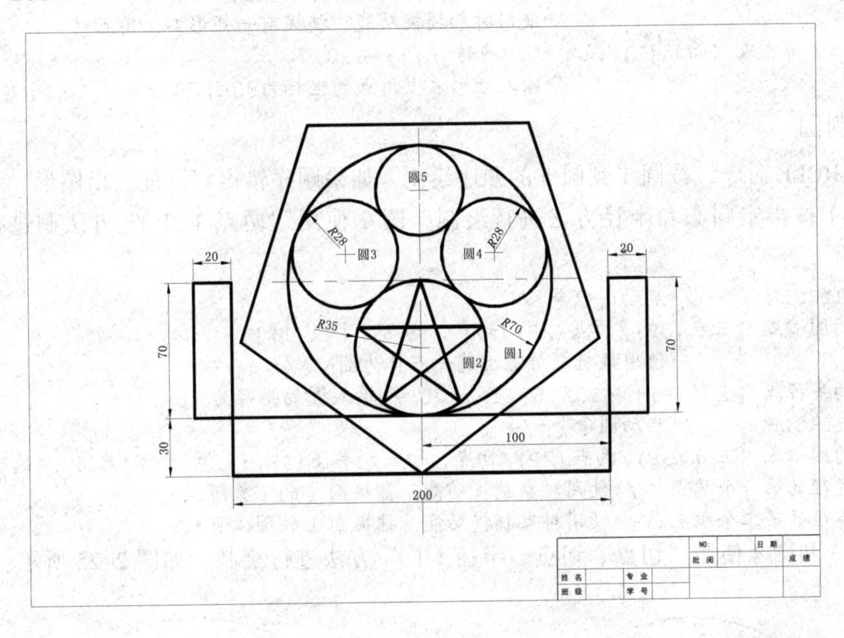

图 2-22　案例效果图

2. 绘制底座

底座使用矩形命令按由左到右顺序进行绘制，效果如图 2-23 所示。具体操作如下：

```
命令: RECTANG              /*启动矩形命令*/
指定第一个角点或 [倒角(C)/标高(E)/圆角(F)/厚度(T)/宽度(W)]:
                           /*使用鼠标指定屏幕上适当一点为矩形左下角点坐标*/
指定另一个角点或 [面积(A)/尺寸(D)/旋转(R)]: @20,70
                           /*输入矩形右上角点的坐标为@20,70*/
命令: RECTANG              /*启动矩形命令*/
指定第一个角点或 [倒角(C)/标高(E)/圆角(F)/厚度(T)/宽度(W)]:
                           /*使用对象捕捉功能，捕捉前一矩形右下角点*/
```

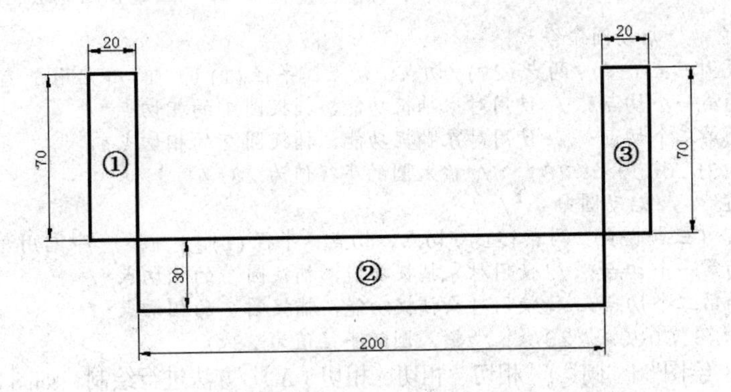

图 2-23　矩形底座绘制步骤

```
指定另一个角点或 [面积(A)/尺寸(D)/旋转(R)]: @200,-30
                                        /*输入矩形右上角点的坐标为@200,-30*/
命令: RECTANG                           /*启动矩形命令*/
指定第一个角点或 [倒角(C)/标高(E)/圆角(F)/厚度(T)/宽度(W)]:
                                        /*使用对象捕捉功能，捕捉前一矩形右上角点*/
指定另一个角点或 [面积(A)/尺寸(D)/旋转(R)]: @20,70
                                        /*输入矩形右上角点的坐标为@20,70*/
```

3. 绘制圆

使用 CIRCLE 命令，按圆 1 到圆 5 的顺序绘制，如果顺序错误将不能绘出图形。

（1）圆 1 按指定圆心和半径方法进行绘制，圆 2 使用“两点（2P）”方法制进行绘制如图 2–24 所示。

```
命令: CIRCLE        /*启动圆命令*/
指定圆的圆心或 [三点(3P)/两点(2P)/切点、切点、半径(T)]:
                    /*使用鼠标在屏幕上选一点作为圆心*/
指定圆的半径或 [直径(D)] <155.6911>: 70 /*输入圆的半径为 70*/
命令: CIRCLE        /*启动圆命令*/
指定圆的圆心或 [三点(3P)/两点(2P)/切点、切点、半径(T)]: 2P    /*启用 2P 选项*/
指定圆直径的第一个端点: /*使用对象捕捉功能，捕捉圆 1 的下象限点*/
指定圆直径的第二个端点: /*使用对象捕捉功能，捕捉圆 1 的圆心点*/
```

（2）圆 3 和圆 4 使用“切点、切点、半径（T）”方法进行绘制，如图 2–25 所示。

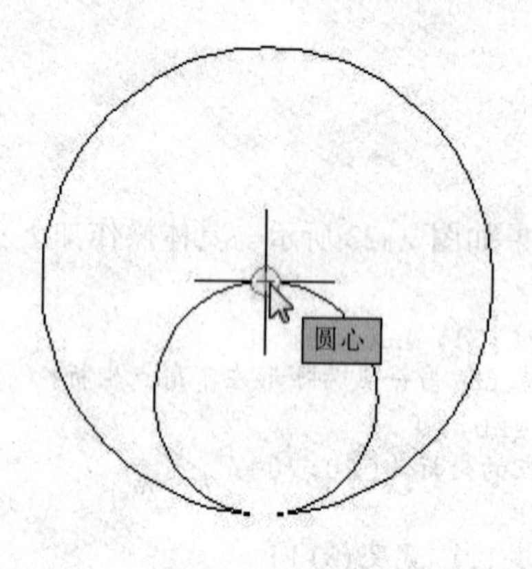

图 2–24　圆 1 和圆 2 绘制步骤

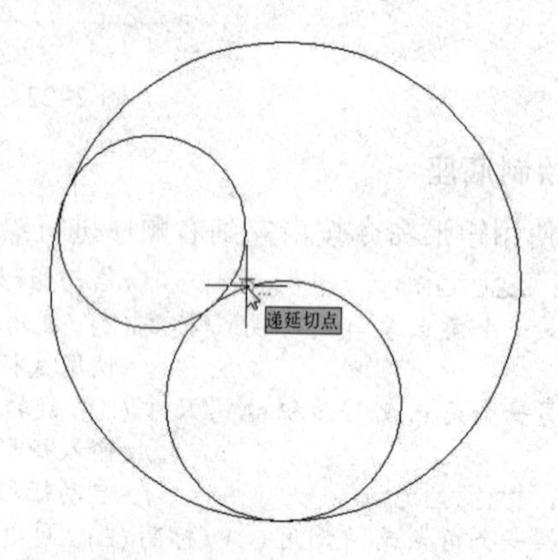

图 2–25　圆 3 和圆 4 绘制步骤

```
命令: CIRCLE  /*启动圆命令*/
指定圆的圆心或 [三点(3P)/两点(2P)/切点、切点、半径(T)]: T /*启用 T 选项*/
指定对象与圆的第一个切点: /*使用对象捕捉功能，捕捉圆 1 的相切点*/
指定对象与圆的第二个切点: /*使用对象捕捉功能，捕捉圆 2 的相切点*/
指定圆的半径 <35.0000>: 28    /*输入圆的半径值为 28*/
命令: CIRCLE  /*启动圆命令*/
指定圆的圆心或 [三点(3P)/两点(2P)/切点、切点、半径(T)]: T    /*启用 T 选项*/
指定对象与圆的第一个切点: /*使用对象捕捉功能，捕捉圆 1 的相切点*/
指定对象与圆的第二个切点: /*使用对象捕捉功能，捕捉圆 2 的相切点*/
指定圆的半径 <28.0000>: 28   /*输入圆的半径值为 28*/
```

（3）圆 5 使用“绘图”|“圆”|“相切、相切、相切（A）”方法进行绘制，如图 2–27 所示。

```
命令: _circle 指定圆的圆心或 [三点(3P)/两点(2P)/切点、切点、半径(T)]: _3p 指定圆
上的第一个点: _tan 到                  /*使用对象捕捉功能，捕捉圆 1 的相切点*/
```

```
指定圆上的第二个点： _tan 到                /*使用对象捕捉功能，捕捉圆 3 的相切点*/
指定圆上的第三个点： _tan 到                /*使用对象捕捉功能，捕捉圆 4 的相切点*/
```

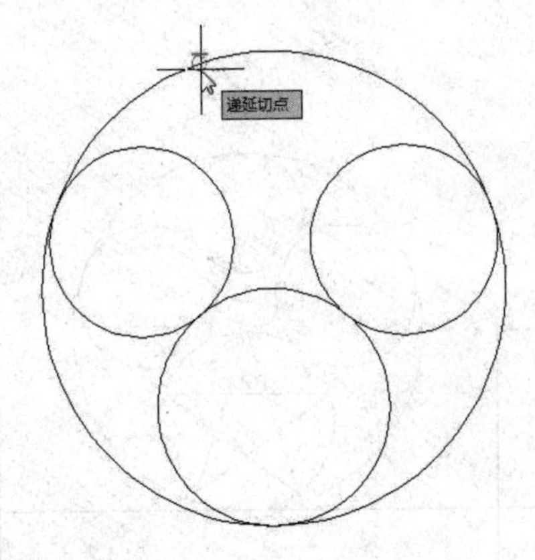

图 2-26　圆 5 绘制步骤

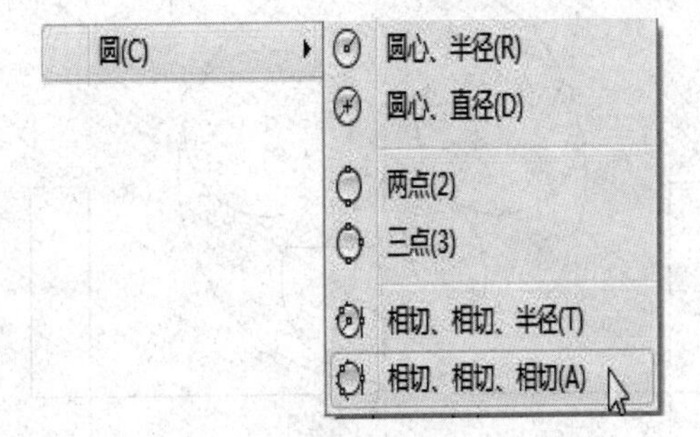

图 2-27　绘圆菜单

4. 绘制五角星

为了绘制五角星，需要先在圆 2 中绘制一个内接于圆的正五边形进行辅助，然后使用直线（LINE）命令连接相隔对角完成五角星绘制，最后将正五边形删除，如图 2-28 所示。

```
命令: POLYGON               /*启动正多边形命令*/
输入边的数目 <4>: 5         /*输入正多边形边数为 5*/
指定正多边形的中心点或 [边(E)]:              /*使用对象捕捉功能，捕捉圆 2 的圆心点*/
输入选项 [内接于圆(I)/外切于圆(C)] <I>: I    /*选择内接于圆（I）方式*/
指定圆的半径:                                /*使用对象捕捉功能,捕捉圆 2 的上象限点*/
命令:  ERASE                /*启动删除命令*/
选择对象:                   /*使用鼠标选择正五边形*/
找到 1 个
选择对象:                   /*回车确认删除*/
```

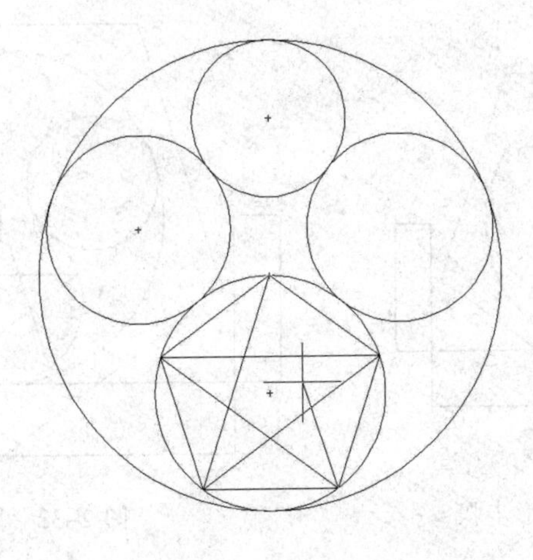

图 2-28　五角星绘制步骤

5. 移动对齐

将绘制好的五个圆和五角星图案，使用移动（MOVE）命令进行移动操作，如图 2-29 所示。参照基点为圆 1 的下象限点和大矩形的上边中点，完成后的效果如图 2-30 所示。

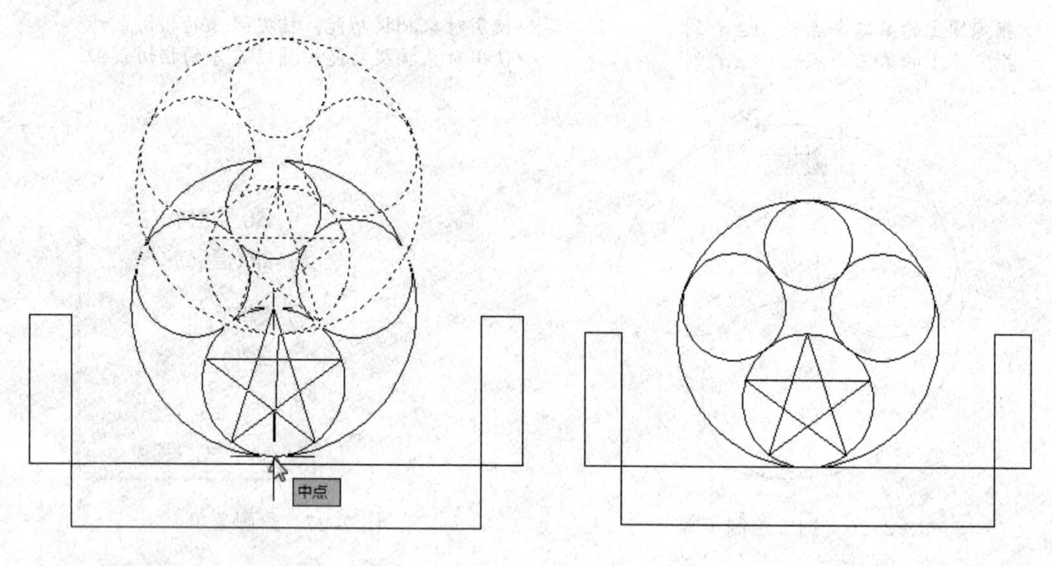

图 2-29　移动图形步骤　　　　图 2-30　移动图形结果

6．绘制正多边形

绘制正多边形，如图 2-31 所示。

```
命令：POLYGON                  /*启动正多边形命令*/
输入边的数目 <4>：5            /*输入正多边形边数为 5*/
指定正多边形的中心点或 [边(E)]：          /*使用对象捕捉功能，捕捉圆 1 的圆心点*/
输入选项 [内接于圆(I)/外切于圆(C)] <I>：I   /*选择内接于圆（I）方式*/
指定圆的半径：                           /*使用对象捕捉功能，捕捉大矩形下边的中点*/
```

7．完成绘图

最后结果如图 2-32 所示（尺寸标注略）。

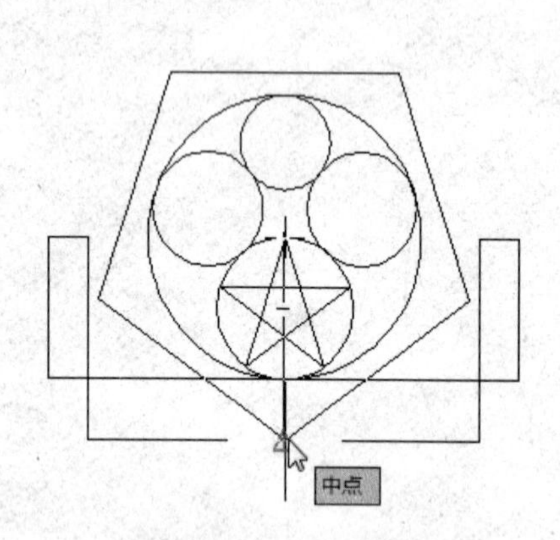

图 2-31　正五边形步骤

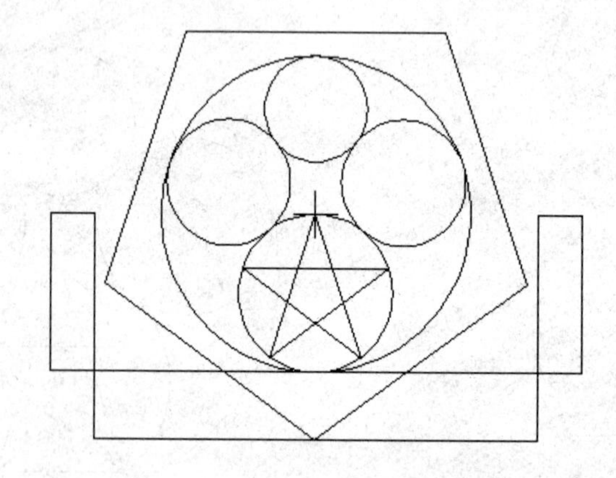

图 2-32　案例结果

2.6.3　注意事项和绘图技巧提示

本例是基础绘图的综合应用，使用了一些常用的基本命令和方法，主要练习本章命令的相互配合和使用技巧。在操作中注意掌握命令的基本使用方法，了解各命令之间的相互协调和操作顺序。本例难度并不是很高，重点是绘图中的操作顺序，每一步如何为下一步做好准备。如果操作顺序错了，可能会很麻烦，或许不能完成绘制，请在画图过程中认真体会。

思考与练习题

一、单选题

1．刚刚绘制了一个半径为 12 的圆，现在要立即再绘制半径为 12 的圆，最快捷的方法是（　　）。

A．直接回车调出画圆命令，系统要求给定半径时输入 12

B．调出画圆命令，系统要求给定半径时输入 12

C．直接回车调出画圆命令，系统要求给定半径时直接回车

D．调出画圆命令，系统要求给定半径时直接回车

2．在 AutoCAD 中绘制正多边形，下列方式错误的是（　　）。

A．内接正多边形　　B．外切正多边形

C．确定边长方式　　D．确定圆心、正多边形点的方式

3. 在 AutoCAD 中，用 CIRCLE 命令在一个三角形中画一内接圆，在提示[三点(3P)/两点(2P)/相切、相切、半径(T)]:下，应采用的最佳方式是（　　）。

A．2P 方式

B．T 方式

C．3P 方式

D．先手工计算好圆心坐标、半径，用圆心、半径方式

4．在 AutoCAD 中绘制正多边形时，在已知边长的情况下应选择的绘制方式是（　　）。

A．内接正多边形　　B．外切正多边形

C．确定边长方式　　D．确定圆心、正多边形点的方式

5．“内接于圆”方式画正多边形时，所输入的半径是（　　）。

A．外切圆半径　　B．内切圆半径

C．外接圆半径　　D．内接圆半径

6．正多边形命令可绘制具有 3～（　　）条等长边的封闭多段线。

A．1 023　　B．1 024　　C．1 025　　D．1 026

7．绘制一个外切正五边形的操作步骤（　　）。

A．Polygon.5.I　　B．Rectang.5.I

C．Polygon.5.C　　D．Rectang.5.c

8．绘制矩形（RECTANG）时命令需要（　　）信息。

A．起始角、宽度和高度　　B．矩形四个角的坐标

C．矩形对角线的对角坐标　　D．矩形的三个相邻角坐标

9. 绘制圆形（CIRCLE）命令，当选用相切、相切、半径（T）命令选项时，下面错误的是（　　）。

A．直接按顺序点击相切对象，然后指定半径

B．使用对象捕捉切单工具选择相切对象，然后指定半径

C．直接按顺序先后单击相切对象，然后使用鼠标量取两点指定半径。

D．按任意顺序先后单击相切对象，然后指定半径。

10．绘制矩形命令，当选用圆角（C）命令选项时，指定矩形的圆角半径不正确的是（　　）。

A．-20　　B．30　　C．0　　D．30-20

二、多选题

1．通过圆外一点 *A* 作圆的切线，下列叙述错误的有（　　）。

A．用 LINE 命令作直线，起点为 *A* 点，终点为圆点

B．用 LINE 命令作直线，起点为 *A* 点，终点用切点，目标捕捉方式在圆周上捕捉

C．用 LINE 命令作直线，起点为 *A* 点，终点用交点，目标捕捉方式在圆周上捕捉

D．用 LINE 命令作直线，起点为 *A* 点，终点为圆周上任意点

2．（　　）不是“矩形”命令的选项。

A．放弃　　B．半宽　　C．圆弧

D．线型　　E．宽度

3．绘制正多边形，选用（　　）命令。

A．POL　　B．RECTANG　　C．PLOT　　D．POLYGON

4．绘制正多边形，选用内接于圆（I）命令时，可以输入的值为（　　）。

A．20　　B．@20<30　　C．@20,30　　D．@20>30

5．绘制圆形，在菜单栏方法选项中，可以选择的项目有（　　）。

A．圆心、半径　　B．圆心、直径　　C．两点

D．三点　　E．相切、相切、半径　　F．相切、相切、相切

第3章 基础编辑

编辑是对使用 AutoCAD 绘制的图形进行复制、移动、旋转、修剪、镜像和删除及其他修改的操作。使用编辑命令可以使用户合理快捷地构建和组织图形，保证绘图的准确性，简化操作过程，从而提高设计的效率和效果。本章将通过实例介绍相关的图形编辑命令操作。

知识要点

- 捕捉（SNAP）;
- 对象捕捉（OSNAP）;
- 复制（COPY）;
- 偏移（OFFSET）;
- 修剪（TRIM）;
- 打断（BREAK）;
- 倒角（CHAMFER）;
- 圆角（FILLET）;
- 镜像（MIRROR）;
- 旋转（ROTATE）;
- 缩放（SCALE）;
- 移动（MOVE）;
- 对齐（ALIGN）。

3.1 捕捉（SNAP）

要提高绘图的速度和效率，可以启用捕捉和栅格。设置捕捉可以控制其间距、角度和对齐。捕捉模式用于限制十字光标，使其按照用户定义的间距移动。当“捕捉”模式打开时，光标似乎附着或捕捉到不可见的栅格。捕捉模式有助于使用箭头键或定点设备来精确地定位点。“栅格”模式和“捕捉”模式各自独立，但经常同时打开。

3.1.1 捕捉命令

启动捕捉命令有以下几种方法：

- 菜单栏方法：“工具”|“草图设置（F）”;
- 工具栏方法：“状态栏”|“捕捉”;
- 命令行方法：SNAP，简写为 SN。

以绘制图 3-1 所示的图形为例，讲解捕捉命令的操作过程。

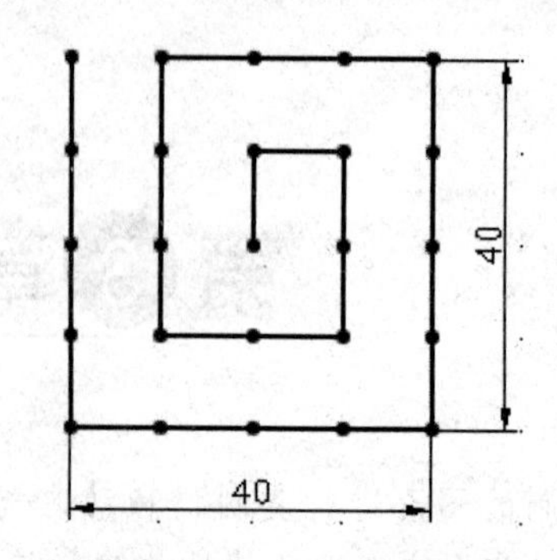

图 3-1　捕捉和栅格练习

具体操作过程如下：

第一步：设置捕捉和栅格。

```
命令: SNAP                          /*启动“捕捉”命令*/
指定捕捉间距或 [开(ON)/关(OFF)/纵横向间距(A)/样式(S)/类型(T)] <10.0000>: a
                                    /*选择“纵横向间距(A)”选项*/
指定水平间距 <10.0000>: 10          /*设置水平捕捉间距为10*/
指定垂直间距 <10.0000>: 10          /*设置垂直捕捉间距为10*/

命令: SNAP                          /*启动“捕捉”命令*/
指定捕捉间距或 [开(ON)/关(OFF)/纵横向间距(A)/样式(S)/类型(T)] <10.0000>: on
                                    /*选择“开(ON)”选项*/
命令: GRID                          /*启动“栅格”命令*/
指定栅格间距(X) 或 [开(ON)/关(OFF)/捕捉(S)/主(M)/自适应(D)/界限(L)/跟随(F)/纵横
向间距(A)] <10.0000>: on            /*选择“开(ON)”选项*/
```

第二步：使用鼠标沿栅格点，按图所示的尺寸距离绘制直线，完成绘图。

命令行中出现各选项的含义如下：

（1）捕捉间距：用指定的值激活捕捉模式。

（2）打开：使用捕捉栅格的当前设置激活捕捉模式。

（3）关：关闭捕捉模式但保留当前设置。

（4）纵横向间距：在 *X* 和 *Y* 方向指定不同的间距。如果当前捕捉模式为“等轴测”，则不能使用此选项。

（5）样式：指定“捕捉”栅格的样式为标准或等轴测。

（6）类型：指定“栅格捕捉”还是“极轴捕捉”。

3.1.2 “捕捉和栅格”选项卡

对于捕捉功能的设置，可以通过打开菜单栏工具下拉菜单中“草图设置”对话框，在“捕捉和栅格”选项卡中对捕捉和栅格的各项功能进行详细的设置，如图 3-2 所示。

对话框中的“启动捕捉”复选框控制是否打开捕捉功能；在“捕捉间距”选项组中可以设置捕捉栅格的 *X* 向间距和 *Y* 向间距；在“捕捉类型”选项组中可以设置“矩形捕捉”和绘制正等轴测图的“等轴测捕捉”类型。利用【F9】快捷键可以在打开和关闭捕捉功能之间切换。

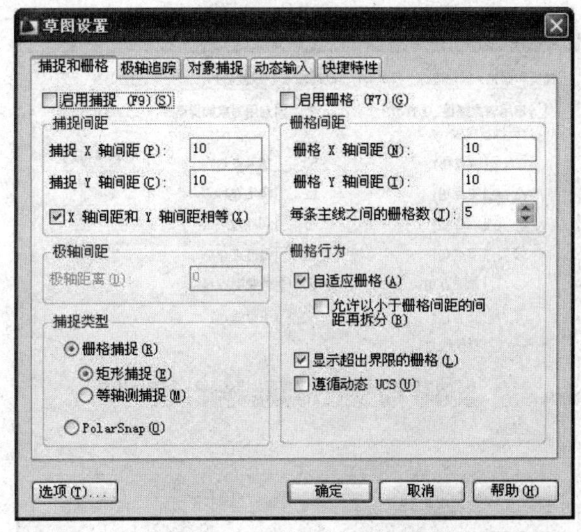

图 3-2　“草图设置”对话框“捕捉和栅格”选项卡

“启用栅格”复选框控制是否打开栅格功能，“栅格间距”选项组可以设置栅格的 *X* 和 *Y* 向的间距。使用【F7】快捷键可以打开和关闭栅格功能。

技巧与提示：

捕捉和栅格经常配合使用，捕捉的间距与栅格的间距一般情况下是成比例的。栅格点的设置是为了绘图时方便参考，而捕捉间距是控制鼠标移动和停留距离，在使用时一定要注意区别。另外，栅格与捕捉只有在启用后才起作用，如果关闭了，对当前的绘图没有限制作用。

3.2　对象捕捉（OSNAP）

“对象捕捉”命令是设置执行对象捕捉模式。对象捕捉方式有很多种，如端点、中点、圆心、交点等，针对不同的图形，可以使用一种或同时使用多种对象捕捉方式。

3.2.1　对象捕捉命令

启动对象捕捉命令有以下几种方法：

- 菜单栏方法：“工具” | “草图设置（F）”；
- 工具栏方法：“对象捕捉” | “ 按钮”；
- 命令行方法：OSNAP，简写为 OS。

启动对象捕捉命令后，显示“草图设置”对话框的“对象捕捉”选项卡，如图 3-3 所示。

“草图设置”对话框中各选项的含义如下：

（1）端点：捕捉到圆弧、椭圆弧、直线、多线、多段线线段、样条曲线、面域或射线最近的端点、捕捉宽线、实体或三维面域的最近角点。

（2）中点：捕捉到圆弧、椭圆、椭圆弧、直线、多线、多段线、面域、实体、样条曲线或参照线的中点。

（3）圆心：捕捉到圆弧、圆、椭圆或椭圆弧的圆心点。

（4）节点：捕捉到点对象、标注定义点或标注文字起点。

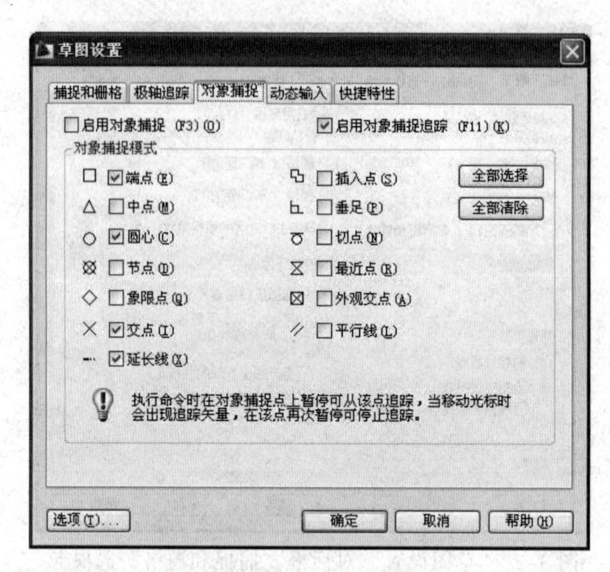

图 3-3 “草图设置”对话框“对象捕捉”选项卡

（5）象限点：捕捉到圆弧、圆、椭圆或椭圆弧的象限点。

（6）交点：捕捉到圆弧、圆、椭圆、椭圆弧、直线、多线、多段线、射线、面域、样条曲线或参照线的交点。“延伸交点”不能用作执行对象捕捉模式。“交点”和“延伸交点”不能和三维实体的边或角点一起使用。

（7）延长线：当光标经过对象的端点时，显示临时延长线或圆弧，以便用户在延长线或圆弧上指定点。

（8）插入点：捕捉到属性、块、形或文字的插入点。

（9）垂足：捕捉圆弧、圆、椭圆、椭圆弧、直线、多线、多段线、射线、面域、实体、样条曲线或参照线的垂足。当正在绘制的对象需要捕捉多个垂足时，将自动打开“递延垂足”捕捉模式。可以用直线、圆弧、圆、多段线、射线、参照线、多线或三维实体的边作为绘制垂直线的基础对象。可以用“递延垂足”在这些对象之间绘制垂直线。当靶框经过“递延垂足”捕捉点时，将显示 AutoSnap 工具栏提示和标记。

（10）切点：捕捉到圆弧、圆、椭圆、椭圆弧或样条曲线的切点。当正在绘制的对象需要捕捉多个垂足时，将自动打开“递延垂足”捕捉模式。可以使用“递延切点”来绘制与圆弧、多段线圆弧或圆相切的直线或构造线。当靶框经过“递延切点”捕捉点时，将显示标记和 AutoSnap 工具栏提示。

（11）最近点：捕捉到圆弧、圆、椭圆、椭圆弧、直线、多线、点、多段线、射线、样条曲线或参照线的最近点。

（12）外观交点：捕捉到不在同一平面但看起来在当前视图中相交的两个对象的外观交点。“延伸外观交点”不能用作执行对象捕捉模式。“外观交点”和“延伸外观交点”不能和三维实体的边或角点一起使用。

（13）平行线：将直线段、多段线线段、射线或构造线限制为与其他线性对象平行。指定线性对象的第一点后，请指定平行对象捕捉。与在其他对象捕捉模式中不同，用户可以将光标和悬停移至其他线性对象，直到获得角度。然后将光标移回正在创建的对象。如果对象的路径与上一个线性对象平行，则会显示对齐路径，用户可将其用于创建平行对象。

（14）全部选择：打开所有对象捕捉模式。

（15）全部清除：关闭所有对象捕捉模式。

3.2.2 实例与练习

以图 3-4 所示为例说明在绘图过程中对象捕捉功能的使用。绘制此图形可以根据数据绘制出支架的底座和圆图形，再使用对象捕捉绘制两侧的切线。

第一步：用直线和圆绘制底座和φ63 的圆，如图 3-5 所示。

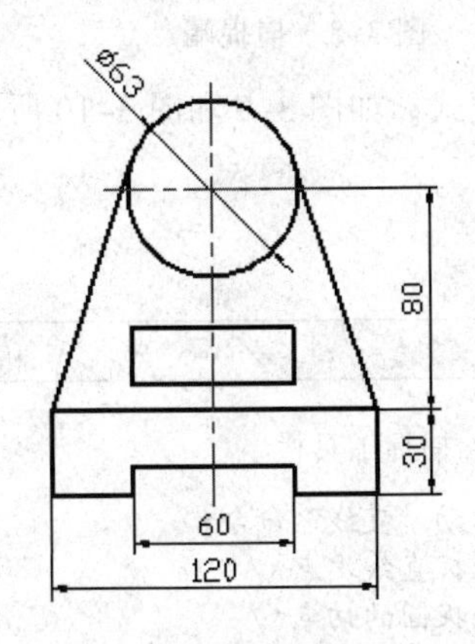

图 3-4 支架和底座

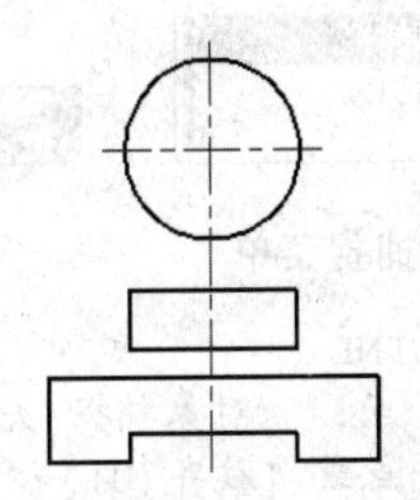

图 3-5 支架和底座绘制第一步

第二步：设置对象捕捉选项。

设置对象捕捉，在“状态栏”上的“对象捕捉”按钮上右击，选“设置”选项 设置(S)... ，在“草图设置”对话框的“对象捕捉”选项卡中设置端点和切点两种对象捕捉模式，如图 3-6 所示。

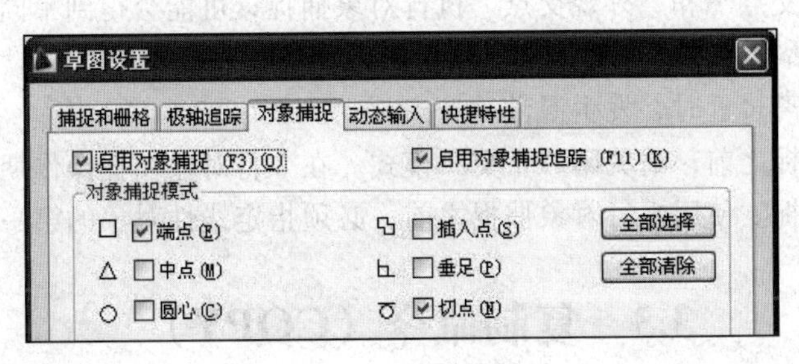

图 3-6 设置捕捉

第三步：直线绘制切线。

```
命令: LINE                            /*启动“直线”命令*/
指定第一点: <对象捕捉 开>             /*打开对象捕捉，捕捉直线端点*/
指定下一点或 [放弃(U)]:               /*捕捉圆的切点，如图 3-7 所示*/
指定下一点或 [放弃(U)]:               /*按空格键结束“直线”命令*/
命令: line 指定第一点:                /*启动“直线”命令*/
指定下一点或 [放弃(U)]:               /*捕捉直线端点，如图 3-8 所示*/
指定下一点或 [放弃(U)]:               /*捕捉圆的切点*/
指定下一点或 [放弃(U)]:               /*按空格键结束“直线”命令*/
```

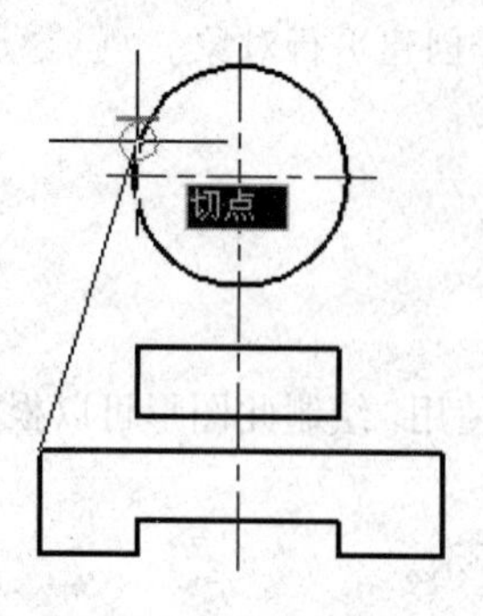

图 3-7　捕捉切点

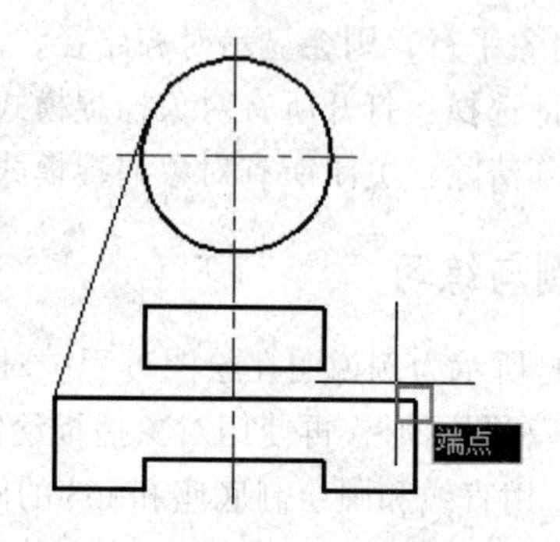

图 3-8　捕捉端点

在绘制圆的切线时也可使用如下方法设置对象捕捉模式，如图 3-9 和图 3-10 所示。

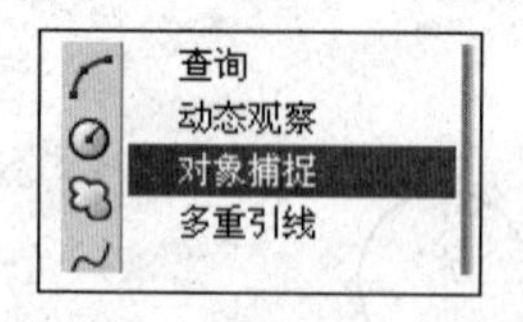

图 3-9　捕捉菜单

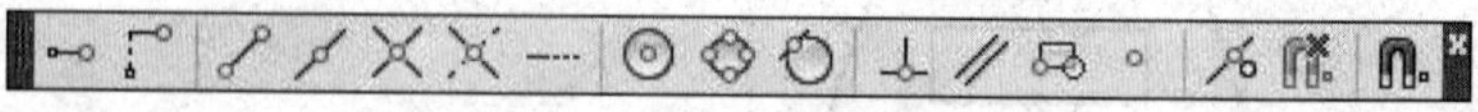

图 3-10　捕捉工具栏

```
命令: LINE                                  /*启动“直线”命令*/
指定第一点: <对象捕捉 关> endp 于           /*捕捉直线端点*/
指定下一点或 [放弃(U)]: tan 到              /*捕捉圆的切点*/
指定下一点或 [放弃(U)]:                     /*按空格键结束“直线”命令*/
命令: LINE                                  /*启动“直线”命令*/
指定第一点: endp 于                         /*捕捉直线端点*/
指定下一点或 [放弃(U)]: tan 到              /*捕捉圆的切点*/
指定下一点或 [放弃(U)]:                     /*按空格键结束“直线”命令*/
```

技巧与提示：

如果同时打开“交点”和“外观交点”执行对象捕捉，可能会得到不同的结果。

“草图设置”对话框中“对象捕捉”选项卡的选项，要根据绘图所需设定，尽量不要全部选择，端点捕捉点距离过近时，发生混乱。

使用平行对象捕捉之前，请关闭“正交”模式。在平行对象捕捉操作期间，会自动关闭对象捕捉追踪和极轴捕捉。使用平行对象捕捉之前，必须指定线性对象的第一点。

3.3　复制命令（COPY）

“复制”命令在编辑图形时经常使用，此命令功能可以将图形对象按指定的方向和位移创建单个或多个副本。

3.3.1　复制命令

启动复制命令有以下几种方法：

- 菜单栏方法：“修改”|“复制”；
- 工具栏方法：“修改工具栏”|“按钮”；

- 命令行方法：COPY，命令缩写为 CO 或 CP。

以绘制图 3-11 所示的图形为例，讲解复制命令的使用方法。

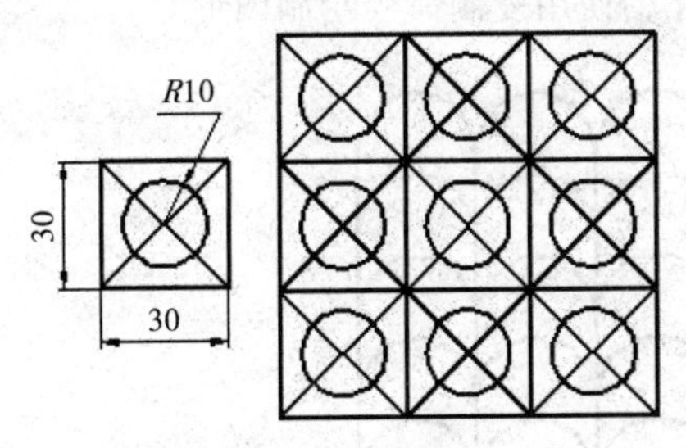

图 3-11　复制练习

第一步：用直线和画圆命令绘制左边的一个 30×30 的基本图形。

第二步：再使用复制命令完成整个图形。

```
命令: COPY                                    /*启动“复制”命令*/
选择对象: 指定对角点: 找到 4 个                /*用鼠标选择绘制完的图形*/
选择对象:                                     /*按回车键完成选择*/
当前设置:  复制模式 = 多个
指定基点或 [位移(D)/模式(O)] <位移>:
                /*设置对象捕捉模式为端点，选图形的左下角为基点，如图 3-12 所示*/
指定第二个点或 <使用第一个点作为位移>:         /*位移点选择图形的右下角，如图 3-13 所示*/
```

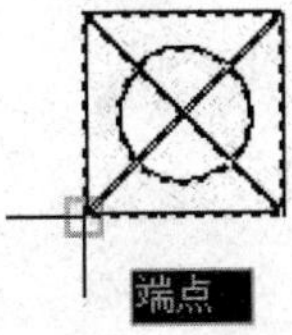

端点

图 3-12　复制单元

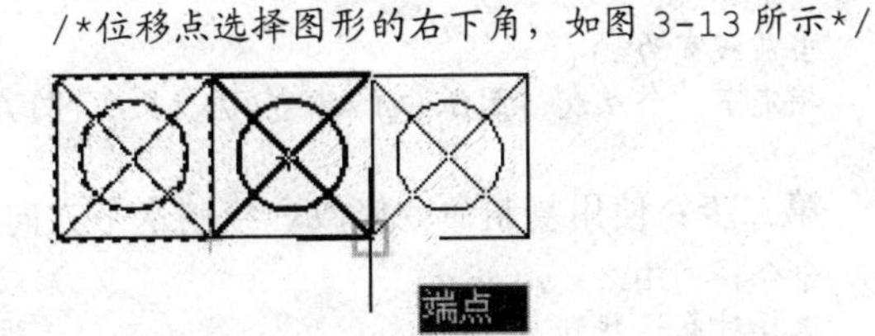

图 3-13　复制过程

```
指定第二个点或 [退出(E)/放弃(U)] <退出>:        /*选择矩图的一个端点*/
指定第二个点或 [退出(E)/放弃(U)] <退出>:        /*选择矩图的一个端点*/
指定第二个点或 [退出(E)/放弃(U)] <退出>:        /*选择矩图的一个端点*/
指定第二个点或 [退出(E)/放弃(U)] <退出>:        /*选择矩图的一个端点*/
指定第二个点或 [退出(E)/放弃(U)] <退出>:        /*选择矩图的一个端点*/
指定第二个点或 [退出(E)/放弃(U)] <退出>:        /*选择矩图的一个端点*/
指定第二个点或 [退出(E)/放弃(U)] <退出>:        /*选择矩图的一个端点*/
指定第二个点或 [退出(E)/放弃(U)] <退出>:        /*回车完成，如图 3-14 所示*/
```

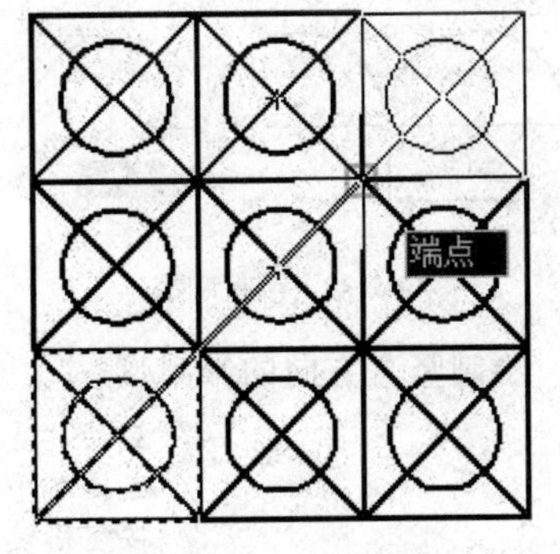

图 3-14　复制完成

3.3.2 实例与练习

请按图 3-15 中给定的尺寸，使用复制命令绘制图形。

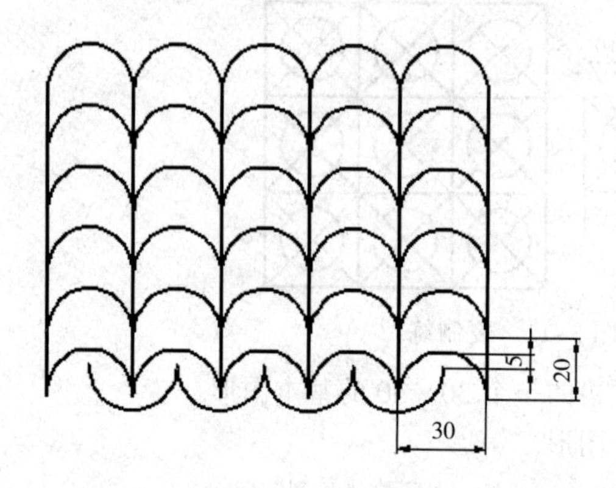

图 3-15 复制练习实例

具体操作过程如下：

第一步：画单个半圆弧。

```
命令：PL                                              /*输入多段线命令*/
指定起点：                                            /*用鼠标在屏幕内指定一点*/
当前线宽为 0
指定下一个点或 [圆弧(A)/半宽(H)/长度(L)/放弃(U)/宽度(W)]：a
                                                      /*选择“圆弧(A)”选项*/
```

第二步：使用复制命令修改，绘制水平方向的五个半圆弧。

```
命令：COPY                               /*启动“复制”命令*/
选择对象：找到 1 个                      /*选择圆弧*/
选择对象：                               /*按回车键确定，打开对象捕捉功能，设置端点捕捉模式*/
当前设置：  复制模式 = 多个
指定基点或 [位移(D)/模式(O)] <位移>：          /*鼠标选择圆弧左端点*/
指定第二个点或 <使用第一个点作为位移>：
                                         /* 移动鼠标选择圆弧的左端点，复制圆弧*/
指定第二个点或 [退出(E)/放弃(U)] <退出>：     /* 继续复制圆弧*/
指定第二个点或 [退出(E)/放弃(U)] <退出>：     /*复制圆弧*/
指定第二个点或 [退出(E)/放弃(U)] <退出>：     /*复制圆弧*/
指定第二个点或 [退出(E)/放弃(U)] <退出>：     /*复制圆弧，结果如图 3-16 所示*/
```

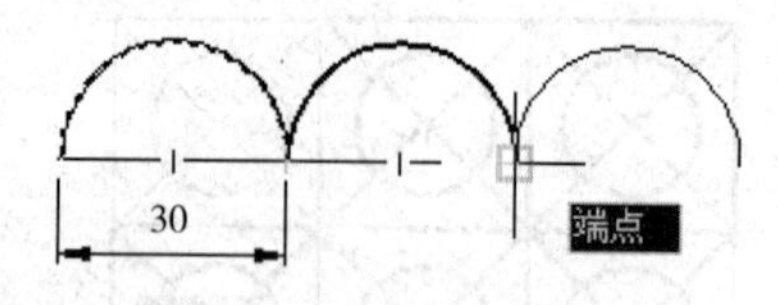

图 3-16 复制圆弧

第三步：使用复制命令修改，绘制竖直方向的半圆弧。

```
命令：COPY                                            /*启动“复制”命令*/
选择对象：找到 5 个                                   /*选择水平方向上的五个圆弧*/
选择对象：                                            /*按空格键结束“复制”命令*/
当前设置：  复制模式 = 多个
指定基点或 [位移(D)/模式(O)] <位移>：                 /* 选择圆弧的一个端点为基点*/
```

```
<正交 开>                                        /*打开正交功能*/
指定第二个点或 <使用第一个点作为位移>:20
                                                 /*鼠标向上移动，输入距离 20，如图 3-17 所示*/
指定第二个点或 [退出(E)/放弃(U)] <退出>:40   /*鼠标向上移动，输入距离 40*/
指定第二个点或 [退出(E)/放弃(U)] <退出>:60   /*鼠标向上移动，输入距离 60*/
指定第二个点或 [退出(E)/放弃(U)] <退出>:80   /*鼠标向上移动，输入距离 80*/
指定第二个点或 [退出(E)/放弃(U)] <退出>:100 /*鼠标向上移动，输入距离 100*/
```

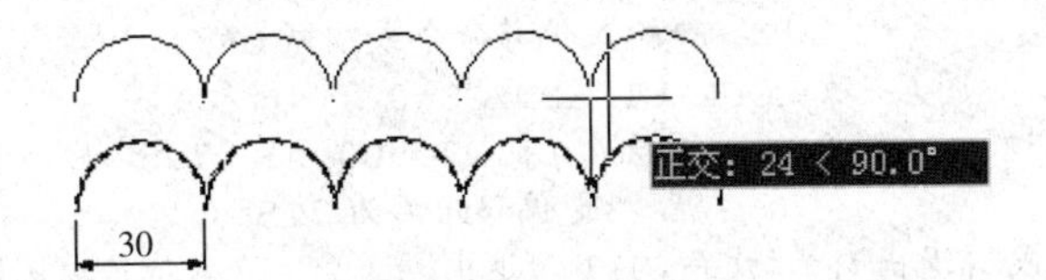

图 3-17　列向复制

第四步：圆弧端点用直线连接。

技巧与提示：

复制命令只能在当前图形文件中使用。如果用户要在多个文件之间进行复制对象，需要使用“编辑”|“复制”命令。

3.4　偏移命令（OFFSET）

“偏移”命令是将目标对象以一定的距离或指定的点来创建与原始对象造型平行的新对象。如创建同心圆、平行线和平行曲线。

3.4.1　偏移命令

启动复制命令有以下几种方法：

- 菜单栏方法：“修改”|“偏移（S）”；
- 工具栏方法：“修改工具栏”|“按钮”；
- 命令行方法：OFFSET，简写为 O。

以绘制如图 3-18 所示的图形为例，讲解偏移命令的绘图过程。

据观察此图形外圈由两段直径 60 的圆弧和长度为 60 的直线连接而成，如图 3-19 所示。

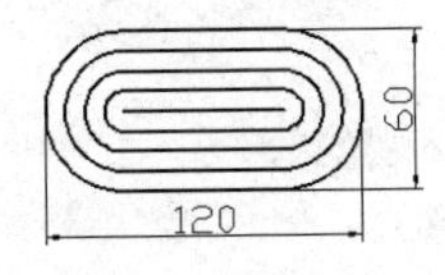

图 3-18　偏移实例

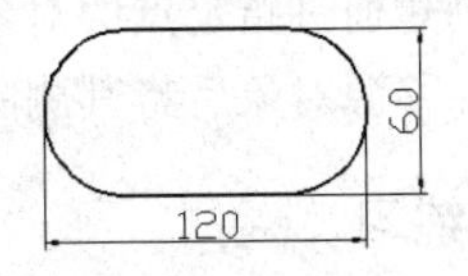

图 3-19　偏移第一步

第一步：使用 ARC 和 LINE 命令绘制外圈直径 60 的半圆弧和直线。

```
命令 LINE                        /*启动“直线”命令*/
指定第一点:                      /*用鼠标在屏幕中点取一点，为直线起始点*/
指定下一点或 [放弃(U)]: 60
                                 /*用【F7】键打开正交功能，鼠标移到水平方向，输入 60*/
指定下一点或 [放弃(U)]:          /*按空格键结束“直线”命令*/
命令: ARC                        /*启动“圆弧”命令*/
指定圆弧的起点或 [圆心(C)]:      /*打开对象捕捉功能，鼠标选取直线右侧端点*/
```

```
指定圆弧的第二个点或 [圆心(C)/端点(E)]: e
                                        /*选端点选项，打开对象追踪功能。*/
指定圆弧的端点: 60                      /*鼠标移动到竖直方向，出现追踪提示后输入 60*/
指定圆弧的圆心或 [角度(A)/方向(D)/半径(R)]: r          /*输入半径选项*/
指定圆弧的半径: 30                                      /*输入半径值 30*/
```

再次使用直线和圆弧命令完成环形。

第二步：使用偏移命令对环形的直线和圆弧对象向内侧偏移。

```
命令: offset                            /*输入偏移命令或缩写 o*/
当前设置: 删除源=否  图层=源  OFFSETGAPTYPE=0
指定偏移距离或 [通过(T)/删除(E)/图层(L)] <7.5000>:  7.5
                                        /* 指定偏移距离为 7.5*/
选择要偏移的对象，或 [退出(E)/放弃(U)] <退出>:      /*鼠标拾取圆弧，如图 3-20 所示*/
指定要偏移的那一侧上的点，或 [退出(E)/多个(M)/放弃(U)] <退出>:
                                        /*单击圆弧的右侧区域*/
选择要偏移的对象，或 [退出(E)/放弃(U)] <退出>:      /*鼠标选取里侧画好的圆弧*/
指定要偏移的那一侧上的点，或 [退出(E)/多个(M)/放弃(U)] <退出>:
                                        /*单击右侧区域*/
选择要偏移的对象，或 [退出(E)/放弃(U)] <退出>:      /*鼠标拾取圆弧*/
指定要偏移的那一侧上的点，或 [退出(E)/多个(M)/放弃(U)] <退出>:
                                        /*单击右侧区域*/
选择要偏移的对象，或 [退出(E)/放弃(U)] <退出>:      /*鼠标拾取直线*/
指定要偏移的那一侧上的点，或 [退出(E)/多个(M)/放弃(U)] <退出>:
                                        /*单击直线上方*/
```

第三步：多次重复偏移操作，如图 3-21 所示。

对直线和圆弧偏移复制，完成该图形如图 3-18 所示。

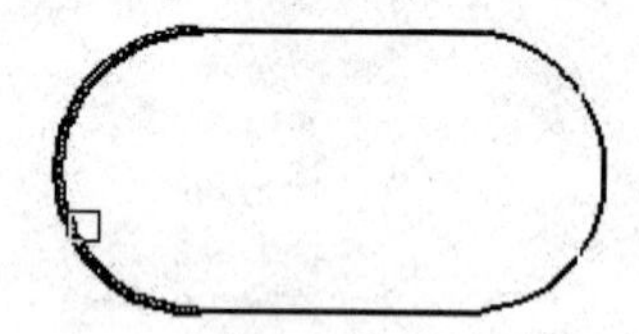

图 3-20　偏移第二步

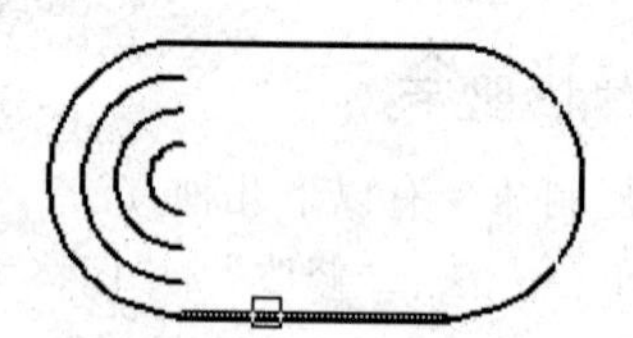

图 3-21　重复偏移

命令行中出现各选项的含义如下：

（1）偏移距离：在距现有对象指定的距离处创建对象。

（2）通过：创建通过指定点的对象。

（3）删除：偏移源对象后将其删除。

3.4.2　实例与练习

用偏移命令按照尺寸绘制图 3-22 所示图形，具体操作步骤如下：

此图形的直线间距相等，可以使用偏移命令完成。圆可以使用复制命令完成。

第一步：绘制直线，如图 3-23 所示。

```
命令: LINE                              /*启动“直线”命令*/
指定第一点:                             /*打开功能，在屏幕上指定一点*/
指定下一点或 [放弃(U)]: 100             /*光标向右移，输入长度 100*/
指定下一点或 [放弃(U)]:                 /*按空格键结束“直线”命令*/
命令: LINE                              /*启动“直线”命令*/
```

```
指定第一点:                               /*打开对象捕捉端点选项，鼠标拾取已画线的左端点*/
指定下一点或 [放弃(U)]: 100               /*向上移动光标，输入长度100*/
指定下一点或 [放弃(U)]                    /*按空格键结束“直线”命令*/
命令: move                                /*启动“移动”命令*/
选择对象: 找到 1 个                       /* 光标拾取竖线*/
选择对象:                                 /*按空格键结束选择对象*/
指定基点或 [位移(D)] <位移>:              /*光标指定直线下端为基点*/
指定第二个点或 <使用第一个点作为位移>: @20,-20 /*输入相对坐标值为@20,-20*/
```

移动目标点，完成结果如图3-23所示。

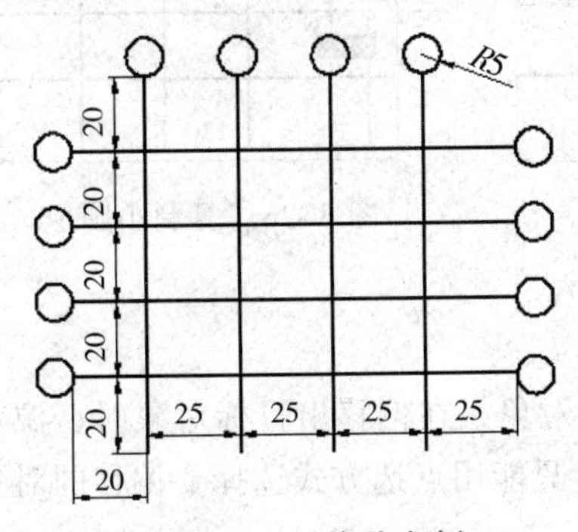

图3-22　偏移实例

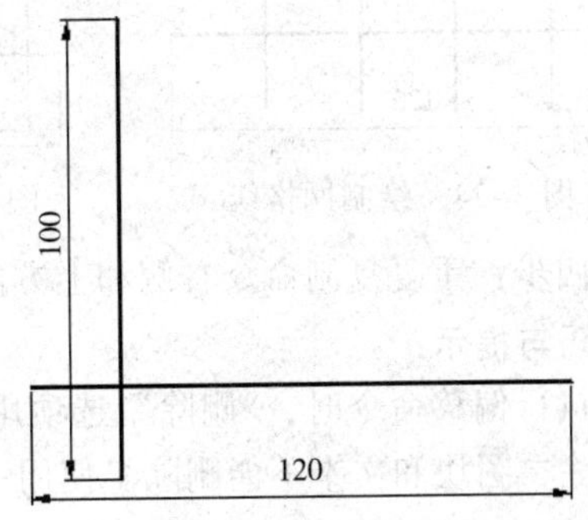

图3-23　偏移实例第一步

第二步：使用偏移命令完成其余直线，如图3-24所示。

```
命令: OFFSET                                                   /*启动“偏移”命令*/
当前设置: 删除源=否  图层=源  OFFSETGAPTYPE=0
指定偏移距离或 [通过(T)/删除(E)/图层(L)] <20>:  20             /*输入偏移距离20*/
选择要偏移的对象，或 [退出(E)/放弃(U)] <退出>:                  /* 选择水平直线*/
指定要偏移的那一侧上的点，或 [退出(E)/多个(M)/放弃(U)] <退出>:
                                                               /*指定直线上方*/
选择要偏移的对象，或 [退出(E)/放弃(U)] <退出>:
                                                               /*重复直线偏移,复制4条直线*/
命令: OFFSET                                                   /*启动“偏移”命令*/
当前设置: 删除源=否  图层=源  OFFSETGAPTYPE=0
指定偏移距离或 [通过(T)/删除(E)/图层(L)] <20>:  25             /*输入偏移距离25*/
选择要偏移的对象，或 [退出(E)/放弃(U)] <退出>:                  /*选择竖直直线*/
指定要偏移的那一侧上的点，或 [退出(E)/多个(M)/放弃(U)] <退出>:
                                                               /*指定直线左侧*/
选择要偏移的对象，或 [退出(E)/放弃(U)] <退出>:
                                                               /*重复直线偏移,复制4条竖线*/
```

第三步：绘制圆 *R*5，并复制完成图形，如图3-25和图3-26所示。

```
命令: CIRCLE                                                   /*启动“圆”命令*/
指定圆的圆心或 [三点(3P)/两点(2P)/相切、相切、半径(T)]:         /* 指定圆心*/
指定圆的半径或 [直径(D)]: 5                                    /*输入半径5*/
命令: COPY                                                     /*启动“复制”命令*/
选择对象: 找到 1 个                                            /*鼠标选择圆*/
选择对象:                                                      /*按空格键结束对象选择*/
当前设置:  复制模式 = 多个                                     /* 默认模式为多个*/
指定基点或 [位移(D)/模式(O)] <位移>:
                           /*打开并设置对象捕捉模式为象限点，选圆右象限点*/
指定第二个点或 <使用第一个点作为位移>:                         /*指定直线端点为目标点*/
```

```
指定第二个点或 [退出(E)/放弃(U)] <退出>:                    /*指定直线端点为目标点*/
指定第二个点或 [退出(E)/放弃(U)] <退出>:                    /*指定直线端点为目标点*/
指定第二个点或 [退出(E)/放弃(U)] <退出>:                    /*指定直线端点为目标点*/
```

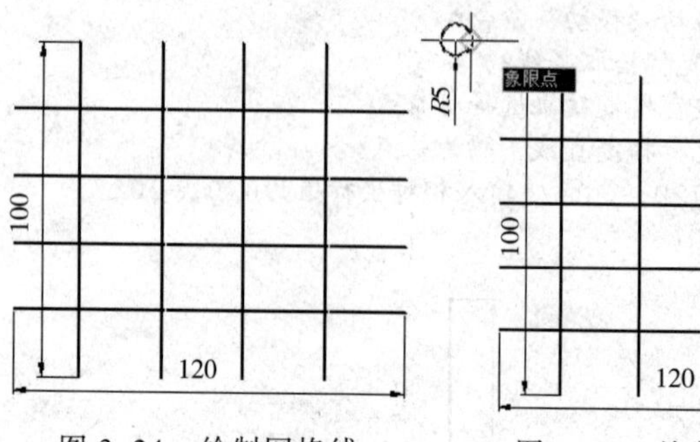

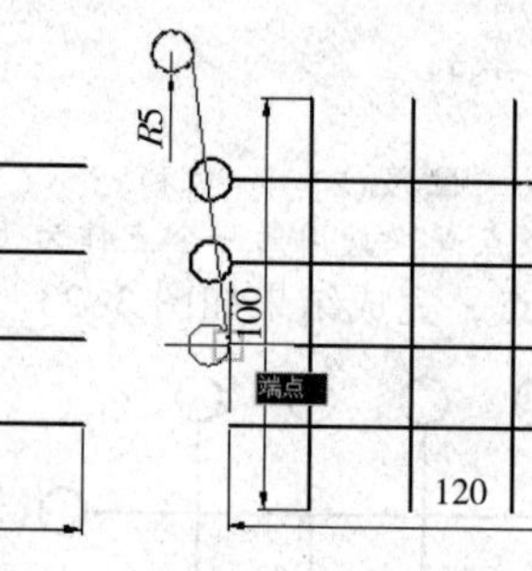

图 3-24　绘制网格线　　图 3-25　绘制小圆　　图 3-26　复制小圆

第四步：重复复制命令右侧和上方的圆形，完成图形。

技巧与提示：

在执行偏移命令时，“删除”选项用于删除偏移的源对象，在偏移出目标对象时，源对象自动删除，图块和文本不能删除。使用“偏移”命令时，只能用点选方式选择要偏移的对象。

3.5　修剪命令（TRIM）

“修剪”命令用于沿指定的修剪边界修剪掉目标对象中不需要的部分。

3.5.1　修剪命令

启动修剪命令有以下几种方法：

- 菜单栏方法：“修改”|“修剪（T）”；
- 工具栏方法：“修改工具栏”|“-/--按钮”；
- 命令行方法：TRIM，简写为 TR。

以绘制如图 3-27 所示的图形为例，讲解使用修剪命令修改图形的过程。

第一步：根据图 3-28 所示，绘制完成图形并画出作为边界的两条平行线。

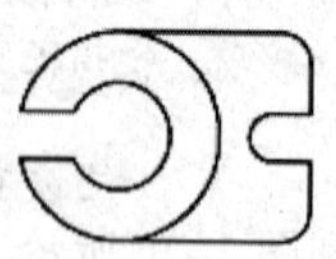

图 3-27　修剪结果

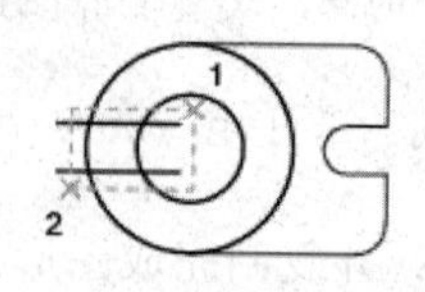

图 3-28　绘制边界

第二步：输入修剪命令修改图形。

```
命令: TRIM                /*启动“修剪”命令*/
当前设置:投影=UCS, 边=无
选择剪切边...
选择对象或 <全部选择>:  指定对角点: 找到 4 个
                          /*鼠标从 1 点拖拽到 2 点选择直线和圆为修剪边界如图 3-28 所示*/
选择对象:                 /*按空格键结束对象选择*/
选择要修剪的对象, 或按住 Shift 键选择要延伸的对象, 或
[栏选(F)/窗交(C)/投影(P)/边(E)/删除(R)/放弃(U)]:
```

```
                /*鼠标选择修剪的直线一端，如图 3-29 所示*/
选择要修剪的对象，或按住 Shift 键选择要延伸的对象，或
[栏选(F)/窗交(C)/投影(P)/边(E)/删除(R)/放弃(U)]:          /* 选
择直线*/
选择要修剪的对象，或按住 Shift 键选择要延伸的对象，或
[栏选(F)/窗交(C)/投影(P)/边(E)/删除(R)/放弃(U)]:          /* 选
择直线*/
选择要修剪的对象，或按住 Shift 键选择要延伸的对象，或
[栏选(F)/窗交(C)/投影(P)/边(E)/删除(R)/放弃(U)]:          /*选择直线*/
选择要修剪的对象，或按住 Shift 键选择要延伸的对象，或
[栏选(F)/窗交(C)/投影(P)/边(E)/删除(R)/放弃(U)]:          /*选择圆弧*/
选择要修剪的对象，或按住 Shift 键选择要延伸的对象，或
[栏选(F)/窗交(C)/投影(P)/边(E)/删除(R)/放弃(U)]:          /*选择圆弧*/
```

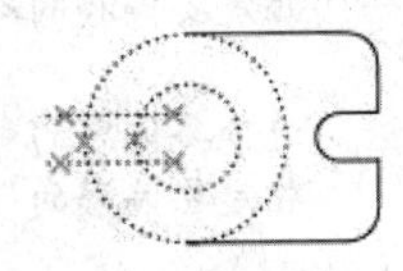

图 3-29 修剪

命令行中出现各选项的含义如下：

（1）栏选（F）：使用选择栏方式选择与选择栏相交的所有对象。

（2）窗交（C）：选择矩形窗口区域内部或与之相交的对象。

（3）投影（P）：指定修剪对象时使用的投影方法。

（4）边（E）：使对象在另一对象的延长边处进行修剪。

（5）删除（R）：删除选定的对象，并不退出 TRIM 命令。

（6）放弃（U）：撤销由 TRIM 命令所做的最近一次修改。

3.5.2 实例与练习

参照上例使用修剪命令完成如图 3-30 所示的图形，绘图步骤如下：

第一步：绘制水平直线。

打开正交功能，用直线命令绘制两条长度为 135 的相互垂直的直线。再使用偏移命令完成平行线的绘制，如图 3-31 所示。

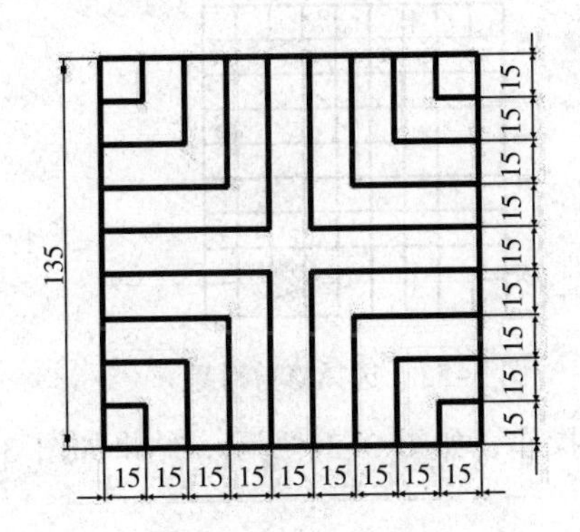

图 3-30 修剪实例

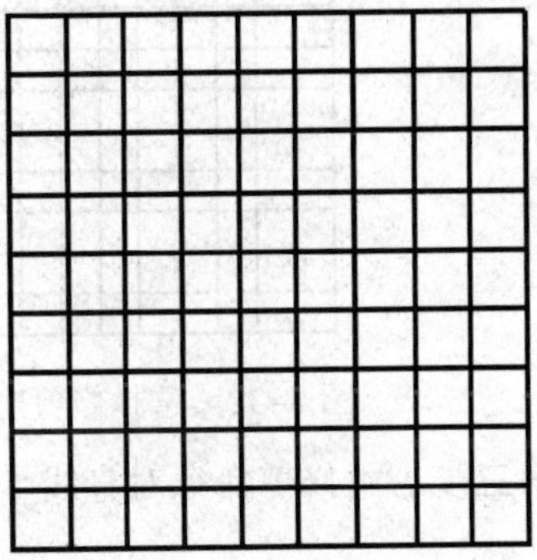

图 3-31 绘制网格

```
命令: OFFSET                                                /*启动“偏移”命令*/
当前设置:删除源=否  图层=源  OFFSETGAPTYPE=0
指定偏移距离或[通过(T)/删除(E)/图层(L)] <通过>: 15         /*输入偏移距离 15*/
选择要偏移的对象，或[退出(E)/放弃(U)] <退出>:              /*选择直线*/
指定要偏移的那一侧上的点，或[退出(E)/多个(M)/放弃(U)] <退出>:
                                                           /*指定直线偏移方向*/
选择要偏移的对象，或 [退出(E)/放弃(U)] <退出>:             /*选择直线*/
```

```
指定要偏移的那一侧上的点，或 [退出(E)/多个(M)/放弃(U)] <退出>:
                                                        /*指定偏移方向*/
选择要偏移的对象，或 [退出(E)/放弃(U)] <退出>:              /*选择直线*/
指定要偏移的那一侧上的点，或 [退出(E)/多个(M)/放弃(U)] <退出>:
                                                        /*指定偏移方向*/
```

重复偏移操作完成平行线绘制。

第二步：用修剪命令修改图形。

```
命令: TRIM                                /*启动“修剪”命令*/
当前设置:投影=UCS，边=无
选择剪切边...
选择对象或 <全部选择>:  找到 1 个            /*选择图形中 1 号直线，如图 3-32 所示*/
选择对象：找到 1 个，总计 2 个               /*选择图形中 2 号直线*/
选择对象：找到 1 个，总计 3 个               /*选择图形中 3 号直线*/
选择对象：找到 1 个，总计 4 个               /*选择图形中 4 号直线*/
选择对象:                                 /*按空格键结束选择对象*/
选择要修剪的对象，或按住 Shift 键选择要延伸的对象，或
[栏选(F)/窗交(C)/投影(P)/边(E)/删除(R)/放弃(U)]:
                                          /*选择 1 号直线的中间部分，结果如图 3-33 所示*/
选择要修剪的对象，或按住 Shift 键选择要延伸的对象，或
[栏选(F)/窗交(C)/投影(P)/边(E)/删除(R)/放弃(U)]:
                                          /*修剪时选择 2 号直线的中间部分*/
选择要修剪的对象，或按住 Shift 键选择要延伸的对象，或
[栏选(F)/窗交(C)/投影(P)/边(E)/删除(R)/放弃(U)]:
                                          /*修剪时选择 3 号直线的中间部分*/
选择要修剪的对象，或按住 Shift 键选择要延伸的对象，或
[栏选(F)/窗交(C)/投影(P)/边(E)/删除(R)/放弃(U)]:
                                          /*修剪时选择 4 号直线的中间部分*/
选择要修剪的对象，或按住 Shift 键选择要延伸的对象，或
[栏选(F)/窗交(C)/投影(P)/边(E)/删除(R)/放弃(U)]: /*按空格键结束*/
```

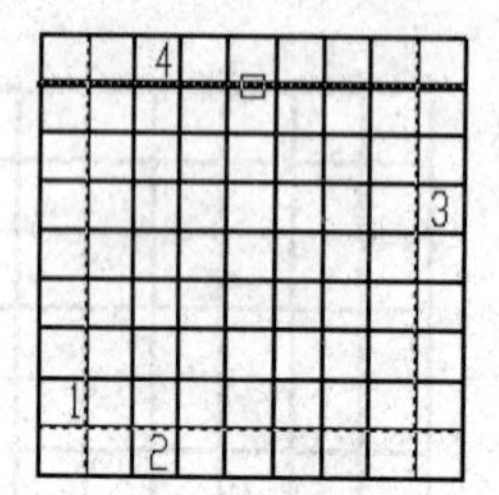

图 3-32　选择修剪边界

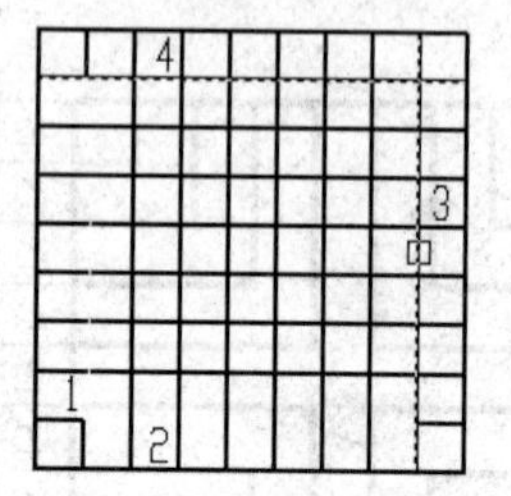

图 3-33　选择修剪对象

第三步：用修剪命令对直线 5、6、7、8 进行修剪操作，如图 3-34 所示，结果如图 3-35 所示。

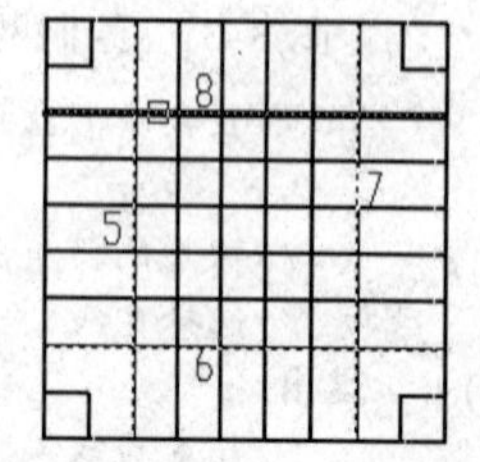

图 3-34　再次选择修剪边界

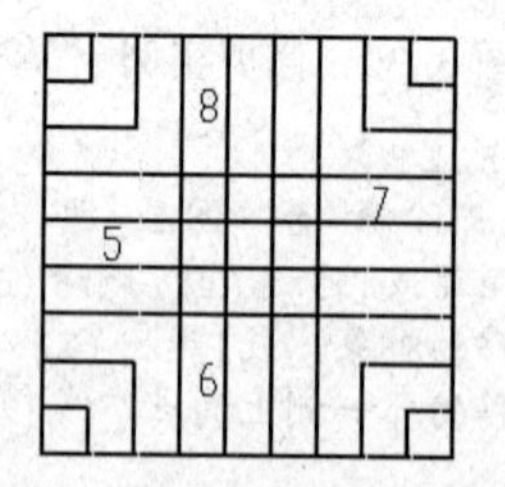

图 3-35　再次修剪的结果

第四步：重复修剪操作直至图形修剪完成。

技巧与提示：

选择定义要修剪对象的剪切边，或者按【Enter】键选择所有显示的对象作为潜在剪切边。

选择修剪对象的修剪边界时，可以选择一个边界，也可以选择多边个界，用“栏选”或“窗交”快速选择多个对象作为边界，按【Enter】键结束选择。

在显示“选择对象:”的提示下，按住【Shift】键，鼠标选择对象执行的是延伸操作。

3.6　打断命令（BREAK）

打断命令用于删除对象的一部分或将对象分解为两个部分。

3.6.1　打断命令

- 菜单栏方法：“修改”|“打断（K）”；
- 工具栏方法：“修改工具栏”|“按钮”；
- 命令行方法：BREAK，简写为 BR。

以图 3-36 所示打断直线图形为例，讲解打断命令的操作过程。

```
命令: BREAK
选择对象:                          /*使用某种对象选择方法，或指定对象上的第一个打断点 (1)*/
指定第二个打断点或 [第一点(F)]: f   /* 指定第二个打断点 (2) 或输入 f*/
指定第一个打断点:                   /* 精确选择 1 点*/
指定第二个打断点:                   /* 精确选择 2 点*/
```

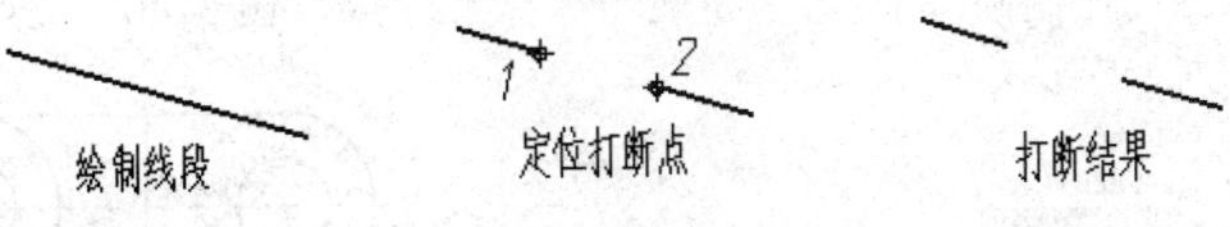

图 3-36　打断练习

命令行中出现各选项的含义如下：

（1）第二个打断点：指定用于打断对象的第二个点。

（2）第一点：用指定的新点替换原来的第一个打断点。

3.6.2　实例与练习

根据图 3-37 给出的例图，练习绘制视图。

本例题讲解三视图中俯视图的绘制方法，该图形首先可以用直线和圆进行绘制，之后用打断命令将 *R*20 的圆打断并保留，然后将该圆弧线形变为虚线。

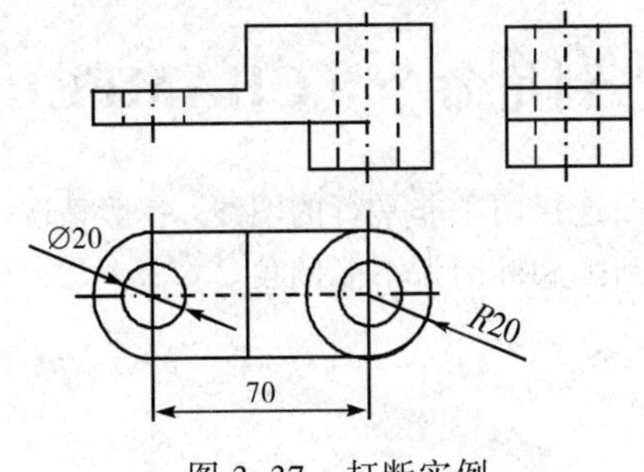

图 3-37　打断实例

第一步：使用直线和圆命令绘制俯视图。

（1）首先在特性设置工具栏中将线型设置为中心线线型，如图 3-38 所示，直线绘制圆的对称中心。

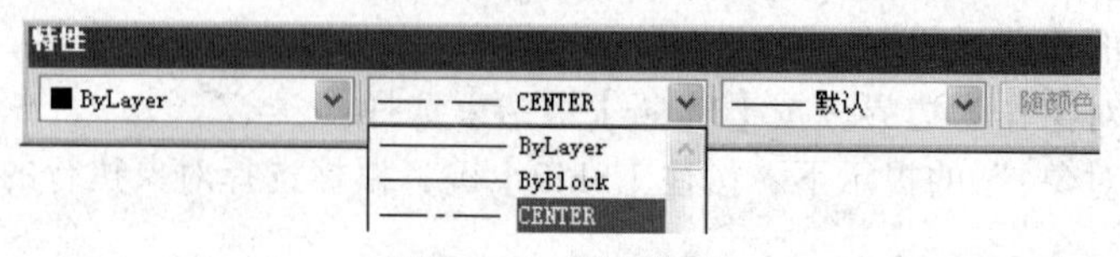

图 3-38　设置线型

（2）线型设置为直线型，绘制 $R10$ 和 $R20$ 的圆，绘制切线，如图 3-39 所示。

第二步：使用打断命令去掉 1、2 之间的圆弧，如图 3-40 所示。

```
命令：BREAK                                    /*输入打断命令*/
选择对象：                                      /*光标选择 1、2 圆弧*/
指定第二个打断点 或 [第一点(F)]：f               /*输入 F 选择精确打断点*/
指定第一个打断点： <对象捕捉 开>                 /*光标进行对象捕捉交点 1*/
指定第二个打断点：                              /*光标进行对象捕捉交点 2*/
```

第三步：将线型变为虚线，如图 3-41 所示，在 1、2 之间画 $R20$ 的圆弧，完成结果如图 3-42 所示。

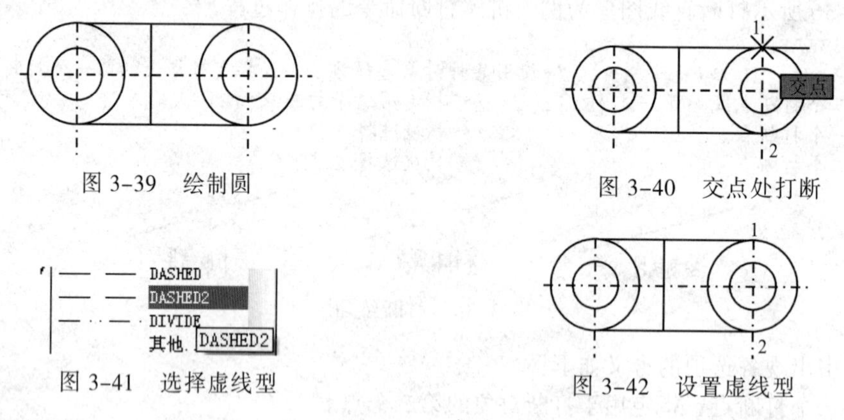

图 3-39　绘制圆

图 3-40　交点处打断

图 3-41　选择虚线型

图 3-42　设置虚线型

技巧与提示：

打断命令比较简单，但有些技巧性的操作需要注意。在一些图形修改时，可能需要精确地打断，此时可以选择“第一点”方式，重新给定断点的开始点和结束点，这种方法经常配合对象捕捉工具定位。

有些图线的打断需要在原位置打断，此时可以利用捕捉工作，选择第一断点处，给定第二点断点位置时可以用“@”符号输入。此时打断的位置即为第一断点处原位打断。

3.7　倒角命令（CHAMFER）

倒角命令用于以一条斜线段连接两条非平行的图线。一般情况下，用于倒角的对象有直线、多段线、矩形、多边形射线。圆弧和椭圆弧不能倒角。

3.7.1　倒角命令

启动倒角命令的几种方法：

- 菜单栏方法："修改"|"倒角（C）"；
- 工具栏方法："修改工具栏"|"按钮"；
- 命令行方法：CHAMFER，简写为 CHA。

以图 3-43 所示为例，讲解倒角命令的用法。

```
命令: CHAMFER                          /*启动"倒角"命令*/
    ("修剪"模式) 当前倒角距离 1 = 0.0000，距离 2 = 0.0000
选择第一条直线或 [放弃(U)/多段线(P)/距离(D)/角度(A)/修剪(T)/方式(E)/多个(M)]:d
指定第一个倒角距离 <0.0000>: 15        /*输入第一个倒角值为 15*/
指定第二个倒角距离 <15.0000>: 15       /*输入第一个倒角值为 15*/
选择第一条直线或 [放弃(U)/多段线(P)/距离(D)/角度(A)/修剪(T)/方式(E)/多个(M)]:t
输入修剪模式选项 [修剪(T)/不修剪(N)] <修剪>: n      /*选择"不修剪(N)"方法*/
选择第一条直线或 [放弃(U)/多段线(P)/距离(D)/角度(A)/修剪(T)/方式(E)/多个(M)]: p
                                                   /*选择"多段线(P)"方法*/
选择二维多段线:                                    /*选择正五边形*/
5 条直线已被倒角                   /*正五边形的五条边一同全部被倒角如图 3-43(b)所示*/
命令:CHAMFER                       /*启动"倒角"命令*/
("不修剪"模式) 当前倒角距离 1 = 15.0000，距离 2 = 15.0000
选择第一条直线或 [放弃(U)/多段线(P)/距离(D)/角度(A)/修剪(T)/方式(E)/多个(M)]:t
                                   /*选择"修剪(T)"方法*/
输入修剪模式选项 [修剪(T)/不修剪(N)] <不修剪>: t   /*选择"修剪(T)"方法*/
选择第一条直线或 [放弃(U)/多段线(P)/距离(D)/角度(A)/修剪(T)/方式(E)/多个(M)]: p
选择二维多段线:                    /*选择正五边形*/
5 条直线已被倒角                   /*正五边形的五条边一同全部被倒角如图 3-43(c)所示*/
```

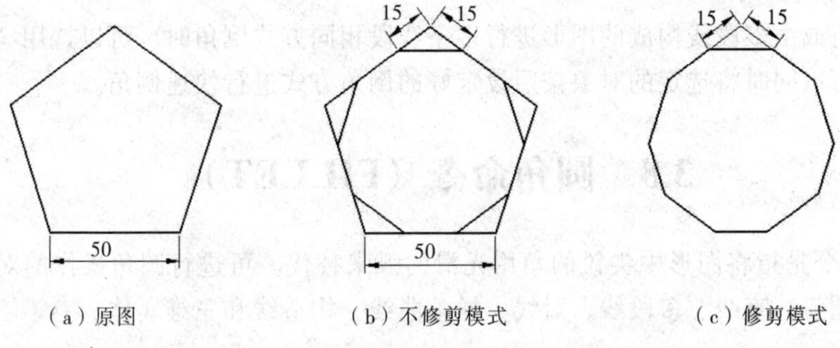

图 3-43　倒角练习

命令行中出现各选项的含义如下：

（1）放弃（U）：选择此命令选项，恢复在命令中执行的上一步操作。

（2）多段线（P）：选择此命令选项，对整个二维多段线倒角。

（3）距离（D）：选择此命令选项，设置倒角到选定边端点的距离。

（4）角度（A）：选择此命令选项，用第一条线的倒角距离和第二条线的角度设置倒角。

（5）修剪（T）：选择此命令选项，控制倒角是否将选定的边修剪到倒角直线的端点。

（6）方式（E）：选择此命令选项，控制使用两个距离还是一个距离一个角度来创建倒角。

（7）多个（M）：选择此命令选项，为多组对象的边倒角。

3.7.2　实例与练习

以图 3-44 所示为例，讲解倒角命令的用法。

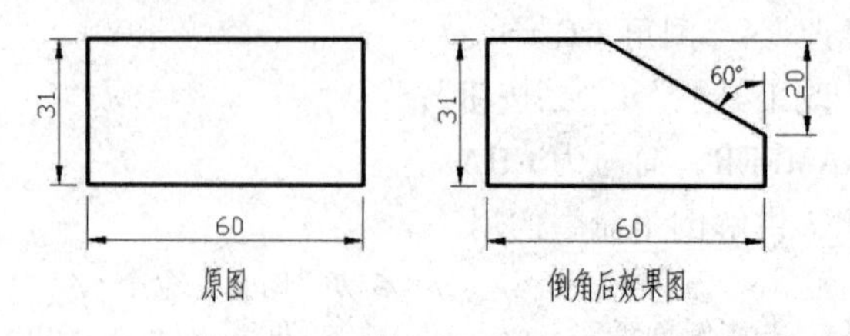

图 3-44 倒角练习

```
命令: CHAMFER                                                /*启动“倒角”命令*/
(“修剪”模式) 当前倒角长度 = 45.0000, 角度 = 30               /*系统提示信息*/
选择第一条直线或 [放弃(U)/多段线(P)/距离(D)/角度(A)/修剪(T)/方式(E)/多个(M)]: a
                                                            /*输入A,选择角度方式的倒角*/
指定第一条直线的倒角长度 <45.0000>: 20                        /*输入倒角长度20*/
指定第一条直线的倒角角度 <30>: 60                             /*输入倒角角度60° */
选择第一条直线或 [放弃(U)/多段线(P)/距离(D)/角度(A)/修剪(T)/方式(E)/多个(M)]:
                                                            /*选择倒角的第一条直线*/
选择第二条直线, 或按住 Shift 键选择要应用角点的直线:
                                                            /*选择倒角的第二条直线*/
```

技巧与提示：

倒角命令在图形修改时经常使用，在倒角时注意倒角方式的确定。一般情况下，已知两个倒角距离时，可以选用“距离(D)”方式倒角。如果已知一个倒角距离和其相对的角度，可以选用“角度(A)”方式倒角。

当对多段线或由多段线构成的图形进行多条线段相同方式倒角时，可以选用“多段线(P)”方式，此方法可以同时将选定的对象按照设定好的倒角方式进行快速倒角。

3.8 圆角命令（FILLET）

“圆角”命令是指将图形中尖锐的角用光滑的弧来替代。可进行圆角操作的对象有圆弧、圆、椭圆、椭圆弧、直线、多段线、射线、样条曲线、构造线和三维实体。

3.8.1 圆角命令

启动圆角的几种方法：

- 菜单栏方法：“修改”|“圆角（F）”；
- 工具栏方法：“修改工具栏”|“按钮”；
- 命令行方法：FILLET，简写为 F。

以图 3-45 所示为例，讲解圆角命令的用法。

```
命令: fillet                          /*启动“圆角”命令*/
当前设置: 模式 = 修剪, 半径 = 0.0000
选择第一个对象或 [放弃(U)/多段线(P)/半径(R)/修剪(T)/多个(M)]: r
指定圆角半径 <0.0000>: 15                          /*输入圆角半径为15*/
选择第一个对象或 [放弃(U)/多段线()/半径(R)/修剪(T)/多个(M)]: t
                                      /*选择修剪(T)方法*/
输入修剪模式选项 [修剪(T)/不修剪(N)] <修剪>: n              /*选择不修剪(N)方法*/
```

```
选择第一个对象或 [放弃(U)/多段线(P)/半径(R)/修剪(T)/多个(M)]: p
                                    /*选择“多段线(P)”方法*/
选择二维多段线:                      /*选择正五边形*/
5 条直线已被圆角                     /*正五边形的五条边一同全部被圆角如图 3-45(b)所示*/
命令: fillet                         /*启动“圆角”命令*/
当前设置: 模式 = 不修剪, 半径 = 15.0000
选择第一个对象或 [放弃(U)/多段线(P)/半径(R)/修剪(T)/多个(M)]: t
                                    /*选择修剪(T)方法*/
输入修剪模式选项 [修剪(T)/不修剪(N)] <不修剪>: t        /*选择修剪(T)方法*/
选择第一个对象或 [放弃(U)/多段线(P)/半径(R)/修剪(T)/多个(M)]: p
                                    /*选择“多段线(P)”方法*/
选择二维多段线:                      /*选择正五边形*/
5 条直线已被圆角                     /*正五边形的五条边一同全部被圆角如图 3-45(c)所示*/
```

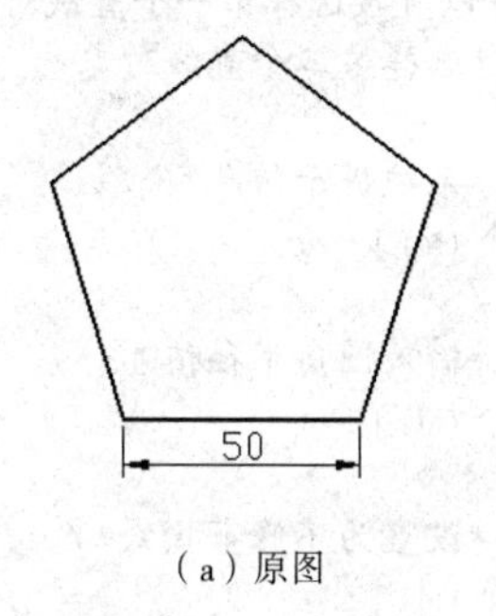

（a）原图

（b）不修剪模式

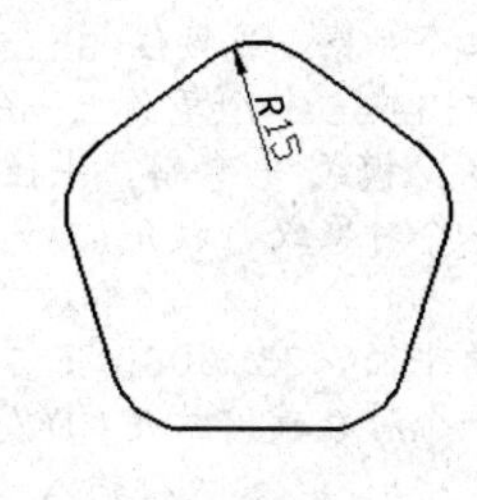

（c）修剪模式

图 3-45 圆角命令练习

命令行中出现各选项的含义如下：

（1）放弃（U）：选择此命令选项，恢复在命令中执行的上一步操作。

（2）多段线（P）：选择此命令选项，在二维多段线中两条线段相交的每个顶点处插入圆角弧。

（3）半径（R）：选择此命令选项，定义圆角弧的半径。

（4）修剪（T）：选择此命令选项，控制圆角是否将选定的边修剪到圆角弧的端点。

（5）多个（M）：选择此命令选项，给多个对象一起进行圆角操作。

3.8.2 实例与练习

根据图 3-46 所示给出的实例效果图，完成练习。

第一步：绘制圆角前的原图，如图 3-47 所示。

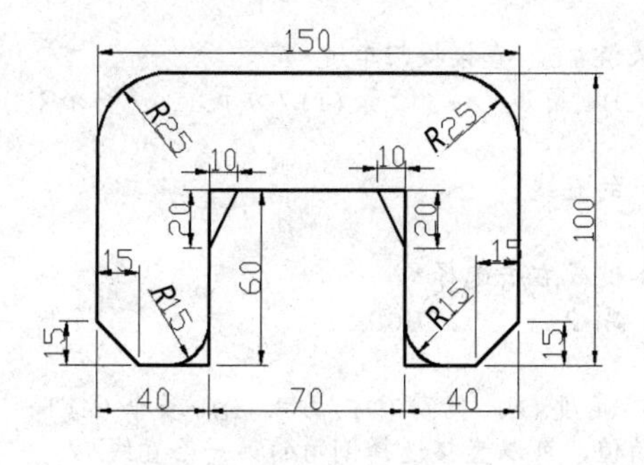

图 3-46 圆角练习效果图

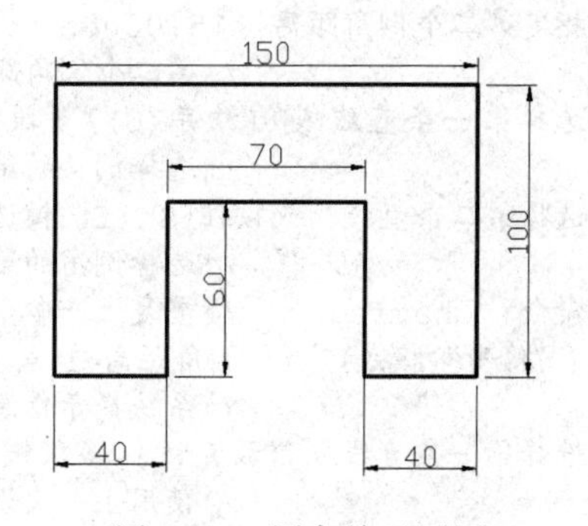

图 3-47 圆角练习原图

第二步：进行圆角和倒角的修改操作。

```
命令: FILLET                                    /*执行圆角命令*/
当前设置: 模式 = 修剪, 半径 = 0.0000            /*系统提示信息*/
选择第一个对象或 [放弃(U)/多段线(P)/半径(R)/修剪(T)/多个(M)]: r
                                                /*输入“r”命令选项，将要指定圆角半径*/
指定圆角半径 <0.0000>: 25                       /*输入圆角半径值25*/
选择第一个对象或 [放弃(U)/多段线(P)/半径(R)/修剪(T)/多个(M)]:
                                                /*选择第一个直线对象*/
选择第二个对象，或按住Shift键选择要应用角点的对象:
                                                /*选择第二个直线对象*/
命令: fillet                                    /*重复上一命令，按回车键或右击鼠标*/
当前设置: 模式 = 修剪, 半径 = 25.0000           /*系统提示信息*/
选择第一个对象或 [放弃(U)/多段线(P)/半径(R)/修剪(T)/多个(M)]:
                    /*延用上一次设置的圆角半径R的值25，可以直接选择第一个直线对象*/
选择第二个对象，或按住 Shift 键选择要应用角点的对象:    /*选择第二个直线对象*/
命令: fillet  /*重复上一命令，按回车键或右击鼠标*/
当前设置: 模式 = 修剪, 半径 = 25.0000                   /*系统提示信息*/
选择第一个对象或 [放弃(U)/多段线(P)/半径(R)/修剪(T)/多个(M)]: r
                    /*输入“r”命令选项，将要指定圆角半径*/
指定圆角半径 <25.0000>: 15                              /*输入圆角半径值15*/
选择第一个对象或 [放弃(U)/多段线(P)/半径(R)/修剪(T)/多个(M)]: t
                    /*输入“t”命令选项，设置修剪模式*/
输入修剪模式选项 [修剪(T)/不修剪(N)] <修剪>: n          /*设置为不修剪模式*/
选择第一个对象或 [放弃(U)/多段线(P)/半径(R)/修剪(T)/多个(M)]:
                    /*选择第一个直线对象*/
选择第二个对象，或按住 Shift 键选择要应用角点的对象:
                    /*选择第二个直线对象*/
命令: fillet        /*重复上一命令，按回车键或右击*/
当前设置: 模式 = 不修剪, 半径 = 15.0000                 /*系统提示信息*/
选择第一个对象或 [放弃(U)/多段线(P)/半径(R)/修剪(T)/多个(M)]:
                    /*延用上一次设置的圆角半径R的值15，可以直接选择第一个直线对象*/
选择第二个对象，或按住 Shift 键选择要应用角点的对象:
                    /*选择第二个直线对象*/
命令: chamfer       /*执行倒角命令*/
(“修剪”模式) 当前倒角距离 1 = 0.0000, 距离 2 = 0.0000
                    /*系统提示信息*/
选择第一条直线或 [放弃(U)/多段线(P)/距离(D)/角度(A)/修剪(T)/方式(E)/多个(M)]: d
                    /*输入"d"命令选项，将要设置倒角距离*/
指定第一个倒角距离 <0.0000>: 15                         /*输入第一个倒角距离:15*/
指定第二个倒角距离 <15.0000>:
                    /*第二个倒角距离可使用默认值15，直接按回车键*/
选择第一条直线或 [放弃(U)/多段线(P)/距离(D)/角度(A)/修剪(T)/方式(E)/多个(M)]:
                    /*选择倒角的第一条直线*/
选择第二条直线，或按住 Shift 键选择要应用角点的直线:
                    /*选择倒角的第二条直线*/
命令: chamfer       /*重复上一命令，直接按回车键或右击选择*/
(“修剪”模式) 当前倒角距离 1 = 15.0000, 距离 2 = 15.0000
                    /*系统提示信息*/
选择第一条直线或 [放弃(U)/多段线(P)/距离(D)/角度(A)/修剪(T)/方式(E)/多个(M)]:
                    /*使用上一次设置倒角距离的值，可以直接选择倒角的第一条直线*/
选择第二条直线，或按住 Shift 键选择要应用角点的直线:
```

```
                    /*选择倒角的第二条直线*/
命令: chamfer          /*重复上一命令，直接按回车键或右击选择*/
(“修剪”模式) 当前倒角距离 1 = 15.0000, 距离 2 = 15.0000
                    /*系统提示信息*/
选择第一条直线或 [放弃(U)/多段线(P)/距离(D)/角度(A)/修剪(T)/方式(E)/多个(M)]: d
                    /*输入“d”命令选项，将要设置倒角距离*/
指定第一个倒角距离 <15.0000>: 10                /*设置第一个倒角距离为 10*/
指定第二个倒角距离 <10.0000>: 20                /*设置第二个倒角距离为 20*/
选择第一条直线或 [放弃(U)/多段线(P)/距离(D)/角度(A)/修剪(T)/方式(E)/多个(M)]:t
                    /*输入“t”命令选项，设置修剪模式*/
输入修剪模式选项 [修剪(T)/不修剪(N)] <修剪>: n     /*设置为不修剪模式*/
选择第一条直线或 [放弃(U)/多段线(P)/距离(D)/角度(A)/修剪(T)/方式(E)/多个(M)]:
                    /*选择倒角的第一条直线*/
选择第二条直线，或按住 Shift 键选择要应用角点的直线:
                    /*选择倒角的第二条直线*/
命令: _chamfer         /*重复上一命令，直接按回车键或右击鼠标选择*/
(“不修剪”模式) 当前倒角距离 1 = 10.0000, 距离 2 = 20.0000
                    /*系统提示信息*/
选择第一条直线或 [放弃(U)/多段线(P)/距离(D)/角度(A)/修剪(T)/方式(E)/多个(M)]:
                    /*选择倒角的第一条直线*/
选择第二条直线，或按住 Shift 键选择要应用角点的直线:
                    /*选择倒角的第二条直线*/
```

技巧与提示：

圆角命令与倒角命令相似，主要区别是对角连接处的处理，不使用直线而用圆弧线连接。调整弧线半径大小可以使用“半径(R)”选项进行设置，其他选项与倒角命令使用方法相同。

在对图形进行圆角命令时，如果对象是两条平行线，此时对其进行圆角操作，结果是在平行线一端使用半圆弧进行连接。这是圆角操作的一种特殊情况，在绘图时需要注意并加以利用。

3.9　镜像命令（MIRROR）

“镜像”是指将选定的图形对象按照镜像线创建对称副本的操作。镜像命令使用过程中，需要指明源副对象的对称中心线，AutoCAD 中称之为镜像线。

3.9.1　镜像命令

启动镜像命令的几种方法：

- 菜单栏方法：“修改”|“镜像（I）”；
- 工具栏方法：“修改工具栏”|“⚠按钮”；
- 命令行方法：MIRROR 简写为 MI。

通过图 3-48 所示来讲解镜像命令的使用。

第一步：按图 3-49 所示标注的尺寸绘制出左侧图形作为镜像的原图。

第二步：执行镜像命令，结果如图 3-50 所示。

```
命令: mirror                      /*执行镜像命令*/
选择对象: 指定对角点: 找到 5 个    /*按照命令行提示，选择要镜像的图形对象*/
选择对象:                         /*选择对象结束，按回车键或右击鼠标*/
指定镜像线的第一点:          /*指定镜像线的第一点，使用对象捕捉如图 3-50 所示 A 端点*/
```

指定镜像线的第二点：

/*指定镜像线的第二点，启用极轴追踪 270° 方向上的某一点*/

要删除源对象吗？[是(Y)/否(N)] <N>:

/*命令选项，选择是否删除源对象，不删除可以直接按回车键或右击鼠标确认*/

图 3-48　镜像完成效果图

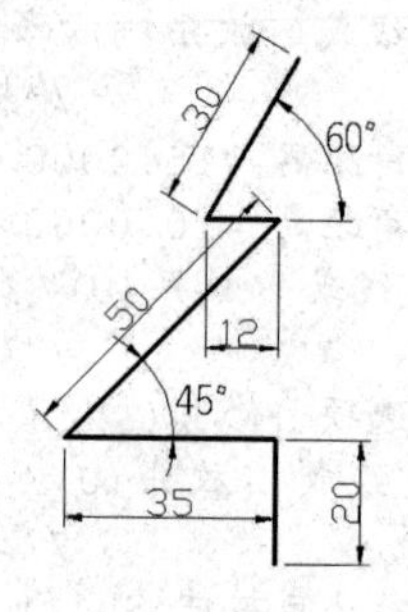

图 3-49　镜像前原图尺寸

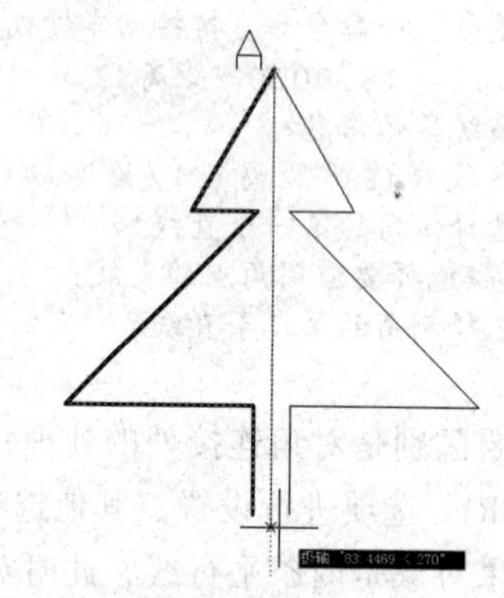

图 3-50　镜像过程中镜像线的确定

3.9.2　实例与练习

根据如图 3-51 所示效果图，使用镜像命令绘制图形。

第一步：绘制图中右侧有尺寸标注的图形，如图 3-52 所示。

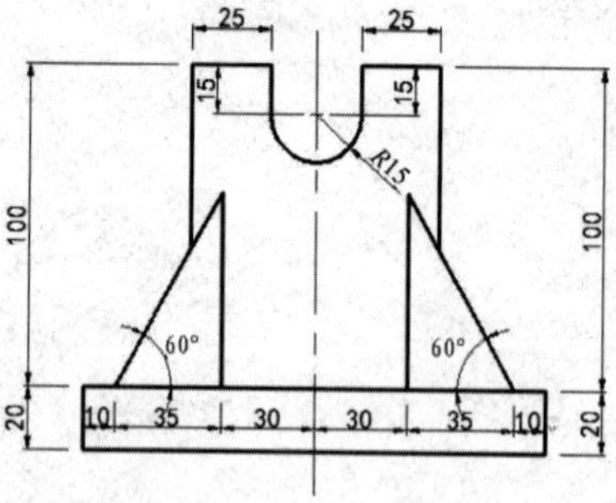

图 3-51　镜像练习效果图

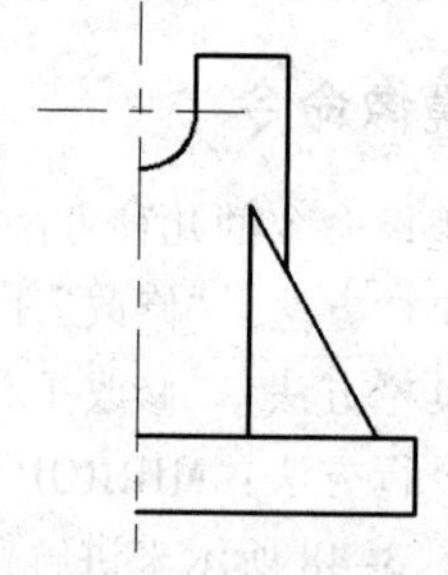

图 3-52　镜像前原图

第二步：执行镜像命令，结果如图 3-53 所示。

命令：MIRROR　　/*执行镜像命令*/

选择对象：指定对角点：找到 7 个　　/*选择将要镜像的图形对象*/

选择对象：指定对角点：找到 2 个，总计 9 个　　/*选择将要镜像的图形对象*/

选择对象：　　/*选择将要镜像的图形对象后，按回车键或右击鼠标*/

指定镜像线的第一点：　　　　/*指定镜像线的第一点，对称中心线的 A 端点*/
指定镜像线的第二点：
　　　　/*指定镜像线的第一点，对称中心线的 B 端点，如图 3-53 所示*/
要删除源对象吗？[是(Y)/否(N)] <N>:
　　　　/*命令选项，选择是否删除源对象，不删除可以直接按回车键或右击鼠标确认*/

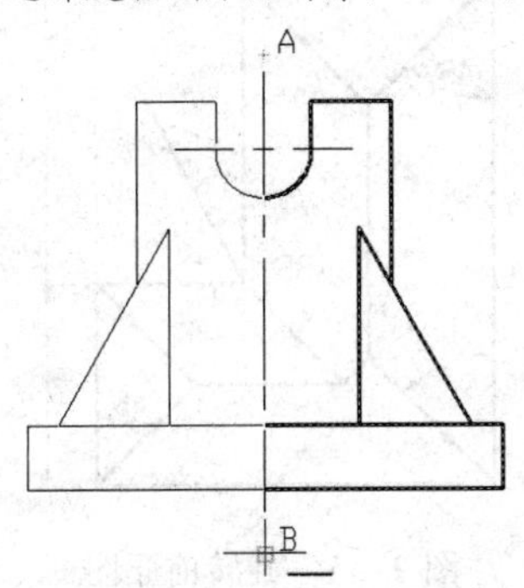

图 3-53　镜像练习镜像线

技巧与提示：

镜像命令比较常用，使用时注意镜像线的选择，如果所要修改的图形在两个方向或多个方向对称，可以考虑先绘出对称部分，然后再使用镜像命令，多次按镜像线进行镜像操作，这样绘制工作量少，并能快速将图形修改完成，提高了制图的效率。

3.10　旋转命令（ROTATE）

“旋转”命令是指用户通过围绕基点旋转对象来改变图形对象的放置方式。

3.10.1　旋转命令

启动旋转命令的几种方法：

- 菜单栏方法：“修改”|“旋转（R）”；
- 工具栏方法：“修改工具栏”|“按钮”；
- 命令行方法：ROTATE，简写为 RO。

下面以如图 3-54 所示的图形来讲解旋转命令的使用。

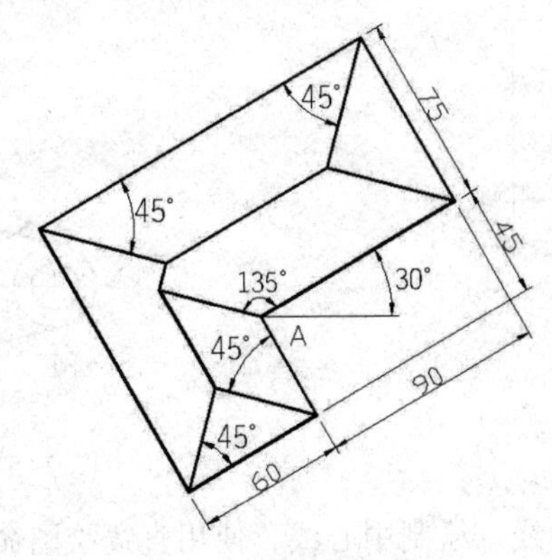

图 3-54　旋转效果图

第一步：辅助使用极轴追踪 0°、90°、180°、270°、45°、135°、225°、315° 等，辅助使用对象捕捉中点、端点、交点等，使用修剪等修改命令快速绘出图形，如图 3-55 所示。

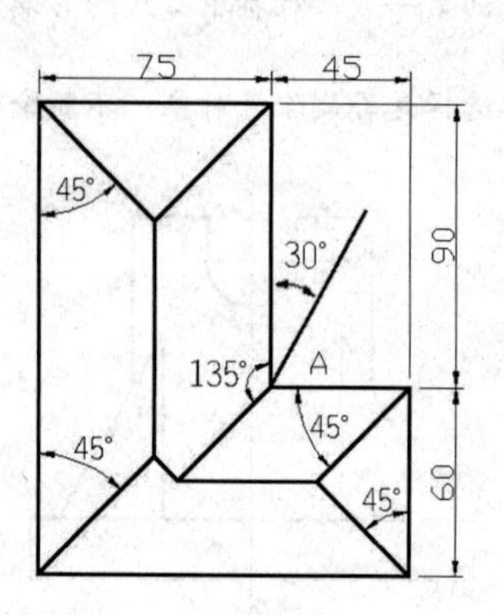

图 3-55　旋转前原图

第二步：选择旋转命令，结果如图 3-54 所示。

```
命令: rotate                                              /*执行旋转命令*/
UCS 当前的正角方向: ANGDIR=逆时针   ANGBASE=0            /*系统提示信息*/
选择对象: 指定对角点: 找到 24 个                          /*选择将要旋转的对象*/
选择对象:          /*选择对象结束，按回车键或右击鼠标以确认选择*/
指定基点:          /*使用对象捕捉，捕捉 A 端点为基点*/
指定旋转角度，或 [复制(C)/参照(R)] <300>: 300
                   /*输入旋转角度:300，或者使用极轴追踪 300° */
```

命令行中出现各选项的含义如下：

（1）复制（C）：选择此命令选项，在旋转对象的同时以源对象为样本复制对象，创建了源对象的副本。

（2）参照（R）：选择此命令选项，在图形中指定参照角度，以新角度旋转对象。

3.10.2　实例与练习

绘制如图 3-56 所示的图形，练习旋转命令的操作，完成效果如图 3-57 所示的图形。

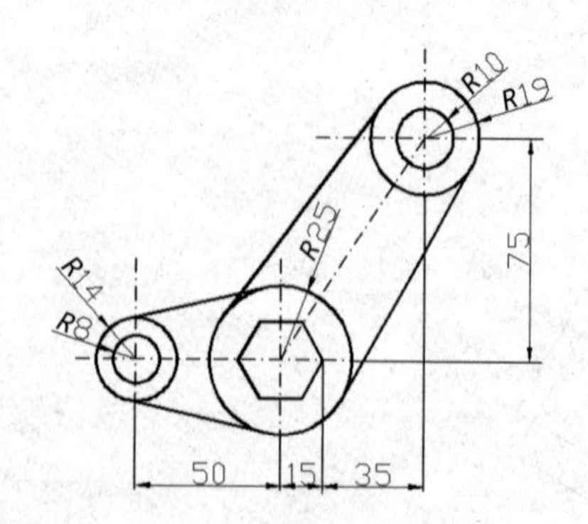

图 3-56　旋转练习原图

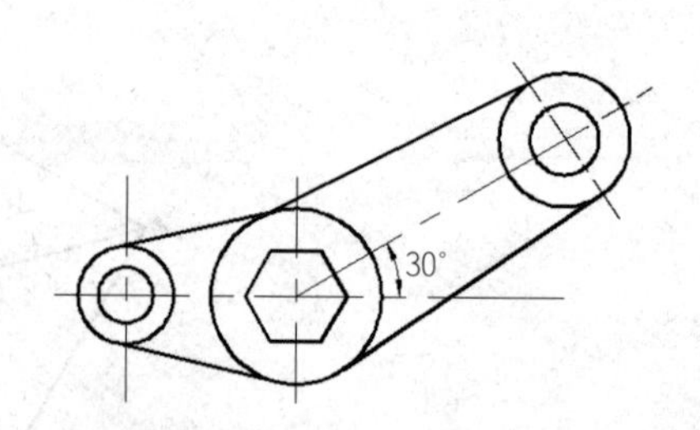

图 3-57　旋转练习完成效果图

第一步：绘制图形定位辅助线。绘制中心线，使用直线绘图命令、偏移修改命令、极轴追踪等辅助工具，绘制如图 3-58 所示的中心线图形。

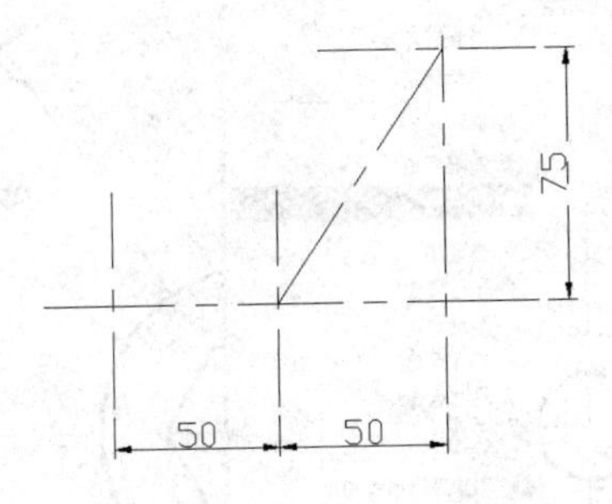

图 3-58 旋转练习轴线

第二步：绘制原图中的圆和正多边形。

命令：CIRCLE 指定圆的圆心或 [三点(3P)/两点(2P)/相切、相切、半径(T)]:
/*执行圆命令，捕捉直线交点为中心点*/
指定圆的半径或 [直径(D)] <8.0000>: 8 /*输入圆半径 8，按回车键确认*/
命令： /*重复上一命令，按回车或右击鼠标*/
CIRCLE 指定圆的圆心或 [三点(3P)/两点(2P)/相切、相切、半径(T)]:
/*捕捉直线交点为中心点*/
指定圆的半径或 [直径(D)] <8.0000>: 14 /*输入圆半径 14，按回车键确认*/
命令： /*重复上一命令，按回车或右击鼠标*/
CIRCLE 指定圆的圆心或 [三点(3P)/两点(2P)/相切、相切、半径(T)]:
/*捕捉直线交点为中心点*/
指定圆的半径或 [直径(D)] <14.0000>: 25 /*输入圆半径 25，按回车键确认*/
命令： /*重复上一命令，按回车键或右击鼠标*/
CIRCLE 指定圆的圆心或 [三点(3P)/两点(2P)/相切、相切、半径(T)]:
/*捕捉直线交点为中心点*/
指定圆的半径或 [直径(D)] <25.0000>: 10 /*输入圆半径 10，按回车键确认*/
命令： /*重复上一命令，按回车键或右击鼠标*/
CIRCLE 指定圆的圆心或 [三点(3P)/两点(2P)/相切、相切、半径(T)]:
/*捕捉直线交点为中心点*/
指定圆的半径或 [直径(D)] <10.0000>: 19 /*输入圆半径 19，按回车键确认*/
命令：POLYGON 输入边的数目 <4>: 6 /*执行正多边形命令，输入边数为 6*/
指定正多边形的中心点或 [边(E)]: /*捕捉直线交点为正多边形中心点*/
输入选项 [内接于圆(I)/外切于圆(C)] <I>:
/*选择内接于圆(I)命令选项，尖括号中为默认值，可以直接回车选择*/
指定圆的半径：15 /*在 0° 方向上极轴追踪，并输入距离 15，按回车键确认*/

第三步：绘制两圆公切线。

命令：LINE /*执行直线绘图命令*/
指定第一点：tan /*输入 tan*/
到 /*鼠标指针移动到 *R*14 圆的圆周上，此时有“递延切点”捕捉提示，单击确定公切线的第一个切点*/
指定下一点或 [放弃(U)]: tan /*输入 tan*/
到 /*鼠标指针移动到 *R*25 圆的圆周上，单击确定公切线的第二个切点*/
指定下一点或 [放弃(U)]:
/*按回车键或右击，结束两圆公切线直线绘制*/
命令：LINE 指定第一点： /*执行直线绘图命令*/
tan 到 /*按住 Shift 键同时右击弹出如图 3-59 所示快捷菜单，选择“切点”后，鼠标指针移动到 *R*14 圆的圆周上，此时有“递延切点”捕捉提示，单击确定公切线的第一个切点*/

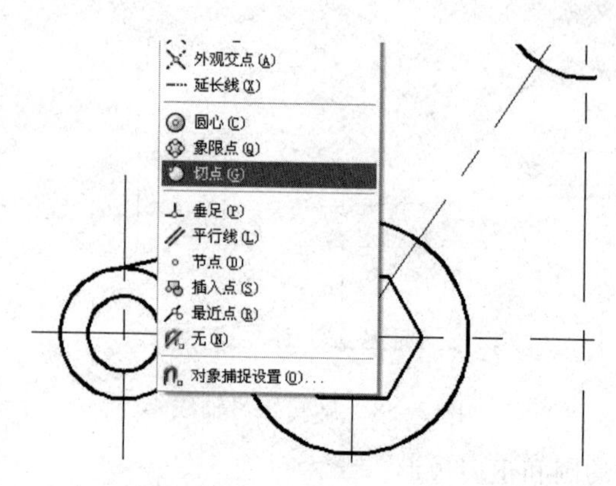

图 3-59　公切线切点的确定

指定下一点或 [放弃(U)]:　　　　　　　/*系统提示指定直线的下一点*/
指定下一点或 [放弃(U)]: tan 到　　　/*按住 Shift 键同时右击,弹出如下图快捷菜单,选择"切点"后，鼠标指针移动到 R25 圆的圆周上，此时有"递延切点"捕捉提示，单击确定公切线的第二个切点*/
指定下一点或 [放弃(U)]:　　　　　　　/*按回车键或右击，结束两圆公切线直线绘制*/
命令：LINE　　　　　　　　　　　　　　/*执行直线绘图命令*/
指定第一点：tan　　　　　　　　　　　/*输入 tan*/
到　　　　　　　　　　　　　　　　　　/*鼠标指针移动到 R25 圆的圆周上，此时有"递延切点"捕捉提示，单击鼠标左键确定公切线的第一个切点*/
指定下一点或 [放弃(U)]: tan　　　　/*输入 tan*/
到　　　　　/*鼠标指针移动到 R19 圆的圆周上，单击确定公切线的第二个切点*/
指定下一点或 [放弃(U)]:　　　　　　　/*按回车键或右击，结束两圆公切线直线绘制*/
命令：LINE　　　　　　　　　　　　　　/*执行直线绘图命令*/
指定第一点：tan　　　　　　　　　　　/*输入 tan*/
到　　　　　　　　　　　　　　　　　　/*鼠标指针移动到 R25 圆的圆周上，此时有"递延切点"捕捉提示，单击鼠标左键确定公切线的第一个切点*/
指定下一点或 [放弃(U)]: tan　　　　/*输入 tan*/
到　　　　　/*鼠标指针移动到 R19 圆的圆周上，单击确定公切线的第二个切点*/
指定下一点或 [放弃(U)]:　　　　　　　/*按回车键或右击，结束两圆公切线直线绘制*/

第四步：对原图旋转修改（见图 3-60）。

命令：ROTATE　　　　　　　　　　　　/*执行旋转修改命令*/
UCS 当前的正角方向：ANGDIR=逆时针　ANGBASE=0　　　/*系统提示*/
选择对象：指定对角点：找到 3 个
　　　　　/*选择对象，可直接选择或窗交选择要旋转的图形对象*/
选择对象：指定对角点：找到 2 个，总计 5 个　　　　　/*继续选择对象*/
选择对象：指定对角点：找到 1 个，总计 6 个　　　　　/*继续选择对象*/
选择对象：　　　/*选择对象结束按回车键或右击*/
指定基点：　　　/*捕捉 R25 圆的圆心 A 点为基点*/
指定旋转角度，或 [复制(C)/参照(R)] <0>: r
　　　　　/*输入 r 后按回车键，选择参照命令选项*/
指定参照角 <56>:　　　　　　　　　/*使用对象捕捉，捕捉 A 点为第一点*/
指定第二点：　　　　　　　　　　　/*使用对象捕捉，捕捉 B 点为第二点*/
指定新角度或 [点(P)] <0>:
/*极轴追踪 30° 方向，在 30° 方向上指定第三个点，如图 3-60 所示，完成旋转的修改操作*/

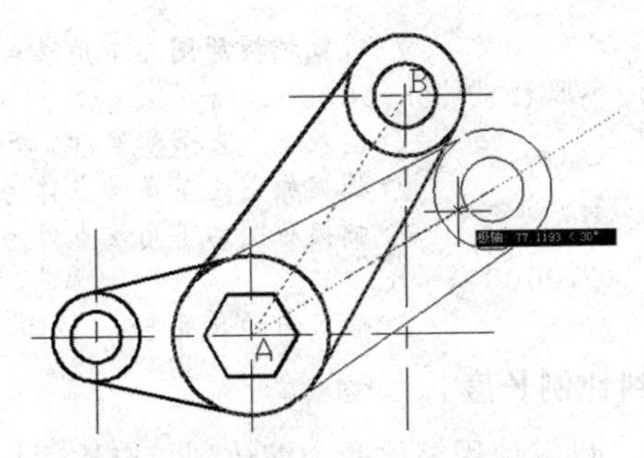

图 3-60 旋转时指定参照角度

技巧与提示：

旋转图形对象时，逆时针方向角度增加，顺时针方向角度减少。为了定位更加精确快捷，旋转时可以使用“正交”、“极轴追踪”、“对象捕捉”等辅助工具。

在旋转对象时，如果只知道相对位置而不知道旋转角度，此时可采用“参照(R)”方式，并配合对象捕捉等工具，可以很方便地完成定位。

3.11 缩放命令（SCALE）

缩放命令可以按比例改变对象的大小。缩放时图形对象是在 *X*、*Y* 和 *Z* 方向按比例放大或缩小。对象缩放时比例因子大于 0 小于 1 图形缩小；大于 1 则放大。

3.11.1 缩放命令

启动缩放命令的几种方法：

- 菜单栏方法：“修改”|“缩放（L）”；
- 工具栏方法：“修改工具栏”|“按钮”；
- 命令行方法：SCALE，简写为 SC。

1. 使用参照长度缩放到特定长度

以如图 3-61 所示的例子，讲解使用缩放命令将图形缩放到特定长度的方法。

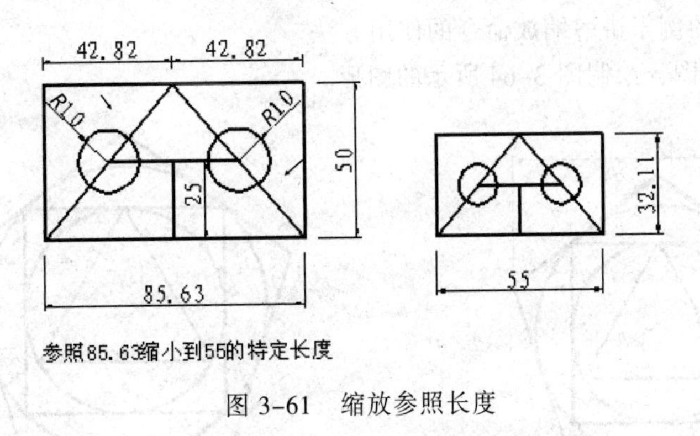

图 3-61 缩放参照长度

```
命令： SCALE                          /*执行缩放修改命令*/
选择对象： 指定对角点： 找到 10 个      /*选择将要缩放的图形对象*/
选择对象：                             /*选择对象结束按回车键或右击鼠标*/
```

```
指定基点：                              /*对象捕捉原图左下角端点为缩放时的基点*/
指定比例因子或 [复制(C)/参照(R)] <1.0000>:  r
                                        /*输入 r，选择参照(R)命令选项*/
指定参照长度 <1.0000>:                  /*捕捉原图左下角端点作为参照长度的第一点*/
指定第二点:                             /*捕捉原图右下角端点作为参照长度的第二点*/
指定新的长度或 [点(P)] <1.0000>:  55
                                        /*输入新的长度 55，按回车键或右击鼠标确认*/
```

2. 使用参照长度缩放到比例长度

以如图 3-62 所示的例子，讲解使用缩放命令缩放到指定比例长度的绘图方法。

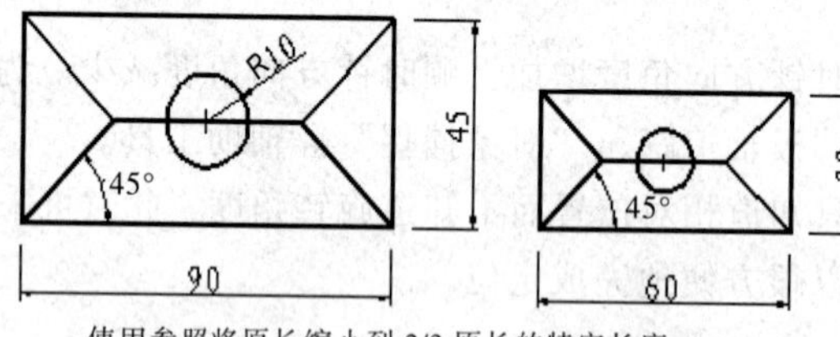

使用参照将原长缩小到 2/3 原长的特定长度

图 3-62　缩放比例因子

```
命令: SCALE                         /*执行缩放修改命令*/
选择对象: 指定对角点: 找到 10 个    /*选择将要缩放的图形对象*/
选择对象:                   /*选择对象结束按回车键或右击鼠标*/
指定基点:                   /*对象捕捉原图左下角端点为缩放时的基点*/
指定比例因子或 [复制(C)/参照(R)] <0.6423>:  2/3
                            /*输入缩放的比例因子 2/3 后按回车键确认*/
```

命令行中出现各选项的含义如下：

（1）复制（C）：选择此命令选项，在缩放对象的同时以源对象为样本复制对象，创建了源对象的副本。

（2）参照（R）：选择此命令选项，按照参照长度缩放对象。

3.11.2　实例与练习

以图 3-63 所示的例子讲解缩放命令的使用方法。

第一步：绘制原图，绘制图 3-64 所示的图形。

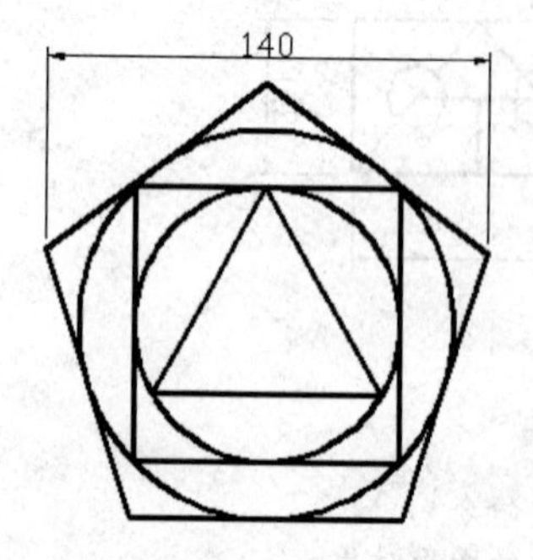

图 3-63　缩放练习缩放后效果图

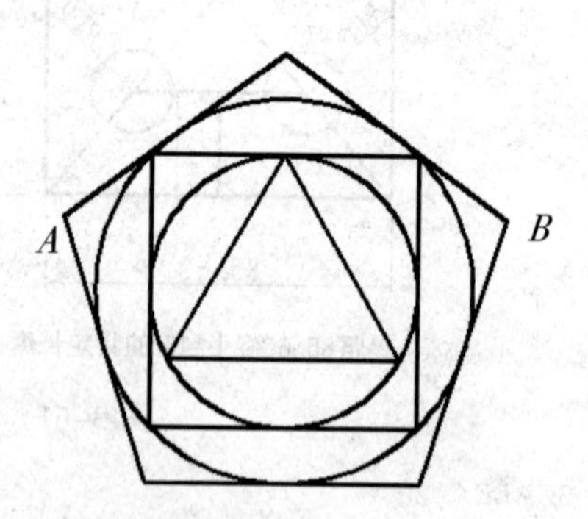

图 3-64　缩放练习原图

```
命令: POLYGON 输入边的数目 <6>: 5              /*执行正多边形命令，输入边数为 5 */
指定正多边形的中心点或 [边(E)]:                  /*在屏幕上拾取某点为正多边形中心点*/
输入选项 [内接于圆(I)/外切于圆(C)] <I>:          /*内接于圆，默认直接按回车键 */
指定圆的半径:                    /*90° 方向极轴追踪，在屏幕上指定某长度为半径 */
命令: CIRCLE 指定圆的圆心或 [三点(3P)/两点(2P)/相切、相切、半径(T)]: 3p 指定圆上的
第一个点: tan 到
                                 /*执行圆(相切、相切、相切命令)，指定圆上第一个切点*/
指定圆上的第二个点: tan 到        /*指定圆上第二个切点*/
指定圆上的第三个点: tan 到        /*指定圆上第三个切点*/
命令: POLYGON 输入边的数目 <5>: 4              /*执行正多边形命令，输入边数为 4 */
指定正多边形的中心点或 [边(E)]:                  /*捕捉圆心为正多边形中心点 */
输入选项 [内接于圆(I)/外切于圆(C)] <I>:          /*内接于圆，默认直接按回车 */
指定圆的半径:                    /*极轴追踪 45° 方向，内接于圆指定半径 */
命令: CIRCLE 指定圆的圆心或 [三点(3P)/两点(2P)/相切、相切、半径(T)]: 3p 指定圆上的
第一个点: tan 到
                                 /*执行圆(相切、相切、相切命令)，指定圆上第一个切点*/
指定圆上的第二个点: tan 到                      /*指定圆上第二个切点*/
指定圆上的第三个点: tan 到                      /*指定圆上第三个切点*/
命令: _POLYGON 输入边的数目 <4>: 3             /*执行正多边形命令，输入边数为 3 */
指定正多边形的中心点或 [边(E)]:                  /*捕捉圆心为正多边形中心点 */
输入选项 [内接于圆(I)/外切于圆(C)] <I>:          /*内接于圆，默认直接按回车键 */
指定圆的半径:                                  /*极轴追踪 45° 方向，内接于圆指定半径 */
```

第二步：缩放修改操作，结果如图 3-63 所示。

```
命令: SCALE                                    /*执行缩放修改命令*/
选择对象: 指定对角点: 找到 5 个                  /*选择将要缩放的图形对象*/
选择对象:                                      /*选择对象结束按回车键或右击鼠标*/
指定基点:                                      /*对象捕捉原图某圆心为缩放时的基点*/
指定比例因子或 [复制(C)/参照(R)] <1.4968>: r
                                 /*输入"r"，选择参照(R)命令选项*/
指定参照长度 <157.0000>:          /*捕捉原图中 A 端点作为参照长度的第一点*/
指定第二点:                      /*捕捉原图中 B 端点作为参照长度的第二点*/
指定新的长度或 [点(P)] <235.0000>: 140
                                 /*输入新的长度 140，按回车键或右击鼠标确认*/
```

技巧与提示：

缩放命令的使用有很多的技巧，其主要体现在它的“复制(C)”“参照(R)”两个参数上，当某一图形对象需要按特定比例放大或缩小，并要求同时复制时，可以在缩放操作时选用“复制(C)”选项，此时可以快速准确的完成操作。

如果图形对象的相对位置是固定的，只是尺寸大小不同，此时可以借助于缩放命令的“参照(R)”选项，参照实际尺寸，快速缩放到需要的尺寸。

3.12　移动命令（MOVE）

“移动”命令是在指定方向上按指定距离移动对象。移动命令需要指定移动图形对象的基点。

3.12.1　移动命令

启动移动命令的几种方法：

- 菜单栏方法：“修改”|“移动（V）”；

- 工具栏方法："修改工具栏"｜"✥按钮"；
- 命令行方法：MOVE，简写为 M。

以如图 3-65 所示的例子，讲解移动命令的使用。

第一步：绘制原图，绘制如图 3-66 所示的图形。

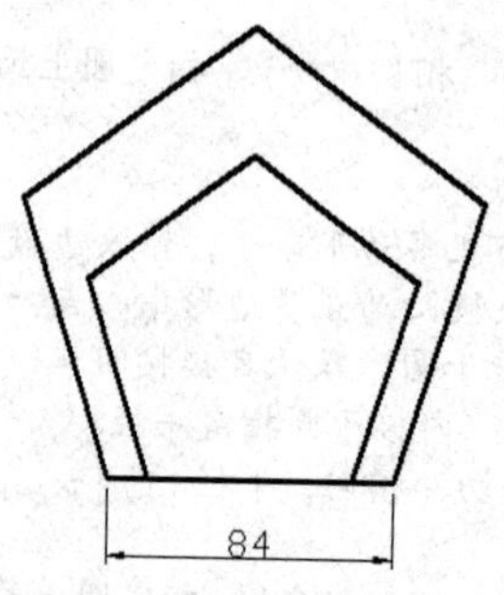

图 3-65　移动效果图

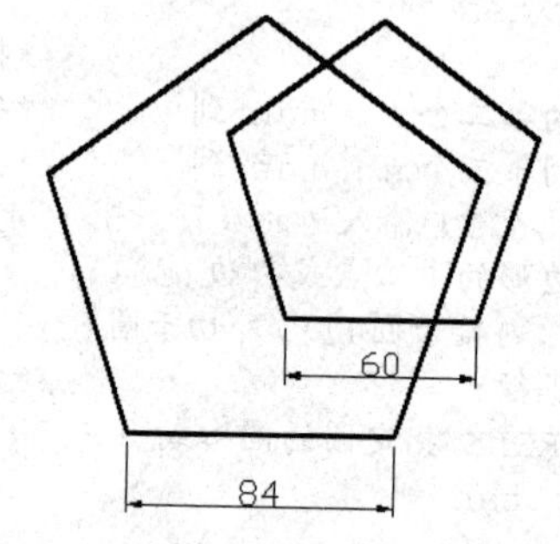

图 3-66　移动原图

```
命令: POLYGON 输入边的数目 <6>: 5            /*执行正多边形命令，输入边数 5*/
指定正多边形的中心点或 [边(E)]: e            /*输入 e，选择边(E)方式绘制正多边形*/
指定边的第一个端点:                           /*在屏幕上捕捉第一点*/
指定边的第二个端点: 84                        /*极轴追踪 0° 方向，输入距离 84，按回车键*/
命令: POLYGON 输入边的数目 <5>:
                           /*重复上一命令按回车键，默认正多边形边数为 5，按回车键*/
指定正多边形的中心点或 [边(E)]: e            /*输入 e，选择边(E)方式绘制正多边形*/
指定边的第一个端点:                 /*在屏幕上捕捉第一点*/
指定边的第二个端点: 60              /*极轴追踪 0° 方向，输入距离 60，按回车键*/
```

第二步：执行移动修改命令，如图 3-65 所示。

```
命令: MOVE                          /*执行移动修改命令*/
选择对象: 找到 1 个                 /*选择要移动的图形对象*/
选择对象:                           /*选择对象结束按回车键或右击鼠标*/
指定基点或 [位移(D)] <位移>:        /*捕捉边长为 60 的正五边形底边的中点为基点*/
指定第二个点或 <使用第一个点作为位移>:
                                    /*捕捉边长为 84 的正五边形底边的中点*/
```

3.12.2　实例与练习

以如图 3-67 所示的例子，讲解移动命令的使用。

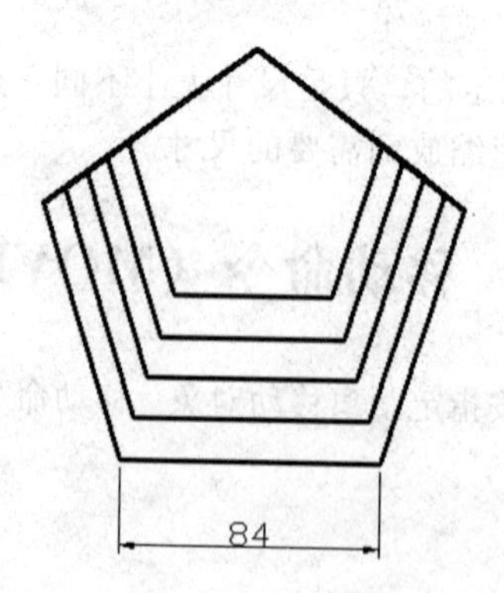

图 3-67　移动练习效果图

第一步：绘制正五边形。

```
命令: POLYGON 输入边的数目 <4>: 5              /*执行正多边形命令，输入边数 5*/
指定正多边形的中心点或 [边(E)]: e              /*输入 e，选择边(E)方式绘制正多边形*/
指定边的第一个端点:                            /*在屏幕上捕捉第一点*/
指定边的第二个端点: 84                         /*极轴追踪 0° 方向，输入距离 84，按回车键*/
```

第二步：复制正五边形，将正五边形复制 4 个。

```
命令: COPY                                          /*执行复制命令*/
选择对象: 指定对角点: 找到 1 个                     /*选择正五边形为要复制的对象*/
选择对象:                                           /*选择对象结束按回车键*/
当前设置:  复制模式 = 多个                          /*系统提示信息，多重复制模式*/
指定基点或 [位移(D)/模式(O)] <位移>:                /*指定基点*/
指定第二个点或 <使用第一个点作为位移>:              /*指定第二点*/
指定第二个点或 [退出(E)/放弃(U)] <退出>:            /*指定第二点*/
指定第二个点或 [退出(E)/放弃(U)] <退出>:            /*指定第二点*/
指定第二个点或 [退出(E)/放弃(U)] <退出>:            /*指定第二点*/
指定第二个点或 [退出(E)/放弃(U)] <退出>:
                                          /*结束按回车键或右击鼠标，如图 3-68 所示*/
```

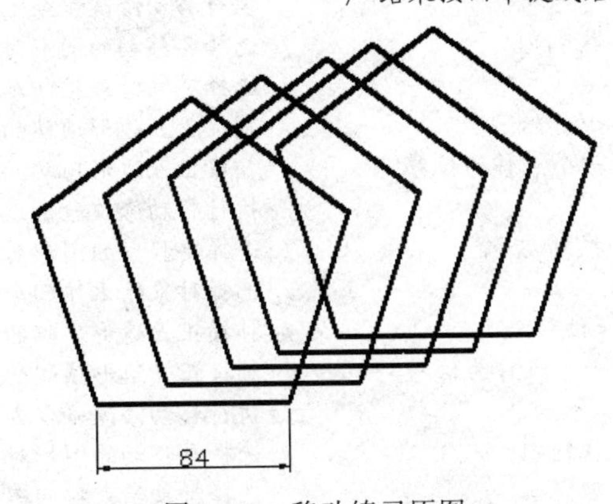

图 3-68　移动练习原图

第三步：缩放正五边形，将正五边形按原比例的 0.9、0.8、0.7、0.6 进行缩放。

```
命令: scale                          /*执行缩放命令*/
选择对象: 找到 1 个                  /*选择要缩放的图形对象*/
选择对象:                            /*选择结束按回车键或右击鼠标*/
指定基点:                            /*指定正五边形左下角端点为基点*/
指定比例因子或 [复制(C)/参照(R)] <0.8333>:  0.9       /*输入比例因子 0.9*/
命令: scale                          /*重复上一命令，按回车键或右击鼠标*/
选择对象: 找到 1 个                  /*选择要缩放的图形对象*/
选择对象:                            /*选择结束按回车键或右击鼠标*/
指定基点:                            /*指定正五边形左下角端点为基点*/
指定比例因子或 [复制(C)/参照(R)] <0.9000>:  0.8       /*输入比例因子 0.8*/
命令: scale                          /*重复上一命令，按回车键或右击鼠标*/
选择对象: 找到 1 个                  /*选择要缩放的图形对象*/
选择对象:                            /*选择结束按回车键或右击鼠标*/
指定基点:                            /*指定正五边形左下角端点为基点*/
指定比例因子或 [复制(C)/参照(R)] <0.8000>:  0.7       /*输入比例因子 0.7*/
命令: scale                          /*重复上一命令，按回车键或右击鼠标*/
选择对象: 找到 1 个                  /*选择要缩放的图形对象*/
选择对象:                            /*选择结束按回车键或右击鼠标*/
```

```
指定基点：                          /*指定正五边形左下角端点为基点*/
指定比例因子或 [复制(C)/参照(R)] <0.7000>: 0.6
                                    /*输入比例因子0.6，如图3-69所示*/
```

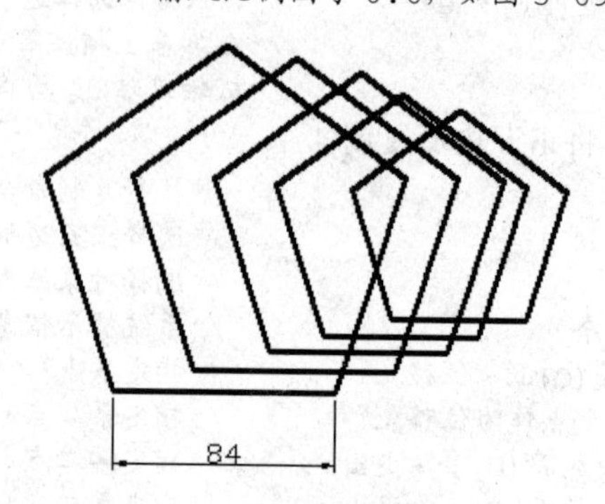

图3-69　移动练习原图缩放后

第四步：将其中4个正五边形，按最上顶点对齐，执行移动操作，结果如图3-67所示。

```
命令：MOVE                                 /*执行移动修改命令*/
选择对象：指定对角点：找到 1 个            /*选择要移动的图形对象*/
选择对象：                                 /*选择对象结束按回车键或右击鼠标*/
指定基点或 [位移(D)] <位移>：              /*捕捉正五边形顶端的端点为基点*/
指定第二个点或 <使用第一个点作为位移>：    /*捕捉正五边形顶端的端点*/
命令：MOVE                                 /*执行移动修改命令或重复上一命令按回车键*/
选择对象：指定对角点：找到 1 个            /*选择要移动的图形对象*/
选择对象：                                 /*选择对象结束按回车键或右击鼠标*/
指定基点或 [位移(D)] <位移>：              /*捕捉正五边形顶端的端点为基点*/
指定第二个点或 <使用第一个点作为位移>：    /*捕捉正五边形顶端的端点*/
命令：MOVE                                 /*执行移动修改命令或重复上一命令按回车键*/
选择对象：指定对角点：找到 1 个            /*选择要移动的图形对象*/
选择对象：                                 /*选择对象结束按回车键或右击鼠标*/
指定基点或 [位移(D)] <位移>：              /*捕捉正五边形顶端的端点为基点*/
指定第二个点或 <使用第一个点作为位移>：    /*捕捉正五边形顶端的端点*/
命令：MOVE                                 /*执行移动修改命令或重复上一命令按回车键*/
选择对象：指定对角点：找到 1 个            /*选择要移动的图形对象*/
选择对象：                                 /*选择对象结束按回车键或右击鼠标*/
指定基点或 [位移(D)] <位移>：              /*捕捉正五边形顶端的端点为基点*/
指定第二个点或 <使用第一个点作为位移>：    /*捕捉正五边形顶端的端点*/
```

技巧与提示：

移动命令并不复杂，但在操作时一定要注意定位。定位可以借助于坐标或极轴、对象捕捉等辅助工具。另外在进行移动操作时，还要注意基点的选择，只有基点选择正确，才能配合对象捕捉等定位工具方便操作，提高制图的速度。

3.13　对齐命令（ALIGN）

对齐命令是指用户可以通过移动、旋转、倾斜对象来使该对象与另一个对象对齐。用户可以在二维和三维空间中将对象与其他对象对齐。

3.13.1　对齐命令

启动对齐命令的几种方法：

- 菜单栏方法："修改" | "三维操作(3)" | "对齐(L)"；
- 命令行方法：ALIGN，简写为 AL。

以绘制如图 3-70 所示的图形，来讲解对齐命令。

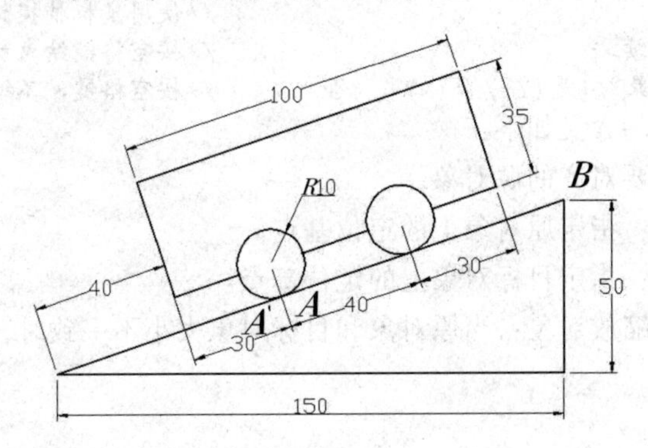

图 3-70　对齐实例练习

第一步：绘制小车和斜坡，如图 3-71 所示。

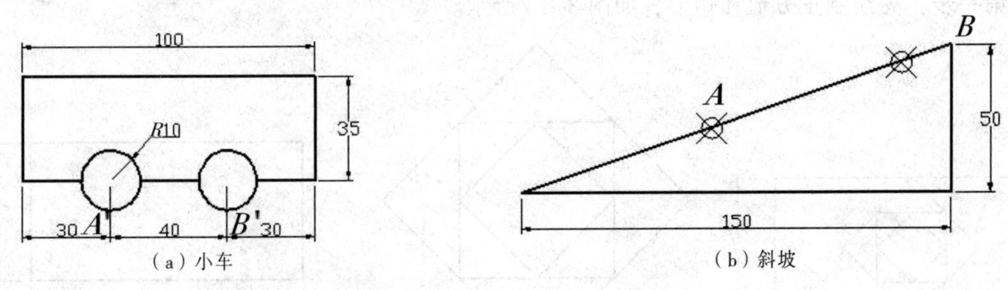

图 3-71　对齐操作前的原图

第二步：调用对齐命令，将小车与斜坡对齐，如图 3-72 所示。

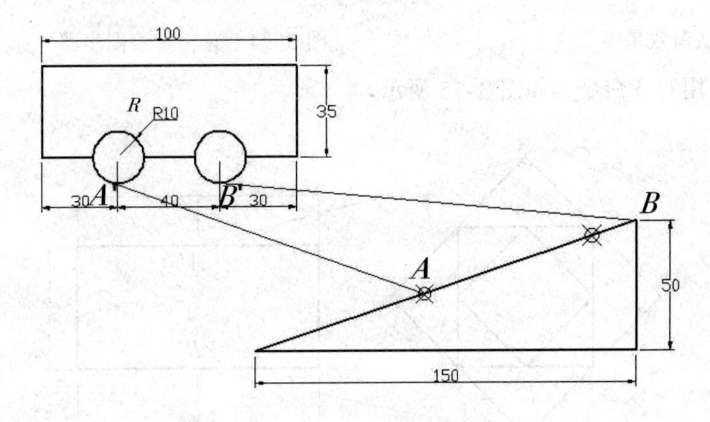

图 3-72　对齐命令的操作过程

命令：ALIGN　　　　　　　　　　　　　　　/*启动对齐命令*/

```
选择对象：指定对角点：找到 10 个                    /*窗选小车全图*/

选择对象：                                          /*按空格键结束选择对象*/

指定第一个源点：                                    /*使用鼠标捕捉小车车轮 A′点*/
指定第一个目标点：                                  /*使用鼠标捕捉斜坡 A 点*/
指定第二个源点：                                    /*使用鼠标捕捉小车第二车轮 B′点*/
指定第二个目标点：                                  /*使用鼠标捕捉斜坡 B 点*/
指定第三个源点或 <继续>：                           /*按空格键结束*/
是否基于对齐点缩放对象？[是(Y)/否(N)] <否>：        /*按空格键，不缩放对象*/
```

命令行中出现各选项的含义如下：

（1）选择对象：选择要对齐的源对象。

（2）指定第一个源点：指定原对象上的定位基点。

（3）指定第二个源点：指定目标对象上的定位基点。

（4）是否基于对齐点缩放对象：当原对象和目标对象大小不一致时，是否按目标对象缩放源对象。

3.13.2　实例与练习

根据如图 3-73 所示的花格窗实例效果图，完成练习。

第一步：先绘制正方形和矩形，如图 3-74 所示。

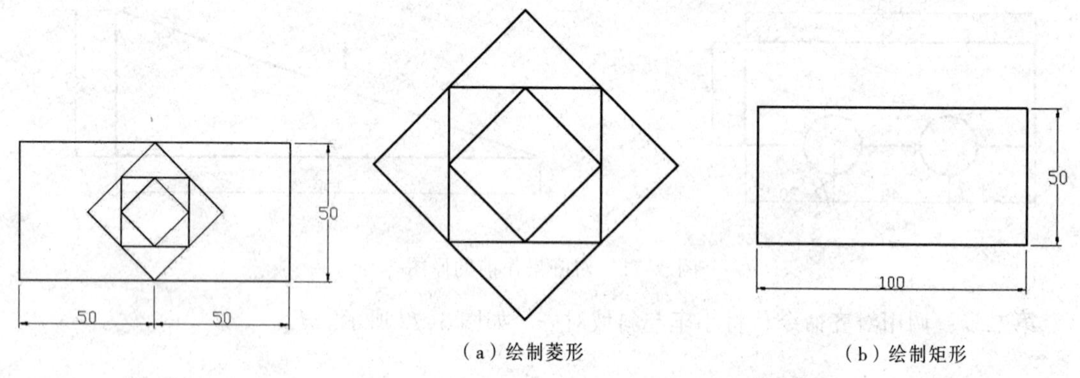

（a）绘制菱形　（b）绘制矩形

图 3-73　花格窗效果图　　图 3-74　花格窗绘图步骤

第二步：使用对齐命令，如图 3-75 所示。

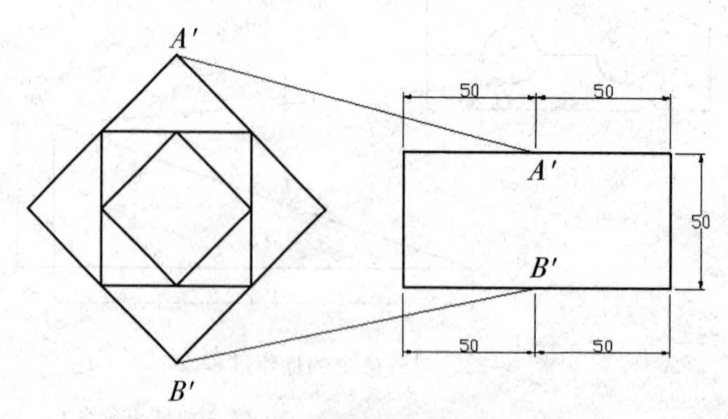

图 3-75　对齐命令操作过程

具体操作过程如下：

```
命令：ALIGN                                     /*启动对齐命令*/
选择对象：指定对角点：找到 3 个                   /*窗选菱形图案*/
选择对象：                                       /*按空格键结束对象选择*/
指定第一个源点：                                 /*使用鼠标捕捉菱形图案 A'点*/
指定第一个目标点：                               /*使用鼠标捕捉矩形 A 点*/
指定第二个源点：
指定第二个目标点：                               /*使用鼠标捕捉矩形 B 点*/
指定第三个源点或 <继续>：                         /*按空格键结束*/
是否基于对齐点缩放对象？[是(Y)/否(N)] <否>:y       /*输入 Y，缩放对象*/
```

技巧与提示：

对齐命令并不常用，但有时修改图形对象时使用对齐命令非常方便，可达到事半功倍的效果。对齐命令在操作时一定要注意源对象和目标对象的区别，对齐操作结束后，源对象会改变位置或大小，而目标对象不发生变化。

3.14　实 训 案 例

本实训案例主要是针对前面的基础编辑部分进行总结和概括，将各小节的知识综合成一个相对完整的案例，通过案例的完成达到知识和技能的融会贯通。从而熟练使用 AutoCAD 的编辑命令，配合绘图命令使绘图简便快速。

3.14.1　案例效果图

本案例主要参照本章节的知识和技术要求，涉及移动（MOVE）、偏移（OFFSET）、修剪（TRIM）、倒角（CHAMFER）、圆角（FILLET）、镜像（MIRROR）、旋转（ROTATE）等命令的操作和技巧，具体案例效果如图 3-76 所示。

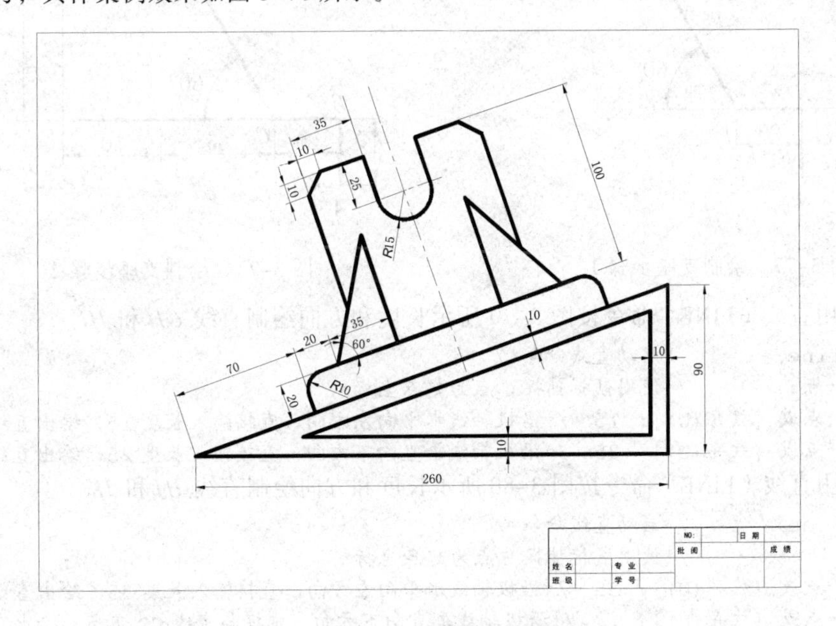

图 3-76　案例效果图

3.14.2 绘图步骤

1. 设置绘界限

本例中的图形界限大小设定为 420×297，设置方法和步骤参照 2.6.2 章节相关内容，这里不再赘述。

2. 绘制支座

（1）使用直线（LINE）命令按图 3-77 所示长度和方向绘制直线 *AB*、*BC* 和 *CD*。

```
命令：LINE          /*启动直线命令*/
指定第一点：        /*使用鼠标指定屏幕上适当一点 A 为起点坐标*/
指定下一点或 [放弃(U)]: 20  /*沿极轴线垂直向上方向，直接输入长度 20，绘出直线 AB*/
指定下一点或 [放弃(U)]: 20  /*沿极轴线水平向右方向，直接输入长度 20，绘出直线 BC*/
指定下一点或 [闭合(C)/放弃(U)]: 80 /*沿极轴为 60° 角方向，直接输入长度 80*/
```

（2）使用直线（LINE）命令按图 3-78 所示长度和方向绘制直线 *CE*、*EF* 和 *FG*。

```
命令：LINE          /*启动直线命令*/
指定第一点：        /*使用鼠标捕捉 C 点为起点坐标*/
指定下一点或 [放弃(U)]: 35  /*沿极轴线水平向右方向，直接输入长度 35，绘出直线 CE*/
指定下一点或 [放弃(U)]: 30  /*沿极轴线水平向右方向，直接输入长度 30，绘出直线 EF*/
指定下一点或 [闭合(C)/放弃(U)]: 100 /*沿极轴垂直向上方向，直接输入长度 100，绘出直线
FG */
```

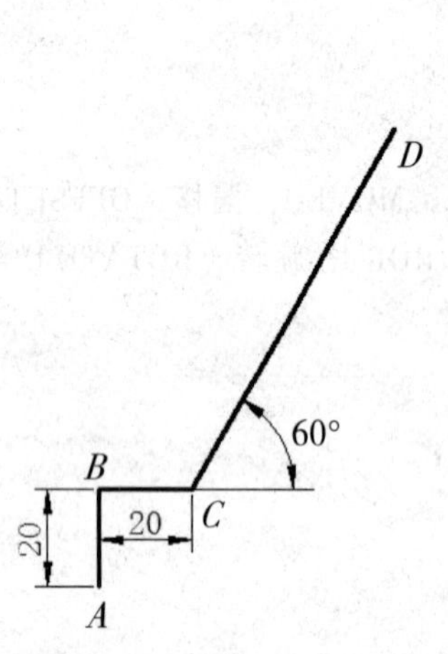

图 3-77 绘制支座步骤 1

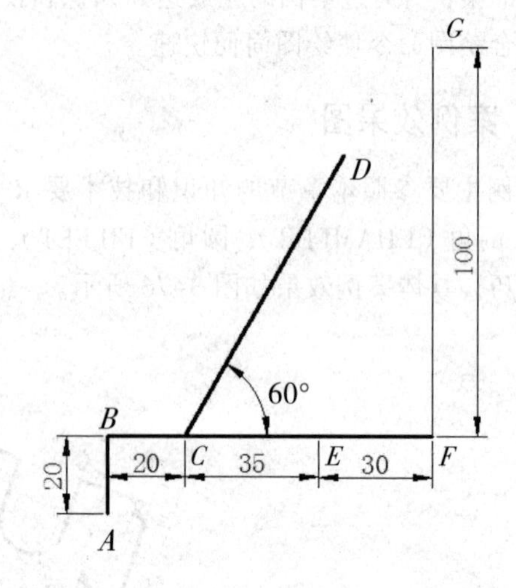

图 3-78 绘制支座步骤 2

（3）使用直线（LINE）命令按图 3-79 所示长度和方向绘制直线 *GH* 和 *HI*。

```
命令：line          /*启动直线命令*/
指定第一点：        /*使用鼠标捕捉 G 点为起点坐标*/
指定下一点或 [放弃(U)]: 15  /*沿极轴线水平向左方向，直接输入长度 15，绘出直线 GH*/
指定下一点或 [放弃(U)]: 25  /*沿极轴线垂直向下方向，直接输入长度 25，绘出直线 HI*/
```

（4）使用直线（LINE）命令按图 3-80 所示长度和方向绘制直线 *HJ* 和 *JK*。

```
命令：line          /*启动直线命令*/
指定第一点：        /*使用鼠标捕捉 H 点为起点坐标*/
指定下一点或 [放弃(U)]: 35  /*沿极轴线水平向左方向，直接输入长度 35，绘出直线 HJ*/
指定下一点或 [放弃(U)]:     /*沿极轴线垂直向下方向，捕捉与直线 CD 交点，绘出直线 JK*/
```

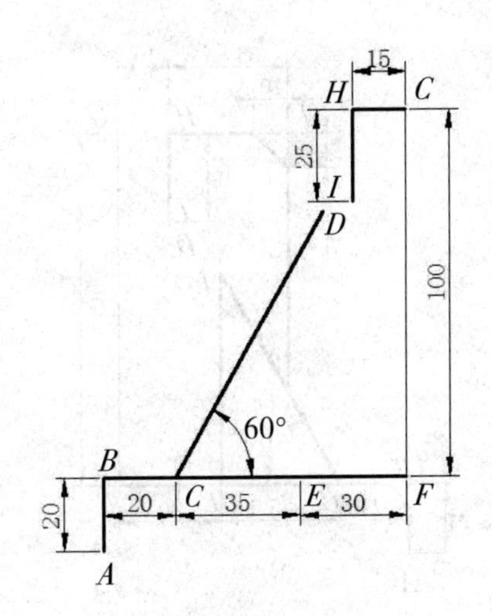

图 3-79　绘制支座步骤 3

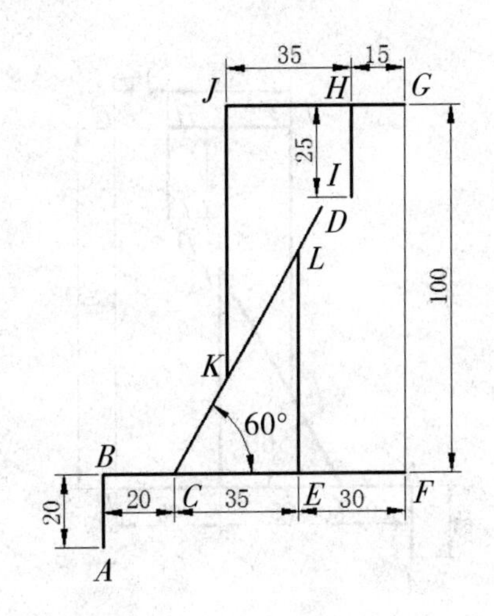

图 3-80　绘制支座步骤 4

（5）使用修剪（TRIM）命令将直线 *CD* 在 *L* 处剪去，并将多余直线 *HG* 删除，如图 3-81 所示。

```
命令: TRIM              /*启动修剪命令*/
当前设置:投影=UCS, 边=延伸
选择剪切边...            /*使用鼠标选择直线 LE 为剪切边*/
选择对象或 <全部选择>: 找到 1 个
选择对象:               /*回车确认选择*/
选择要修剪的对象, 或按住 Shift 键选择要延伸的对象, 或
[栏选(F)/窗交(C)/投影(P)/边(E)/删除(R)/放弃(U)]: /*使用鼠标选择直线 LD 部分修剪*/
命令: ERASE             /*启动删除命令*/
选择对象: 找到 1 个      /*使用鼠标选择直线 HG, 回车确认*/
```

（6）使用倒角（CHAMFER）、圆角（FILLET）命令按图 3-82 所示对∠*KJH* 进行倒角，对∠*ABC* 进行圆角处理。

```
命令: CHAMFER                             /*启动倒角命令*/
("修剪"模式) 当前倒角距离 1 = 10.0000, 距离 2 = 10.0000
选择第一条直线或 [放弃(U)/多段线(P)/距离(D)/角度(A)/修剪(T)/方式(E)/多个(M)]: d
                                          /*启用设置倒角距离选项*/
指定第一个倒角距离 <10.0000>: 10          /*输入一个倒角距离 10*/
指定第二个倒角距离 <10.0000>: 10          /*输入二个倒角距离 10*/
选择第一条直线或 [放弃(U)/多段线(P)/距离(D)/角度(A)/修剪(T)/方式(E)/多个(M)]:
                                          /*使用鼠标选择直线 JH 为第一条倒角线*/
选择第二条直线, 或按住 Shift 键选择要应用角点的直线:
                                          /*使用鼠标选择直线 JK 为第二条倒角线*/
命令: FILLET                              /*启动圆角命令*/
当前设置: 模式 = 修剪, 半径 = 10.0000
选择第一个对象或 [放弃(U)/多段线(P)/半径(R)/修剪(T)/多个(M)]: r
                                          /*启用设置圆角半径命令*/
指定圆角半径 <10.0000>: 10                /*输入圆角半径为 10*/
选择第一个对象或 [放弃(U)/多段线(P)/半径(R)/修剪(T)/多个(M)]:
                                          /*使用鼠标选择直线 AB 为第一条圆角线*/
选择第二个对象, 或按住 Shift 键选择要应用角点的对象:
                                          /*使用鼠标选择直线 BC 为第二条圆角线*/
```

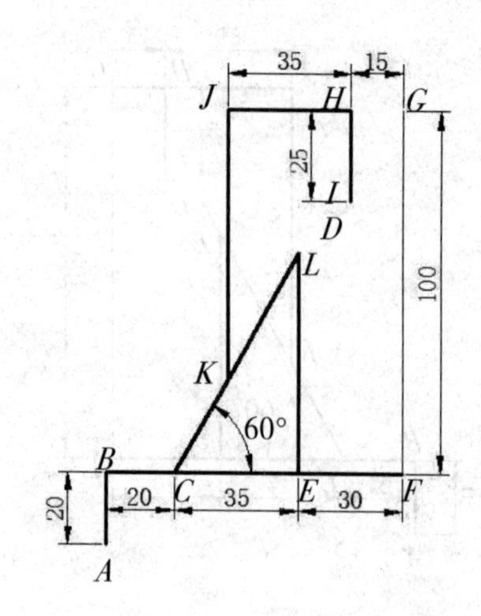

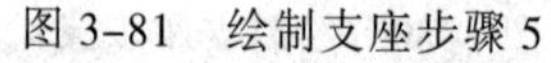
图 3-81　绘制支座步骤 5

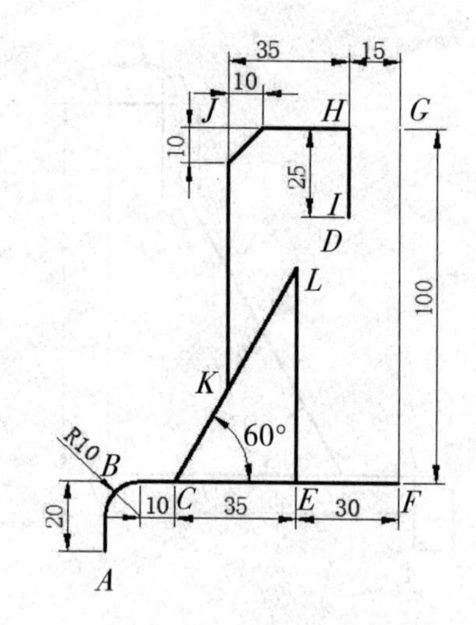

图 3-82　绘制支座步骤 6

（7）使用镜像（MIRROR）命令按图 3-83 所示将图形进行左右镜像操作。镜像完成后对平行线 *HI*、*H'I'*进行圆角处理，绘制出圆弧 *II'*。

```
命令: MIRROR            /*启动镜像命令*/
选择对象: 指定对角点: 找到 28 个
                        /*使用鼠标选择支座左半部分*/
选择对象:               /*回车确认选择*/
指定镜像线的第一点:     /*使用鼠标指定 F 点为镜像线第一点*/
指定镜像线的第二点:     /*使用鼠标指定 G 点为镜像线第二点*/
要删除源对象吗? [是(Y)/否(N)] <N>: n  /*启用 N 选项，保留源对象*/
命令: fillet            /*启动圆角命令*/
当前设置: 模式 = 修剪，半径 = 10.0000
选择第一个对象或 [放弃(U)/多段线(P)/半径(R)/修剪(T)/多个(M)]:
                        /*使用鼠标指定直线 HI 为第一条圆角线*/
选择第一个对象或 [放弃(U)/多段线(P)/半径(R)/修剪(T)/多个(M)]:
                        /*使用鼠标指定直线 H'I'为第二条圆角线*/
选择第二个对象，或按住 Shift 键选择要应用角点的对象:   /*回车确认选择*/
```

3. 绘制斜撑

（1）使用多段线（PLINE）命令按图 3-84 所示绘制三角形 RST。

```
命令:  PLINE    /*启动多段线命令*/
指定起点:       /*使用鼠标指定屏幕上适当一点 R 为起点坐标*/
当前线宽为 0.0000
指定下一个点或 [圆弧(A)/半宽(H)/长度(L)/放弃(U)/宽度(W)]: 260
                /*沿极轴线水平向右方向，直接输入长度 260，绘出直线 RT*/
指定下一点或 [圆弧(A)/闭合(C)/半宽(H)/长度(L)/放弃(U)/宽度(W)]: 90
                /*沿极轴线垂直向上方向，直接输入长度 90，绘出直线 TS*/
指定下一点或 [圆弧(A)/闭合(C)/半宽(H)/长度(L)/放弃(U)/宽度(W)]: C
                /*启用闭合（C）命令*/
```

（2）使用偏移（OFFSET）命令，按图 3-84 所示偏移出内部的三角形。

```
命令: OFFSET    /*启动偏移命令*/
```

```
当前设置：删除源=否　图层=源　OFFSETGAPTYPE=0
指定偏移距离或 [通过(T)/删除(E)/图层(L)] <通过>:  10    /*输入偏移距离 10*/
选择要偏移的对象，或 [退出(E)/放弃(U)] <退出>:  /*使用鼠标选择三角形 RST*/
指定要偏移的那一侧上的点，或[退出(E)/多个(M)/放弃(U)] <退出>:
                                              /*使用鼠标指定向三角形内侧偏移*/
选择要偏移的对象，或[退出(E)/放弃(U)] <退出>:  /*回车确认结束命令*/
```

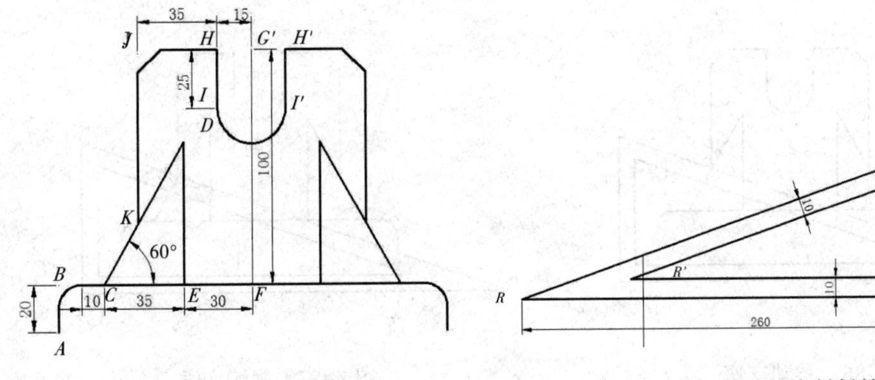

图 3-83　绘制支座步骤 7　　　　图 3-84　绘制斜撑

4. 移动、旋转对位

（1）在绘制直线前先设置对象捕捉的方式，保证其中包含端点和延长线捕捉方式启用，如图 3-85 所示。使用直线（LINE）命令，按图 3-86 所示绘制辅助线 *A′B′*，然后使用移动（MOVE）命令将支座移动到斜撑上。

```
命令: line      /*启动直线命令*/
指定第一点: 70 /*使用鼠标捕捉斜撑的 RS 的 R 端到 S 端的延长线*，输入长度 70 回车确认*/
指定下一点或 [放弃(U)]: /*使用鼠标向下指定一点，绘制一段直线 A′B′*/
指定下一点或 [放弃(U)]: /*回车确认*/
```

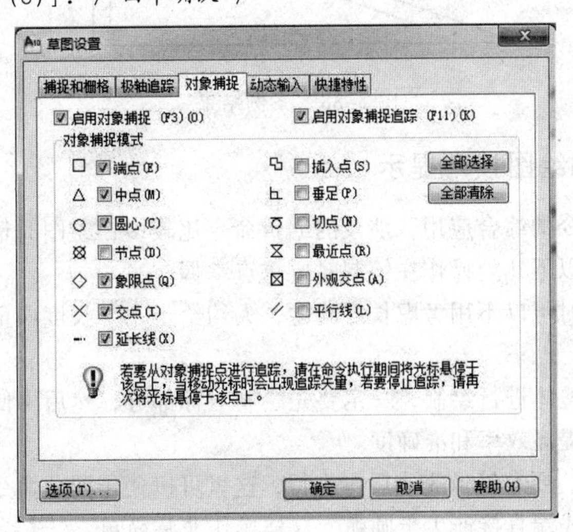

图 3-85　设置对象捕捉方式

（2）使用旋转（ROTATE）命令，按图 3-87 所示旋转支座与斜撑对齐，完成操作后将辅助直线 *A′B* 删除即可。

```
命令: rotate                                       /*启动旋转命令*/
UCS 当前的正角方向:  ANGDIR=逆时针  ANGBASE=0
选择对象: 指定对角点: 找到 25 个                   /*使用鼠标选择支座对象*/
选择对象:                                          /*回车确认*/
指定基点:                                          /*使用鼠标选择 A'点为旋转基点*/
指定旋转角度, 或 [复制(C)/参照(R)] <0>:            /*使用鼠标捕捉 S 点，旋转完成*/
```

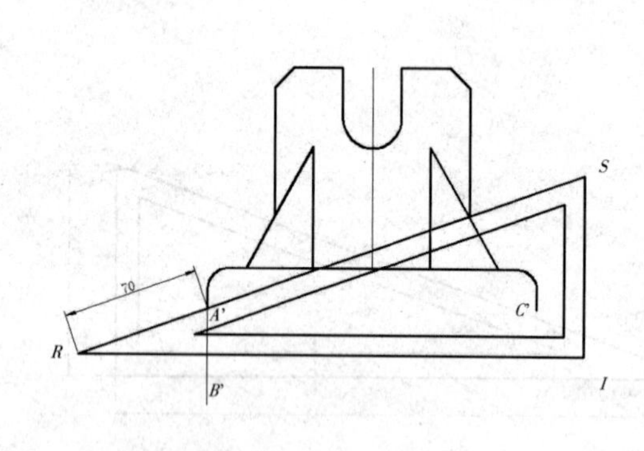

图 3-86　移动支座

图 3-87　旋转支座

（3）完成绘图（尺寸标注略）最后结果如图 3-88 所示。

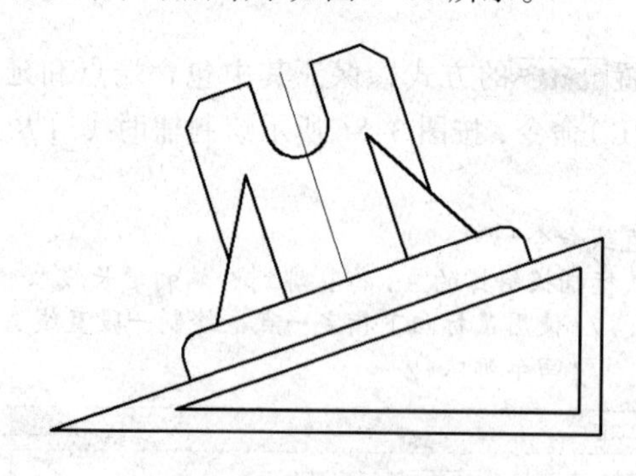

图 3-88　案例结果

3.14.3　注意事项和绘图技巧提示

本例是基础编辑命令的综合应用，涉及的编辑命令比较多，绘图时请认真体会各命令间的关系，尽量配合使用。以下几处操作在绘制时要重点掌握。

（1）绘制直线 CL 时可以不用考虑长度问题，大约给定一个长度即可，因为最后都要进行修剪。

（2）画支座时不要整体进行绘制，一定要先绘制对称部分，然后再使用镜像命令复制出其余对称部分，这样可以提高效率和准确度。

（3）绘制圆弧 II'时，要在镜像完成后再进行，这里可以使用圆角命令进行，因为对平行线进行圆角时可以在平行线端直接产生半圆弧，这样操作非常简单。

（4）绘制斜撑时尽量使用多段线（PLINE）命令进行，因为多段线具有整体特点，所以在进行偏移操作时可以一次性完成。

思考与练习题

一、单选题

1. 下列有关 fillet（倒圆角）和 chamfer（倒角）命令的描述错误的是（　　）。

A．fillet 和 chamfer 命令都可以对二维对象和三维实体进行编辑

B．使用 fillet 命令可以对实体的多条棱边同时进行圆角

C．使用 fillet 命令可以使用不同的圆角半径对实体的多条棱边同时圆角

D．激活 fillet 命令选择实体后，系统高亮显示的是一个基面；而激活 chamfer 命令选择实体后，系统高亮显示的是一条棱边

2. 下列有关物体的对齐操作的描述错误的是（　　）。

A．align 命令可以在对齐过程中将源物体复制

B．align 命令是通过指定三组对齐点的形式，将两对象进行对齐

C．如果用户仅指定一组对齐点，那么对齐的结果是将源对象由第一个源点移至第一个目标点上

D．align 命令应用于二维空间的对齐，3dalign 命令应用于三维空间的对齐

3. 在 AutoCAD 中，对两条直线使用圆角命令，则两线必须（　　）。

A．直观交于一点　　B．延长后相交

C．位置可任意　　D．共面

4. 倒圆角的命令是（　　）。

A．chamfer　　B．fillet　　C．trim　　D．scale

5. 用移动命令 move 把一个对象向 X 轴正方向移动 8 个单位，向 Y 轴正方向移动 5 个单位，应该输入（　　）。

A．第一点：0，0；第二点：8，5　　B．第一点：任意；第二点：@8，5

C．第一点：（0，0）；第二点：（8，5）　　D．第一点：0<180；第二点：8，5

6. 给两条不平行且没有交点的直线段绘制半径为零的圆角，将（　　）。

A．出现错误信息　　B．没有效果

C．创建一个尖角　　D．将直线转变为射线

7. 用旋转命令 rotate 旋转对象时（　　）。

A．必须指定旋转角度　　B．必须指定旋转基点

C．必须使用参考方式　　D．可以在三维空间缩放对象

8. 应用圆角命令 fillet 对一条多段线进行圆角操作是（　　）。

A．可以一次指定不同圆角半径

B．如果一条弧线段隔开两条相交的直线段，将删除该段而替代指定半径的圆角

C．必须分别指定每个相交处

D．圆角半径可以任意指定

9.（　　）命令用于将选定的图形对象从当前位置平移到一个新的指定位置，而不改变对象的大小和方向。

A．copy　　B．move　　C．offset　　D．rotate

10．移动圆对象，使其圆心移动到直线中点，需要使用（　　）

A．正交　　B．捕捉　　C．栅格　　D．对象捕捉

二、多选题

1．用偏移命令 offset 偏移对象时（　　）。

A．必须指定偏移距离

B．可以指定偏移的通过点

C．可以偏移开口曲线和封闭线框

D．原对象的某些特征可能在偏移后消失

2．对对象使用镜像命令 mirror 时（　　）。

A．必须创建镜像线

B．可以镜像文字，但镜像后文字不可读

C．镜像后可选择是否删除源对象

D．用系统变量 merriest 控制文字是否可读

3．使用复制命令 copy 复制对象时，可以（　　）。

A．原地复制对象　　B．同时复制多个对象

C．一次把对象复制到多个位置　　D．复制对象到其他图层

4．使用缩放命令 scale 缩放对象时（　　）。

A．可以只在 X 轴方向上缩放

B．可以通过参照长度和指定的新长度确定

C．基点可以选择在对象之外

D．可以缩放小数倍

5．下列（　　）选项属于对象捕捉。

A．圆心　　B．最近点　　C．外观交点　　D．延伸

第4章 高级绘图

AutoCAD 中除了我们常用的一些绘图命令外，还有一些命令我们在绘图时较少使用，但这些命令在绘图中也非常方便和实用，这些命令的操作参数比较多，绘图时要注意掌握。本章主要通过具体的绘图案例，讲解一些高级绘图命令的基本操作方法和技巧。

知识要点

- 圆弧绘制（ARC）;
- 椭圆绘制（ELLIPSE）;
- 多段线绘制（PLINE）;
- 样条曲线绘制（SPLINE）。

4.1 圆弧绘制（ARC）

圆弧在绘图中常见，但圆弧命令并不常用，多数圆弧是用圆命令代替实现的，圆弧是圆的一部分，圆弧的绘制方法与圆的绘制方法相近。本节我们重点来学习圆弧命令的基本操作方法，以及绘图过程中的操作技巧和注意事项。

4.1.1 圆弧命令

圆弧属于曲线对象，圆弧命令本身参数选项非常多，使用过程中不易掌握，绘制圆弧有以下几种方法：

- 菜单栏方法：“绘图” | “圆弧（A）”;
- 工具栏方法：“绘图工具栏” | “按钮”;
- 命令行方法：ARC　简写为 A。

绘制如图 4-1 所示的图形为例，讲解使用圆弧命令的绘图过程。

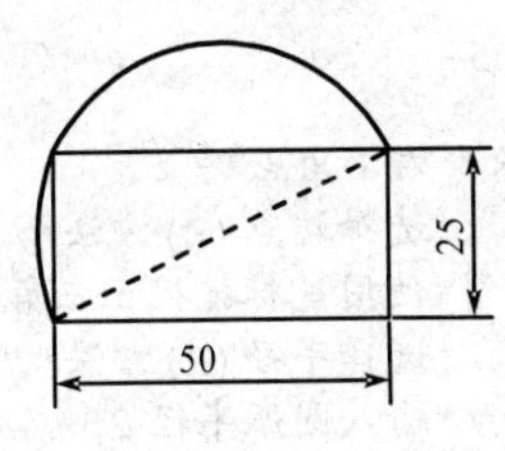

（a）一般方法绘圆弧

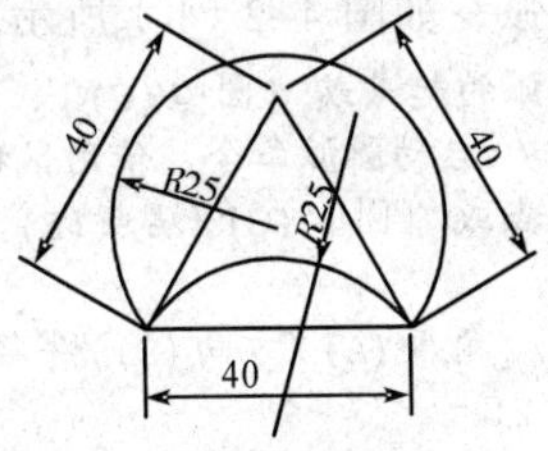

（b）正负半径绘制圆弧

图 4-1　绘制圆弧

1. 一般方法绘圆弧

绘制如图4-1（a）所示和图形，具体过程如下：

方法一：三点法。

```
命令: RECTANG                                       /*启动矩形命令*/
指定第一个角点或 [倒角(C)/标高(E)/圆角(F) /厚度(T)/宽度(W)]:
                                                    /*使用鼠标指定矩形左下角点位置*/
指定另一个角点或 [面积(A)/尺寸(D)/旋转(R)]: @50,25
                                                    /*输入矩形右上角点相对坐标*/
命令: ARC 指定圆弧的起点或 [圆心(C)]: c
                                                    /*启动圆弧命令,使用鼠标捕捉矩形右上角点*/
指定圆弧的第二个点或 [圆心(C)/端点(E)]:               /*使用鼠标捕捉矩形右上角点*/
指定圆弧的端点:                                      /*使用鼠标捕捉矩形左下角点*/
```

方法二：“起点”+“圆心”+“端点”法。

```
命令: RECTANG                                       /*绘制与方法一相同*/
命令:LINE 指定第一点:                                /*启动直线命令,使用鼠标捕捉矩形左下角点*/
指定下一点或 [放弃(U)]:                              /*使用鼠标捕捉矩形右上角点*/
命令: ARC 指定圆弧的起点或 [圆心(C)]:
                                                    /*启动圆弧命令,使用鼠标捕捉矩形右上角点*/
指定圆弧的第二个点或 [圆心(C)/端点(E)]: c             /*选择圆心(C)方法*/
指定圆弧的圆心:                                      /*使用鼠标捕捉矩形对角线中点为圆弧圆心*/
指定圆弧的端点或 [角度(A)/弦长(L)]:                   /*使用鼠标捕捉矩形左下角点*/
```

2. 正负半径绘制圆弧

绘制图4-1（b）所示的图形，具体步骤如图4-2所示。

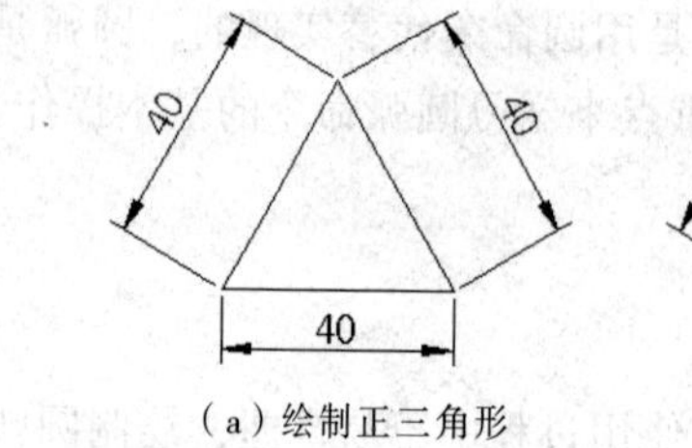

（a）绘制正三角形

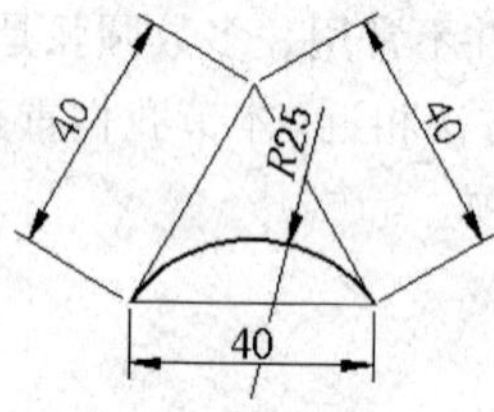

（b）绘制劣弧

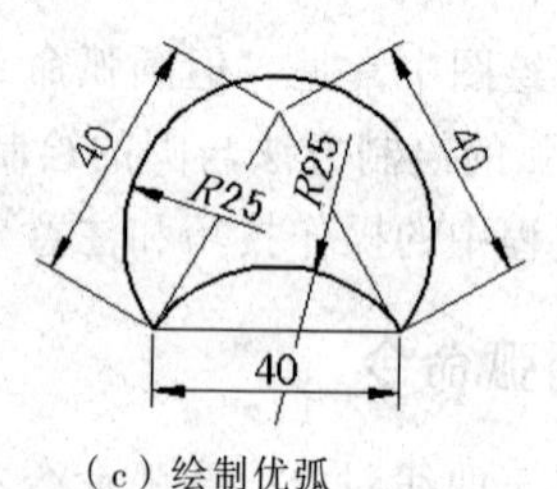

（c）绘制优弧

图4-2　绘圆弧步骤

第一步：绘制正三角形，如图4-2（a）所示。

```
命令: POLYGON 输入边的数目 <4>: 3        /*启动正多边形命令,输入正多边形边数 3*/
指定正多边形的中心点或 [边(E)]: e         /*选择边(E)方法*/
指定边的第一个端点: 指定边的第二个端点: 40
                  /*使用鼠标指定屏幕上一点,锁定水平向右方向,直接给定正三角形边长度 40*/
```

第二步：绘制劣弧，如图4-2（b）所示。

```
命令:ARC 指定圆弧的起点或 [圆心(C)]:
                  /*启动圆弧命令,使用鼠标捕捉正三角形右下角点*/
指定圆弧的第二个点或 [圆心(C)/端点(E)]: e          /*选择端点(E)方法*/
指定圆弧的端点:                                    /*使用鼠标捕捉正三角形左下角点*/
指定圆弧的圆心或 [角度(A)/方向(D)/半径(R)]: r      /*选择半径(R)方法*/
指定圆弧的半径: 25                                 /*输入圆弧半径 25*/
```

第三步：绘制优弧，如图4-2（c）所示。

```
命令:ARC 指定圆弧的起点或 [圆心(C)]:
```

```
                    /*启动圆弧命令，使用鼠标捕捉正三角形右下角点*/
指定圆弧的第二个点或 [圆心(C)/端点(E)]: e          /*选择端点(E)方法*/
指定圆弧的端点:                                    /*使用鼠标捕捉正三角形左下角点*/
指定圆弧的圆心或 [角度(A)/方向(D)/半径(R)]: r      /*选择半径(R)方法*/
指定圆弧的半径: -25                            /*输入圆弧半径为-25，详见技巧与提示*/
```

命令行中出现各选项的含义如下：

（1）指定圆弧的起点：圆弧起始绘制的开始点。

（2）指定圆弧的第二个点：圆弧开始点与结束点之间圆弧上任一点。

（3）指定圆弧的端点：圆弧结束绘制的最终端点。

（4）圆心（C）：指定所绘圆弧的中心点。

（5）端点（E）：指逆时针绘制圆弧终点。

（6）角度（A）：指定逆时针绘制圆弧的包含角度。

（7）弦长（L）：起点和终点之间的直线距离。

（8）方向（D）：所绘制圆弧的起点处相切方向。

（9）半径（R）：指定所绘圆弧的半径。

4.1.2 实例与练习

如下图 4-3 所示，请按图中给定的尺寸，使用圆弧命令绘制图形。

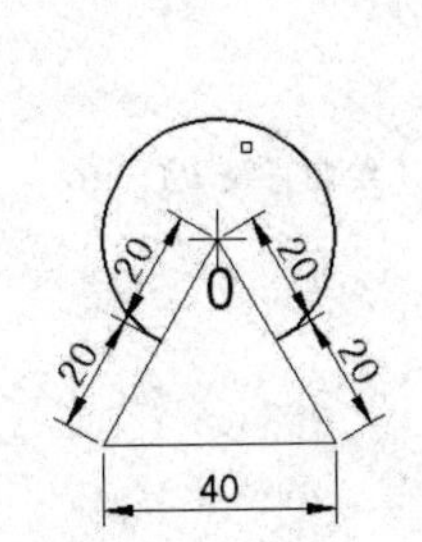

（a）起点＋圆心＋端点方法

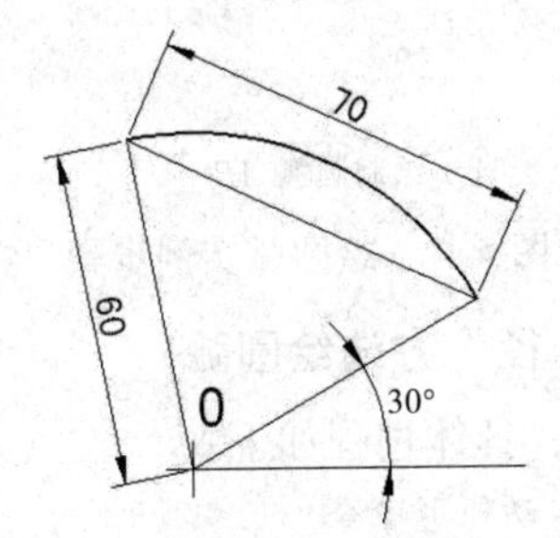

（b）圆心＋起点＋弦长方法

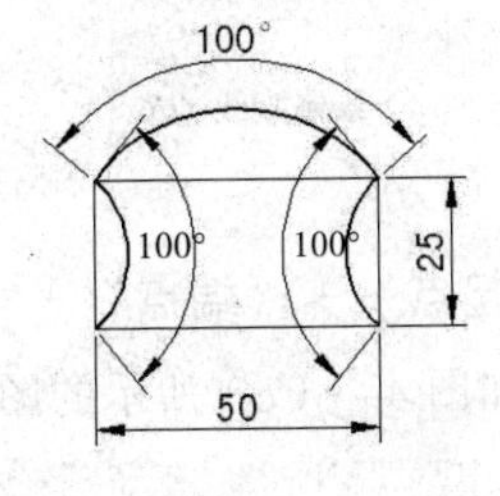

（c）起点＋端点＋半径方法

图 4-3 绘圆弧实例

1.“起点”＋“圆心”＋“端点”方法绘圆弧

绘制如图 4-3（a）所示的图形，具体过程如下：

```
命令:POLYGON 输入边的数目 <3>: 3          /*启动正多边形命令，输入正多边形边数为 3*/
指定正多边形的中心点或 [边(E)]: e          /*选择端点(E)方法*/
指定边的第一个端点: 指定边的第二个端点: 40
            /*使用鼠标指定屏幕上一点，锁定水平向右方向，直接给定正三角形边长度为 40*/
命令:ARC 指定圆弧的起点或 [圆心(C)]: c        /*启动圆弧命令，选择圆心(C)方法*/
指定圆弧的圆心:                              /*使用鼠标捕捉正三角形顶点为圆心*/
指定圆弧的起点:                              /*使用鼠标捕捉正三角形右边中点为起点*/
指定圆弧的端点或 [角度(A)/弦长(L)]:           /*使用鼠标捕捉正三角形左边中点为端点*/
```

2.“圆心”＋“起点”＋“弦长”方法绘圆弧

绘制如图 4-3（b）所示的图形，具体过程如图 4-4 所示。

绘图步骤如下：

第一步：绘制直线 *OB*，如图 4-4（a）所示。

```
命令: LINE 指定第一点:                          /*启动直线命令，使用鼠标在屏幕指定一点 O*/
指定下一点或 [放弃(U)]: @60<30                  /*输入相对极坐标@60<30*/
```

第二步：绘制圆弧 *AB*，如图 4-4（b）所示。

```
命令:ARC 指定圆弧的起点或 [圆心(C)]: c           /*启动圆弧命令，选择圆心(C)方法*/
指定圆弧的圆心:                                  /*使用鼠标捕捉直线端点 O 为圆心*/
指定圆弧的起点:                                  /*使用鼠标捕捉直线端点 B 为起点*/
指定圆弧的端点或 [角度(A)/弦长(L)]: l            /*选择弦长(L)方法*/
指定弦长: 70                                     /*输入圆弧的弦长 70*/
```

第三步：绘制直线 *BA*、*AO*，如图 4-4（c）所示。

```
命令:LINE 指定第一点:                            /*启动直线命令，使用鼠标捕捉选择 B 点为起点*/
指定下一点或 [放弃(U)]:                          /*使用鼠标捕捉直线端点 A 为下一点*/
指定下一点或 [放弃(U)]:                          /*使用鼠标捕捉直线端点 O 为下一点*/
```

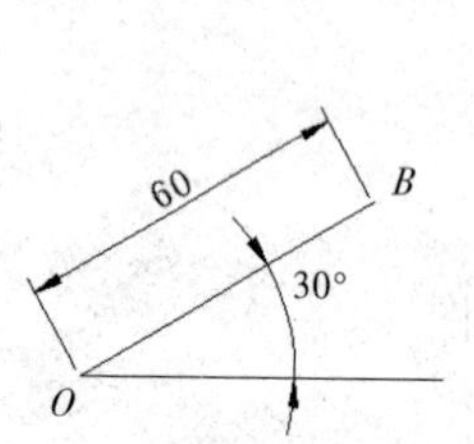

（a）绘制直线 *OB*

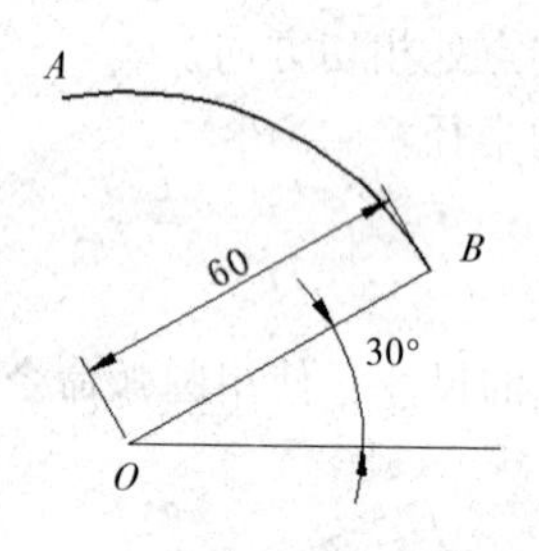

（b）绘制圆弧 *AB*

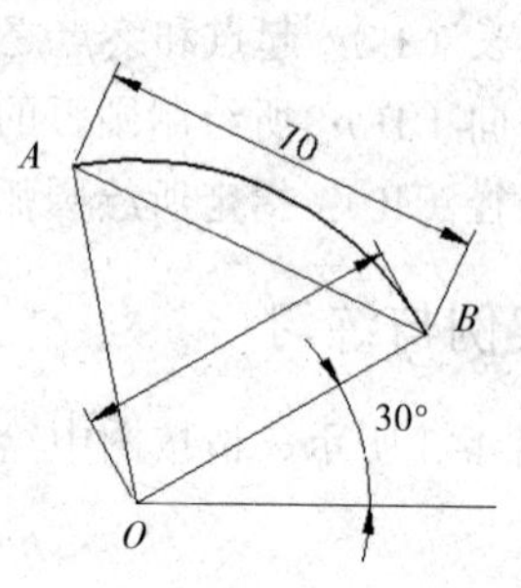

（c）绘制直线 *BA*、*AO*

图 4-4　绘圆弧实例步骤

3.“起点”+“端点”+“半径”方法绘圆弧

绘制如图 4-3（c）所示的图形，具体过程如下：

```
命令: RECTANG                /*启动矩形命令*/
指定第一个角点或 [倒角(C)/标高(E)/圆角(F)/厚度(T)/宽度(W)]:
                             /*使用鼠标在屏幕上指定一点为起点*/
指定另一个角点或[面积(A)/尺寸(D)/旋转(R)]: @50,25
                             /*输入矩形右上角点相对直角坐标为@50,25*/
命令:ARC 指定圆弧的起点或[圆心(C)]:
                             /*启动圆弧命令，使用鼠标捕捉矩形右下角点为圆弧起点*/
指定圆弧的第二个点或 [圆心(C)/端点(E)]:e      /*选择端点(E)方法*/
指定圆弧的端点:               /*使用鼠标捕捉矩形右上角点为圆弧端点*/
指定圆弧的圆心或 [角度(A)/方向(D)/半径(R)]: a 指定包含角: -100
                             /*选择角度(A)方法，并指定包含角为-100°，详见技巧与提示*/
命令: ARC 指定圆弧的起点或 [圆心(C)]:
                             /*使用鼠标捕捉矩形右上角点为圆弧起点*/
指定圆弧的第二个点或 [圆心(C)/端点(E)]: e     /*选择端点(E)方法*/
指定圆弧的端点:
                                              /*使用鼠标捕捉矩形左上角点为圆弧端点*/
指定圆弧的圆心或 [角度(A)/方向(D)/半径(R)]: a 指定包含角: 100
                             /*选择角度(A)方法，并指定包含角为 100°，详见技巧与提示*/
命令:ARC 指定圆弧的起点或 [圆心(C)]:
                             /*启动圆弧命令，使用鼠标捕捉矩形左上角点为圆弧起点*/
指定圆弧的第二个点或 [圆心(C)/端点(E)]: e     /*选择端点(E)方法*/
```

```
指定圆弧的端点：              /*使用鼠标捕捉矩形左下角点，为圆弧端点*/
指定圆弧的圆心或 [角度(A)/方向(D)/半径(R)]：a 指定包含角：-100
                              /*选择角度(A)方法，并指定包含角为-100°，详见技巧与提示*/
```

技巧与提示：

圆弧属于曲线对象，相对直线对象绘制难度更大一些。圆弧命令的参数选项比较多，涉及的数学概念和知识点也比较多，在练习过程中要注意对比区分，仔细体会，认真加以掌握。圆弧命令比较复杂，但是系统也给我们提供了简单的绘制方法。我们在使用圆弧命令时，只要从菜单栏启动命令，圆弧的各项绘制功能，都已经分类设计好了，各种绘图方式一目了然。只要我们理解了，圆弧命令中各参数的含义，掌握起来是非常容易的。

数学上圆弧分为优弧和劣弧，大于半圆（180°）的弧叫作优弧，小于半圆（180°）的弧叫作劣弧。对于相同起始点的圆弧，指定正负相同半径或弦长时，如果输入的是正数值，绘出的圆弧为劣弧，如果输入的是负数值，绘出的圆弧为优弧。为了说明优弧与劣弧在绘图时的应用，请同学们分析如图 4-5 所示的图形，并自己绘出图形。

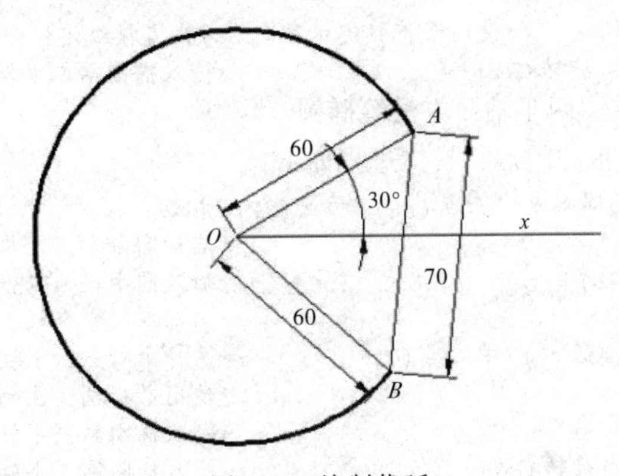

图 4-5　绘制优弧

4.2　椭圆绘制（ELLIPSE）

椭圆也属于曲线类对象，在绘图时使用的频率不是很高，因此对学习者来说，绘制椭圆的细节很容易被忽略。本节我们主要来学习椭圆的基本绘图方法，重点学习椭圆的细节技巧操作。

4.2.1　椭圆命令

椭圆是由定义它的长度和宽度的两条轴决定的。其中较长的轴为长轴，较短的轴为短轴。在绘制椭圆时，长轴、短轴的次序与定义轴线的次序没有关系。绘制椭圆的默认方法是通过指定椭圆第一条轴线的两个端点及另一半轴的长度绘制。

绘制椭圆有以下几种方法：

- 菜单栏方法：“绘图”|“椭圆（E）”；
- 工具栏方法：“绘图工具栏”|“按钮”；
- 命令行方法：ELLIPSE　简写为 EL。

1. 绘制椭圆

绘制图 4-6 所示的图形为例，讲解椭圆命令的绘制过程。

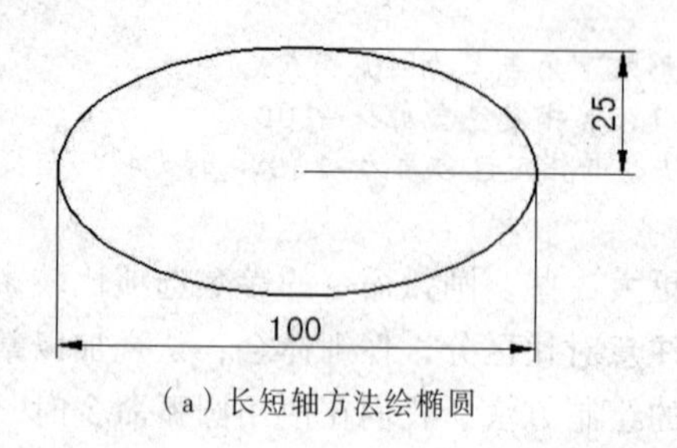

(a) 长短轴方法绘椭圆

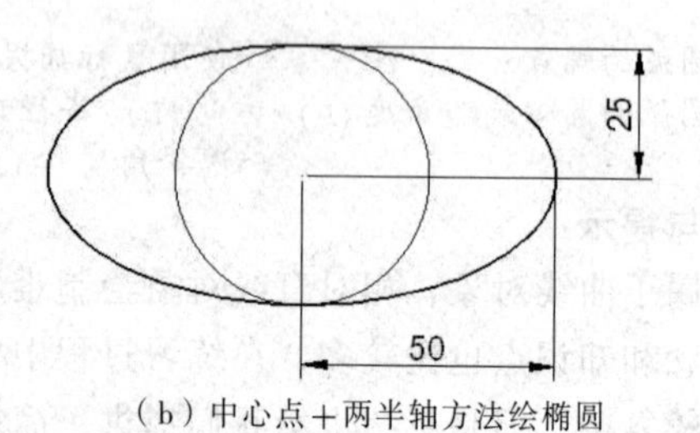

(b) 中心点＋两半轴方法绘椭圆

图 4-6　绘制椭圆

方法一：长短轴方法绘椭圆。

绘制如图 4-6（a）所示的图形，具体过程如下：

```
命令:ELLIPSE                    /*启动椭圆命令*/
指定椭圆的轴端点或 [圆弧(A)/中心点(C)]:
                                /*使用鼠标在屏幕上指定一点为椭圆第一轴端点*/
指定轴的另一个端点: 100
                                /*使用鼠标锁定水平向右方向直接给定椭圆第二轴长度为100*/
指定另一条半轴长度或 [旋转(R)]: 25               /*输入椭圆第二半轴长度为25*/
```

方法二："中心点" ＋ "两半轴" 方法绘椭圆。

绘制如图 4-6（b）所示的图形，具体过程如下：

```
命令:CIRCLE 指定圆的圆心或 [三点(3P)/两点(2P)/相切、相切、半径(T)]:
                                              /*启动圆命令，在屏幕上指定一点为圆心*/
指定圆的半径或 [直径(D)] <25.0000>: 25        /*输入圆半径为25*/
命令:ELLIPSE                                  /*启动椭圆命令*/
指定椭圆的轴端点或 [圆弧(A)/中心点(C)]: c     /*选择中心点(C)方法*/
指定椭圆的中心点:                             /*使用鼠标捕捉圆的中心为椭圆中心*/
指定轴的端点: 50                              /*输入椭圆第一半轴长50*/
指定另一条半轴长度或 [旋转(R)]: 25            /*输入椭圆第二半轴长25*/
```

2. 绘制椭圆弧

以如图 4-7 所示的图形为例，熟悉使用椭圆弧命令的绘制过程。

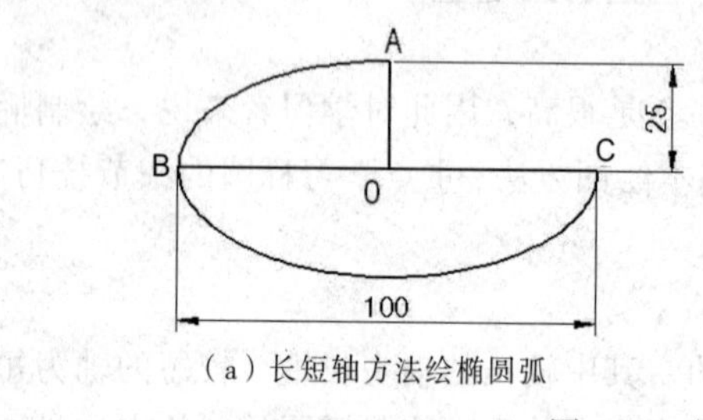

(a) 长短轴方法绘椭圆弧

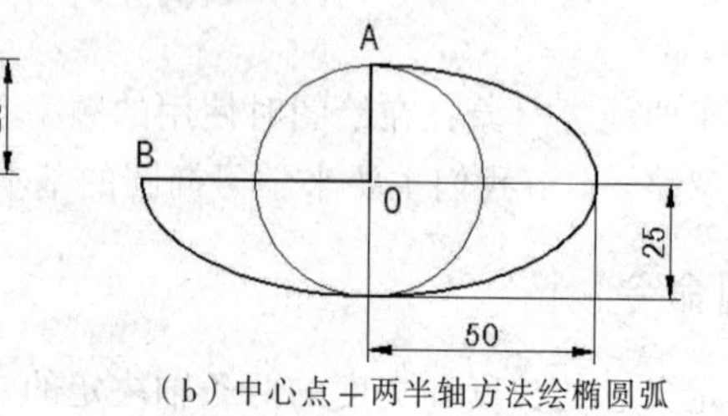

(b) 中心点＋两半轴方法绘椭圆弧

图 4-7　绘制椭圆步骤

方法一：长短轴方法绘椭圆弧如图 4-7（a）所示。

```
命令: _LINE 指定第一点:                 /*启动直线命令，在屏幕上指定一点为B点*/
指定下一点或 [放弃(U)]: 100             /*锁定极轴竖直向右方向，直接输入直线长度100*/
指定下一点或 [闭合(C)/放弃(U)]:         /*按空格键结束直线命令*/
命令:
命令: _LINE 指定第一点:                 /*启动直线命令，使用鼠标捕捉直线BC中点*/
指定下一点或 [放弃(U)]: 25              /*锁定极轴竖直向上方向，直接输入直线长度25*/
指定下一点或 [闭合(C)/放弃(U)]:         /*按空格键结束直线命令*/
命令:
```

```
命令: _ELLIPSE                          /*启动椭圆命令*/
指定椭圆的轴端点或 [圆弧(A)/中心点(C)]: a    /*选择圆弧(A)方法*/
指定椭圆弧的轴端点或 [中心点(C)]:            /*使用鼠标捕捉B点为椭圆第一轴端点*/
指定轴的另一个端点:                        /*使用鼠标捕捉C点为椭圆第二轴端点*/
指定另一条半轴长度或 [旋转(R)]:              /*使用鼠标捕捉A点为椭圆半轴端点*/
指定起始角度或 [参数(P)]:                  /*使用鼠标捕捉A点为椭圆弧起点*/
指定终止角度或 [参数(P)/包含角度(I)]:        /*使用鼠标捕捉C点为椭圆弧终点*/
```

方法二：“中心点” + “两半轴”方法绘椭圆弧如图 4-7（b）所示。

```
命令:LINE 指定第一点:                  /*启动直线命令，在屏幕上指定一点为A点*/
指定下一点或 [放弃(U)]: 25             /*锁定极轴竖直向下方向，直接输入直线长度25*/
指定下一点或 [放弃(U)]: 50             /*锁定极轴水平向左方向，直接输入直线长度50*/
指定下一点或 [闭合(C)/放弃(U)]:        /*按空格键结束直线命令*/
命令:circle 指定圆的圆心或 [三点(3P)/两点(2P)/相切、相切、半径(T)]:
                                   /*启动圆命令，使用鼠标捕捉两直线交点O为圆中心*/
指定圆的半径或 [直径(D)] <25.0000>:25        /*输入圆半径为25*/
命令:ELLIPSE                                /*启动椭圆命令*/
指定椭圆的轴端点或 [圆弧(A)/中心点(C)]: a    /*选择圆弧(A)方法*/
指定椭圆弧的轴端点或 [中心点(C)]: c          /*选择中心点(C)方法*/
指定椭圆弧的中心点:                         /*使用鼠标捕捉两直线交点O为椭圆中心*/
指定轴的端点:                              /*使用鼠标捕捉A点为椭圆第一轴端点*/
指定另一条半轴长度或 [旋转(R)]:              /*使用鼠标捕捉B点为椭圆第二轴端点*/
指定起始角度或 [参数(P)]:                  /*使用鼠标捕捉B点为椭圆弧起点*/
指定终止角度或 [参数(P)/包含角度(I)]:        /*使用鼠标捕捉A点为椭圆弧终点*/
```

命令行中出现各选项的含义如下：

（1）指定椭圆的轴端点：指定椭圆第一轴的起始点。

（2）指定轴的另一个端点：指定椭圆第二轴的端点。

（3）指定另一条半轴长度：指定椭圆第二半轴的长度。

（4）圆弧（A）：启动绘椭圆弧方法。

（5）中心点（C）：指定绘制椭圆的中心点。

（6）旋转（R）：启动通过绕第一条轴旋转圆来创建椭圆，旋转有效范围为 0°～89.4°的角度值。

4.2.2　实例与练习

如下图 4-8 所示，请按图中给定的尺寸，使用椭圆命令绘制图形。

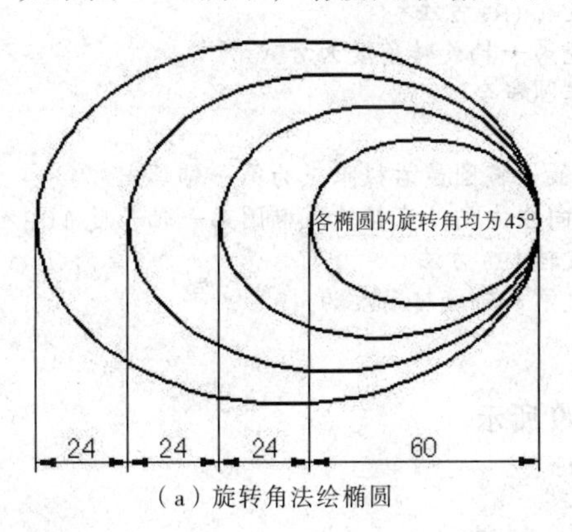

（a）旋转角法绘椭圆

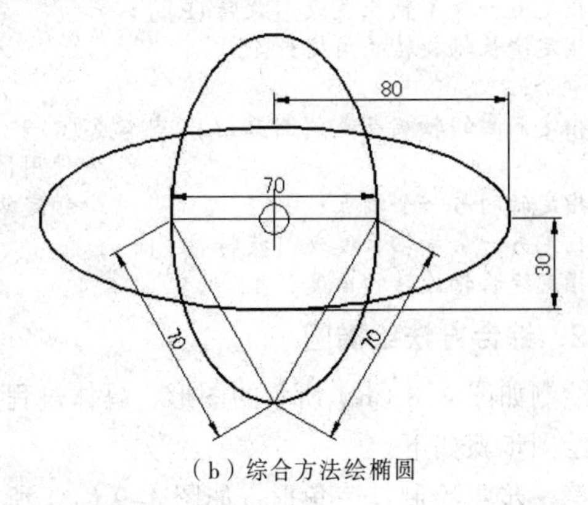

（b）综合方法绘椭圆

图 4-8　绘制椭圆实例

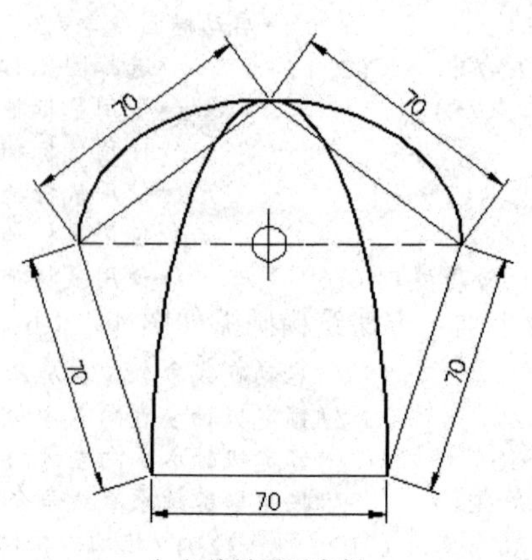

（c）绘椭圆弧实例

图 4-8　绘制椭圆实例（续）

1. 旋转角法绘椭圆

绘制图 4-8（a）所示的图形，具体过程如下：

```
命令:ELLIPSE                        /*启动椭圆命令*/
指定椭圆的轴端点或 [圆弧(A)/中心点(C)]:
                                    /*使用鼠标在屏幕上指定一点为最小椭圆第一轴端点*/
指定轴的另一个端点: 60               /*锁定极轴水平向左方向，直接输入椭圆第一轴长度 60*/
指定另一条半轴长度或 [旋转(R)]: r        /*选择旋转(R)方法*/

指定绕长轴旋转的角度: 45                 /*指定绕第一轴旋转角度为 45°*/
命令:ELLIPSE                            /*启动椭圆命令*/
指定椭圆的轴端点或 [圆弧(A)/中心点(C)]:
                                    /*使用鼠标捕捉最小椭圆最右极限点为第一轴端点*/
指定轴的另一个端点: 84               /*锁定极轴水平向左方向，直接输入椭圆第一轴长度 84*/
指定另一条半轴长度或 [旋转(R)]: r        /*选择旋转(R)方法*/
指定绕长轴旋转的角度: 45                 /*指定绕第一轴旋转角度为 45°*/
命令:ELLIPSE
指定椭圆的轴端点或 [圆弧(A)/中心点(C)]:
                                    /*使用鼠标捕捉最小椭圆最右极限点为第一轴端点*/
指定轴的另一个端点: 108              /*锁定极轴水平向左方向，直接输入椭圆第一轴长度 108*/
指定另一条半轴长度或 [旋转(R)]: r        /*选择旋转(R)方法*/
指定绕长轴旋转的角度: 45                 /*指定绕第一轴旋转角度为 45°*/
命令:ELLIPSE                            /*启动椭圆命令*/
指定椭圆的轴端点或 [圆弧(A)/中心点(C)]:
                                    /*使用鼠标捕捉最小椭圆最右极限点为第一轴端点*/
指定轴的另一个端点: 132              /*锁定极轴水平向左方向，直接输入椭圆第一轴长度 108*/
指定另一条半轴长度或 [旋转(R)]: r        /*选择旋转(R)方法*/
指定绕长轴旋转的角度: 45                 /*指定绕第一轴旋转角度为 45°*/
```

2. 综合方法绘椭圆

绘制如图 4-8（b）所示的图形，具体过程如图 4-9 所示。

绘图步骤如下：

第一步：绘制正三角形，如图 4-9（a）所示。

```
命令:POLYGON 输入边的数目 <4>: 3  /*启动正多边形命令，输入正多边形边数为 3*/
```

```
指定正多边形的中心点或 [边(E)]: e        /*选择边(E)方法*/
指定边的第一个端点:                     /*使用鼠标在屏幕上指定一点为正多边形底边起点*/
指定边的第二个端点: 70                  /*锁定极轴水平向左方向,直接输入正多边形边长度为70*/
```

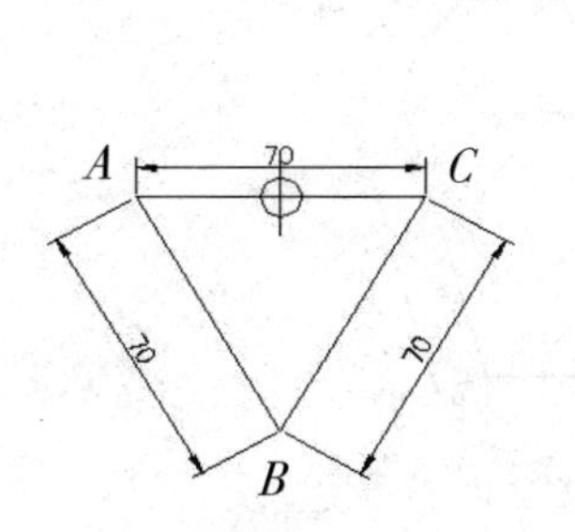

（a）绘制正三角形

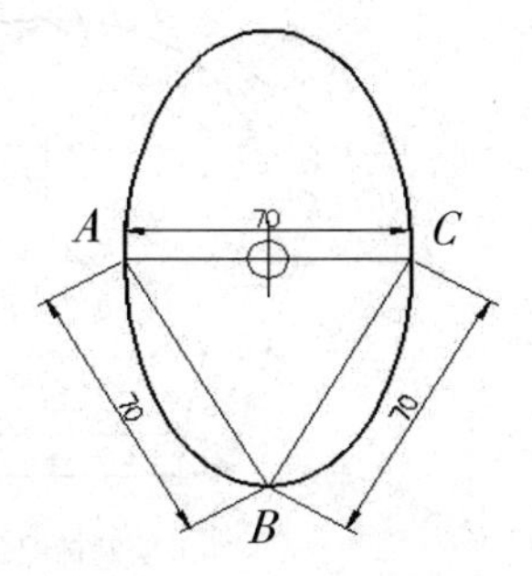

（b）绘制竖方向椭圆

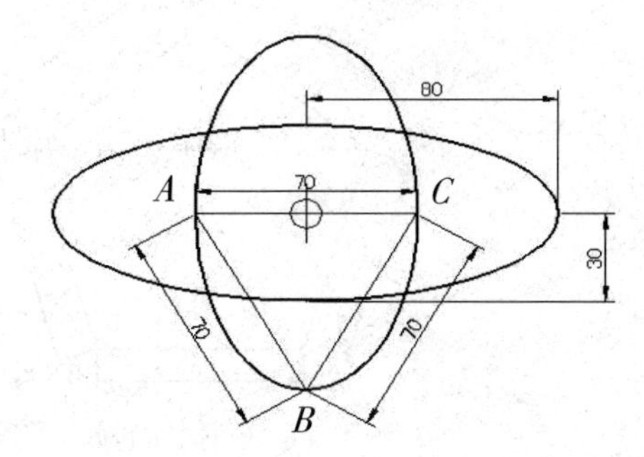

（c）绘制横方向椭圆

图 4-9　绘制椭圆实例一步骤

第二步：绘制竖方向椭圆，如图 4-9（b）所示。

```
命令:ELLIPSE                            /*启动椭圆命令*/
指定椭圆的轴端点或 [圆弧(A)/中心点(C)]:
                                        /*使用鼠标捕捉三角形顶点A为椭圆第一轴起点*/
指定轴的另一个端点:                     /*使用鼠标捕捉三角形顶点C为椭圆第一轴终点*/
指定另一条半轴长度或 [旋转(R)]:
                                        /*使用鼠标捕捉三角形顶点B为椭圆第二半轴端点*/
```

第三步：绘制横方向椭圆，如图 4-9（c）所示。

```
命令:ELLIPSE                                        /*启动椭圆命令*/
指定椭圆的轴端点或 [圆弧(A)/中心点(C)]: c           /*选择中心点(C)方法*/
指定椭圆的中心点:                       /*使用鼠标捕捉AC中点为椭圆圆心*/
指定轴的端点: 80                        /*使用鼠标锁定极轴水平向右方向,输入第一半轴长度80*/
指定另一条半轴长度或 [旋转(R)]: 30                  /*输入第二半轴长度30*/
```

3．绘椭圆弧实例

绘制如图 4-8（c）所示的图形，具体过程如图 4-10 所示。

绘图步骤如下：

第一步：绘制正五边形，如图 4-10（a）所示。

```
命令:POLYGON 输入边的数目 <3>: 5          /*启动正多边形命令,输入正多边形边数5*/
指定正多边形的中心点或 [边(E)]: e         /*选择边(E)方法*/
指定边的第一个端点:                       /*使用鼠标在屏幕上指定一点为正多边形底边起点*/
指定边的第二个端点: @70,0                 /*使用相对直角坐标输入正多边形边长*/
```

第二步：绘制椭圆弧 EDC，如图 4-10（b）所示。

```
命令:ellipse                                        /*启动椭圆命令*/
指定椭圆的轴端点或 [圆弧(A)/中心点(C)]: a           /*选择圆弧(A)方法*/
指定椭圆弧的轴端点或 [中心点(C)]:
                                    /*使用鼠标捕捉正五边形顶点E为椭圆第一轴起点*/
指定轴的另一个端点:                 /*使用鼠标捕捉正五边形顶点C为椭圆第一轴终点*/
指定另一条半轴长度或 [旋转(R)]:
                                    /*使用鼠标捕捉正五边形顶点D为椭圆第二半轴端点*/
指定起始角度或 [参数(P)]:           /*使用鼠标捕捉正五边形顶点C为椭圆弧起点*/
```

指定终止角度或 [参数(P)/包含角度(I)]:
/*使用鼠标捕捉正五边形顶点 E 为椭圆弧终点*/

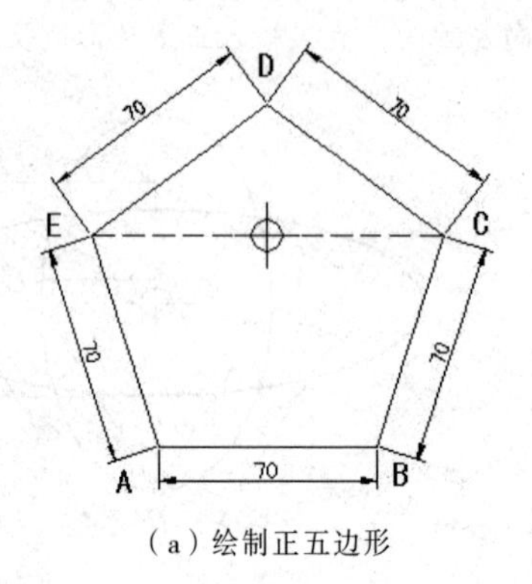

（a）绘制正五边形

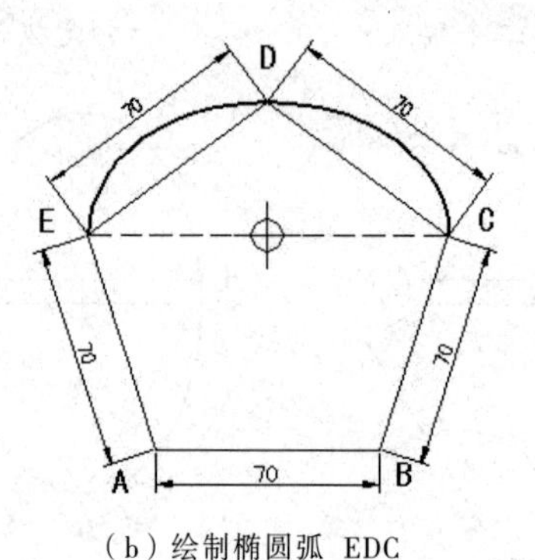

（b）绘制椭圆弧 EDC

（c）绘制绘制椭圆弧 ADB

图 4-10　绘制椭圆实例二步骤

第三步：绘制椭圆弧 ADB，如图 4-10（c）所示。

```
命令:ELLIPSE                              /*启动椭圆命令*/
指定椭圆的轴端点或 [圆弧(A)/中心点(C)]: a     /*选择圆弧(A)方法*/
指定椭圆弧的轴端点或 [中心点(C)]:
                                  /*使用鼠标捕捉正五边形顶点 A 为椭圆第一轴起点*/
指定轴的另一个端点:                  /*使用鼠标捕捉正五边形顶点 B 为椭圆第一轴终点*/
指定另一条半轴长度或 [旋转(R)]:
                              /*使用鼠标捕捉正五边形顶点 D 为椭圆第二半轴端点*/
指定起始角度或 [参数(P)]:       /*使用鼠标捕捉正五边形顶点 B 为椭圆弧起点*/
指定终止角度或 [参数(P)/包含角度(I)]:
                              /*使用鼠标捕捉正五边形顶点 A 为椭圆弧终点*/
```

技巧与提示：

椭圆的绘制命令包括两部分，一部是椭圆、另一部分是椭圆弧。绘制椭圆需要注意椭圆的长短轴的选择，绘制时并没有顺序之分，先绘的轴为第一轴，后绘的为第二轴。无论第一轴还是第二轴，哪个轴的长度长即为长轴，较短的则为短轴。如果两轴长度相同，则绘制出的图形为圆。

椭圆弧的绘制是在绘制椭圆时选择“圆弧（A）”方法，先按绘椭圆的方法，绘制出一个椭圆，然后指定椭圆上一段椭圆弧的起点和终点。需要注意指定椭圆弧的起点和终点时，一定要按逆时针方向（如第 2 章图 2.1 所示，如果选择“顺时针”复选框则相反）指定，椭圆弧的起始角与椭圆的长短轴定义顺序有关，当定义的第一轴为长轴时，椭圆弧的起始角在第一个轴起始端点位置上；当定义的第一条轴线为短轴时，椭圆弧的起始角在第一个轴起始端点逆时针旋转 90°的位置上。

4.3　多段线绘制（PLINE）

多段线是一种比较特殊的线，它是一种组合对象，用于绘制直线段，弧线段或两者组合的线段。在绘制过程中，用户可以调整各段线的宽度和半径等参数选项。本节我们重点来学习多段线命令的基本操作方法以及绘图过程中的操作技巧和注意事项。

4.3.1　多段线命令

多段线属于组合对象，在进行绘制或编辑时可以按一个单独对象来处理，以提高绘图的速度，方便图形的修改。多段线命令本身参数选项非常多，使用起来不易掌握，我们只对重点部分做详细讲解，其他部分请读者在练习时有目的去学习。

绘制多段线有以下几种方法：

- 菜单栏方法："绘图" | "多段线（P）"；
- 工具栏方法："绘图工具栏" | " 按钮"；
- 命令行方法：PLINE　简写为 PL。

绘制如图 4-11 所示的图形为例，讲解多段线命令的绘制过程。

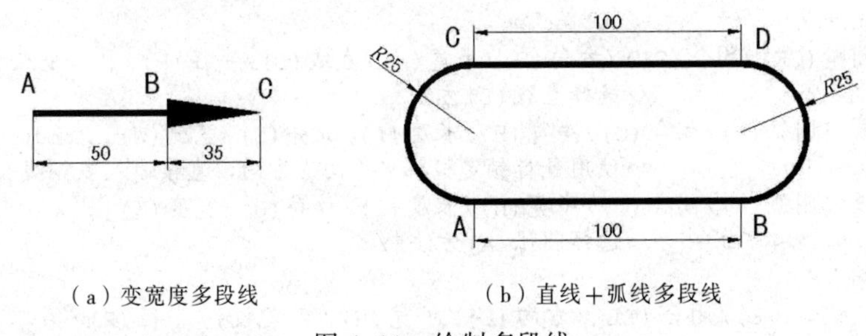

（a）变宽度多段线　　（b）直线＋弧线多段线

图 4-11　绘制多段线

1. 绘制变宽度多段线

绘制如图 4-11（a）所示的图形，具体过程如下：

```
命令:PLINE                          /*启动多段线命令*/
指定起点:                           /*在屏幕上指定一点作为多段线起点 A*/
当前线宽为 0.0000
指定下一个点或 [圆弧(A)/半宽(H)/长度(L)/放弃(U)/宽度(W)]: w
                                    /*选择宽度(W)方法*/
指定起点宽度 <0.0000>: 2            /*指定多段线起始点宽宽为 2*/
指定端点宽度 <2.0000>: 2            /*指定多段线结束点宽宽为 2*/
指定下一个点或 [圆弧(A)/半宽(H)/长度(L)/放弃(U)/宽度(W)]: 50
                                    /*使用鼠标锁定极轴水平向右方向，直接输入多段线长度为 50*/
指定下一点或 [圆弧(A)/闭合(C)/半宽(H)/长度(L)/放弃(U)/宽度(W)]: w
                                    /*选择宽度(W)方法*/
指定起点宽度 <2.0000>: 10           /*指定多段线起始点宽宽为 10*/
指定端点宽度 <10.0000>: 0           /*指定多段线结束点宽宽为 0*/
```

```
指定下一点或 [圆弧(A)/闭合(C)/半宽(H)/长度(L)/放弃(U)/宽度(W)]: 35
                         /*使用鼠标锁定极轴水平向右方向，直接输入多段线长度为 35*/
指定下一点或 [圆弧(A)/闭合(C)/半宽(H)/长度(L)/放弃(U)/宽度(W)]:
                         /*按空格键结束*/
```

2.“直线”＋“弧线”方式绘多段线

绘制如图 4-11（b）所示的图形，具体过程如下：

```
命令:pline                          /*启动多段线命令*/
指定起点:                           /*在屏幕上指定一点作为多段线起点 A*/
当前线宽为 0.0000
指定下一个点或 [圆弧(A)/半宽(H)/长度(L)/放弃(U)/宽度(W)]: w
                                    /*选择宽度(W)方法*/
指定起点宽度 <0.0000>: 2            /*指定多段线起始点宽宽为 2*/
指定端点宽度 <2.0000>: 2            /*指定多段线结束点宽宽为 2*/
指定下一个点或 [圆弧(A)/半宽(H)/长度(L)/放弃(U)/宽度(W)]: 100
                      /*使用鼠标锁定极轴水平向右方向，直接输入多段线长度为 100*/
指定下一点或 [圆弧(A)/闭合(C)/半宽(H)/长度(L)/放弃(U)/宽度(W)]: a
                      /*选择圆弧(A)方法*/
指定圆弧的端点或
[角度(A)/圆心(CE)/闭合(CL)/方向(D)/半宽(H)/直线(L)/半径(R)/第二个点(S)/放弃(U)/
宽度(W)]: a           /*选择角度(A)方法*/
指定包含角: 180       /*指定所要绘制的圆弧包含角为 180°*/
指定圆弧的端点或 [圆心(CE)/半径(R)]: 50
                      /*使用鼠标锁定极轴竖直向上方向，直接输入圆弧弦长度为 50*/
指定圆弧的端点或
[角度(A)/圆心(CE)/闭合(CL)/方向(D)/半宽(H)/直线(L)/半径(R)/第二个点(S)/放弃(U)/
宽度(W)]: l           /*选择直线(L)方法*/
指定下一点或 [圆弧(A)/闭合(C)/半宽(H)/长度(L)/放弃(U)/宽度(W)]: 100
                      /*使用鼠标锁定极轴水平向左方向，直接输入多段线长度为 100*/
指定下一点或 [圆弧(A)/闭合(C)/半宽(H)/长度(L)/放弃(U)/宽度(W)]: a
                      /*选择圆弧(A)方法*/
指定圆弧的端点或
 [角度(A)/圆心(CE)/闭合(CL)/方向(D)/半宽(H)/直线(L)/半径(R)/第二个点(S)/放弃
(U)/宽度(W)]cl        /*选择闭合(CL)方法*/
```

命令行中出现各选项的含义如下：

（1）指定起点：指定多段线开始的起点。

（2）指定下一个点：指定多段线结束的终点。

（3）圆弧（A）：进入圆弧的绘制方法中，将弧线段添加到多段线中。

（4）半宽（H）：指定从宽多段线线段的中心到其一边的宽度。

（5）长度（L）：在与上一线段相同的角度方向上绘制指定长度的直线段。如果上一线段是圆弧，程序将绘制与该弧线段相切的新直线段。

（6）放弃（U）：删除最近一次添加到多段线上的直线段。

（7）宽度（W）：指定下一条直线段的宽度。

（8）角度（A）：指定弧线段的从起点开始的包含角。

（9）圆心（CE）：指定弧线段的圆心。

（10）闭合（CL）：从指定的最后一点到起点绘制圆弧段，从而创建闭合的多段线。

（11）方向（D）：指定弧线段的起始方向。

（12）直线（L）：退出“圆弧”选项并返回初始 pline 命令提示。

（13）半径（R）：指定弧线段的半径。

（14）第二个点（S）：指定三点圆弧的第二点和端点。

4.3.2　实例与练习

如下图 4-12 所示，请按图中给定的尺寸，使用多段线命令绘制图形。

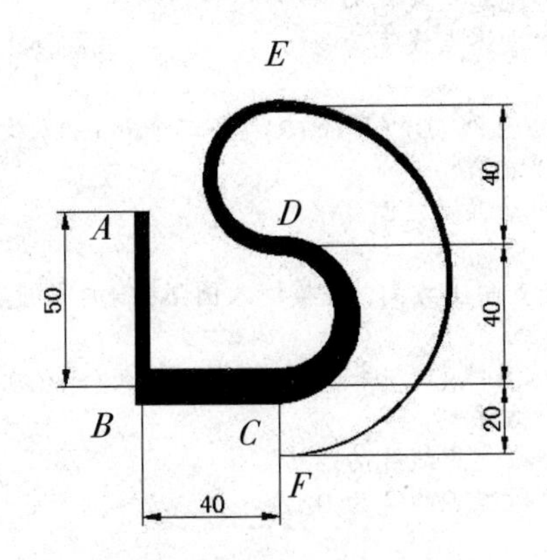

（a）变宽带圆弧多段线

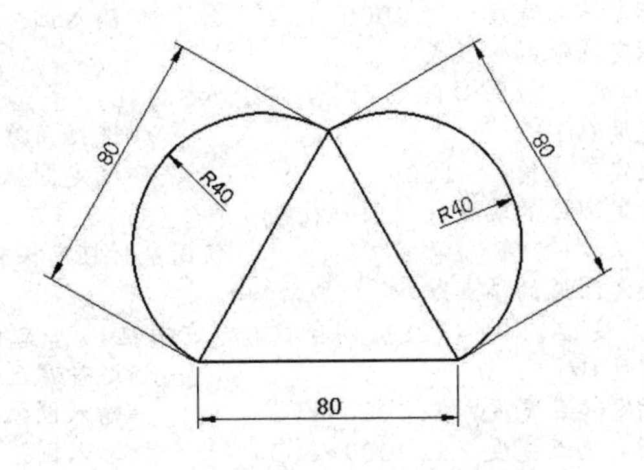

（b）直线＋弧线多段线实例

图 4-12　绘制多段线实例

1. 绘制变宽带圆弧多段线

绘制如图 4-12（a）所示的图形，具体过程如下：

```
命令:pline                       /*启动多段线命令*/
指定起点:                         /*在屏幕上指定一点作为多段线起点 A*/
当前线宽为 2.0000
指定下一个点或 [圆弧(A)/半宽(H)/长度(L)/放弃(U)/宽度(W)]: w
                                  /*选择宽度(W)方法*/
指定起点宽度 <2.0000>: 2          /*输入 AB 段起点线宽为 2*/
指定端点宽度 <2.0000>: 2          /*输入 AB 段终点线宽为 2*/
指定下一个点或 [圆弧(A)/半宽(H)/长度(L)/放弃(U)/宽度(W)]: 50
                    /*使用鼠标锁定极轴竖直向下方向，直接输入 AB 长度 50*/
指定下一点或 [圆弧(A)/闭合(C)/半宽(H)/长度(L)/放弃(U)/宽度(W)]: w
                    /*选择宽度(W)方法*/
指定起点宽度 <2.0000>: 10     /*输入 BC 段起点线宽 10*/
指定端点宽度 <10.0000>: 10    /*输入 BC 段终点线宽 10*/
指定下一点或 [圆弧(A)/闭合(C)/半宽(H)/长度(L)/放弃(U)/宽度(W)]: 40
                    /*使用鼠标锁定极轴水平向右方向，直接输入 BC 长度 40*/
指定下一点或 [圆弧(A)/闭合(C)/半宽(H)/长度(L)/放弃(U)/宽度(W)]: a
                    /*选择圆弧(A)方法*/
指定圆弧的端点或
[角度(A)/圆心(CE)/闭合(CL)/方向(D)/半宽(H)/直线(L)/半径(R)/第二个点(S)/放弃(U)/
宽度(W)]: w                       /*选择宽度(W)方法*/
指定起点宽度 <10.0000>: 10        /*输入圆弧 CD 段起点线宽 10*/
指定端点宽度 <10.0000>: 5         /*输入圆弧 CD 段终点线宽 10*/
```

```
指定圆弧的端点或
[角度(A)/圆心(CE)/闭合(CL)/方向(D)/半宽(H)/直线(L)/半径(R)/第二个点(S)/放弃(U)/
宽度(W)]: a                    /*选择角度(A)方法*/
指定包含角: 180               /*指定圆弧的包含角为 180°*/
指定圆弧的端点或 [圆心(CE)/半径(R)]: 40
                              /*使用鼠标锁定极轴竖直向上方向，直接输入圆弧弦 CD 长度为 40*/
指定圆弧的端点或
[角度(A)/圆心(CE)/闭合(CL)/方向(D)/半宽(H)/直线(L)/半径(R)/第二个点(S)/放弃(U)/
宽度(W)]: w
指定起点宽度 <5.0000>: 5        /*输入圆弧 DE 段起点线宽为 5*/
指定端点宽度 <5.0000>: 2        /*输入圆弧 DE 段终点线宽为 2*/
指定圆弧的端点或
[角度(A)/圆心(CE)/闭合(CL)/方向(D)/半宽(H)/直线(L)/半径(R)/第二个点(S)/放弃(U)/
宽度(W)]: a                    /*选择角度(A)方法*/
指定包含角: -180               /*指定圆弧的包含角为 180°*/
指定圆弧的端点或 [圆心(CE)/半径(R)]: 40
                              /*使用鼠标锁定极轴竖直向上方向，直接输入圆弧弦 DE 长度为 40*/
指定圆弧的端点或
[角度(A)/圆心(CE)/闭合(CL)/方向(D)/半宽(H)/直线(L)/半径(R)/第二个点(S)/放弃(U)/
宽度(W)]: w                    /*选择宽度(W)方法*/
指定起点宽度 <2.0000>: 2        /*输入圆弧 EF 段起点线宽为 2*/
指定端点宽度 <2.0000>: 0        /*输入圆弧 EF 段终点线宽为 0*/
指定圆弧的端点或
[角度(A)/圆心(CE)/闭合(CL)/方向(D)/半宽(H)/直线(L)/半径(R)/第二个点(S)/放弃(U)/
宽度(W)]: 100
                              /*使用鼠标锁定极轴竖直向下方向，直接输入圆弧弦EF长度为100*/
指定圆弧的端点或
[角度(A)/圆心(CE)/闭合(CL)/方向(D)/半宽(H)/直线(L)/半径(R)/第二个点(S)/放弃(U)/
宽度(W)]:                      /*按空格键结束多段线命令*/
```

2. 直线＋弧线多段线实例

绘制如图 4-12（b）所示的图形，具体过程如图 4-13 所示。

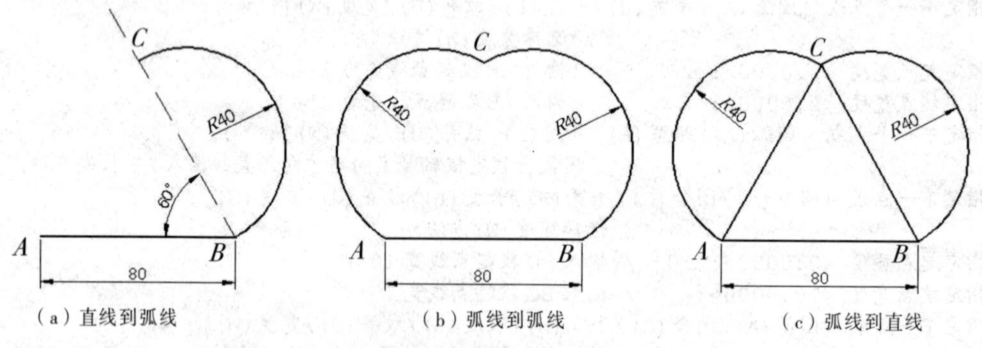

（a）直线到弧线　（b）弧线到弧线　（c）弧线到直线

图 4-13　直线＋弧线多段线实例步骤

绘图步骤如下：

```
命令:PLINE                      /*启动多段线命令*/
指定起点:                       /*在屏幕上指定一点作为多段线起点 A*/
当前线宽为 0.0000
指定下一个点或 [圆弧(A)/半宽(H)/长度(L)/放弃(U)/宽度(W)]: 80
                                /*使用鼠标锁定极轴水平向右方向，直接输入 AB 长度为 80*/
```

```
指定下一点或 [圆弧(A)/闭合(C)/半宽(H)/长度(L)/放弃(U)/宽度(W)]: a
                              /*选择圆弧(A)方法*/
指定圆弧的端点或
[角度(A)/圆心(CE)/闭合(CL)/方向(D)/半宽(H)/直线(L)/半径(R)/第二个点(S)/放弃(U)/
宽度(W)]: a                    /*选择角度(A)方法*/
指定包含角: 180                /*指定圆弧的包含角为 180°*/
指定圆弧的端点或 [圆心(CE)/半径(R)]: @80<120
                              /*使用相对极坐标输入圆弧 BC 的弦长及方向*/
指定圆弧的端点或
[角度(A)/圆心(CE)/闭合(CL)/方向(D)/半宽(H)/直线(L)/半径(R)/第二个点(S)/放弃(U)/
宽度(W)]: a                    /*选择角度(A)方法*/
指定包含角: 180                /*指定圆弧的包含角为 180°*/
指定圆弧的端点或 [圆心(CE)/半径(R)]:       /*使用鼠标捕捉 A 点为圆弧 CA 的端点*/
指定圆弧的端点或
[角度(A)/圆心(CE)/闭合(CL)/方向(D)/半宽(H)/直线(L)/半径(R)/第二个点(S)/放弃(U)/
宽度(W)]: l                              /*选择直线(L)方法*/
指定下一点或 [圆弧(A)/闭合(C)/半宽(H)/长度(L)/放弃(U)/宽度(W)]:
                                         /*使用鼠标捕捉 C 点为直线 AC 的端点*/
指定下一点或 [圆弧(A)/闭合(C)/半宽(H)/长度(L)/放弃(U)/宽度(W)]:
                                         /*使用鼠标捕捉 B 点为直线 CB 的端点*/
指定下一点或 [圆弧(A)/闭合(C)/半宽(H)/长度(L)/放弃(U)/宽度(W)]:
                                         /*按空格键结束多段线命令*/
```

技巧与提示：

多段线是一种非常有用的线，使用它可以绘出不同宽度的带有直线段和弧线段的对象。多段线绘制出的对象，可以作为一个整体进行修改，方便编辑操作。作为一个整体对象，当它具有宽度属性时，如果对它进行分解操作，可以将其分解成各自独立的直线对象和圆弧对象，同时各自的宽度将变为零宽度。

在选择“圆弧（A）”方法后，在进行角度调整时，如果输入正数将按逆时针方向创建弧线段。输入负数将按顺时针方向创建弧线段，使用时注意运用。

多段线在绘制结束时，如果想使开始点至结束点闭合，使此点两端直线或弧线连接在一起作为一个整体进行处理时，必须使用“闭合（CL）”这个选项，不然在此点处不具有共同属性，不可以进行整体修改的操作。

4.4　样条曲线绘制（SPLINE）

样条曲线是一种通过或接近指定点的一种拟合曲线。在 AutoCAD 中，它的类型属于非均匀有理 B 样条曲线，这种曲线适合绘制不规则变化曲率半径的曲线。本节我们重点来学习样条曲线命令的基本操作方法，以及绘图过程中的操作技巧和注意事项。

4.4.1　样条曲线命令

样条曲线是一种以定点为参照的拟合曲线，在绘制过程中，一般多近似表达图形的形状，例如图形断裂线、剖切断开线、地形地貌轮廓线等。绘制样条曲线有以下几种方法：

- 菜单栏方法：“绘图” | “样条曲线（S）”；
- 工具栏方法：“绘图工具栏” | “按钮”；

- 命令行方法：SPLINE，简写为 SPL。

绘制如图 4-14 所示的图形为例，讲解样条曲线命令的绘制过程。

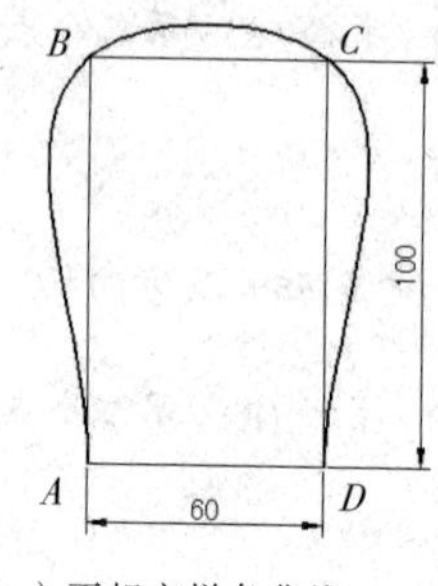

（a）不相交样条曲线

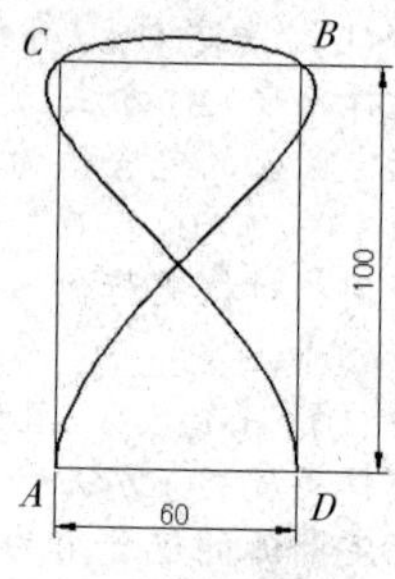

（b）相交样条曲线

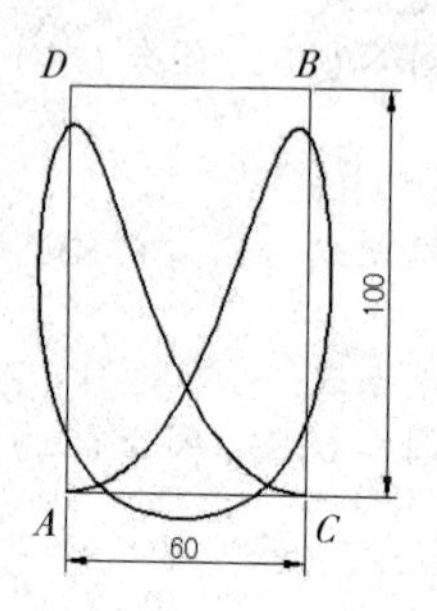

（c）复杂样条曲线

图 4-14　绘制样条曲线

1. 绘制不相交样条曲线

绘制如图 4-14（a）所示的图形，具体过程如下：

```
命令:RECTANG                          /*启动矩形命令*/
指定第一个角点或 [倒角(C)/标高(E)/圆角(F)/厚度(T)/宽度(W)]:
                                      /*使用鼠标在屏幕上指定一点A，作为矩形左下角坐标*/
指定另一个角点或 [面积(A)/尺寸(D)/旋转(R)]: @60,100
                                      /*使用相对直角坐标指定矩形右上角坐示为@60,100*/
命令:SPLINE                           /*启动样条曲线命令*/
指定第一个点或 [对象(O)]:              /*使用鼠标捕捉矩形左下角A点，作为样条曲线的起点*/
指定下一点:                            /*使用鼠标捕捉矩形左上角B点，作为样条曲线的第二点*/
指定下一点或 [闭合(C)/拟合公差(F)] <起点切向>:
                                      /*使用鼠标捕捉矩形右上角C点，作为样条曲线的第三点*/
指定下一点或 [闭合(C)/拟合公差(F)] <起点切向>:
                                      /*使用鼠标捕捉矩形右下角D点，作为样条曲线的第四点*/
指定下一点或 [闭合(C)/拟合公差(F)] <起点切向>:     /*按空格键结束绘制*/

指定起点切向:                          /*使用鼠标指定起点A的切向方向为竖直向下*/
指定端点切向:                          /*使用鼠标指定终点D的切向方向为竖直向下*/
```

2. 绘制相交样条曲线

绘制如图 4-14（b）所示的图形，具体过程如下：

```
命令:RECTANG                          /*启动矩形命令*/
指定第一个角点或 [倒角(C)/标高(E)/圆角(F)/厚度(T)/宽度(W)]:
                                      /*使用鼠标在屏幕上指定一点A，作为矩形左下角坐标*/
指定另一个角点或 [面积(A)/尺寸(D)/旋转(R)]: @60,100
                                      /*使用相对直角坐标指定矩形右上角坐示为@60,100*/
命令:SPLINE                           /*启动样条曲线命令*/
指定第一个点或 [对象(O)]:

                                      /*使用鼠标捕捉矩形左下角A点，作为样条曲线的起点*/
指定下一点:                            /*使用鼠标捕捉矩形右上角B点，作为样条曲线的第二点*/
指定下一点或 [闭合(C)/拟合公差(F)] <起点切向>:
                                      /*使用鼠标捕捉矩形左上角C点，作为样条曲线的第三点*/
指定下一点或 [闭合(C)/拟合公差(F)] <起点切向>:
                                      /*使用鼠标捕捉矩形右下角D点，作为样条曲线的第四点*/
指定下一点或 [闭合(C)/拟合公差(F)] <起点切向>:     /*按空格键结束制图*/
指定起点切向:                          /*使用鼠标指定起点A的切向方向为竖直向下*/
指定端点切向:                          /*使用鼠标指定起点D的切向方向为竖直向下*/
```

3. 复杂样条曲线的绘制

绘制如图 4-14（c）所示的图形，具体过程如下：

```
命令:RECTANG                            /*启动矩形命令*/
指定第一个角点或 [倒角(C)/标高(E)/圆角(F)/厚度(T)/宽度(W)]:
                                        /*使用鼠标在屏幕上指定一点 A，作为矩形左下角坐标*/
指定另一个角点或 [面积(A)/尺寸(D)/旋转(R)]: @60,100
                                        /*使用相对直角坐标指定矩形右上角坐示为@60,100*/
                                        /*启动样条曲线命令*/
命令:SPLINE
指定第一个点或 [对象(O)]:               /*使用鼠标捕捉矩形左下角 A 点，作为样条曲线的起点*/
指定下一点:                             /*使用鼠标捕捉矩形右上角 B 点，作为样条曲线的第二点*/
指定下一点或 [闭合(C)/拟合公差(F)] <起点切向>: f  /*选择拟合公差(F)选项*/
指定拟合公差<0.0000>: 10       /*设定拟合公差为 10*/
指定下一点或 [闭合(C)/拟合公差(F)] <起点切向>:
                                        /*使用鼠标捕捉矩形右下角 C 点，作为样条曲线的第三点*/
指定下一点或 [闭合(C)/拟合公差(F)] <起点切向>:
                                    /*使用鼠标捕捉矩形左下角 A 点，作为样条曲线的第四点*/
指定下一点或 [闭合(C)/拟合公差(F)] <起点切向>:
                                    /*使用鼠标捕捉矩形左上角 D 点，作为样条曲线的第五点*/
指定下一点或 [闭合(C)/拟合公差(F)] <起点切向>:
                                    /*使用鼠标捕捉矩形右下角 C 点，作为样条曲线的第六点*/
指定下一点或 [闭合(C)/拟合公差(F)] <起点切向>:          /*按空格键结束制图*/

指定起点切向:                       /*使用鼠标指定起点 A 的切向方向为水平向左*/
指定端点切向:                       /*使用鼠标指定起点 C 的切向方向为水平向右*/
```

命令行中出现各选项的含义如下：

（1）指定第一个点：指定样条曲线的起点位置。

（2）指定下一点：指定样条曲线的下一端点位置。

（3）对象（O）：将二维或三维的二次或三次样条拟合多段线转换成等价的样条曲线。

（4）闭合（C）：将最后一点与第一点封闭，并使连接处光滑过渡。

（5）拟合公差（F）：修改拟合当前样条曲线的公差。

（6）指定起点切向：指定样条曲线的起点切向。

（7）指定端点切向：指定样条曲线最后一点的切向。

4.4.2　实例与练习

如图 4-15 所示，请按下图中给定的尺寸，使用样条曲线命令绘制图形。

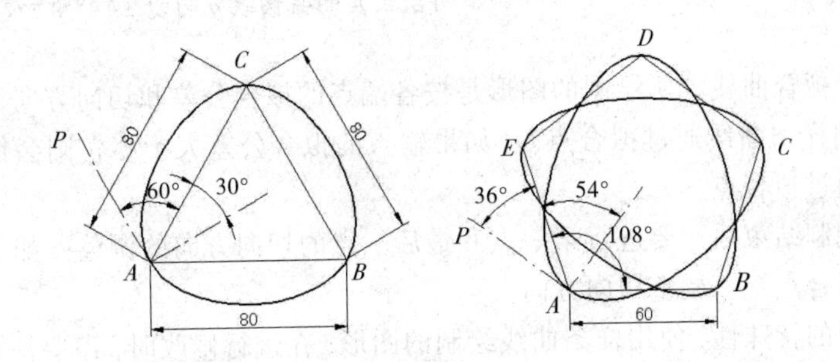

（a）不相交样条曲线绘制实　　（b）相交样条曲线绘制实例

图 4-15　绘制样条曲线实例

1．不相交样条曲线绘制实例

绘制图 4-15（a）所示的图形，具体过程如下：

```
命令:POLYGON 输入边的数目 <3>: 3        /*启动正多边形命令，输入正多边形边数为 3*/
指定正多边形的中心点或 [边(E)]: e       /*选择边(E)方法*/
指定边的第一个端点:                     /*使用鼠标在屏幕上指定一点 A 为正多边形底边起点*/
指定边的第二个端点: 80                  /*锁定极轴水平向右方向，直接输入正多边形边长度为 80*/
命令:spline                             /*启动样条曲线命令*/
指定第一个点或 [对象(O)]:
                                        /*使用鼠标捕捉正三角形顶 A 点，作为样条曲线的起点*/
指定下一点:                             /*使用鼠标捕捉正三角形顶 C 点，作为样条曲线的第二点*/
指定下一点或 [闭合(C)/拟合公差(F)] <起点切向>:
                                        /*使用鼠标捕捉正三角形顶 B 点，作为样条曲线的第三点*/
指定下一点或 [闭合(C)/拟合公差(F)] <起点切向>: c        /*选择闭合(C)方法*/
指定切向: 300                           /*调整闭合点 A 的切线方向为 300°*/
```

2．相交样条曲线绘制实例

绘制图 4-15（b）所示的图形，具体过程如下：

```
命令:POLYGON 输入边的数目 <3>: 5
                                        /*启动正多边形命令，输入正多边形边数为 5*/
指定正多边形的中心点或 [边(E)]: e                       /*选择边(E)方法*/
指定边的第一个端点:                     /*使用鼠标在屏幕上指定一点 A 为正多边形底边起点*/
指定边的第二个端点: 60                  /*锁定极轴水平向右方向，直接输入正多边形边长度为 60*/
命令:SPLINE
                                                        /*启动样条曲线命令*/
指定第一个点或 [对象(O)]:               /*使用鼠标捕捉正五边形顶 A 点，作为样条曲线的起点*/
指定下一点:                             /*使用鼠标捕捉正五边形顶 C 点，作为样条曲线的第二点*/
指定下一点或 [闭合(C)/拟合公差(F)] <起点切向>:
                                        /*使用鼠标捕捉正五边形顶 E 点，作为样条曲线的第三点*/
指定下一点或 [闭合(C)/拟合公差(F)] <起点切向>:
                                        /*使用鼠标捕捉正五边形顶 B 点，作为样条曲线的第四点*/
指定下一点或 [闭合(C)/拟合公差(F)] <起点切向>:
                                        /*使用鼠标捕捉正五边形顶 D 点，作为样条曲线的第五点*/
指定下一点或 [闭合(C)/拟合公差(F)] <起点切向>: c        /*选择闭合(C)方法*/

指定切向: 144                           /*调整闭合点 A 的共切线方向为 144°角*/
```

技巧与提示：

样条曲线属于拟合曲线，所绘制的图形是按各端点的拟合公差和切向方向调整曲率，如果公差设置为零，则样条曲线通过拟合点。 如果输入的拟合公差大于零，则会使样条曲线在指定的公差范围内通过拟合点。

样条曲线在绘制结束后，要进行第一点和最后一点的切向方向的调整。如果第一点和最后一点闭合，则对闭合点统一调整切向方向。

由于样条曲线的特殊性，使用样条曲线绘制的图形，在进行修改时，需要注意延伸（extend）和拉长（lengthen）命令不能对其进行操作。

4.5　实训案例

本实训案例主要是总结和概括高级绘图部分知识和绘图方法，将各小节的知识综合成一个相对完整的案例，通过案例的完成进一步掌握各命令的综合应用。从而熟练使用 AutoCAD 的高级绘图命令，使绘图简便快速。

4.5.1　案例效果图

本案例主要对本章节的各绘图命令和绘图方法进行复习，涉及圆弧（ARC）、椭圆（ELLIPSE）、多段线（PLINE）、样条曲线（SPLINE）等命令的操作方法和绘图技巧，具体案例效果如图 4-16 所示。

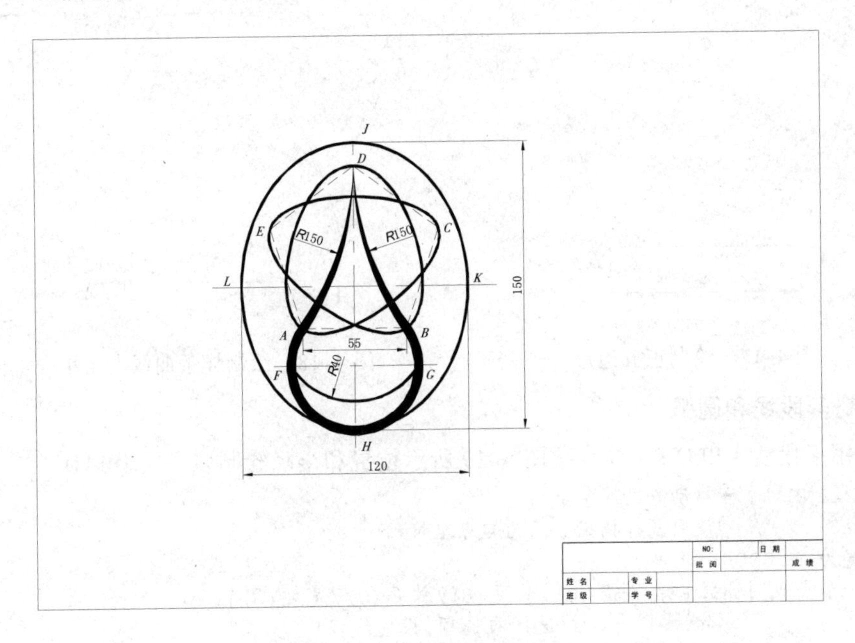

图 4-16　案例效果图

4.5.2　绘图步骤

1. 设置绘界限

本例中的图形界限大小为设定为 420×297，设置方法和步骤参照 2.6.2 节相关内容，这里不再赘述。

2. 绘制样条曲线五角星

（1）使用正多边形（POLYGON）命令绘制边长为 55 的正多边形 *ABCDE*，如图 4-17 所示。

```
命令: polygon                /*启动正多边形命令*/
输入边的数目 <5>: 5          /*输入正多边形边数 5*/
指定正多边形的中心点或 [边(E)]: e    /*选择 E 选项*/
指定边的第一个端点:          /*使用鼠标在屏幕上拾取一点 A*/
指定边的第二个端点: 55       /*沿极轴线水平向右方向，输入长度 55，绘出边长为 55 的正多边形*/
```

（2）使用样条曲线（SPLINE）命令按图 4-18 所示按对角点连线。

```
命令：SPLINE                      /*启动样条曲线命令*/
指定第一个点或 [对象(O)]：        /*使用鼠标捕捉D点为起点坐标*/
指定下一点：                      /*使用鼠标捕捉A点*/
指定下一点或 [闭合(C)/拟合公差(F)] <起点切向>：        /*使用鼠标捕捉C点*/
指定下一点或 [闭合(C)/拟合公差(F)] <起点切向>：        /*使用鼠标捕捉E点*/
指定下一点或 [闭合(C)/拟合公差(F)] <起点切向>：        /*使用鼠标捕捉B点*/
指定下一点或 [闭合(C)/拟合公差(F)] <起点切向>：C   /*选择C选项*/
指定切向： /*使用鼠标指定D点的切向方向为水平向右*/
```

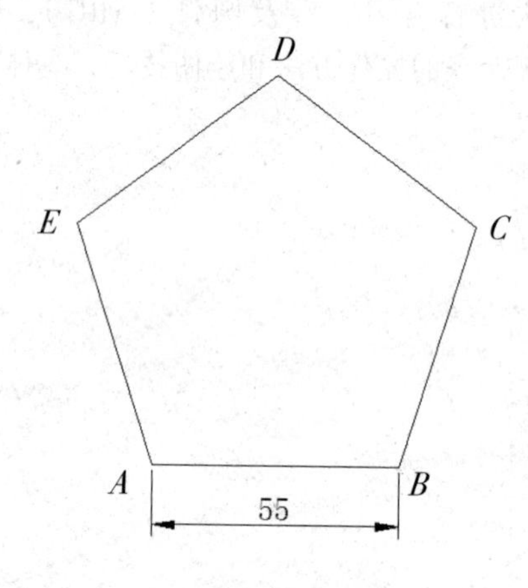

图 4-17　绘制正五边形

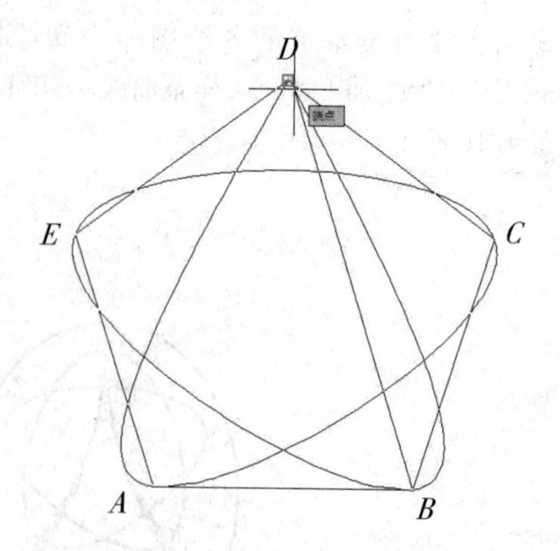

图 4-18　绘制样条曲线五角星

3. 绘制多段线和圆弧

（1）使用多段线（PLINE）命令按图 4-19 所示位置和半径绘制多段线 DBAD

```
命令：PLINE     /*启动多段线命令*/
指定起点：      /*使用鼠标捕捉D点为起点坐标*/
当前线宽为 0.0000
指定下一个点或 [圆弧(A)/半宽(H)/长度(L)/放弃(U)/宽度(W)]：w
                                  /*选择W选项,设定线宽*/
指定起点宽度 <0.0000>：0          /*设定起点线宽为0*/
指定端点宽度 <0.0000>：5          /*设定终点线宽为5*/
指定下一个点或 [圆弧(A)/半宽(H)/长度(L)/放弃(U)/宽度(W)]：a
                                  /*选择A选项，开始绘弧*/
指定圆弧的端点或[角度(A)/圆心(CE)/方向(D)/半宽(H)/直线(L)/半径(R)/第二个点(S)/放弃(U)/宽度(W)]：r          /*选择R选项，设定半径*/
指定圆弧的半径：150               /*指定圆弧半径为150*
指定圆弧的端点或 [角度(A)]：      /*使用鼠标捕捉B点*/
指定圆弧的端点或[角度(A)/圆心(CE)/闭合(CL)/方向(D)/半宽(H)/直线(L)/半径(R)/第二个点(S)/放弃(U)/宽度(W)]：          /*使用鼠标捕捉A点*/
指定圆弧的端点或[角度(A)/圆心(CE)/闭合(CL)/方向(D)/半宽(H)/直线(L)/半径(R)/第二个点(S)/放弃(U)/宽度(W)]：w        /*选择W选项,设定线宽*/
指定起点宽度 <5.0000>：5               /*设定起点线宽为5*/
指定端点宽度 <5.0000>：0               /*设定起点线宽为0*/
指定圆弧的端点或[角度(A)/圆心(CE)/闭合(CL)/方向(D)/半宽(H)/直线(L)/半径(R)/第二个点(S)/放弃(U)/宽度(W)]：cl       /*选择CL选项，闭合多段线*/
```

（2）使用菜单“绘图”|“圆弧（A）”|“起点、端点、半径”命令如图 4-20 所示，按图 4-21 所示位置和半径绘制圆弧 FG。

```
命令：_ARC                          /*启动圆弧命令*/
指定圆弧的起点或 [圆心(C)]：        /*使用鼠标捕捉F点*/
指定圆弧的第二个点或 [圆心(C)/端点(E)]：_e  /*选择E选项，设定端点方式（自动设定）*/
指定圆弧的端点：                    /*使用鼠标捕捉G点*/
指定圆弧的圆心或 [角度(A)/方向(D)/半径(R)]：_r /*选择R选项，设定半径（自动设定）*/
指定圆弧的半径：40                  /*设定半径为40*/
```

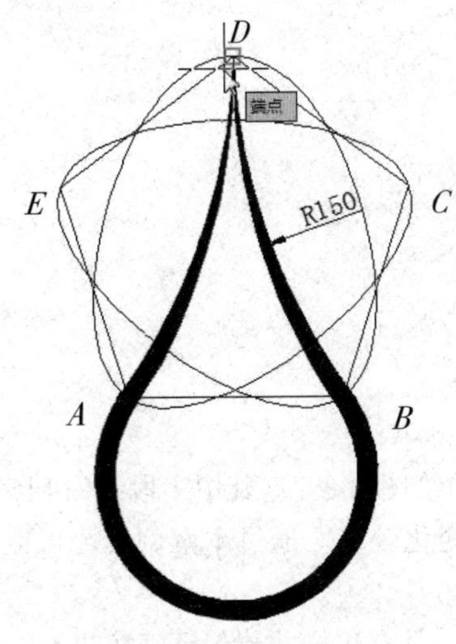

图 4-19　绘制多段线

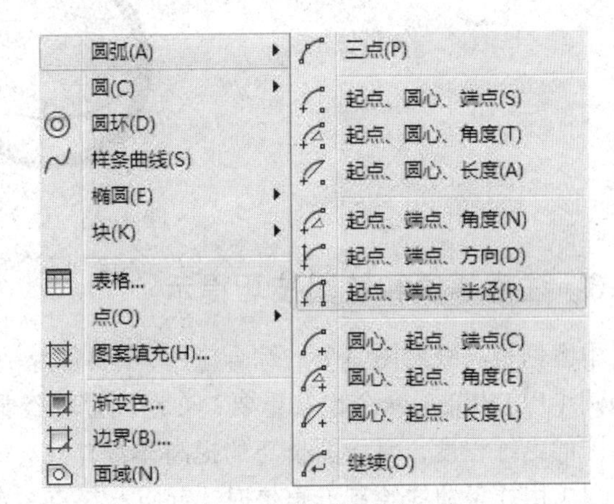

图 4-20　绘制圆弧菜单

4．绘制椭圆

使用椭圆（ELLIPSE）命令绘制椭圆 HKJL，如图 4-22 所示。

```
命令：ELLIPSE                  /*启动椭圆命令*/
指定椭圆的轴端点或 [圆弧(A)/中心点(C)]：    /*使用鼠标捕捉H点*/
指定轴的另一个端点：150 /*沿极轴线垂直向上方向，输入长度150 */
指定另一条半轴长度或 [旋转(R)]：60  /*输入半径值为60*/
```

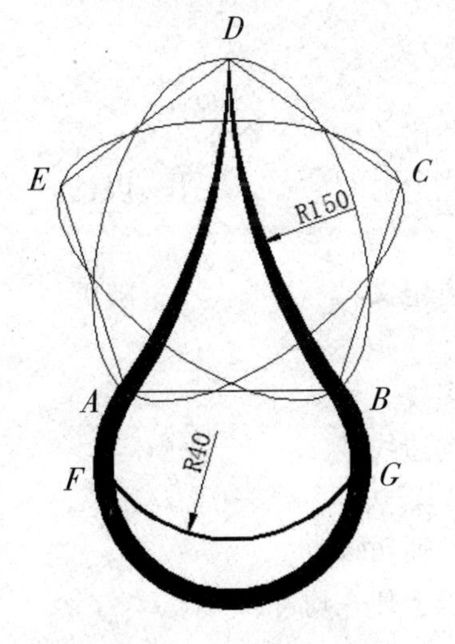

图 4-21　绘制圆弧

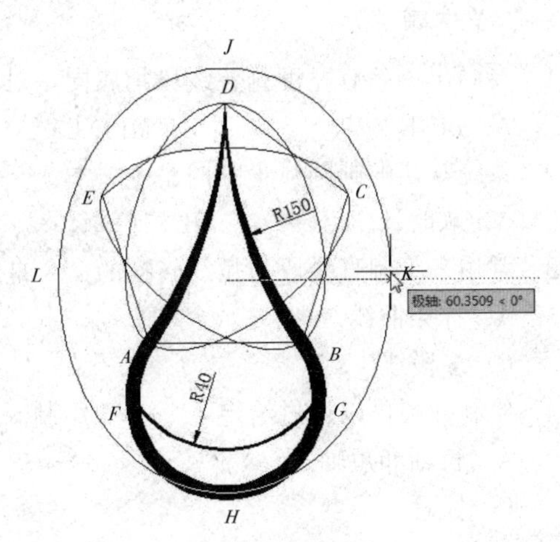

图 4-22　绘制椭圆

5. 完成绘图（尺寸标注略）

删除五边形，最后结果如图 4-23 所示。

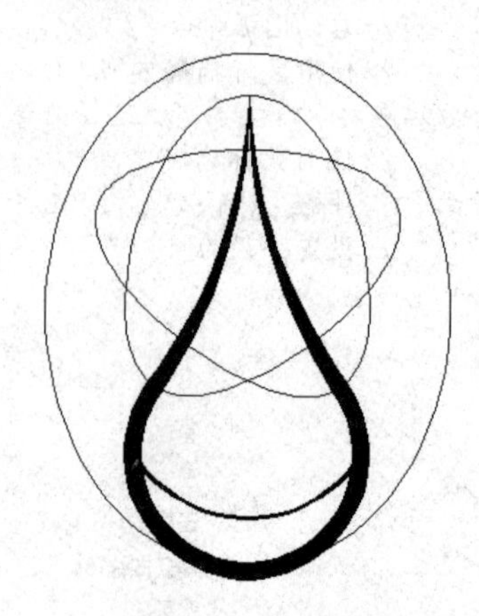

图 4-23　案例结果

4.5.3　注意事项和绘图技巧提示

本案例是高级绘图命令的综合应用，主要涉及一些常用的绘图命令，这其中多段线（PLINE）和椭圆（ELLIPSE）命令比较重要，在绘图过程经常使用且变化较多。通过本案例学习可以增加绘图的熟练程度，对绘图技巧的提高非常有益。

（1）用样条曲线绘制五角星时，起点与终点一定要闭合，只有这样才能保证五角星是一个整体，调整 D 点的曲率时才能使五角星各角保持一致。

（2）绘制多段线时，各段线都要改变线宽，注意绘制过程中命令出现线宽调整的提示，本例中的多段线全部是圆弧线，注意圆弧半径大小的变化。

（3）椭圆的绘制比较简单，最好使用捕捉和追踪辅助命令。尽量避免二次移动操作。

思考与练习题

一、单选题

1. 要画出一条有宽度且各线段均属同一对象的线，要使用（　　）命令。

A. LINE　　B. MLINE　　C. XLINE　　D. PLINE

2. 系统默认的画圆弧正方向是（　　）。

A. 顺时针　　B. 逆时针　　C. 自定义　　D. 随机

3. 常用来绘制直线段与弧线转换的命令是（　　）。

A. 样条曲线　　B. 多线

C. 多段线　　D. 构造线

4. 绘制椭圆可以通过给定（　　）绘制。

A. 长轴和短轴　　B. 长轴和转角

C. 任意三个点　　D. 以上任一均可以

E. A 和 B 都可以。

5．样条曲线命令是（　　）。

A．SPLINE　　B．PLINE

C．PPLINE　　D．XLINE

6．下面绘制圆弧方法中错误的是（　　）。

A．三点　　B．起点、圆心、角度

C．起点、圆心、方向　　D．起点、端点、半径

7．以下关于样条曲线的描述，错误的是（　　）。

A．实际上不一定经过控制点

B．总是显示为连续线

C．需要为每一个控制点指定切向信息

D．只需要为第一个点和最后一个点指定切向信息

8．多段线（　　）。

A．由直线和圆弧组成，每一段被认为是独立对象

B．是顺序连接起来的直线和圆弧

C．A 和 B 均是

D．A 和 B 均不是

9．（　　）不是多线段命令的选项。

A．放弃　　B．半宽　　C．圆弧

D．线型　　E．宽度

10．在进行多段线编辑时，可以更改线的宽度，以下说法正确的是（　　）。

A．整条多段线的宽度一定一致

B．多段线分解后，设定的多段线线宽消失

C．该线宽和通过“线宽控制”得到的线宽在本质上是一样的

D．该线宽是线的半个宽度

二、多选题

1．如果给定圆心和起点，那么只需再指定（　　）就可以精确画弧。

A．端点　　B．角度　　C．长度　　D．方向

2．可以通过指定（　　）绘制圆弧。

A．三点　　B．起点、圆心、角度

C．起点、圆心、方向　　D．起点、圆心、半径

3．样条曲线在绘制时需要（　　）。

A．要为第一个点指定切向信息　　B．要为最后一个点指定切向信息

C．要为每一点指定切向信息　　D．不需要指定切向信息

4．样条曲线可以（　　）。

A．拟合公差大于零　　B．拟合公差等于零

C．拟合公差小于零　　D．没有拟合公差

5．在绘制圆弧时可以对（　　）输入负值。

A．半径　　B．弦长　　C．角度　　D．方向

第5章 高级编辑

AutoCAD 提供了实用高效的编辑功能，用户可以创建和编辑复杂的二维图形。本章通过实例讲解和练习，掌握创建复杂二维图形的方法和某些高级编辑命令，使得用户可以快速高效地绘图。

知识要点

- 拉长与延伸练习（LENGTHEN、EXTEND）；
- 线型练习（LINETYPE）；
- 图案填充练习（BHATCH）；
- 环形阵列练习（ARRAY）；
- 矩形阵列练习（ARRAY）；
- 图块的定义与插入（BLOCK、INSERT）；
- 点的等分练习（POINT、DIVIDE、MEASURE）；
- 多线及编辑练习（MLINE）；
- 拉伸练习（STRETCH）。

5.1 拉长与延伸练习（LENGTHEN、EXTEND）

对于已经绘出的图形，可以使用拉长命令或延伸命令改变图形的长度或角度以达到合理的制图要求。本节主要学习拉长命令和延伸命令的使用方法。

5.1.1 拉长命令

拉长是指改变对象的长度或圆弧的包含角度。可以用拉长命令修改的对象包括直线、圆弧、开放的线段、椭圆弧以及开放的样条曲线等非闭合的对象。

启动拉长命令有以下几种方法：

- 菜单栏方法："修改" | "拉长（G）"。
- 命令行方法：LENGTHEN，简写为 LEN。

以图 5-1 所示的图形为例，讲解拉长命令的使用方法。

```
命令：LENGTHEN
选择对象或[增量(DE)/百分数(P)/全部(T)/动态(DY)]：  /*选择对象*/
当前长度:50.0000                                   /*系统提示选中对象的长度属性*/
选择对象或[增量(DE)/百分数(P)/全部(T)/动态(DY)]:de   /*输入命令选项*/
输入长度增量或[角度(A)]<30.0000>: 30                /*输入长度增量 30*/
```

选择要修改的对象或[放弃(U)]:　　　　　　/*选择要修改的对象*/
选择要修改的对象或[放弃(U)]:　　　　　　/*按回车键结束命令*/

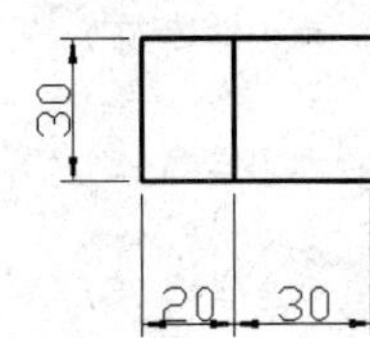

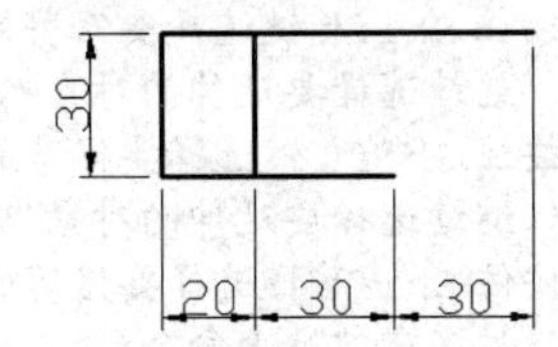

图 5-1　拉长

命令行中出现各选项的含义如下：

（1）增量（DE）：选择此命令选项，用户给定一个长度或角度的增量值，正则增加，负则减少。被选择的对象总是从距离选择点最近的端点开始增加或减少增量值。

（2）百分数（P）：选择此命令选项，用户给定一个百分数，AutoCAD 以被选择对象的总长度或总角度乘这个百分数所得到的值来改变对象的长度或角度。

（3）全部（T）：选择此命令选项，用户给定一个长度或角度，AutoCAD 以当前值改变对象的长度或角度。此时长度值应为正整数，角度值范围为 0°～360°。

（4）动态（DY）：选择此命令选项，不用给定具体的值，只要拖动鼠标就可以改变对象的长度或角度。

5.1.2　延伸命令

“延伸”命令是指以指定的对象为边界，将其他对象延伸至边界图形处。

启动延伸命令有以下几种方法：

- 菜单栏方法：“修改”|“延伸（D）”；
- 工具栏方法：“修改”|“--/按钮”；
- 命令行方法：EXTEND，简写为 EX。

以图 5-2 和图 5-3 所示的图形为例，讲解延伸命令的使用方法。

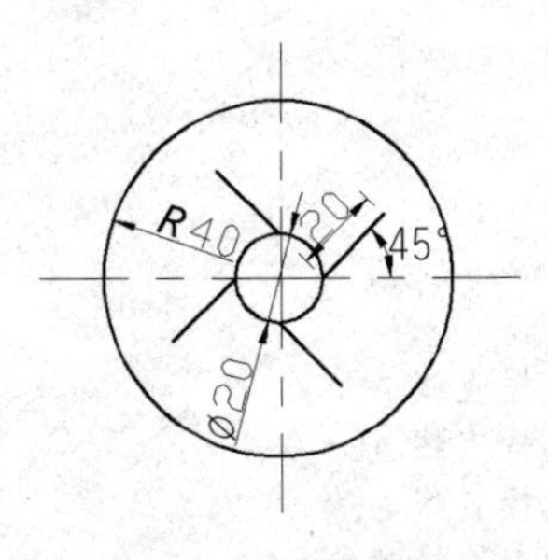

图 5-2　延伸原始图

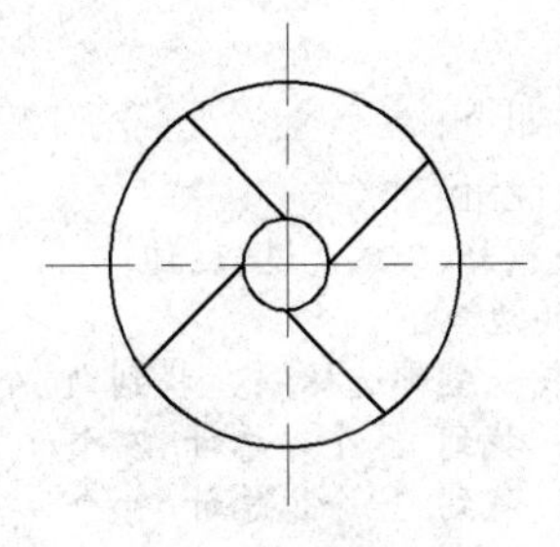

图 5-3　延伸效果图

命令：EXTEND
当前设置：投影=UCS，边=无　　　/*系统提示*/
选择边界的边...　　　　　　　　/*系统提示*/
选择对象或<全部选择>：　　　　/*选择圆作为边界的边*/
选择对象：　　　　　　　　　　/*按回车键或右击，结束作为边界的边的对象选择*/
选择要延伸的对象，或按住 Shift 键选择要修剪的对象，或[栏选(F)/窗交(C)/投影(P)/边(E)/放弃(U)]：　　　　　　/*选择要延伸的对象*/

```
选择要延伸的对象，或按住 Shift 键选择要修剪的对象，或[栏选(F)/窗交(C)/投影(P)/边(E)/
放弃(U)]:            /*继续选择要延伸的对象*/
选择要延伸的对象，或按住 Shift 键选择要修剪的对象，或[栏选(F)/窗交(C)/投影(P)/边(E)/
放弃(U)]:            /*继续选择要延伸的对象*/
选择要延伸的对象，或按住 Shift 键选择要修剪的对象，或[栏选(F)/窗交(C)/投影(P)/边(E)/
放弃(U)]:            /*继续选择要延伸的对象*/
选择要延伸的对象，或按住 Shift 键选择要修剪的对象，或[栏选(F)/窗交(C)/投影(P)/边(E)/
放弃(U)]:            /*按回车键结束命令*/
```

命令行中出现各选项的含义如下：

（1）按住 Shift 键选择要修剪的对象：将选定对象修剪到最近的边界而不是将其延伸。

（2）栏选（F）：选择此命令选项，用户给定一个百分数，AutoCAD 以被选择对象的总长度或总角度乘这个百分数所得到的值来改变对象的长度或角度。

（3）窗交（C）：选择由两点定义的矩形区域内部或与其相交的对象。

（4）投影（P）：指定延伸对象时使用的投影方法。

（5）边（E）：将对象延伸到另一个对象的隐含边，或仅延伸到三维空间中与其实际相交的对象。

（6）放弃（U）：放弃最近由延伸命令所做的修改。

5.1.3 实例与练习

如下图 5-4 所示，请按图中给定的尺寸，使用拉长及延伸命令绘制图形。

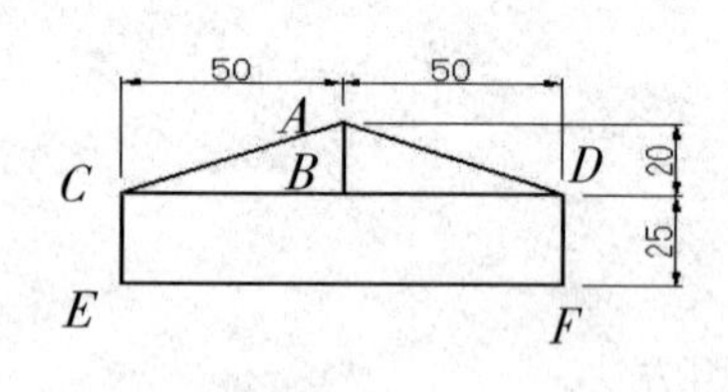

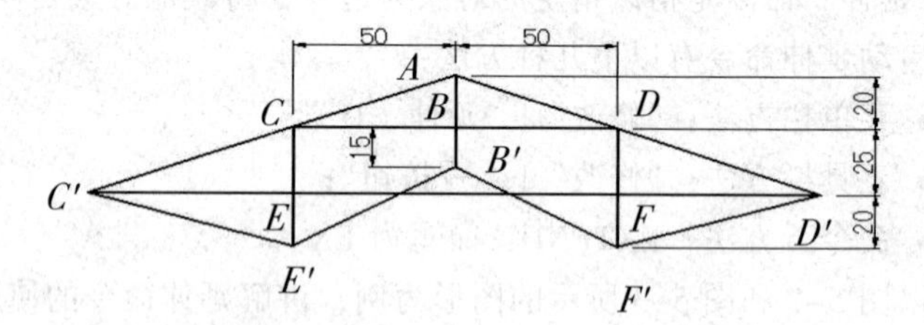

图 5-4 拉长及延伸实例

操作步骤如下：

```
命令: EXTEND                                    /*启动延伸命令*/
当前设置:投影=UCS, 边=延伸
选择边界的边...
选择对象或 <全部选择>: 找到 1 个              /*使用鼠标选择直线 AC*/
选择对象: 找到 1 个, 总计 2 个                /*使用鼠标选择直线 AD*/
选择对象: 找到 1 个, 总计 3 个                /*使用鼠标选择直线 EF*/
选择对象:                                       /*按空格键结束选择对象*/
选择要延伸的对象, 或按住 Shift 键选择要修剪的对象, 或
[栏选(F)/窗交(C)/投影(P)/边(E)/放弃(U)]: e            /*选择边(E)选项*/
输入隐含边延伸模式 [延伸(E)/不延伸(N)] <不延伸>: e     /*选择延伸(E)选项*/
选择要延伸的对象, 或按住 Shift 键选择要修剪的对象, 或
[栏选(F)/窗交(C)/投影(P)/边(E)/放弃(U)]:               /*选择直线 AC 的 C 端*/
选择要延伸的对象, 或按住 Shift 键选择要修剪的对象, 或
[栏选(F)/窗交(C)/投影(P)/边(E)/放弃(U)]:               /*选择直线 AD 的 D 端*/
选择要延伸的对象, 或按住 Shift 键选择要修剪的对象, 或
[栏选(F)/窗交(C)/投影(P)/边(E)/放弃(U)]:               /*选择直线 EF 的 E 端*/
```

```
选择要延伸的对象，或按住 Shift 键选择要修剪的对象，或
[栏选(F)/窗交(C)/投影(P)/边(E)/放弃(U)]:                  /*选择直线 EF 的 F 端*/
选择要延伸的对象，或按住 Shift 键选择要修剪的对象，或
[栏选(F)/窗交(C)/投影(P)/边(E)/放弃(U)]:                  /*按空格键结束延伸命令*/
命令:
命令: LENGTHEN                                           /*启动拉长命令*/
选择对象或 [增量(DE)/百分数(P)/全部(T)/动态(DY)]: De /*选择增量(DE)选项*/
输入长度增量或 [角度(A)] <0.0000>: 15                      /*输入长度增量为 15*/
选择要修改的对象或 [放弃(U)]:                               /*选择直线 AB 的 B 端*/
选择要修改的对象或 [放弃(U)]:                               /*按空格键结束拉长命令*/
命令: LENGTHEN                                           /*启动拉长命令*/
选择对象或 [增量(DE)/百分数(P)/全部(T)/动态(DY)]: De /*选择增量(DE)选项*/
输入长度增量或 [角度(A)] <15.0000>: 20                     /*输入长度增量为 20*/
选择要修改的对象或 [放弃(U)]:                               /*选择直线 CE 的 E 端*/
选择要修改的对象或 [放弃(U)]:                               /*选择直线 DF 的 F 端*/
选择要修改的对象或 [放弃(U)]:                               /*按空格键结束拉长命令*/
命令:
命令: line 指定第一点:                   /*启动直线命令，使用鼠标捕捉 C'点*/
指定下一点或 [放弃(U)]:                  /*使用鼠标捕捉 E'*/
指定下一点或 [放弃(U)]:                  /*使用鼠标捕捉 B'点*/
指定下一点或 [闭合(C)/放弃(U)]:          /*使用鼠标捕捉 F'点*/
指定下一点或 [闭合(C)/放弃(U)]:          /*使用鼠标捕捉 D'点*/
指定下一点或 [闭合(C)/放弃(U)]:          /*按空格键结束直线命令*/
```

技巧与提示：

使用拉长命令时，可以拉动端点夹点的方法达到拉长的效果。

使用拉长命令时，对于圆弧和椭圆弧，当选择增量命令选项时，长度增量和角度增量输入相同的值后的结果是不一样的，所以，用户在操作时要注意观察并正确选择命令选项。

延伸命令选项“边(E)”设定延伸到另一对象的隐含边相关的延伸模式。

5.2　线型练习（LINETYPE）

线型指连续图线和由线、点和间隔组成的非连续图线的型式。例如实线线型、中心线（点画线）线型等等。如果在不同图层中设置不同线型，可以直观地将对象区分开来，在工程制图中带来很大方便，而且符合专业的设计规范。

5.2.1　线型管理器

默认情况下，线型为 Continuous 是连续的实线。如果想改变或加载线型，可以在“线型管理器”对话框中设置。

启动线型命令有以下几种方法：

- 菜单栏方法：“格式”|“线型（W）”；
- 命令行方法：LINETYPE，简写为 LT。

执行线型命令后，弹出图 5-5 所示的“线型管理器”对话框。

“线型管理器”对话框中出现各选项的含义如下：

（1）“线型过滤器”下拉列表：指定是否显示所列要求的线型。

（2）“加载”按钮：加载线型。单击此按钮，会弹出图 5-6 所示“加载或重载线型”对话框，在可用线型列表中选择某线型加载。

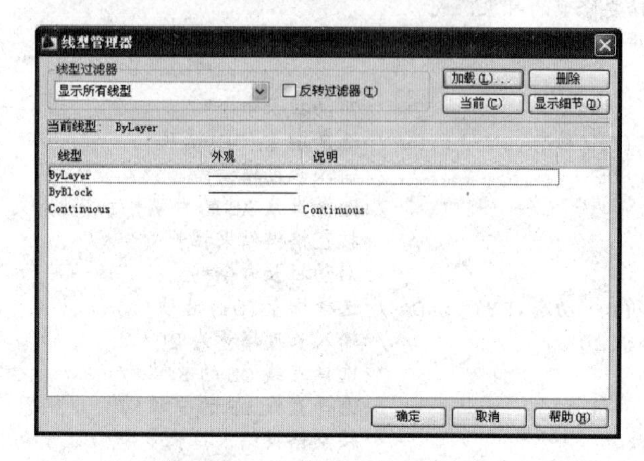

图 5-5 “线形管理器”对话框

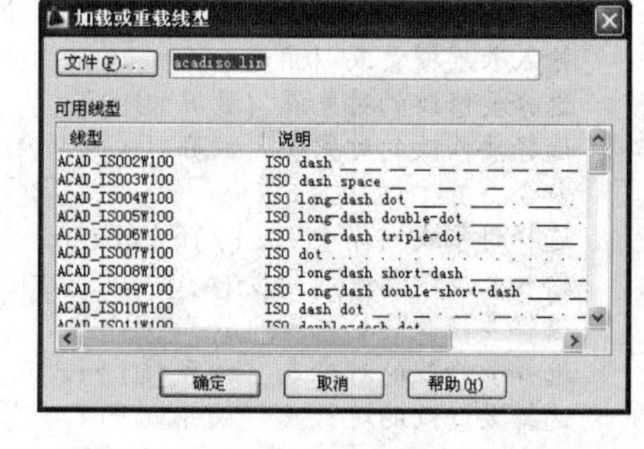

图 5-6 “加载或重载线型”对话框

（3）“删除”按钮：删除选中的线型。

（4）“当前”按钮：选中的线型设置为当前线型。

（5）“显示细节”按钮：线型细节的显示和不显示切换。单击“显示细节”按钮，在“线型管理器”对话框下边缘会显示线型细节，在此处可以设置线型比例因子。

5.2.2 实例与练习

如图 5-7 所示，请按图中给定的尺寸和线型，绘制图形。

操作步骤如下：

第一步：打开“线型管理器”对话框，加载线型，如图 5-8 所示。

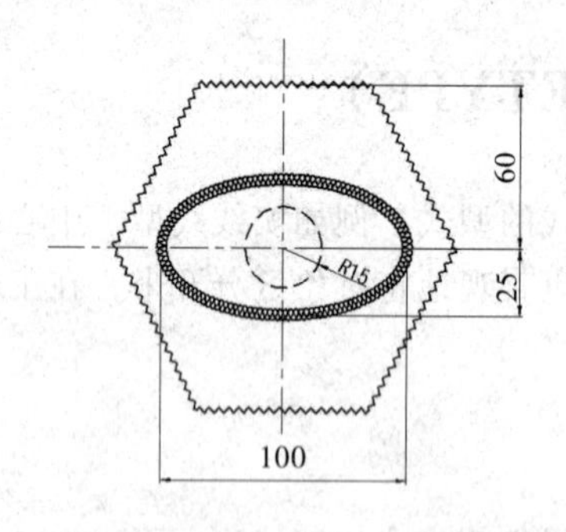

图 5-7 使用线型绘图实例

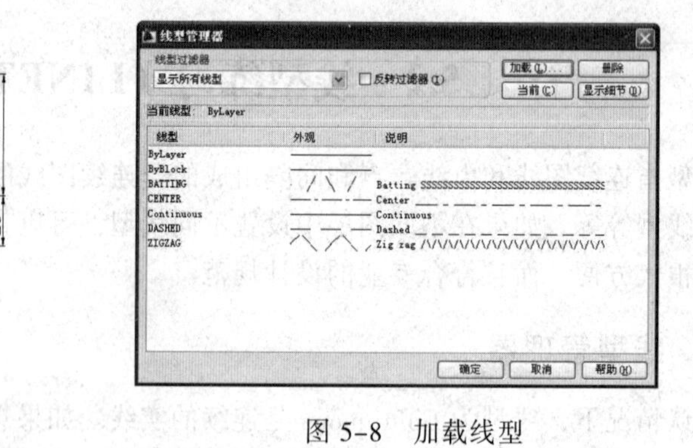

图 5-8 加载线型

第二步：使用相应的线型绘制图 5-7 所示的图形，步骤如下：

```
命令：CIRCLE                              /*启动圆命令*/
指定圆的圆心或 [三点(3P)/两点(2P)/相切、相切、半径(T)]:
                                          /*使用鼠标在屏幕上指定一点，作为圆的圆心*/
指定圆的半径或 [直径(D)] <15.0000>: 15         /*输入圆的半径15*/
命令：ELLIPSE                                  /*启动椭圆命令*/
指定椭圆的轴端点或 [圆弧(A)/中心点(C)]: c       /*选择中心点(C)方法*/
```

```
指定椭圆的中心点：                           /*使用鼠标捕捉小圆圆心，作为椭圆圆心*/
指定轴的端点：50                             /*输入椭圆水平方向半轴长度为50*/
指定另一条半轴长度或 [旋转(R)]：25           /*输入椭圆竖直方向半轴长度为25*/
命令：polygon                                /*启动正多边形命令*/
输入边的数目 <4>：6                          /*输入正多边形边数为6*/
指定正多边形的中心点或 [边(E)]：
                                             /*使用鼠标捕捉小圆圆心，作为正多边形的中心*/
输入选项 [内接于圆(I)/外切于圆(C)] <I>：c      /*选择外切于圆(C)方法*/
指定圆的半径：60                                /*输入外切圆半径为60*/
```

技巧与提示：

线型的管理配合图层的创建和设置可以为制图带来极大的方便。

例如，在建筑制图中，绘 1:100 比例的建筑平面图，可以设置轴线的比例因子为 100，这样，作为轴线的点画线可以正常显示。

5.3　图案填充练习（BHATCH）

图案填充是指 AutoCAD 绘图的过程中，经常需要对某一指定的区域填充特定的图案，以表示该区域的特殊含义。AutoCAD 中，还可以对已经填充的图案进行编辑。本节主要学习图案填充的方法和编辑图案填充的操作。

5.3.1　图案填充命令

启动图案填充命令有以下几种方法：

- 菜单栏方法：“绘图”|“图案填充（H）”；
- 工具栏方法：“绘图”|“按钮”；
- 命令行方法：BHATCH，简写为 H 或 BH。

以如图 5-9 所示填充原始图和图 5-10 所示填充效果图的图形为例，讲解图案填充命令的使用。

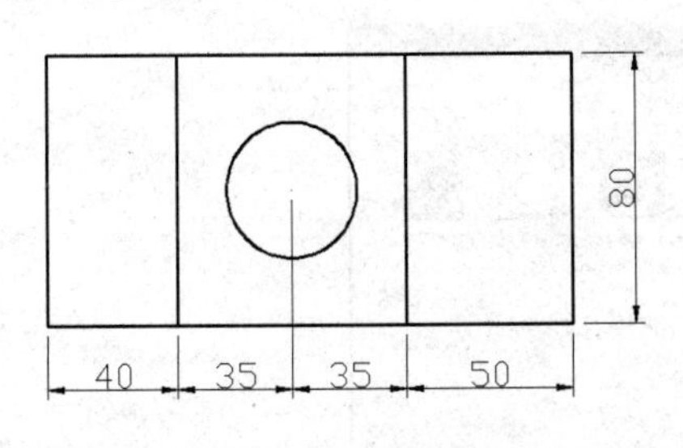

图 5-9　填充原始图

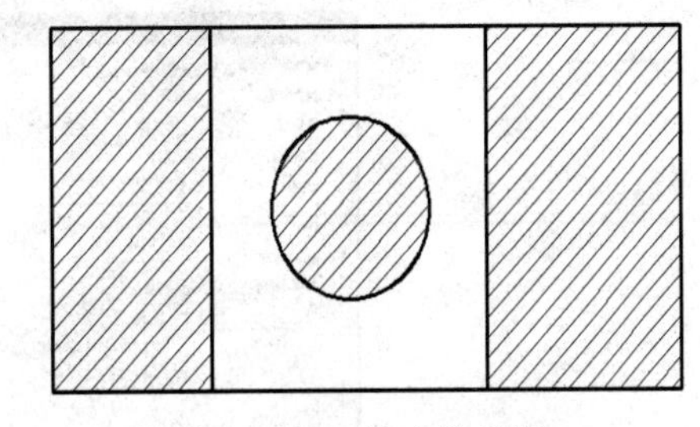

图 5-10　填充效果图

命令：BHATCH

执行填充命令后弹出如图 5-11 所示“图案填充和渐变色”对话框。

单击“样例”右侧预览框，弹出如图 5-12 所示“填充图案选项板”对话框。单击“ANSI”选项卡选择“ANSI31”图案后，单击“确定”按钮完成填充图案的选择。

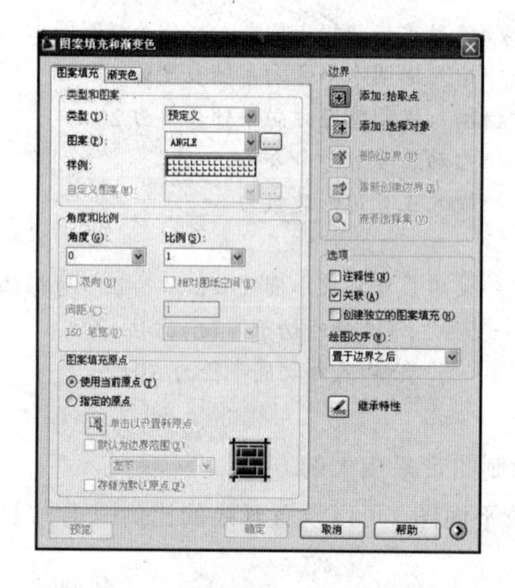

图 5-11 “图案填充和渐变色”对话框

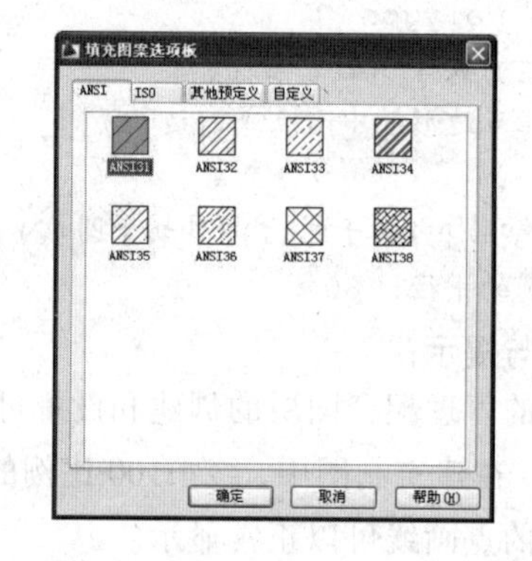

图 5-12 “填充图案选项板”对话框

单击“图案填充和渐变色”对话框中“添加：拾取点”按钮，在屏幕上拾取边界内的某点，按回车键结束选择回到“图案填充和渐变色”对话框。

单击“确定”按钮完成图案填充。

5.3.2 修改图案填充命令

已经对图形进行图案填充后，如果对填充的效果不满意，还可以对填充的图案进行编辑修改，方法如下：

- 选择菜单栏方法：“修改”|“对象”|“图案填充（H）”；
- 双击填充的图案；
- 用鼠标直接选择填充图案后，右击并选择“编辑图案填充”菜单命令；
- 命令行方法：HATCHEDIT。

使用上述方法后，将弹出如图 5-13 所示“图案填充编辑”对话框，在此对话框中对图案填充选项进行设置。

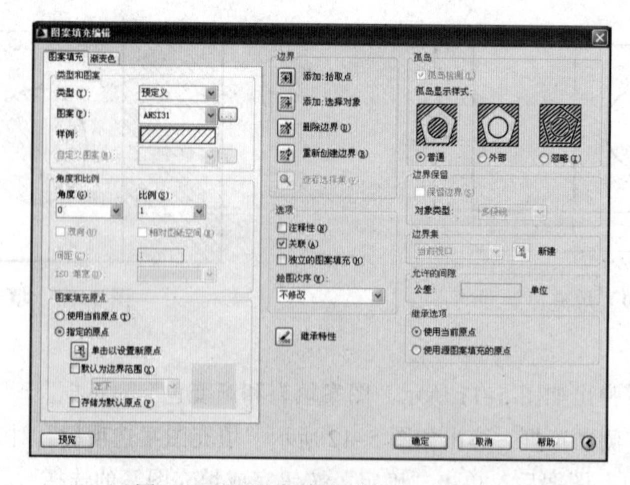

图 5-13 “图案填充编辑”对话框

“图案填充和渐变色”对话框中各项的含义如下：

（1）“类型和图案”选项组：指定图案填充的类型和图案。

（2）“角度和比例”选项组：指定选定填充图案的角度和比例。

（3）“图案填充原点”选项组：控制填充图案生成的起始位置。

（4）“边界”选项组：用于设置定义边界的方式。

拾取点：根据围绕指定点构成封闭区域的现有对象确定边界。

选择对象：根据构成封闭区域的选定对象确定边界。

删除边界：从边界定义中删除以前添加的所有对象。

重新创建边界：围绕选定的图案填充或填充对象创建多段线或面域，并使其与图案填充对象相关联。

查看选择集：暂时关闭对话框，并使用当前的图案填充或填充设置显示当前定义的边界。

（5）“选项”选项组：控制几个常用的图案填充或填充选项。

（6）“继承特性”按钮：使用选定图案填充对象的图案填充或渐变色填充特性，对指定的边界进行图案填充或渐变色填充。

（7）“孤岛”选项组：单击“图案填充和渐变色”对话框中右下角的 ⊙ 按钮，显示“孤岛”选项组，可以指定在最外层边界内填充对象的方法。

5.3.3　实例与练习

如下图 5-14 所示，请按图中给定的尺寸绘制图形。

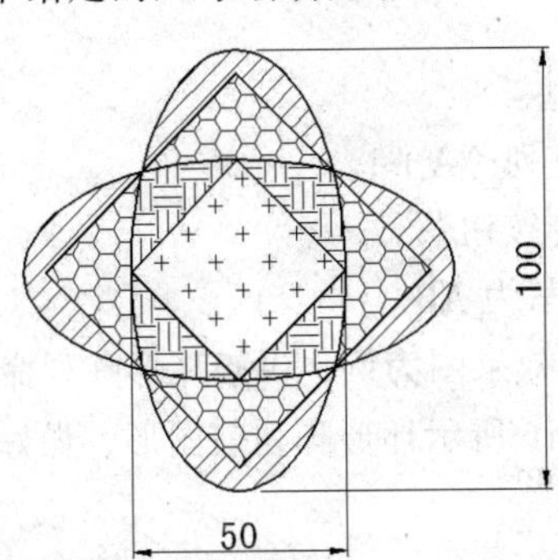

图 5-14　使用图案填充绘图实例

操作步骤如下：

第一步：使用正多边形命令及椭圆命令，绘制如图 5-14 所示的图形。

```
命令：ELLIPSE                            /*启动椭圆命令*/
指定椭圆的轴端点或 [圆弧(A)/中心点(C)]：
                                        /*在屏幕上指定一点，作为椭圆长轴起点*/
指定轴的另一个端点：100
                                        /*使用鼠标锁定极轴水平向右方向，输入长轴长度为100*/
指定另一条半轴长度或 [旋转(R)]：25             /*输入另一半轴长度为25*/
命令：ELLIPSE                                /*启动椭圆命令*/
指定椭圆的轴端点或 [圆弧(A)/中心点(C)]：c        /*选择中心点(C)方法*/
指定椭圆的中心点：                        /*使用鼠标捕捉第一个椭圆的中心点，为当前椭圆的圆心*/
指定轴的端点：25                          /*使用鼠标锁定极轴水平向右方向，指定半轴长度为25*/
```

```
指定另一条半轴长度或 [旋转(R)]: 50
                                   /*使用鼠标锁定极轴竖直向上方向，指定半轴长度为 50*/
命令: polygon 输入边的数目 <4>: 4            /*启动正多边形命令，指定边数为 4*/
指定正多边形的中心点或 [边(E)]:
                                   /*使用鼠标捕捉椭圆的中心点，为正多边形的中心*/
输入选项 [内接于圆(I)/外切于圆(C)] <I>: I    /*选择内接于圆(I)方法*/
指定圆的半径:                                /*使用鼠标捕捉椭圆象限点*/
命令: polygon 输入边的数目 <4>: 4            /*启动正多边形命令，指定边数为 4*/
指定正多边形的中心点或 [边(E)]:
                                   /*使用鼠标捕捉椭圆的中心点，为正多边形的中心*/
输入选项 [内接于圆(I)/外切于圆(C)] <I>: c    /*选择外切于圆(C)方法*/
指定圆的半径:                                /*使用鼠标捕捉两椭圆交点*/
```

第二步：使用图案填充命令，按图所示的位置，分别选择相对应的图案进行填充。

5.4 环形阵列（ARRAY）

AutoCAD 中，阵列是按行列规则分布或环形规则分布创建多个相同的对象。阵列有环形阵列和矩形阵列两种，本节主要学习环形阵列的方法。

5.4.1 环形阵列命令

环形阵列是指环绕某一中心点来创建多个对象的副本。阵列的同时可以指定创建对象副本的数目以及是否旋转副本对象。

启动阵列命令有以下几种方法：

- 菜单栏方法：“修改”|“阵列（A）”；
- 工具栏方法：“修改”|“按钮”；
- 命令行方法：ARRAY，简写为 AR。

以如图 5-15 所示的环形阵列效果图为例，讲解环形阵列命令的使用方法。

第一步：先绘制完成如图 5-16 所示环形阵列前图形，做好阵列准备。

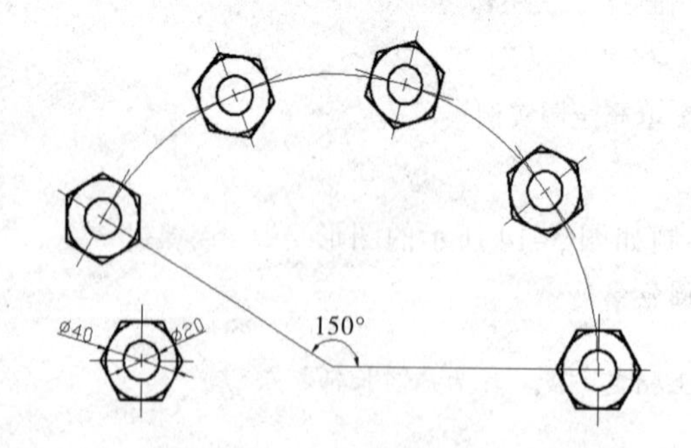

图 5-15　环形阵列效果图

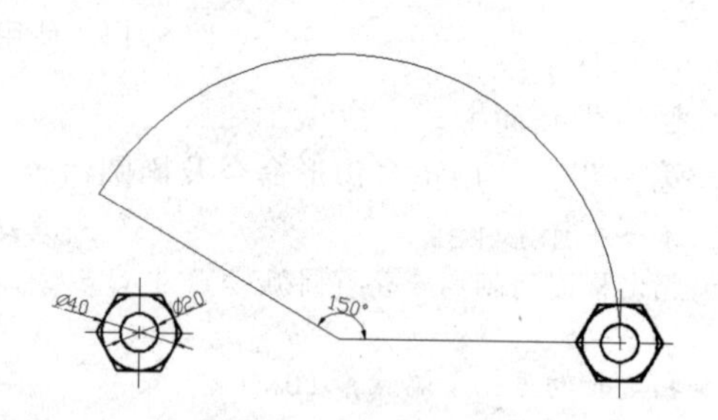

图 5-16　环形阵列前图形

第二步：启动阵列命令，弹出“阵列”对话框，单击“环形阵列”单选按钮，如图 5-17 所示。

第三步：单击按钮拾取圆弧中心点，设置“项目总数”为 5，“填充角度”为 150°，选中“复制时旋转项目”复选框。

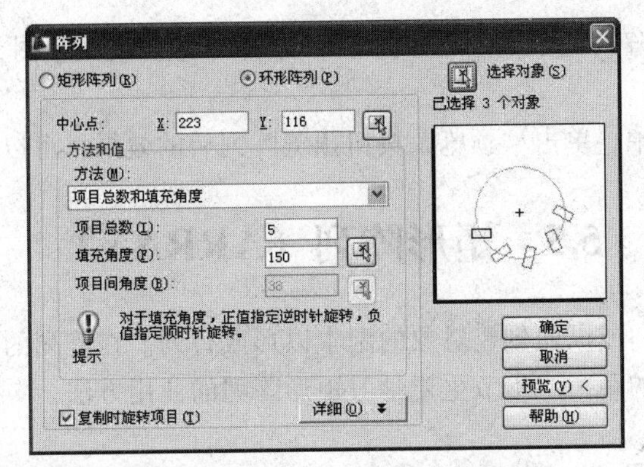

图 5-17 “阵列”（环形）对话框

第四步：单击按钮选择要阵列的对象，按回车键结束选择，返回到“阵列”对话框。

第五步：单击“确定”按钮完成环形阵列。

“阵列”（环形）对话框中各项的含义如下：

（1）“中心点”文本框：指定环形阵列的中心点。可单击按钮拾取中心点。

（2）“方法”下拉选项：用于设置环形阵列的排列方式。

（3）“图案填充原点”选项组：控制填充图案生成的起始位置。

（4）“复制时旋转项目”复选框：设置阵列时是否旋转对象。

（5）“预览”按钮：预览将要阵列的最终效果。如果不满意可以单击弹出的对话框的“修改”按钮再设置阵列对话框中的选项；如果满意可以单击“接受”按钮完成阵列。

5.4.2 实例与练习

使用阵列方法，绘制图 5-18 所示的图形。

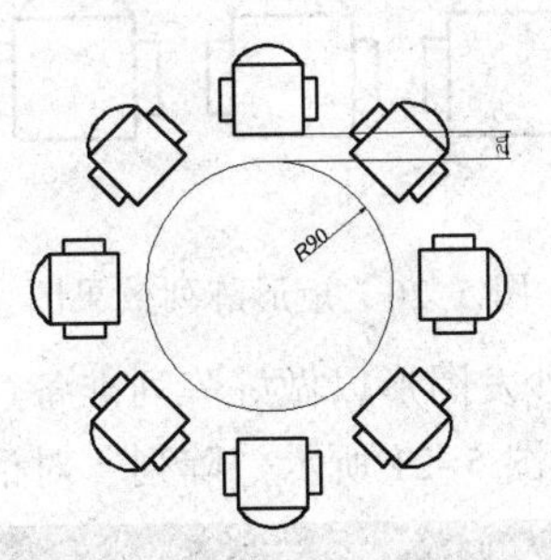

图 5-18 环形阵列效果图

第一步：先绘出如图 5-19 所示沙发图形。

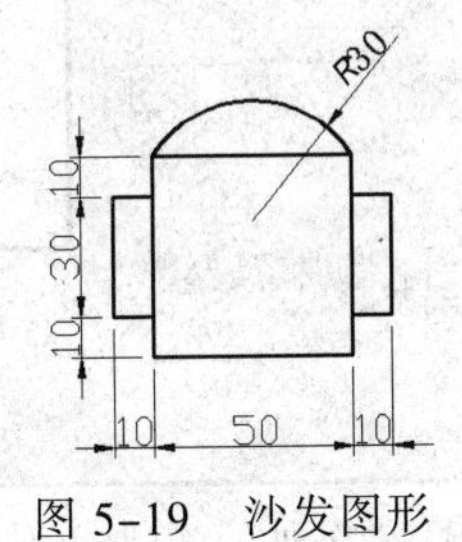

图 5-19 沙发图形

第二步：使用环形阵列命令，生成如图 5-19 所示环形阵列效果图，大圆 R=90。

技巧与提示：

使用阵列命令过程中，单击“预览”按钮预览阵列后的效果，可以高效正确绘图。

5.5 矩形阵列（ARRAY）

矩形阵列是指在横向或纵向创建对象的副本以形成行列。在阵列的同时可以控制副本行和列的数目以及它们之间的距离。本节主要学习矩形阵列的使用方法。

5.5.1 矩形阵列命令

启动阵列命令有以下几种方法：

- 菜单栏方法：“修改” | “阵列（A）”；
- 工具栏方法：“修改” | “按钮”；
- 命令行方法：ARRAY 简写为 AR。

以如图 5-20 所示的矩形阵列效果图为例，讲解矩形阵列命令的使用方法。

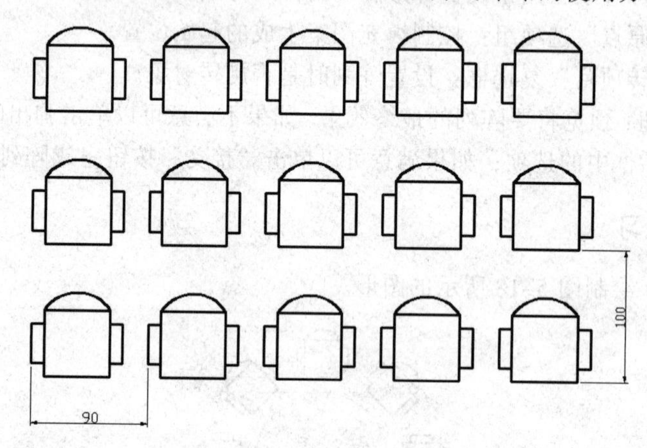

图 5-20 矩形阵列效果图

第一步：先完成图 5-19 所示沙发图形以做好阵列准备。

第二步：启动阵列命令，弹出图 5-21 所示“阵列”对话框。

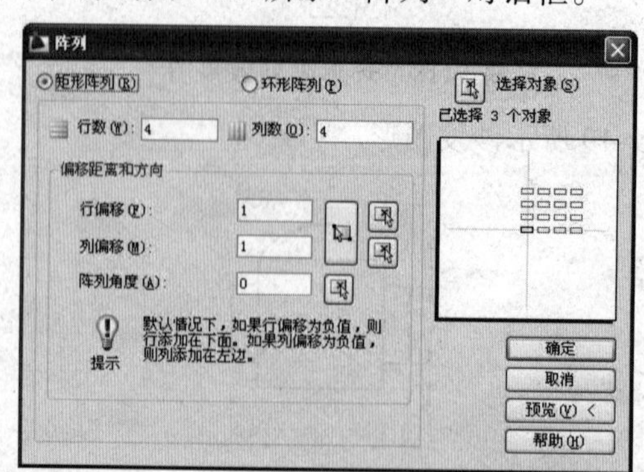

图 5-21 “阵列”（矩形）对话框

设置“行”为 3，“列”为 5，“行偏移”为 100，“列偏移”为 90，“阵列角度”0。

第三步： 单击按钮选择要阵列的对象，按回车键结束选择，返回到“阵列”对话框。

第四步： 按“确定”按钮完成环形阵列。

“阵列”（矩形）对话框中各项的含义如下：

（1）“行”文本框：指定阵行的行数。

（2）“列”文本框：指定阵列的列数。

（3）“行偏移”：指定行偏移的距离。

（4）“列偏移”：指定列偏移的距离。

（5）“阵列角度”：指定阵列的角度。

（6）“预览”按钮：预览将要阵列的最终效果。如果不满意单击弹出的对话框的“修改”按钮再设置阵列对话框中的选项；如果满意单击“接受”按钮完成阵列。

5.5.2　实例与练习

使用阵列命令完成如图 5-22 所示阵列角度为 30°的矩形阵列效果图。

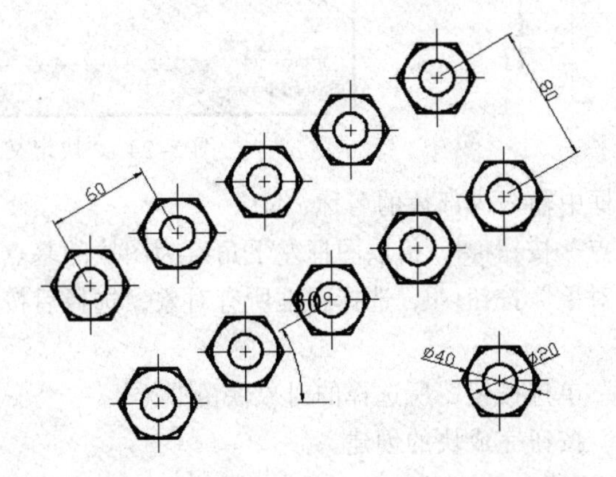

图 5-22　阵列角度为 30°的矩形阵列效果图

第一步： 先完成直径为 20 和 40 的两个圆的绘制，再绘出外切于圆的正六边形。

第二步： 使用矩形阵列，设置 2 行 5 列，行偏移 80，列偏移 60，阵列角度 30。

5.6　图块定义与插入（BLOCK、INSERT）

块是由一个或多个图形对象组成，可作为一个整体的图形对象来使用的实体，用户可以将块插入到图形中的任意位置。在插入块的同时，可以调整块的比例和旋转角度，也可以插入带属性的块。本节主要学习创建块、插入块、定义块属性、编辑块属性、管理块属性。

5.6.1　创建块

AutoCAD 可以创建内部块或外部块。

内部块是指创建的块与当前图形文件保存在一起，而且在插入块时，内部块只能被当前图形调用。

外部块是指创建的块以图形文件的形式存储在磁盘中，当需要外部块时，可以将外部块调出，然后插入到图形中。

创建内部块有以下几种方式：

- 菜单栏方法：“绘图” | “块” | “创建（M）”；
- 工具栏方法：“绘图” | “按钮”；
- 命令行方法：BLOCK，简写为 B。

第一步：先完成图 5-23 所示标题栏图形以做好创建内部块准备。

第二步：启动创建图块命令，弹出如图 5-24 所示“块定义”对话框；

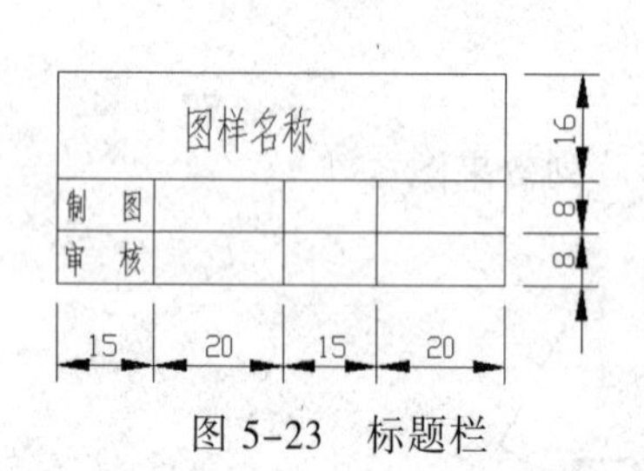

图 5-23 标题栏

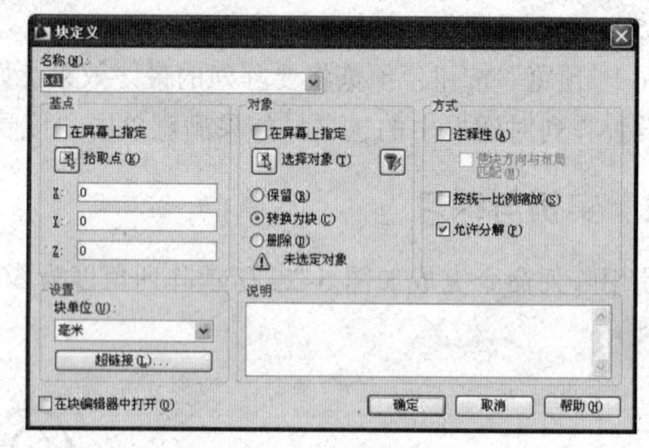

图 5-24 “块定义”对话框

在“名称”下拉列表框中输入内部块的名称：btl。

第三步：单击“拾取点”按钮，拾取图框左下角点为图块的基点。

第四步：单击“选择对象”按钮，选择图框所有对象，选择后按回车键回到“块定义”对话框。

第五步：单击“保留”单选按钮，所选择的对象保留原样。

第六步：单击“确定”按钮完成块的创建。

“块定义”对话框中各项的含义如下：

（1）“名称”下拉列表框：直接输入定义块的名称。

（2）“基点”：用于设置块的插入基点。可以单击“拾取点”按钮在图形上拾取某点作为基点。

（3）“保留”单选按钮：创建块后，将选定的所有对象按原样保留。

（4）“转换为块”单选按钮：创建块后，将选定的所有对象转换成块。

（5）“删除”单选按钮：创建块后，删除所选定的所有对象。

（6）“按统一比例缩放”复选框：指定块参照是否按统一比例缩放。

（7）“允许分解”复选框：指定块参照是否可以被分解。

5.6.2 插入块

AutoCAD 用户可以将创建的块插入到图形中的任何位置，在插入块的同时还可以调整插入块的比例和旋转角度。

执行插入块有以下几种方式：

- 菜单栏方法：“插入” | “块（B）”；

- 工具栏方法：“绘图”|“按钮”；
- 命令行方法：INSERT，简写为 I。

启动插入图块命令，弹出图 5-25 所示“插入”对话框。指定块名、插入点、比例、旋转角度即可插入图块。

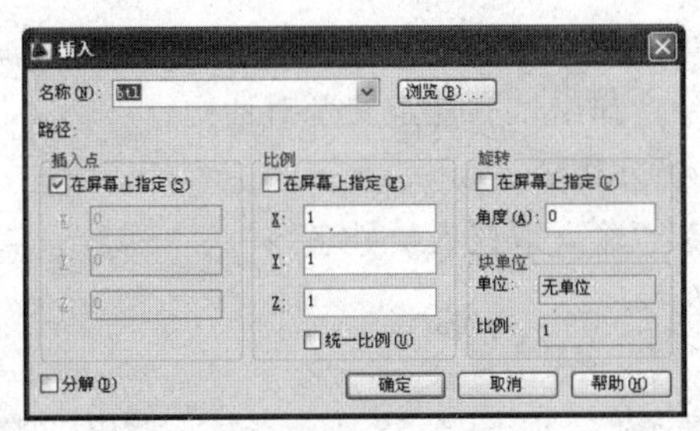

图 5-25　“插入”对话框

“插入”对话框中各项的含义如下：

（1）“名称”下拉列表框：指定要插入块的名称，或指定要作为块插入的文件的名称。

（2）“路径”：显示选中块的路径。

（3）“插入点”：指定块的插入点。选中“在屏幕上指定”复选框，可以在屏幕上指定块的插入点，否则，在下面文本框中输入点坐标值。

（4）“缩放比例”：指定插入块的缩放比例。

（5）“旋转”：指定块插入块的旋转角度。

（6）“分解”复选框：插入块的同时，分解块为某些图形对象。

5.6.3　块的属性

“块的属性”是指块的可见性、说明性文字、插入点、块所在图层及颜色等。AutoCAD 中可以为块添加属性，还可以对块属性进行修改。

属性有属性标记和属性值，应该在定义块之前先定义块的属性。

定义块属性的方法如下：

- 菜单栏方法：“绘图”|“块”|“定义属性（D）”；
- 命令行方法：ATTDEF，简写为 ATT。

启动定义块属性命令后，弹出图 5-26 所示“属性定义”对话框；

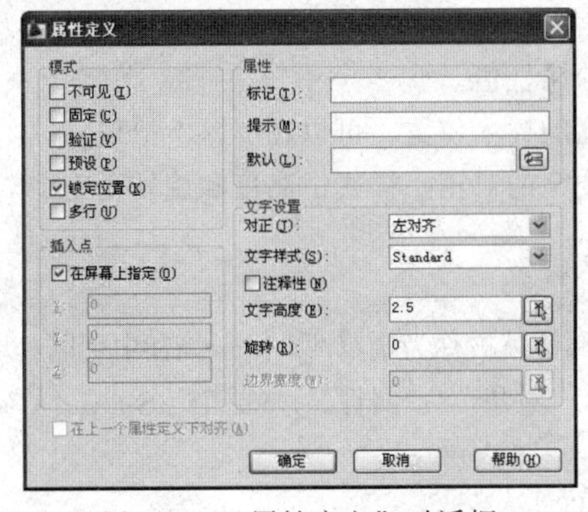

图 5-26　“属性定义”对话框

在“标记”后文本框中输入“ZT”；

在“提示”文本框中输入“输入制图人员姓名”；

“文字高度”设置为“5”；

单击“确定”按钮；

在绘图区拾取某点作为插入点，如图5-27所示，插入“ZT”属性。

再次启动定义块属性命令，弹出“属性定义”对话框；

在“标记”文本框中输入“SH”；

在“提示”文本框中输入“输入审核人员姓名”；

“文字高度”设置为“5”；

单击“确定”按钮；

在绘图区拾取某点作为插入点，如图5-28所示，插入“SH”属性。

图样名称			
制 图	ZT		
审 核			

图5-27　插入“ZT”属性

图样名称			
制 图	ZT		
审 核	SH		

图5-28　插入“SH”属性

选中将要定义成块的所有图形对象和属性，定义块，名称为“btlsx”；

启动插入块命令，在“插入”对话框中的“名称”下拉列表中选择“btlsx”的块；

单击“确定”按钮插入图块，此时命令行中显示提示信息“输入制图人员姓名”，输入姓名“赵一一”后按回车键，再输入“钱二二”后按回车键，结果如图5-29所示，完成插入带属性的块。

“属性定义”对话框中各项的含义如下：

（1）“不可见”：指定插入块时是否显示或打印属性值。

（2）“固定”：指定是否插入块时赋予属性固定值。

（3）“验证”：指定插入块时提示验证属性值是否正确。

（4）“预置”：指定插入包含预置属性值的块时，是否将属性设置为默认值。

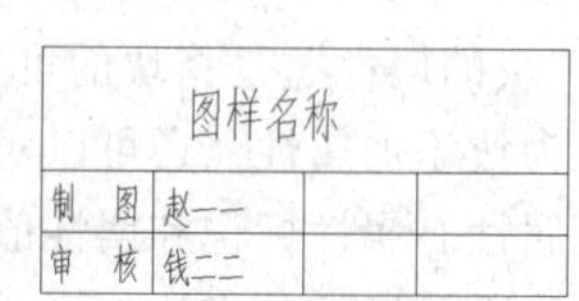

图5-29　插入带属性的块完成图

（5）“标记”：输入属性标签，标识图形中每次出现的属性。

（6）“提示”：属性提示信息。如果不输入提示，属性标记将作为提示。

（7）“默认”：输入默认的属性值。

（8）“插入点”：设置属性的插入位置，可以在屏幕上拾取。

（9）“文字设置”：设置文字的对正、样式、高度和旋转角度。

5.6.4　编辑块属性

创建了带属性的块，那么属性就被称为块属性。AutoCAD中可以对块属性进行修改，方法如下：

- 菜单栏方法：“修改”|“对象”|“属性”|“单个（S）”；
- 双击带属性的块；
- 命令行方法：EATTEDIT。

启动修改块属性命令后，弹出图 5-30 所示“增强属性编辑器”对话框；

“增强属性编辑器”对话框中各项的含义如下：

（1）“属性”选项卡：显示属性标记，提示和值，可以更改属性的值。

（2）“文字选项”选项卡：可以更改文字样式、对正、高度、旋转、宽度因子、倾斜角度等值。

（3）“特性”选项卡：显示了属性的图层、线形、颜色、线宽和打印样式特性，可以对其更改。

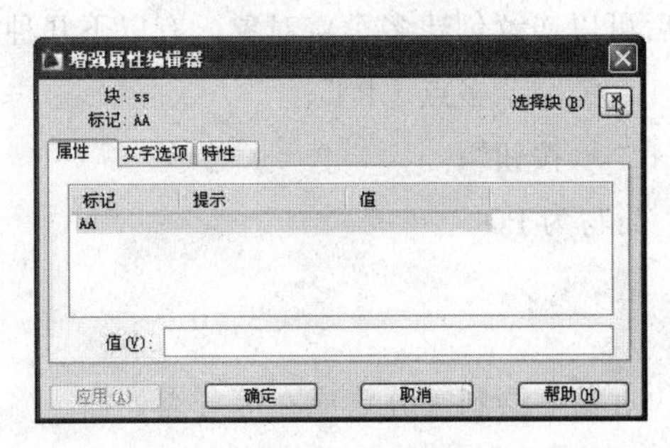

图 5-30　“增强属性编辑器”对话框

5.6.5　管理块属性

AutoCAD 中用块属性管理器来管理块的属性，打开块属性管理器的方法如下：

- 菜单栏方法：“修改”|“对象”|“属性”|“块属性管理器（B）”；
- 命令行方法：BATTMAN。

启动管理块属性命令后，弹出图 5-31 所示“块属性管理器”对话框；

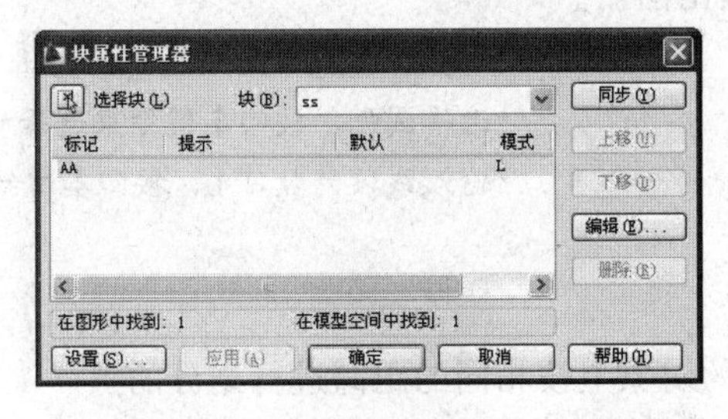

图 5-31　“块属性管理器”对话框

“块属性管理器”对话框中各项的含义如下：

（1）“选择块”按钮：单击此按钮，在绘图窗口中选择要操作的块。

（2）“块”下拉列表框：选择要操作的块的名称。

（3）“同步”按钮：单击此按钮，更新具有当前定义的属性特性的选定块的全部实例。

（4）“上移”“下移”按钮：上移或下移属性。可以调整插入带有属性的块时，在命令行中输入属性标记值的次序。

（5）“同步”按钮：删除选定的属性，包括属性定义和属性值。

（6）“设置”按钮：单击此按钮后，可以自定义属性信息在“块属性管理器”中的列出方式。

技巧与提示：

如果想创建带属性的块，先定义属性再定义块。

5.7 点的等分练习（POINT、DIVIDE、MEASURE）

点是所有图形对象中最简单的对象。用户可以方便地绘制单点、多点、定数等分点和定距等分点。本节主要学习单点或多点绘制、绘制定数等分点、绘制定距等分点。

5.7.1 绘制单点或多点

绘制多点执行一次命令后可以连续创建多个点对象，有以下几种方法：

- 菜单栏方法："绘图" | "点" | "多点（P）"；
- 工具栏方法："绘图" | "▫ 按钮"；
- 命令行方法：POINT，简写为PO。

5.7.2 绘制定数等分点

定数等分点是指在指定的对象上绘制等分点或在等分点处插入块。

绘制定数等分点有以下几种方法：

- 菜单栏方法："绘图" | "点" | "定数等分（D）"；
- 命令行方法：DIVIDE 简写为DIV。

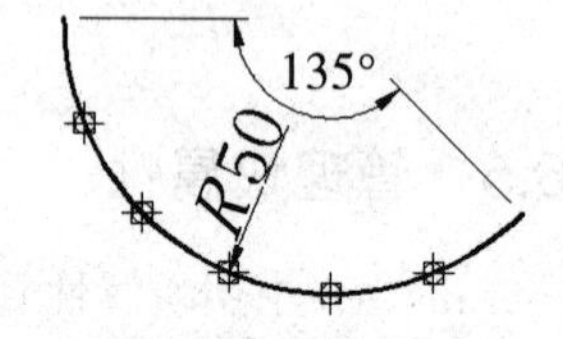

图 5-32 定数等分效果图

以如图 5-32 所示定数等分效果图为例，讲解定数等分命令的使用方法。

先按图5-28所示尺寸画出圆弧。

```
命令：DIVIDE
选择要定数等分的对象：              /*选择圆弧，按回车键结束选择*/
输入线段数目或[块(B)]：6           /*输入线段的数目 6，按回车键结束*/
```

5.7.3 绘制定距等分点

定距等分点是指在指定的对象上按相同的距离进行划分的点。

绘制定距等分点有以下几种方法：

- 菜单栏方法："绘图" | "点" | "定距等分（M）"；
- 命令行方法：MEASURE 简写为ME。

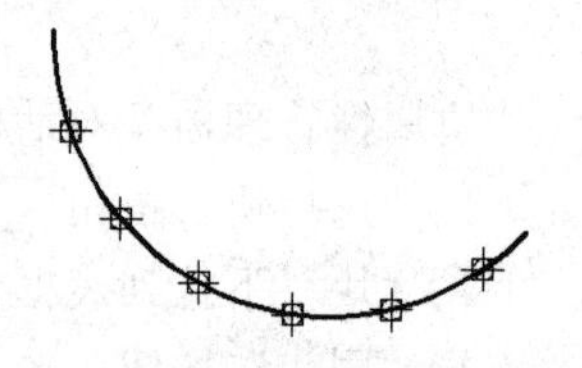
图 5-33 定距等分效果图

以如图 5-33 所示定距等分效果图为例，讲解定数等分命令的使用方法。

```
命令：MEASURE
选择要定距等分的对象：              /*选择圆弧，按回车键结束选择*/
输入线段长度或[块(B)]：18          /*输入线段的长度 18，按回车键结束*/
```

5.8　多线及编辑练习（MLINE）

多线是一组由平行线组成的对象，常用于绘制建筑图形中的墙体、电子线路等平行对象。可以对多线进行样式创建和多线编辑。本节主要学习多线绘制、定义多线样式、编辑多线。

5.8.1　多线命令

启动多线命令有以下几种方法：

- 菜单栏方法："绘图" | "多线（U）"；
- 命令行方法：MLINE，简写为 ML。

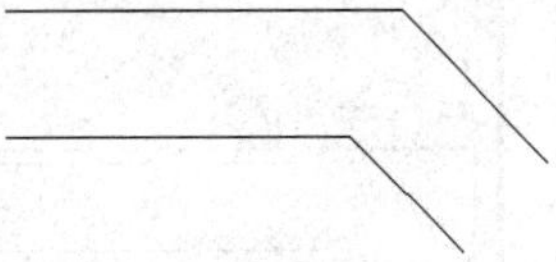

如图 5-34 所示绘制多线。

图 5-34　绘制多线

```
命令：MLINE
当前设置：对正 = 无，比例 = 20.00，样式 = STANDARD    /*系统提示信息*/
指定起点或[对正(J)/比例(s)/样式(ST)]:                  /*指定多线的起点 */
指定下一点：@60,0           /*指定多线的端点，用相对直角坐标输入*/
指定下一点或[放弃(U)]：@30<-45 /*指定下一点，用相对极坐标输入，-45°或 315°方向*/
指定下一点或[闭合(C)/放弃(U)]   /*按回车键结束命令 */
```

多线命令中各项的含义如下：

（1）对正（J）：指定绘制多线的基准。系统提供了 3 种对正类型，"上" 表示以多线上侧的线为基准。

（2）比例（S）：指定多线间的宽度，输入值为零时平行线重合，输入值为负时多线的排列倒置。

（3）样式（ST）：设置当前使用的多线样式。

5.8.2　定义多线样式

定义多线样式可以使用菜单方法："格式" | "多线样式（M）"，将弹出图 5-35 所示 "多线样式" 对话框。

"多线样式" 对话框中各项的含义如下：

（1）"样式" 列表框：显示已加载到图形中的多线样式列表。

（2）"置为当前" 按钮：选中 "样式" 列表中某样式设置为当前样式。

（3）"新建" 按钮：创建新的样式，弹出 "新建多线样式" 对话框。

（4）"修改" 按钮：选中 "样式" 列表中某样式后，单击此按钮修改样式。当前使用的多线样式不能修改。

（5）"重命名" 按钮：选中 "样式" 列表中某样式后，单击此按钮重新命名样式。

（6）"删除" 按钮：选中 "样式" 列表中某样式后，单击此按钮删除样式。

（7）"加载" 按钮：加载样式。

（8）"保存" 按钮：把当前样式保存到多线样式文件中。

单击图 5-35 所示 "多线样式" 对话框中 "新建" 按钮后，弹出如图 5-36 所示 "创建新的多线样式" 对话框，在 "新样式名" 文本框中输入 qiang，单击 "继续" 按钮后，弹出图 5-37 所示 "新建多线样式" 对话框。

图 5-35 “多线样式”对话框

图 5-36 “创建新的多线样式”对话框

“新建多线样式”对话框中各项的含义如下：

（1）“说明”文本框：在此文本框中可以输入说明性的文字。

（2）“封口”选项组：用于控制多线起点和端点处的样式。

（3）“填充颜色”下拉列表框：可以选择一种颜色设置多线的背景。

（4）“显示连接”复选框：在多线拐角处是否显示连接线。

（5）“图元”列表框：设置多线样式的元素特性，包括线条数目、偏移、颜色、线型。

5.8.3 编辑多线

执行“编辑多线”的命令有如下方法：

- 菜单栏方法：“修改” | “对象” | “多线（M）”；
- 命令行方法：MLEDIT；
- 双击需要编辑的多线。

执行编辑多线命令后，弹出图 5-38 所示“多线编辑工具”对话框。

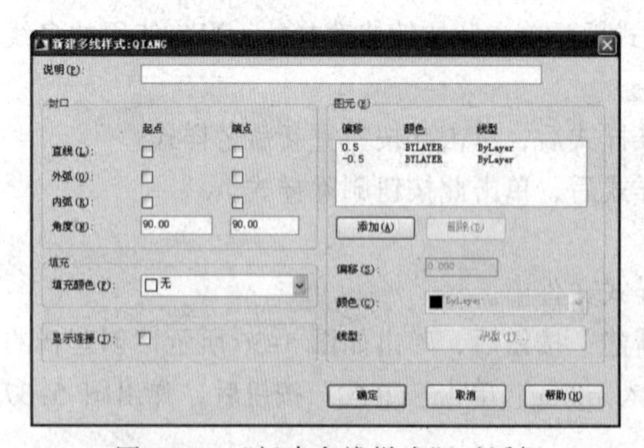

图 5-37 “新建多线样式”对话框

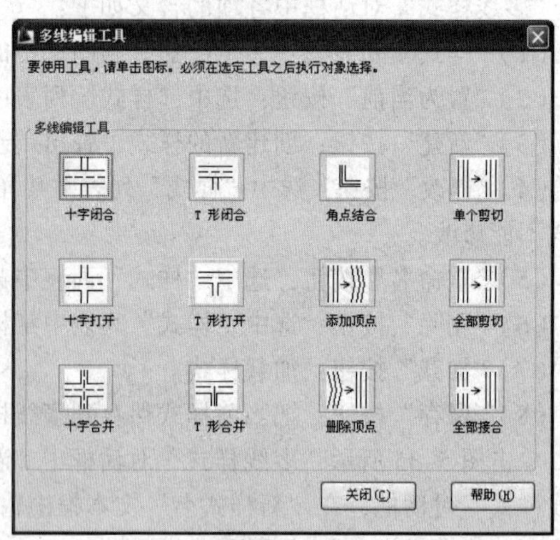

图 5-38 “多线编辑工具”对话框

5.8.4 实例与练习

使用多线命令绘制如图5-39所示的图形。

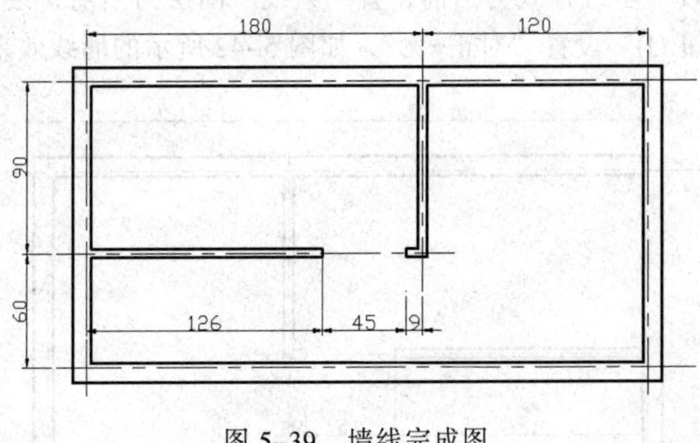

图5-39 墙线完成图

具体步骤如下：

第一步：新建粗线、细线、轴线图层。

把轴线图层置为当前，绘出如图5-40所示轴线效果图形。

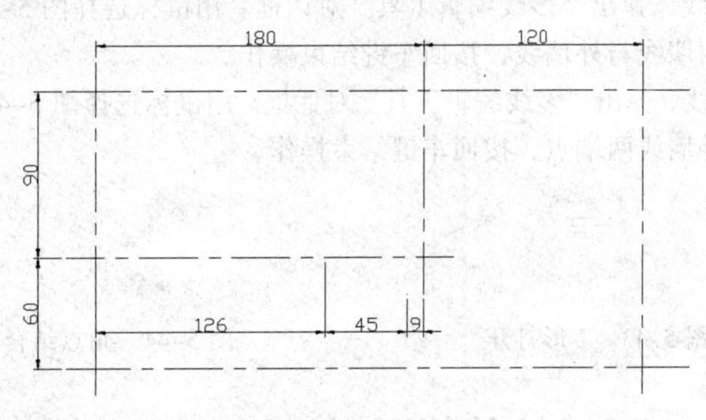

图5-40 轴线效果图

第二步：定义多线样式

如图5-41所示“新建多线样式：QIANG”对话框，“说明”文本框中输入“外墙线”；设置“起点”“端点”直线封口；“图元”列表框中设置“偏移”分别为0.37、-0.12。

用相同的方法定义多线：qiang2。“说明”文本框中输入“内墙线”；设置“起点”“端点”直线封口；“图元”列表框中设置“偏移”分别为0.12、-0.12。

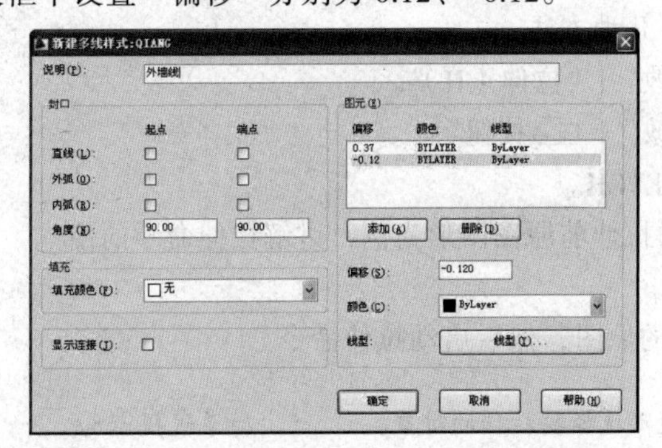

图5-41 “新建多线样式：QIANG”对话框

第三步：置“QIANG”多线样式为当前，置“粗线”图层为当前，绘外墙线。执行多线命令时，命令选项中“对正(J)”设置“对正=无”。

第四步：置“qiang2”多线样式为当前，置“粗线”图层为当前，绘内墙线。执行多线命令时，命令选项中“对正(J)”设置“对正=无”，如图5-42所示的墙线效果图。

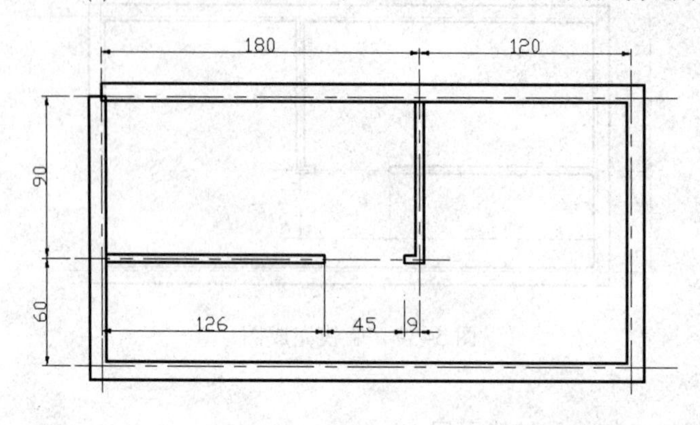

图5-42　墙线效果图

第五步：双击多线，弹出“多线编辑工具”对话框。用鼠标选择图5-43所示编辑工具“T形打开”，依次选择内墙线与外墙线，按回车键结束操作。

第六步：双击多线，弹出“多线编辑工具”对话框。用鼠标选择图5-44所示编辑工具“角点结合”，依次选择外墙线两端点，按回车键结束操作。

图5-43　T形打开

图5-44　角点结合

5.9　拉伸练习（STRETCH）

AutoCAD中，可以使用拉伸命令对图形对象的局部编辑修改。“拉伸命令”是指通过移动对象的端点、顶点或控制点来改变对象的局部形状，本节主要学习拉伸命令的使用。

5.9.1　拉伸命令

启动拉伸命令有以下几种方法：

- 菜单栏方法：“修改”|“拉伸（H）”；
- 工具栏方法：“修改”|“按钮”；
- 命令行方法：STRETCH。

以如图5-45所示的拉伸前原图图形为例，讲解拉伸命令的使用方法。

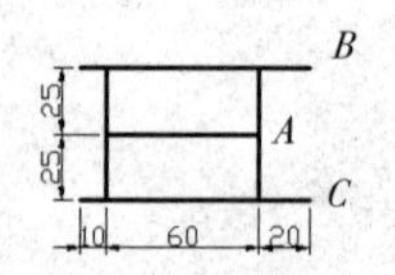

图5-45　拉伸原图

先绘制图5-45所示的原图，然后启动拉伸命令。

命令：STRETCH
以交叉窗口或交叉多边形选择要拉伸的对象...　　　/*系统提示*/
选择对象：　　　/*选择要拉伸的对象，如图5-46所示，拖动

```
鼠标由 1 点到 2 点用交叉窗口方式来选择四条直线对象，包含 A 端点*/
选择对象：指定对角点：找到 4 个                    /*系统提示*/
选择对象：                                        /*按回车键或右击，结束对象选择*/
指定基点或[位移(D)]<位移>:                        /*拾取某一点*/
指定第二个点或<使用第一个点作为位移>：40           /*正交模式下，向右移动鼠标输入距离 40，
回车结束，如图 5-47 所示*/
```

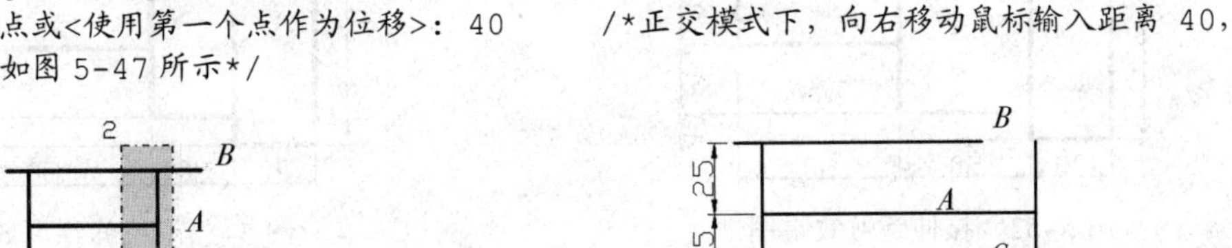

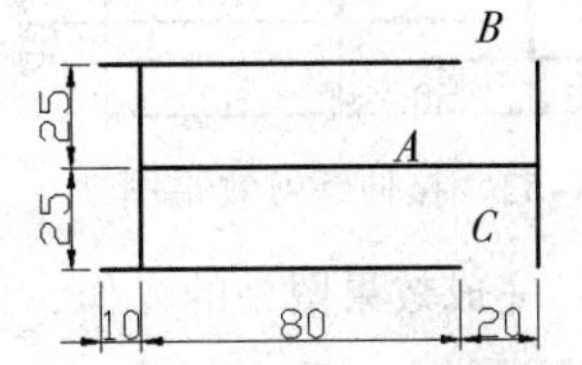

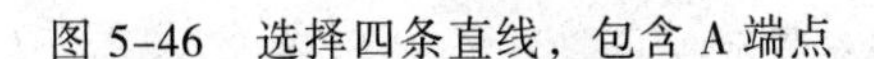

图 5-46　选择四条直线，包含 A 端点　　　　图 5-47　拉伸效果图一

如果在用交叉窗口选择直线对象时，如图 5-48 所示，包含 *A* 端点的同时也包含 *B*、*C* 端点，那么拉伸后结果如图 5-49 所示。

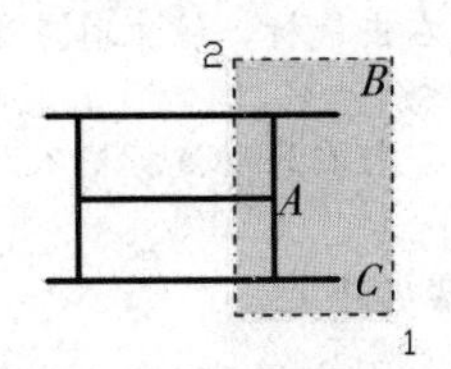

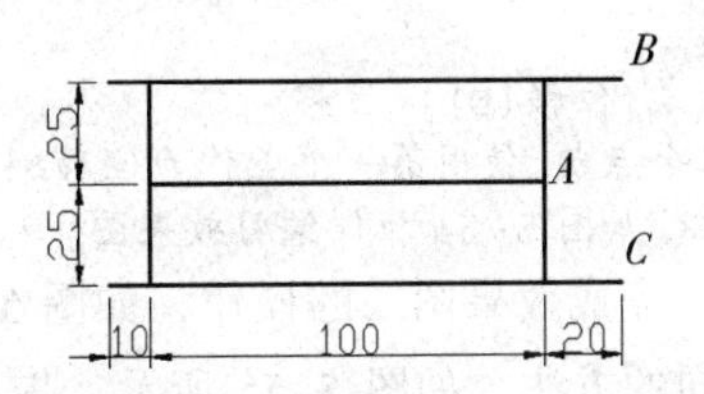

图 5-48　选择四条直线，包含 *A*、*B*、*C* 端点　　　　图 5-49　拉伸效果图二

选择图形对象时，如果将图形对象全部选择，则相当于执行移动命令；如果选择图形对象的一部分，则拉伸规则如下：

直线：选择窗口内的端点进行拉伸，另一端点不动。

多段线：选择窗口内的部分被拉伸，窗口外的部分保持不变。

圆弧：选择窗口内的端点进行拉伸，另一端点不动，弦高保持不变，改变的是圆弧的圆心位置、圆弧起始角和终止角的值。

区域填充：选择窗口内的端点进行拉伸，选择窗口外的端点不动。

其他对象：如果定义点位于选择窗口内，则进行拉伸，否则不进行拉伸。

5.9.2　实例与练习

拉伸如图 5-50 所示的练习原图。拉伸效果分别如图 5-51、图 5-52、图 5-53 所示。

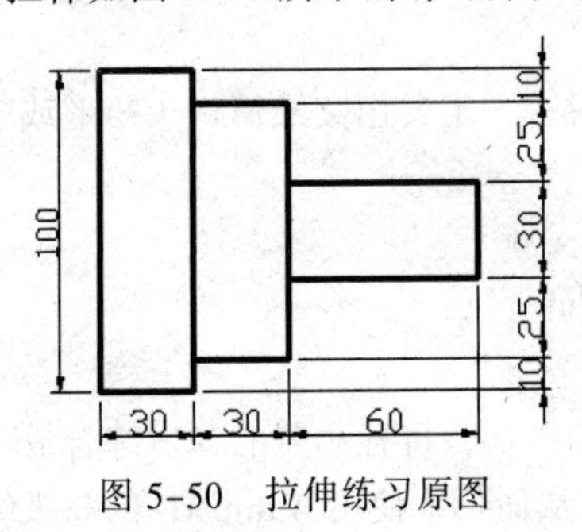

图 5-50　拉伸练习原图

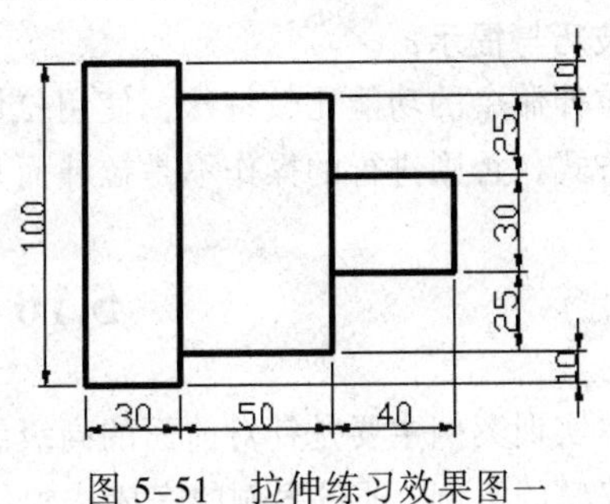

图 5-51　拉伸练习效果图一

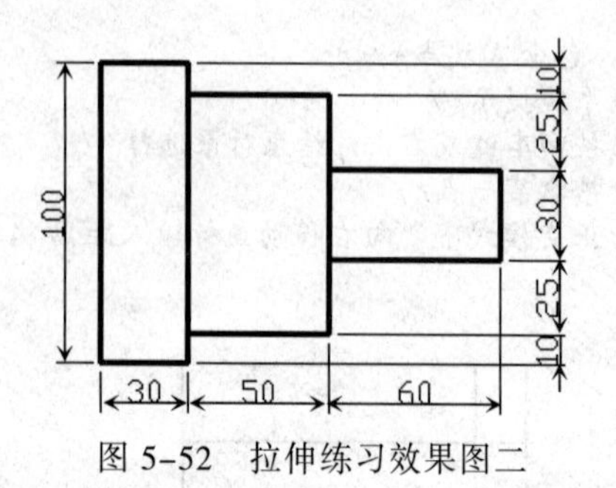

图 5-52　拉伸练习效果图二

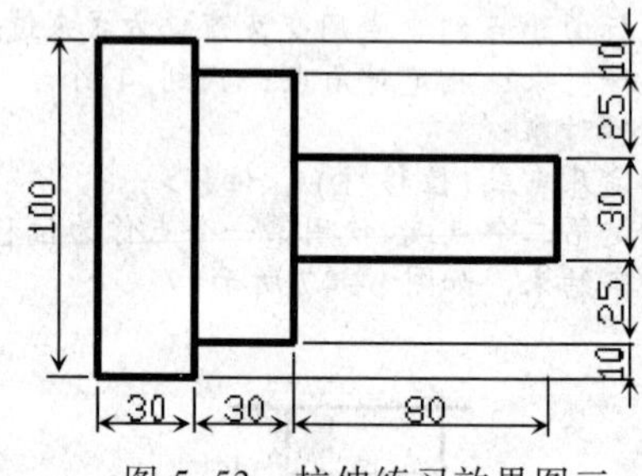

图 5-53　拉伸练习效果图三

第一步：完成效果图一的操作，如图 5-51 所示，具体步骤如下：

命令：STRETCH

以交叉窗口或交叉多边形选择要拉伸的对象...　/*系统提示*/

选择对象：　　　/*选择要拉伸的对象，如图 5-54 所示，拖动鼠标由 1 点到 2 点用交叉窗口方式来选择五条直线对象*/

选择对象：指定对角点：找到 5 个　　　/*系统提示*/

选择对象：　　　/*按回车键或右击鼠标，结束对象选择*/

指定基点或[位移(D)]<位移>：　　　/*拾取某一点*/

指定第二个点或<使用第一个点作为位移>：20　　/*正交模式下，向右移动鼠标输入距离 40，按回车键结束，如图 5-51 拉伸练习效果图一*/

第二步：完成效果图二的操作，如图 5-52 所示，具体步骤如下：

使用相同的方法，如图 5-55 所示，拖动鼠标由 1 点到 2 点用交叉窗口方式来选择五条直线对象，位伸结果如图 5-52 所示拉伸练习效果图二。

第三步：完成效果图三的操作，如图 5-53 所示，具体步骤如下：

使用相同的方法，如图 5-56 所示，拖动鼠标由 1 点到 2 点用交叉窗口方式来选择五条直线对象，位伸结果如图 5-53 所示拉伸练习效果图三。

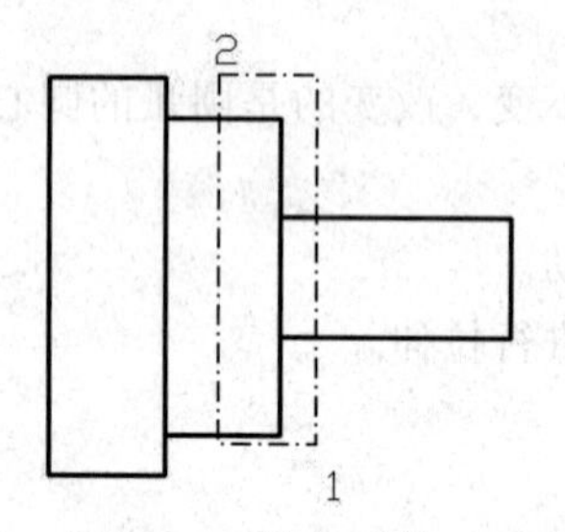

图 5-54　拉伸操作一

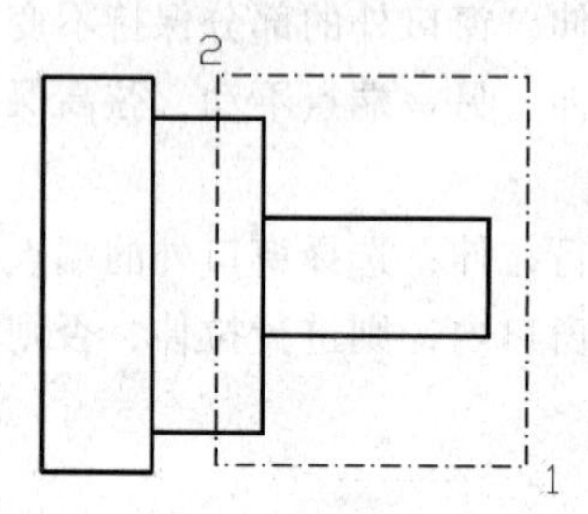

图 5-55　拉伸操作二

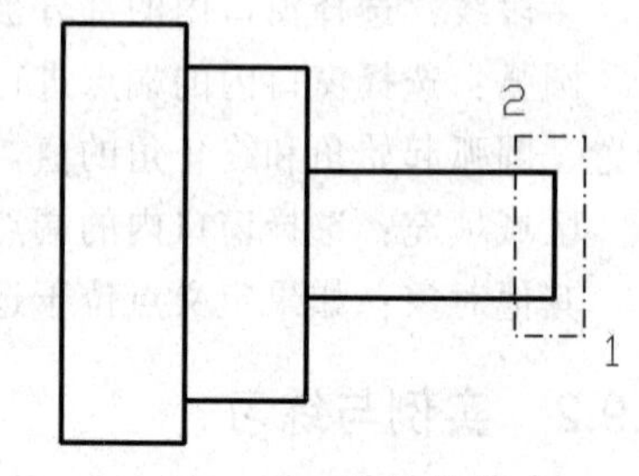

图 5-56　拉伸操作三

技巧与提示：

拉伸命令的功能比较特殊，使用拉伸命令时选择对象时，一定要用交叉窗口（矩形或多边形）方式，否则进行的操作不是拉伸而是移动。

5.10　实 训 案 例

本实训案例主要是针对前面的高级编辑部分进行总结和概括，将各小节的知识综合成一个相对完整的案例，通过案例的完成达到各命令的综合应用。从而熟练使用 AutoCAD 的高级编辑命令，使绘图简便快速。

5.10.1　案例效果图

本案例主要参照本章节的知识和技术要求，涉及延伸（EXTEND）、线型（LINETYPE）、图案填充（BHATCH）、阵列（ARRAY）、图块定义（BLOCK）、图块插入（INSERT）、点定数等分（DIVIDE）、多线（MLINE）、拉伸（STRETCH）等命令的操作和技巧，具体案例效果如图 5-57 所示。

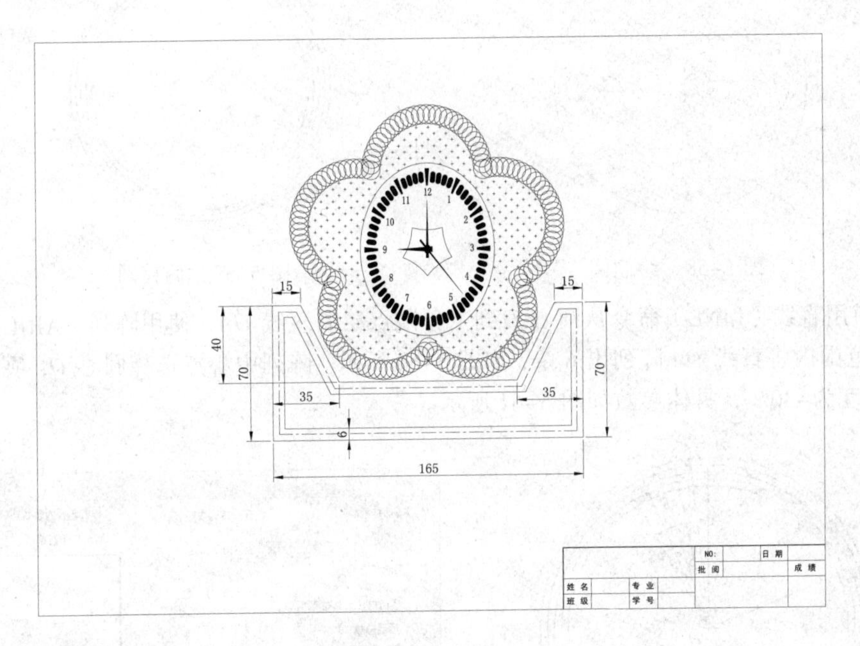

图 5-57　案例效果图

5.10.2　绘图步骤

1. 设置绘界限

本例中的图形界限大小为设定为 420×297，设置方法和步骤参照 2.6.2 章节相关内容，这里不再赘述。

2. 绘制钟表盘

（1）使用圆（CIRCLE）命令绘制半径为 48 的圆，如图 5-58 所示。

```
命令：CIRCLE                          /*启动圆命令*/
指定圆的圆心或 [三点(3P)/两点(2P)/切点、切点、半径(T)]：/*在屏幕上指定一点为圆心*/
指定圆的半径或 [直径(D)]：48      /*输入圆半径为 48*/
```

（2）使用偏移（OFFSET）命令，间隔 2 将圆向内再偏移出 4 个，如图 5-59 所示。

```
命令：OFFSET                          /*启动圆命令*/
当前设置：删除源=否  图层=源  OFFSETGAPTYPE=0
指定偏移距离或 [通过(T)/删除(E)/图层(L)] <通过>：2    /*指定偏移距离为 2*/
选择要偏移的对象，或 [退出(E)/放弃(U)] <退出>：          /*选定圆为偏移对象*/
指定要偏移的那一侧上的点，或 [退出(E)/多个(M)/放弃(U)] <退出>：/*指定向圆内偏移*/
选择要偏移的对象，或 [退出(E)/放弃(U)] <退出>：          /*选定圆为偏移对象*/
指定要偏移的那一侧上的点，或 [退出(E)/多个(M)/放弃(U)] <退出>：/*指定向圆内偏移*/
选择要偏移的对象，或 [退出(E)/放弃(U)] <退出>：          /*选定圆为偏移对象*/
```

指定要偏移的那一侧上的点，或 [退出(E)/多个(M)/放弃(U)] <退出>:/*指定向圆内偏移*/
选择要偏移的对象，或 [退出(E)/放弃(U)] <退出>: /*选定圆为偏移对象*/
指定要偏移的那一侧上的点，或 [退出(E)/多个(M)/放弃(U)] <退出>:/*指定向圆内偏移*/
选择要偏移的对象，或 [退出(E)/放弃(U)] <退出>: /*回车结束偏移*/

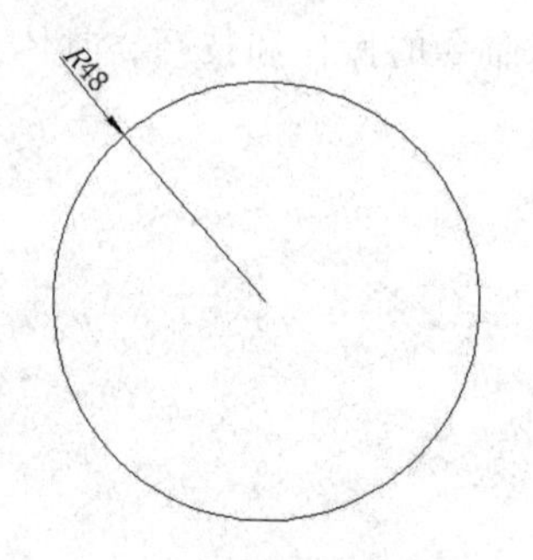

图 5-58　绘制圆

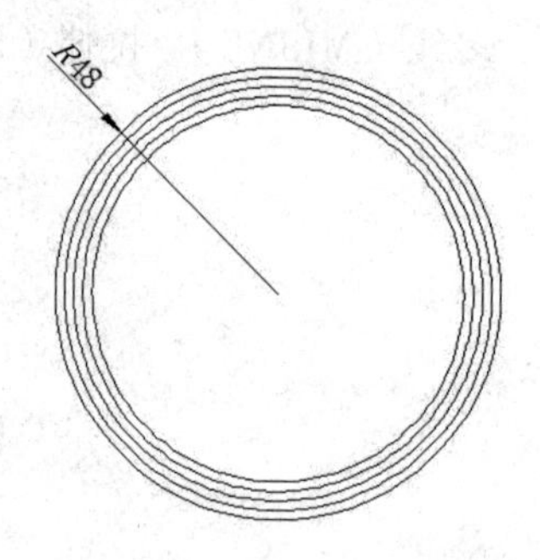

图 5-59　偏移圆

（3）使用直线（LINE）命令从圆心 O 到上象限点绘制直线 OA，使用阵列（ARRAY）命令在 30° 角范围内将直线 OA 阵列出 6 条，如图 5-60 所示。阵列中心点选择圆心 O，项目总数为 6，填充角度为-30°，具体参数如图 5-61 所示。

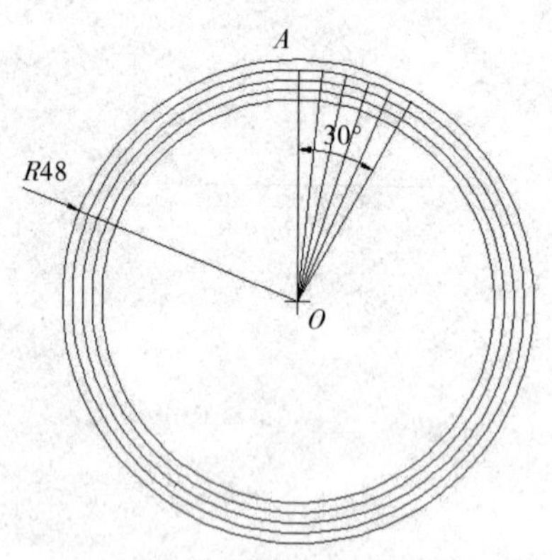

图 5-60　阵列直线

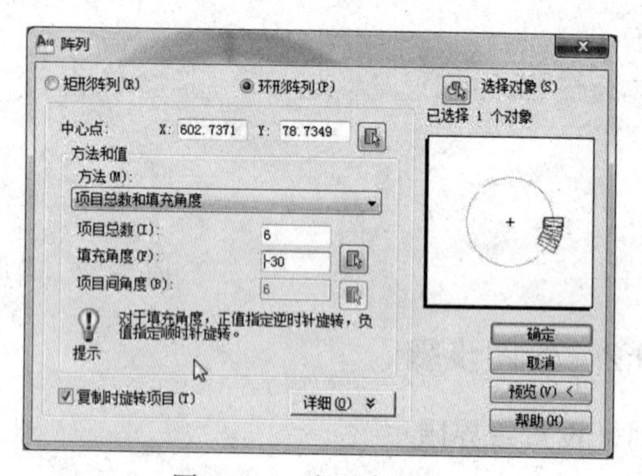

图 5-61　阵列参数

（4）使用多段线（PLINE）命令，绘制如图 5-62 所示的多段线。使用修剪（TRIM）命令对线段进行修剪，对修剪后的线段增加显示宽度，如图 5-63 所示。

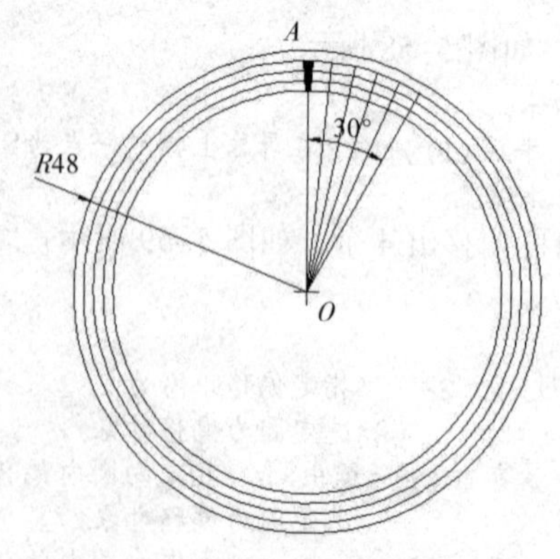

图 5-62　绘制多段线

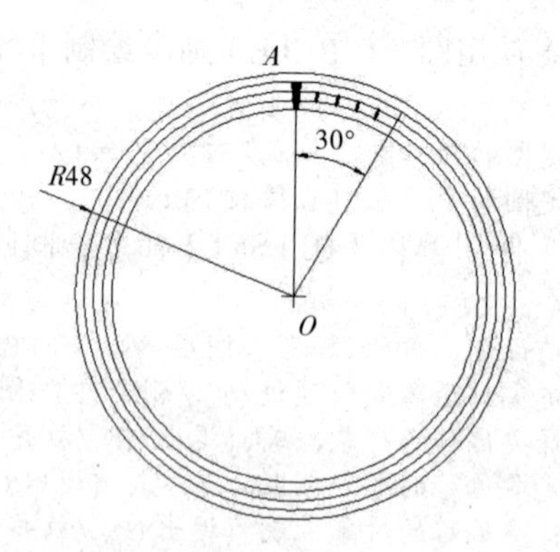

图 5-63　修剪线段

```
命令: PLINE            /*启动多段线命令*/
指定起点:              /*捕捉 A 点*/
当前线宽为 0.0000
指定下一个点或 [圆弧(A)/半宽(H)/长度(L)/放弃(U)/宽度(W)]: w /*选择 W 选项*/
指定起点宽度 <0.0000>: 2    /*指定起点线宽为 2*/
指定端点宽度 <2.0000>: 1    /*指定端点线宽为 1*/
指定下一个点或[圆弧(A)/半宽(H)/长度(L)/放弃(U)/宽度(W)]:/*捕捉 OA 与最里面的圆交点*/
```

（5）使用删除（ERASE）命令，删除之前偏移出来的圆、线段 *OA* 和 *OB*，如图 5-64 所示。使用阵列（ARRAY）命令对刻度线进行陈列，阵列中心点选择圆心 *O*，项目总数为 12，填充角度为 360°，具体参数如图 5-66 所示，阵列结果如图 5-65 所示。

（6）使用多行文字（MTEXT）命令，标注出数字“12”，如图 5-67 所示。使用阵列（ARRAY）命令对数字“12”进行阵列，阵列中心点选择圆心 O，项目总数为 12，填充角度为 360°，取消选择“复制时旋转项目”和“设为对象的默认值”复选框。设置对象基点为数字“12”的中心（单击图标，用鼠标在屏幕上拾取），具体参数如图 5-68 所示，阵列结果如图 5-69 所示。

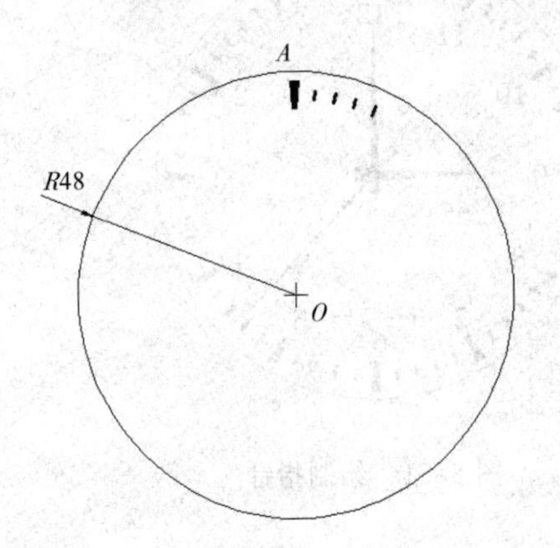

图 5-64 删除辅助线

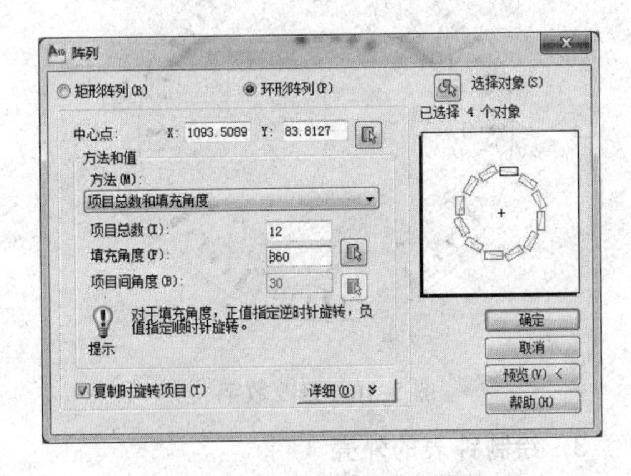

图 5-65 阵列刻度线参数

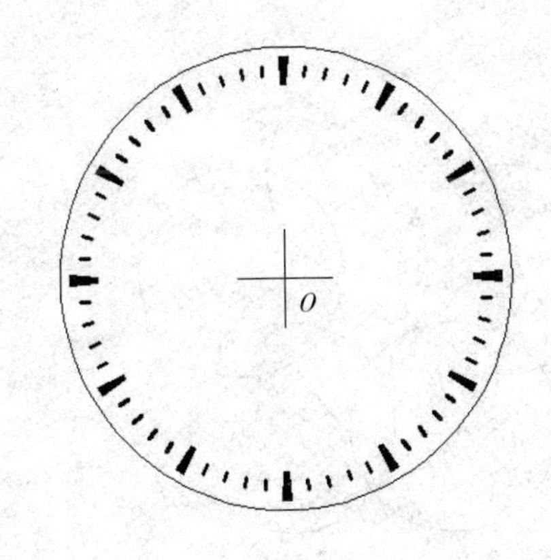

图 5-66 阵列刻度线

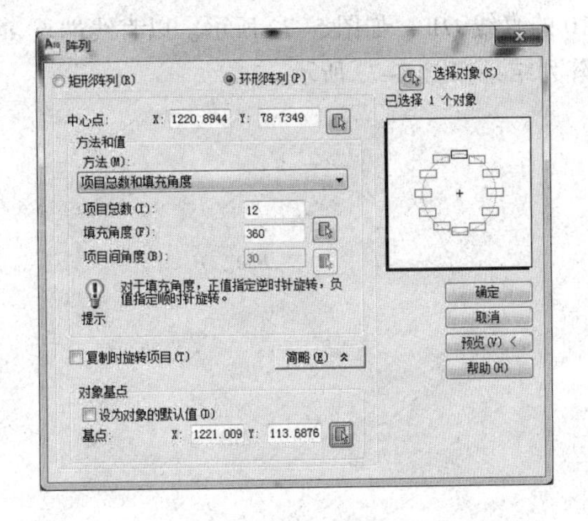

图 5-67 阵列数字参数

（7）使用修改注释文字（DDEDIT）命令，分别将数字刻度进行修改如图 5-70 所示。使用多段线（PLINE）命令绘制钟表指针，如图 5-71 所示。

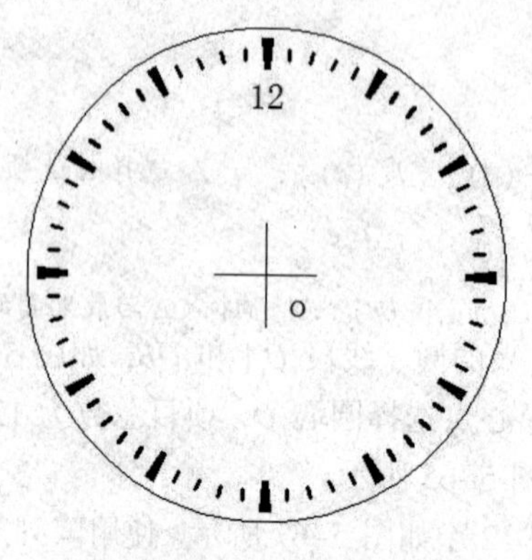

图 5-68　标注数字

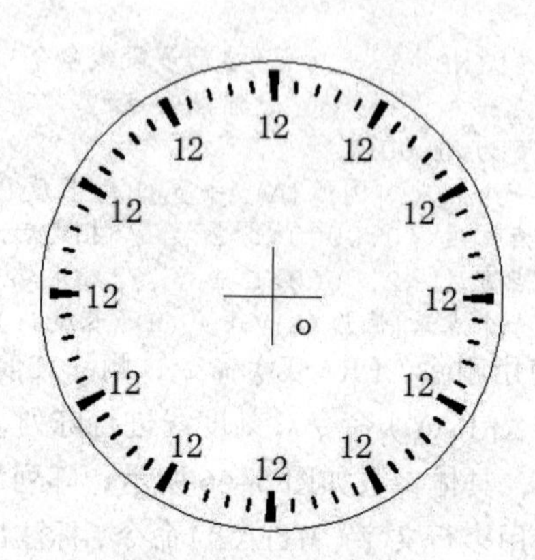

图 5-69　阵列数字

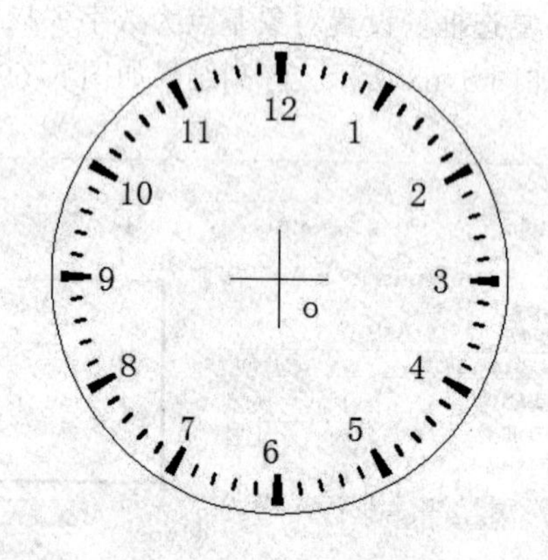

图 5-70　修改数字

图 5-71　绘制指针

3. 绘制钟表的外壳

（1）使用圆（CIRCLE）命令，绘制半径为 30 的圆。捕捉圆的下象限点，向下绘制长度为 10 的直线 *QW*，如图 5-72 所示。以直线端点 *W* 为中心，对圆进行 360° 阵列，阵列数量为 5，阵列结果如图 5-73 所示。

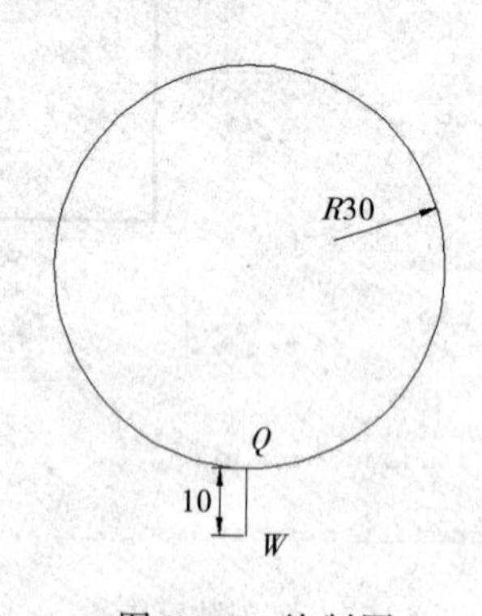

图 5-72　绘制圆

图 5-73　阵列圆

（2）使用修剪（TRIM）命令，对各圆相交处进行修剪，如图 5-74 所示，修剪的结果如图 5-75 所示。

图 5-74　修剪圆

图 5-75　圆修剪结果

（3）使用边界（BOUNDARY）命令，对修剪后的花瓣形图案进行边界填充，以便后面进行等分处理。单击图标，用鼠标在花瓣形图案内拾取一点，对花瓣图案进行边界处理，设置对象类型为多段线。具体参数如图 5-76 所示，边界处理后的结果如图 5-77 所示。

图 5-76　边界填充参数

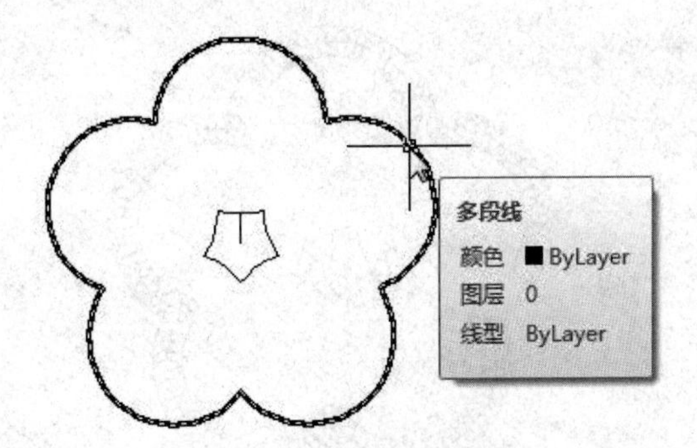

图 5-77　边界效果

4．图块制作

（1）绘制一个半径为 5 的小圆，使用块（BLOCK）命令，将小圆制作成图块，以便等分表壳时使用。图块名称为 C，使用拾取点(K)捕捉小圆圆心为基点，使用选择对象(T)选择小圆为对象。具体参数如图 5-78 所示。

（2）使用块（BLOCK）命令，将表盘制作成图块，以便制作变形表盘时使用。图块名称为 B，使用拾取点(K)捕捉表盘中心点为基点，使用选择对象(T)选择之前所绘制的表盘（见图 5-71）为图块对象。具体参数如图 5-79 所示。

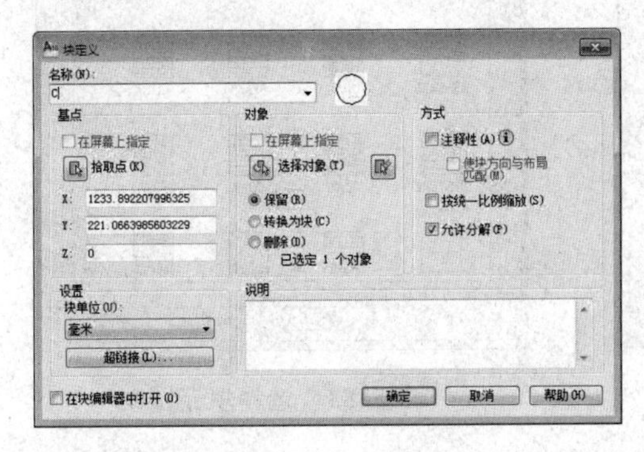

图 5-78　制作小圆图块

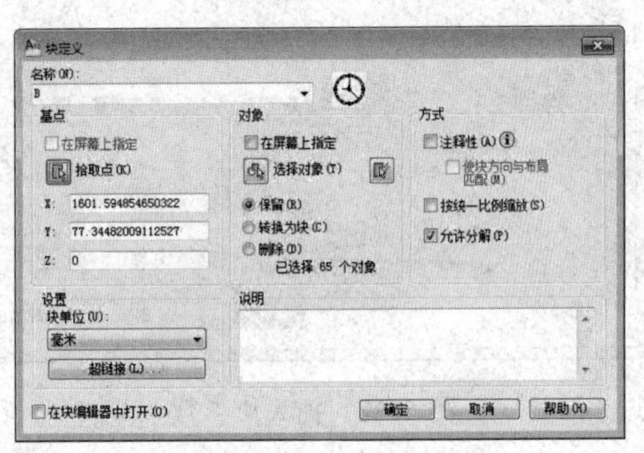

图 5-79　制作表盘图块

5. 等分表壳

使用定数等分（DIVIDE）命令，选择图块C对之前所绘制的表壳（见图5-77）进行定数等分，等分数量为150。等分结果如图5-80所示。

```
命令：DIVIDE                           /*启动定数等分命令*/
选择要定数等分的对象：                  /*选择多段线表壳*/
输入线段数目或 [块(B)]：b               /*选择b选项*/
输入要插入的块名：c                     /*指定前面创建的块C*/
是否对齐块和对象？[是(Y)/否(N)] <Y>：y  /*因为块C是对称对象，此处选哪项都不受影响*/
输入线段数目：150                       /*指定定数等分数量为150*/
```

6. 组合表盘与表壳

（1）使用插入块（INSERT）命令，将前面制作的表盘图块插入到表壳中，使表盘中心点与表壳中心点对正，结果如图5-81所示。插入对话框中名称选择B，比例设定*X*方向为0.8，具体参数如图5-82所示。

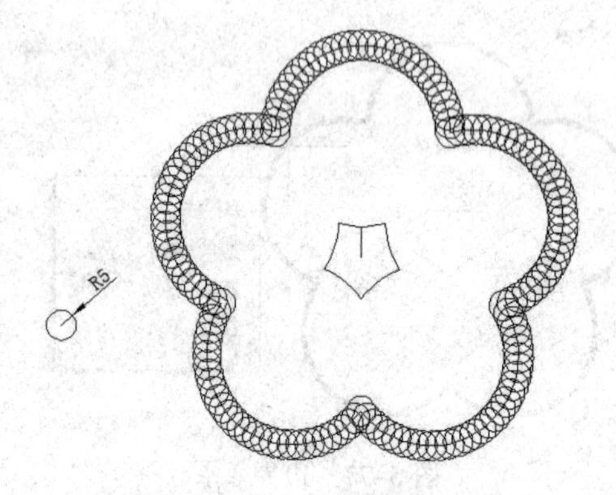

图5-80　定数等分效果

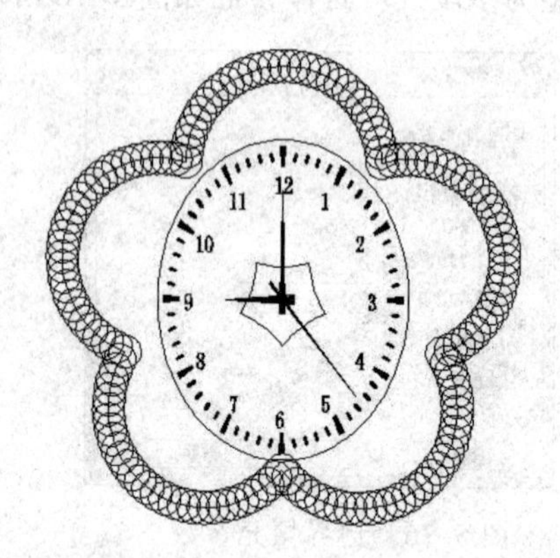

图5-81　表盘与表壳组合

（2）使用图案填充（BHATCH）命令，选择填充图案CROSS（见图5-83），对组合图形（见图5-81）进行图案填充，结果如图5-84所示。

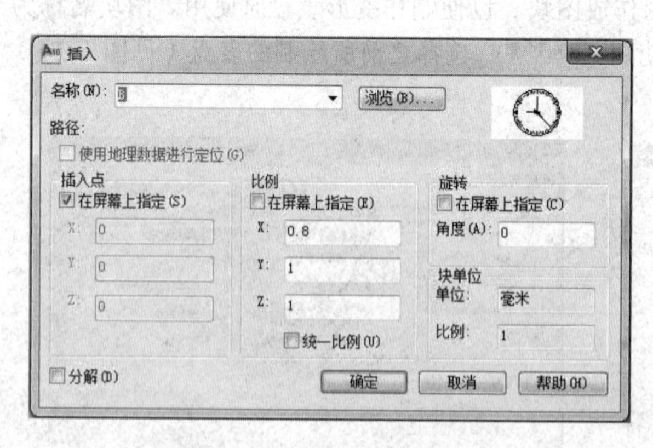

图5-82　插入块参数

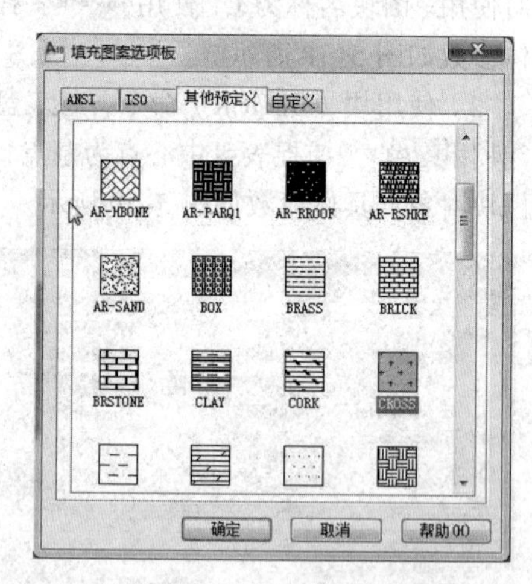

图5-83　选择填充图案

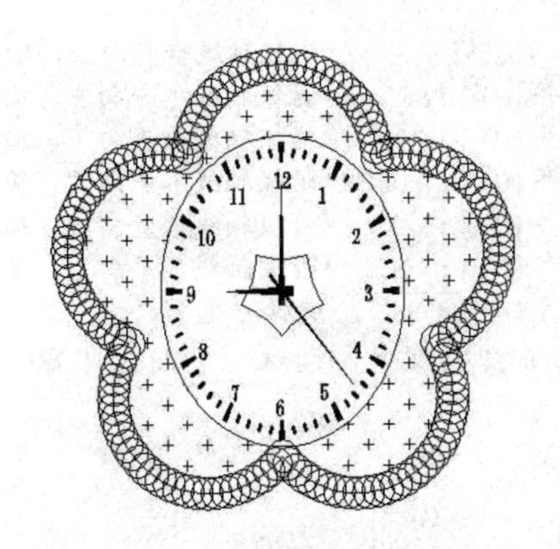

图 5-84　图案填充效果

7. 绘制底座

（1）使用多线样式（MLSTYLE）命令，设定绘制底座时所用的多线样式，如图 5-85 所示。在多线样式对话框中单击 新建(N)... ，新建一个多线样式 A，在弹出的新建样式对话框中单击 添加(A) ，对新建的多线增加一条直线，将线型设为 CENTER，其他选项采用默认值，如图 5-86 所示。设置完成后，回到“多线样式”对话框，将样式 A 置为当前样式。

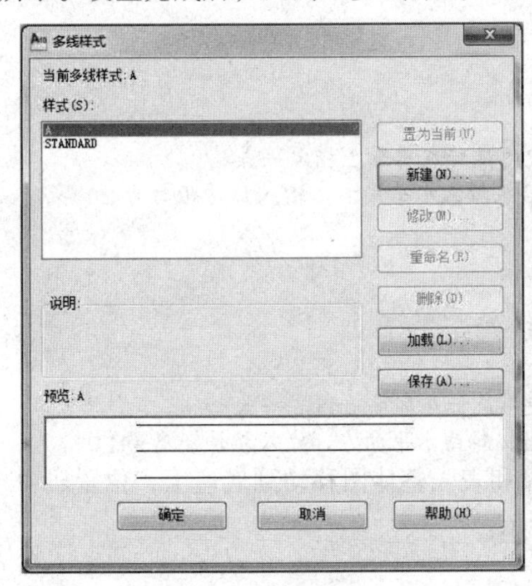

图 5-85　多线样式对话框

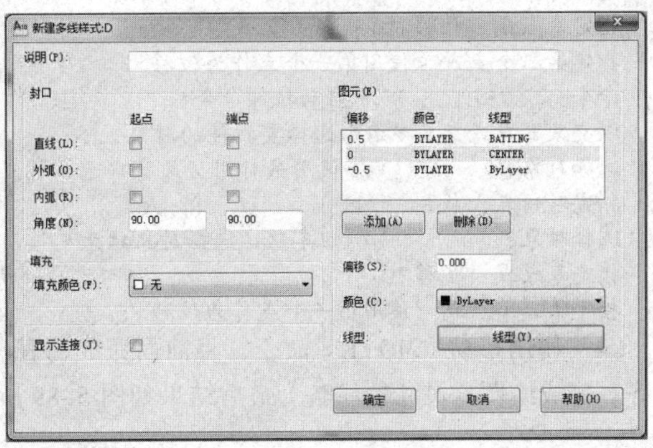

图 5-86　新建多线样式

（2）使用多线（MLINE）命令，从 *M* 点开始向 *N* 方向绘制多线，多线比例设定为 6，对正设定为下，绘制结果如图 5-87 所示。

```
命令: mline       /*启动多线命令*/
当前设置: 对正 = 下, 比例 = 6.00, 样式 = A
指定起点或 [对正(J)/比例(S)/样式(ST)]:  j  /*选择 j 选项*/
输入对正类型 [上(T)/无(Z)/下(B)] <下>:  b  /*选择 b 选项*/
当前设置: 对正 = 下, 比例 = 6.00, 样式 = A
指定起点或 [对正(J)/比例(S)/样式(ST)]:  s  /*选择 s 选项*/
输入多线比例 <6.00>:  6                    /*指定多线比例为 6*/
当前设置: 对正 = 下, 比例 = 6.00, 样式 = A
指定起点或 [对正(J)/比例(S)/样式(ST)]:      /*使用鼠标在屏幕上指定一点为多线起点 M*/
指定下一点:  165  /*沿极轴线水平向右, 输入长度 165, 绘出多线 MN*/
```

```
指定下一点或 [放弃(U)]:  70          /*沿极轴线垂直向上，输入长度70，绘出多线NP*/
指定下一点或 [闭合(C)/放弃(U)]: 15 /*沿极轴线水平向左，输入长度15，绘出多线PQ*/
指定下一点或 [闭合(C)/放弃(U)]: 40 /*沿极轴线垂直向下，输入长度40，绘出多线QY*/
指定下一点或 [闭合(C)/放弃(U)]: 135/*沿极轴线水平向右，输入长度135，绘出多线YX*/
指定下一点或 [闭合(C)/放弃(U)]: 40 /*沿极轴线垂直向上，输入长度40，绘出多线XR*/
指定下一点或 [闭合(C)/放弃(U)]: 15 /*沿极轴线水平向右，输入长度15，绘出多线RS*/
指定下一点或 [闭合(C)/放弃(U)]: c  /*选择c选项*/
```

（3）使用拉伸（STRETCH）命令，交叉窗选 *X* 点向右拉伸 20，交叉窗选 *Y* 点向左拉伸 20，修改结果如图 5-88 所示。

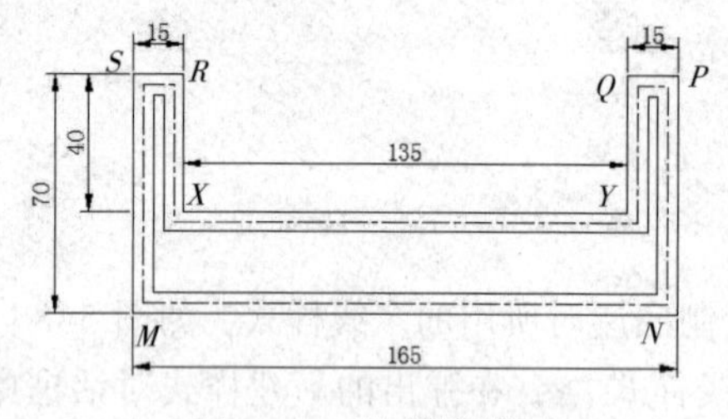

图 5-87　绘制多线

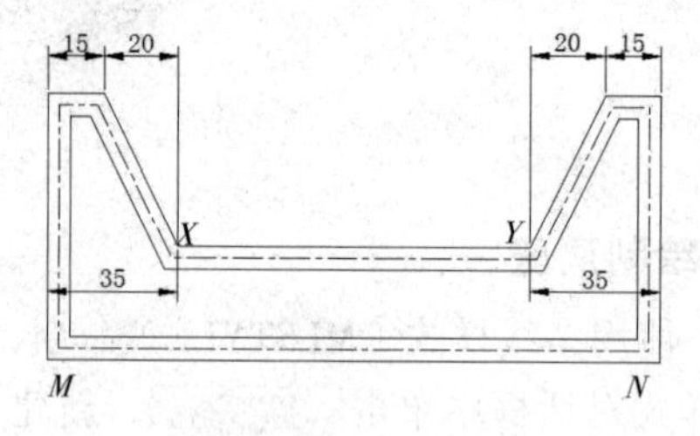

图 5-88　拉伸多线

```
命令: STRETCH        /*启动拉伸命令*/
以交叉窗口或交叉多边形选择要拉伸的对象...
选择对象:              /*使用鼠标用交叉窗口选X端点*/
指定对角点: 找到 3 个
选择对象:              /*回车确认选择对象结束*/
指定基点或 [位移(D)] <位移>:                 /*使用鼠标在屏幕上指定一点*/
指定第二个点或 <使用第一个点作为位移>:  20  /*沿极轴线水平向右，输入拉伸距离为20 */
命令:  STRETCH     /*启动拉伸命令*/
以交叉窗口或交叉多边形选择要拉伸的对象...
选择对象:              /*使用鼠标用交叉窗口选Y端点*/
指定对角点: 找到 3 个
选择对象:              /*回车确认选择对象结束*/
指定基点或 [位移(D)] <位移>:                 /*使用鼠标在屏幕上指定一点*/
指定第二个点或 <使用第一个点作为位移>:  20  /*沿极轴线水平向左，输入拉伸距离为20 */
```

（4）使用移动（MOVE）命令，将前面完成的表盘和表壳整体图移动到底座上，位置居中对齐，完成绘图（尺寸标注略）最后结果如图 5-89 所示。

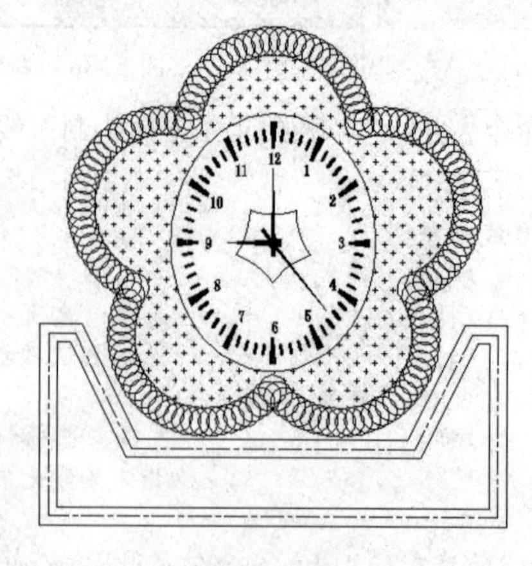

图 5-89　案例结果

5.10.3　注意事项和绘图技巧提示

本案例是高级编辑命令的综合应用，本章中涉及的大部分编辑命令在案例中都有应用，其中阵列命令、图块命令、多线命令参数比较多，相对比较复杂，涵盖的知识点和技巧比较多。

（1）绘制表壳时，阵列后修剪出来的花瓣图案是单独的圆弧，不能使用图块进行整体等分操作，所以一定要用边界命令处理一下，这里原来的圆弧图形还在，只是在原图的上面又绘了同样形状的多段线，操作时如果不影响显示效果，原图形可以不用删除。

（2）绘制表盘时，阵列数“12”时要取消选择“复制时旋转项目”和“设为对象的默认值”，复选框，而且要对数字“12”的基点重新设定，设置为“12”的中心点，只有这样才能保证阵列出来的数字位置不会发生错误，在实例绘制过程中要仔细体会。

（3）图块定义时基点选择很重要，基点是插入图块时鼠标的定位点，本案例设在了图块的中心，实际操作时注意体会。表盘图块在插入时，对 *X* 方向的比例进行了调整，缩小到原来的 0.8 倍，这样会发生水平方向的比例变化，产生了特殊的效果，今后操作中注意运用。

（4）多线底座绘制时，注意多线样式的定义。最好使多线的总线宽为 1 个单位，这样在绘制多线时，可以方便使用“比例(S)”选项控制宽度。另外还要注意绘制多线时“对正(J)”选项的含义，“对正(J)”设定那条线，绘制时输入的长度就对应那条线长度。

思考与练习题

一、单选题

1．对于拉伸命令应用（　　）方式建立选择集。

A．交叉选择窗口　　B．窗口选择　　C．不没关系　　D．A 和 B

2．拉伸命令的快捷键是（　　）。

A．s　　B．ex　　C．en　　D．br

3．拉长命令的快捷键是（　　）。

A．s　　B．ex　　C．len　　D．br

4．在什么情况下，多线可以进行修剪（　　）。

A．分解　　B．结合　　C．断开　　D．编组

5．多线编辑器的命令是（　　）。

A．pe　　B．ml　　C．mledit　　D．pmedit

6．应用延伸命令“extend”进行对象延伸时（　　）。

A．必须在二维空间中延伸　　B．可以在三维空间中延伸

C．可以延伸封闭线框　　D．可以延伸文字对象

7．拉伸命令“stretch”拉伸对象时，不能（　　）。

A．把圆拉伸为椭圆　　B．把正方形拉伸成矩形

C．移动对象特殊点　　D．整体移动对象

8．属性和块的关系：不正确的是（　　）。

A．属性和块是平等关系　　B．属性必须包含在块中

C．属性是块中非图形信息的载体　　D．块中可以只有属性而无图形对象

9．属性的定义：正确的是（　　）。

A．块必须定义属性　　B．一个块中最多只能定义一个属性

C．多个块可以共用一个属性　　D．一个块中可以定义多个属性

10．一个图形上可以有（　　）种点样式。

A．3 种　　B．2 种　　C．1 种　　D．无数种

二、多选题

1．有关属性的定义不正确的（　　）。

A．块必须定义属性　　B．一个块中最多只能定义一个属性

C．多个块可以共用一个属性　　D．一个块中可以定义多个属性

2．块的定义包括的要素有（　　）。

A．名称　　B．基点　　C．对象　　D．比例

3．在图案填充中填充类型有（　　）。

A．默认填充　　B．自定义　　C．预定义　　D．用户定义

4．使用阵列命令“array”时有（　　）阵列类型。

A．曲线阵列　　B．矩形阵列　　C．正多边形阵列　　D．环形阵列

5．下面的项目中延伸（extend）命令的选项有（　　）。

A．窗交　　B．边界　　C．栏选　　D．投影

第6章 综合绘图

AutoCAD 的功能非常强大，除了常用的绘图和修改功能外，还有很强的综合绘图功能。它集成了很多功能模块，利用这些功能模块可以很方便地进行建筑、机械等制图设计。其中的正等测轴测图、尺寸标注、夹点操作等模块我们应重点掌握。本章主要就以上操作进行详细讲解。

知识要点

- 正等测轴测图绘制；
- 尺寸标注练习；
- 夹点练习。

6.1 正等测轴测图绘制

轴测投影图是用一个图形表示物体的立体形状，看起来有立体感、形象直观。轴测投影图包括正等测、正二测、斜二测轴测图等分类。AutoCAD 中对正等测轴测图的绘制作了特殊的定义。本节主要讲解正等测轴测图的相关绘图方法。

6.1.1 草图设置

绘制正等测轴测图，我们要进行一些必要的设置工作，首先要设置等轴测捕捉，具体设置方法如下：

- 菜单栏方法："工具" | "草图设置（F）"；
- 任务栏方法：右击 捕捉 栅格，选择 "设置" 命令；
- 命令行方法：DSETTINGS，简写为 DS。

使用以上方法后，将弹出如图 6-1 所示的 "草图设置" 对话框，这里我们需要设置 "捕捉类型" 选项组中的 "等轴测捕捉" 选项。

在 AutoCAD 中绘制正等测轴测图时，将实体的三个可见面称为上平面、左平面和右平面。同样在绘制此三个平面的图线时，十字光标也跟随这三个平面的方位变化。图 6-2 所示为绘制轴测图时平面和光标情况。

绘制等轴测图的第一步是要设置等轴测捕捉。第二步在绘制不同的等轴测平面时需要切换轴测平面。切换方法可以使用【F5】键或【Ctrl+E】组合键。

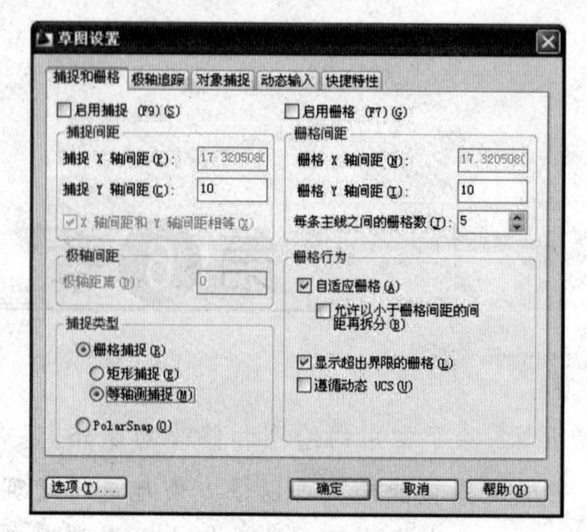

图 6-1 “草图设置”对话框

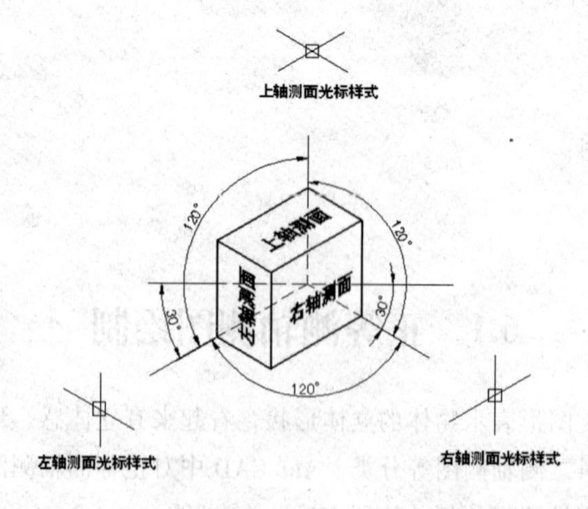

图 6-2 正等测轴测图各轴测平面及光标样式

6.1.2 正等测轴测图绘制

正等测轴测图的绘图，要求绘图者有一定的构图知识和空间想象能力。下面举两个简单的等测轴测图的绘图案例，以便掌握其绘制方法和要领。以绘制图 6-3 所示的图形为例，讲解正等测轴测图绘制过程。

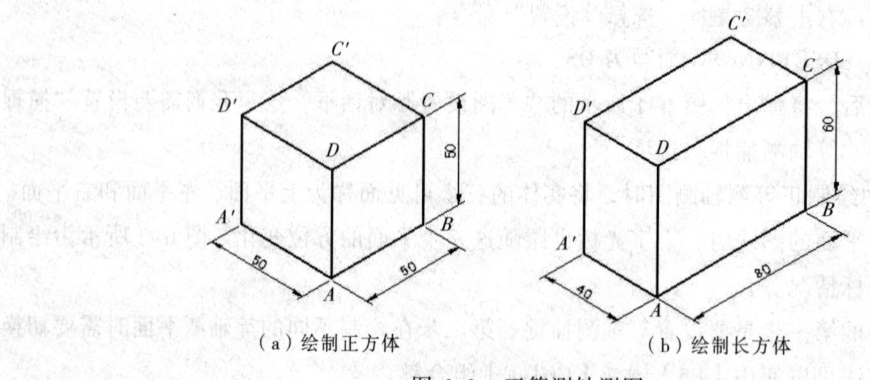

图 6-3 正等测轴测图

1. 绘制正方体

绘制如图 6-3（a）所示的图形，具体过程如图 6-4 所示。

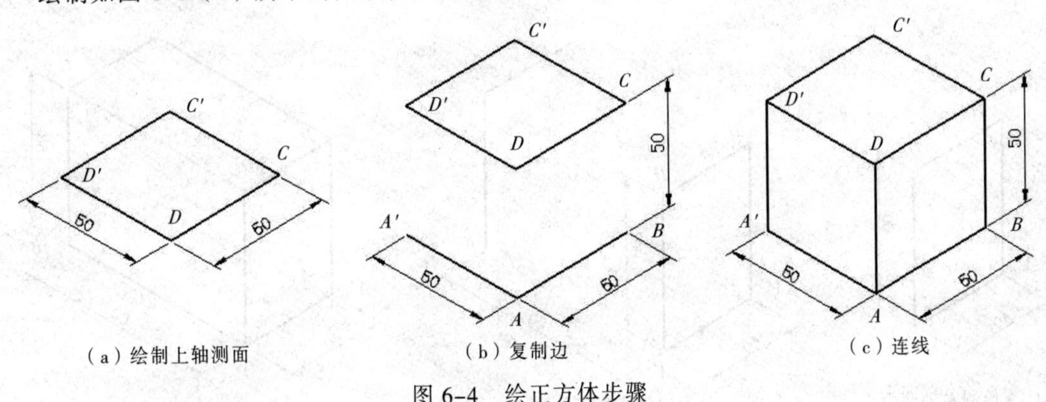

图 6-4　绘正方体步骤

具体绘图的操作过程如下：

第一步：绘制上轴测面，如图 6-4（a）所示。

```
命令: DSETTINGS                    /*启动草图设置命令，设置捕捉类型为等轴测捕捉*/
命令: <等轴测平面 上>               /*使用功能键 F5 切换等轴测平面为上平面*/
命令: <正交 开>                     /*开启正交捕捉*/
命令: LINE 指定第一点:              /*启动直线命令，使用鼠标在屏幕指定一点 D*/
指定下一点或 [放弃(U)]: 50
                        /*锁定上平面使用鼠标控制方向，直接输入长度 50，绘制直线 DC*/
指定下一点或 [放弃(U)]: 50
                        /*锁定上平面使用鼠标控制方向，直接输入长度 50，绘制直线 CC'*/
指定下一点或 [闭合(C)/放弃(U)]: 50
                        /*锁定上平面使用鼠标控制方向，直接输入长度 50，绘制直线 C'D'*/
指定下一点或 [闭合(C)/放弃(U)]: c  /*使用闭合(C)方法，绘制直线 D'D*/
```

第二步：复制边，如图 6-4（b）所示。

```
命令: COPY                          /*启动复制命令*/
选择对象: 指定对角点: 找到 2 个     /*使用鼠标选择直线 DC 和 D'D*/
选择对象:                           /*按空格键结束对象选择*/
指定基点或 [位移(D)] <位移>:        /*使用鼠标在屏幕指定一点为复制基点*/
指定第二个点或 <使用第一个点作为位移>: @0,-50
                            /*使用相对直角坐标方法输入新位置坐标为@0,-50*/
指定第二个点或 [退出(E)/放弃(U)] <退出>:    /*按空格键结束复制操作*/
```

第三步：连线，如图 6-4（c）所示。

```
命令: line 指定第一点:              /*启动直线命令，使用鼠标捕捉 D'点*/
指定下一点或 [放弃(U)]:             /*使用鼠标捕捉 A'点*/
指定下一点或 [放弃(U)]:             /*按空格结束直线命令*/
命令: line 指定第一点               /*按空格键重复直线命令，使用鼠标捕捉 D 点*/
指定下一点或 [放弃(U)]:             /*使用鼠标捕捉 A 点*/
指定下一点或 [放弃(U)]:             /*按空格结束直线命令*/
命令: line 指定第一点:              /*按空格键重复直线命令，使用鼠标捕捉 C 点*/
指定下一点或 [放弃(U)]:             /*使用鼠标捕捉 B'点*/
指定下一点或 [放弃(U)]:             /*按空格键结束直线命令*/
```

2. 绘制长方体

绘制图6-3（b）所示的图形，具体过程如图6-5所示。

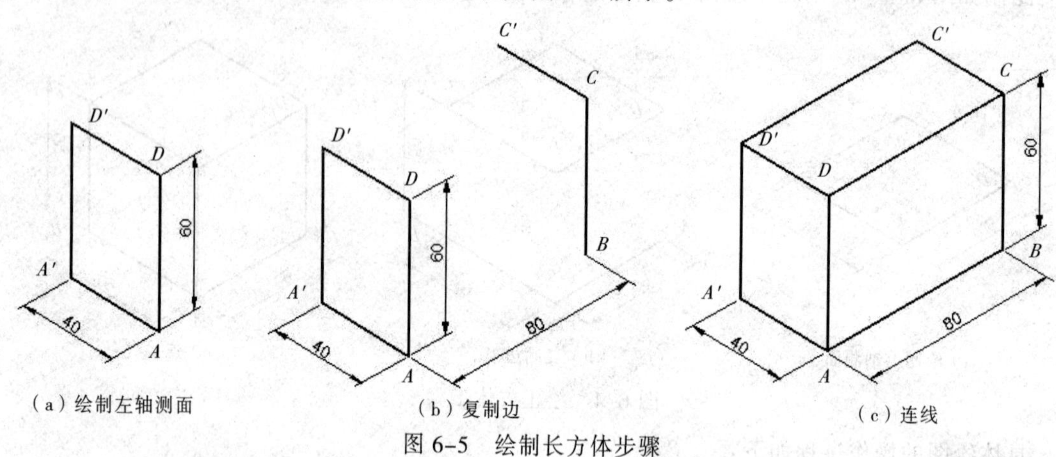

图6-5　绘制长方体步骤

具体绘图的操作过程如下：

第一步：绘制左轴测面，如图6-5（a）所示。

```
命令: DSETTINGS                    /*启动草图设置命令，设置捕捉类型为等轴测捕捉*/
命令: <等轴测平面左>                /*使用功能键F5切换等轴测平面为左平面*/
命令: <正交开>                      /*开启正交捕捉*/
命令: line 指定第一点:               /*启动直线命令，使用鼠标在屏幕指定一点A*/
指定下一点或 [放弃(U)]: 60
             /*锁定左平面使用鼠标控制方向，竖直向上直接输入长度60，绘制直线AD*/
指定下一点或 [放弃(U)]: 40
             /*锁定左平面使用鼠标控制方向，直接输入长度40，绘制直线DD′*/
指定下一点或 [闭合(C)/放弃(U)]: 60
             /*锁定左平面使用鼠标控制方向，直接输入长度60，绘制直线D′A′*/
指定下一点或 [闭合(C)/放弃(U)]: c  /*使用闭合(C)方法，绘制直线A′A*/
```

第二步：复制边，如图6-5（b）所示。

```
命令: COPY                          /*启动复制命令*/
选择对象: 指定对角点: 找到 2 个      /*使用鼠标选择直线D′D和DA*/
选择对象:                           /*按空格结束对象选择*/
指定基点或 [位移(D)] <位移>:         /*使用鼠标在屏幕指定一点为复制基点*/
指定第二个点或 <使用第一个点作为位移>: @80<30
                                    /*使用相对直角坐标方法输入新位置坐标为@80<30*/
指定第二个点或 [退出(E)/放弃(U)] <退出>: /*按空格键结束复制操作*/
```

第三步：连线，如图6-5（c）所示。

```
命令: LINE 指定第一点:               /*启动直线命令，使用鼠标捕捉D′点*/
指定下一点或 [放弃(U)]:              /*使用鼠标捕捉C′点*/
指定下一点或 [放弃(U)]:              /*按空格键结束直线命令*/
命令: LINE 指定第一点:               /*按空格键重复直线命令，使用鼠标捕捉D点*/
指定下一点或 [放弃(U)]:              /*使用鼠标捕捉C点*/
指定下一点或 [放弃(U)]:              /*按空格键结束直线命令*/
命令: LINE 指定第一点:               /*按空格键重复直线命令，使用鼠标捕捉A点*/
指定下一点或 [放弃(U)]:              /*使用鼠标捕捉B点*/
指定下一点或 [放弃(U)]:              /*按空格键结束直线命令*/
```

命令行中出现各选项的含义如下：

（1）<正交开>：使用【F8】功能键或单击正交按钮，打开正交开关。

（2）<等轴测平面上>：使用【F5】键或【Ctrl+E】组合键，切换等轴测平面为上平面。

6.1.3 实例与练习

如图 6–6 所示，请按图中给定的尺寸，绘制正等测轴测图形。

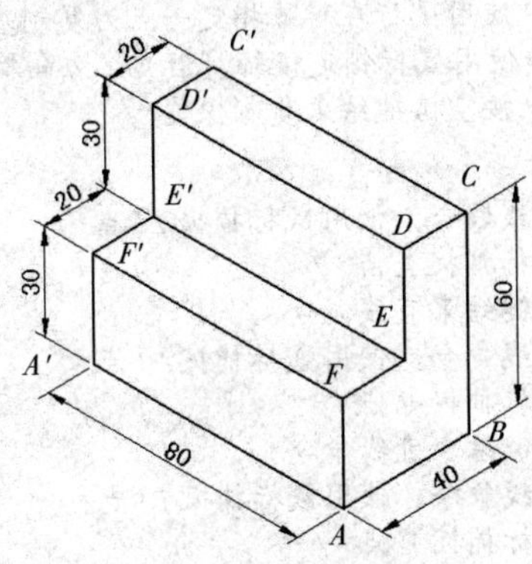

（a）切割类型等轴测图

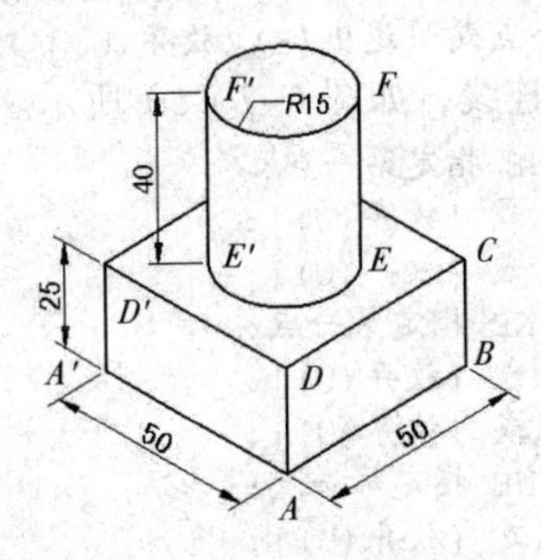

（b）拼接类型等轴测图

图 6–6 绘制等轴测图

1. 绘制台阶

绘制图 6–6（a）所示的图形，具体过程如图 6–7 所示。

具体绘图的操作过程如下：

第一步：绘制右轴测面，如图 6–7（a）所示。

```
命令： <极轴 开>                              /*设定极轴角增量为 30°角，并开启极轴*/
命令： <等轴测平面 右>                         /*使用 F5 键切换等轴测平面为右平面*/
命令： line 指定第一点：                       /*启动直线命令，使用鼠标在屏幕拾取一点 A*/
指定下一点或 [放弃(U)]： 40                    /*锁定极轴，从 A 向 B 移动鼠标直接输入长度 40，绘制直线 AB*/
指定下一点或 [放弃(U)]： 60                    /*锁定极轴，从 A 向 B 移动鼠标直接输入长度 60，绘制直线 BC*/
指定下一点或 [闭合(C)/放弃(U)]： 20            /*锁定极轴，从 A 向 B 移动鼠标直接输入长度 20，绘制直线 CD*/
指定下一点或 [闭合(C)/放弃(U)]： 30            /*锁定极轴，从 A 向 B 移动鼠标直接输入长度 30，绘制直线 DE*/
指定下一点或 [闭合(C)/放弃(U)]： 20            /*锁定极轴，从 A 向 B 移动鼠标直接输入长度 20，绘制直线 EF*/
指定下一点或 [闭合(C)/放弃(U)]： c             /*使用闭合(C)方法，绘制直线 FA*/
```

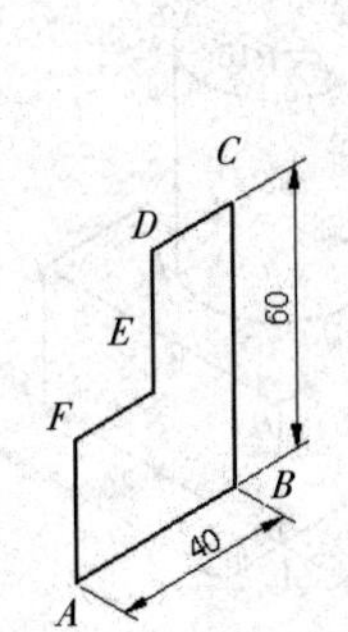

（a）绘制右轴测面

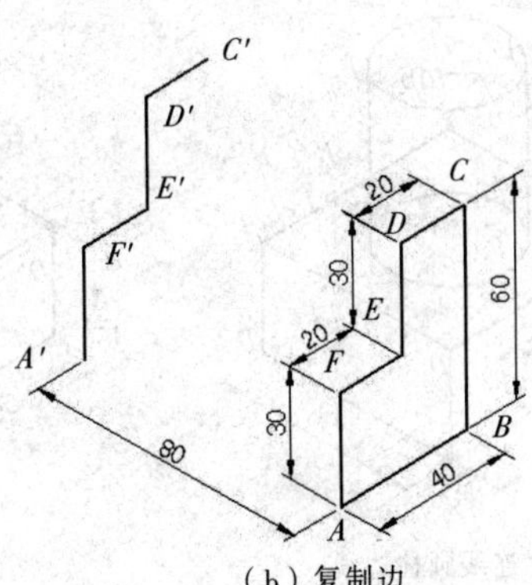

（b）复制边

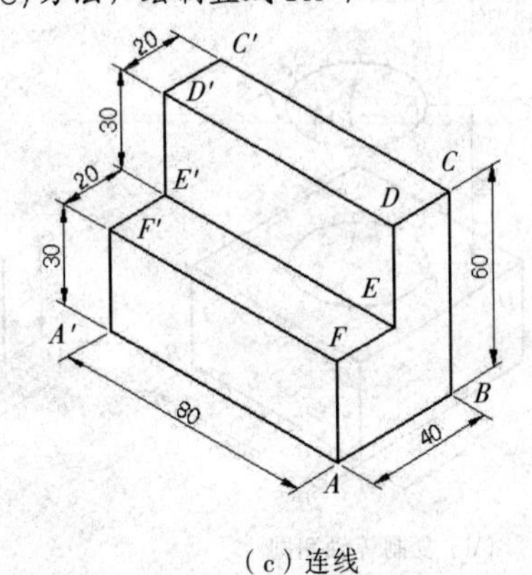

（c）连线

图 6–7 绘制切割类型等轴测图步骤

第二步：复制边，如图 6-7（b）所示。

```
命令: COPY                                          /*启动复制命令*/
选择对象: 指定对角点: 找到 4 个                      /*使用鼠标选择直线 AF、FE、ED 和 DC*/
选择对象:                                           /*按空格键结束对象选择*/
指定基点或 [位移(D)] <位移>:                         /*使用鼠标在屏幕指定一点为复制基点*/
指定第二个点或 <使用第一个点作为位移>: 80            /*使用鼠标锁定极轴，沿 AA′方向输入距离 80*/
指定第二个点或 [退出(E)/放弃(U)] <退出>:             /*按空格键结束复制操作*/
```

第三步：连线，如图 6-7（c）所示。

```
命令: LINE 指定第一点:                 /*启动直线命令，使用鼠标捕捉 A′点*/
指定下一点或 [放弃(U)]:                /*使用鼠标捕捉 A 点*/
指定下一点或 [放弃(U)]:                /*按空格键结束直线命令*/
命令:  LINE 指定第一点:                /*启动直线命令，使用鼠标捕捉 F′点*/
指定下一点或 [放弃(U)]:                /*使用鼠标捕捉 F 点*/
指定下一点或 [放弃(U)]:                /*按空格键结束直线命令*/
命令:  LINE 指定第一点:                /*启动直线命令，使用鼠标捕捉 E′点*/
指定下一点或 [放弃(U)]:                /*使用鼠标捕捉 E 点*/
指定下一点或 [放弃(U)]:                /*按空格键结束直线命令*/
命令:  LINE 指定第一点:                /*启动直线命令，使用鼠标捕捉 D′点*/
指定下一点或 [放弃(U)]:                /*使用鼠标捕捉 D 点*/
指定下一点或 [放弃(U)]:                /*按空格键结束直线命令*/
命令:  LINE 指定第一点:                /*启动直线命令，使用鼠标捕捉 C′点*/
指定下一点或 [放弃(U)]:                /*使用鼠标捕捉 C 点*/
指定下一点或 [放弃(U)]:                /*按空格键结束直线命令*/
```

2. 绘制栓销

绘制图 6-6（b）所示的图形，具体过程如图 6-8 所示。

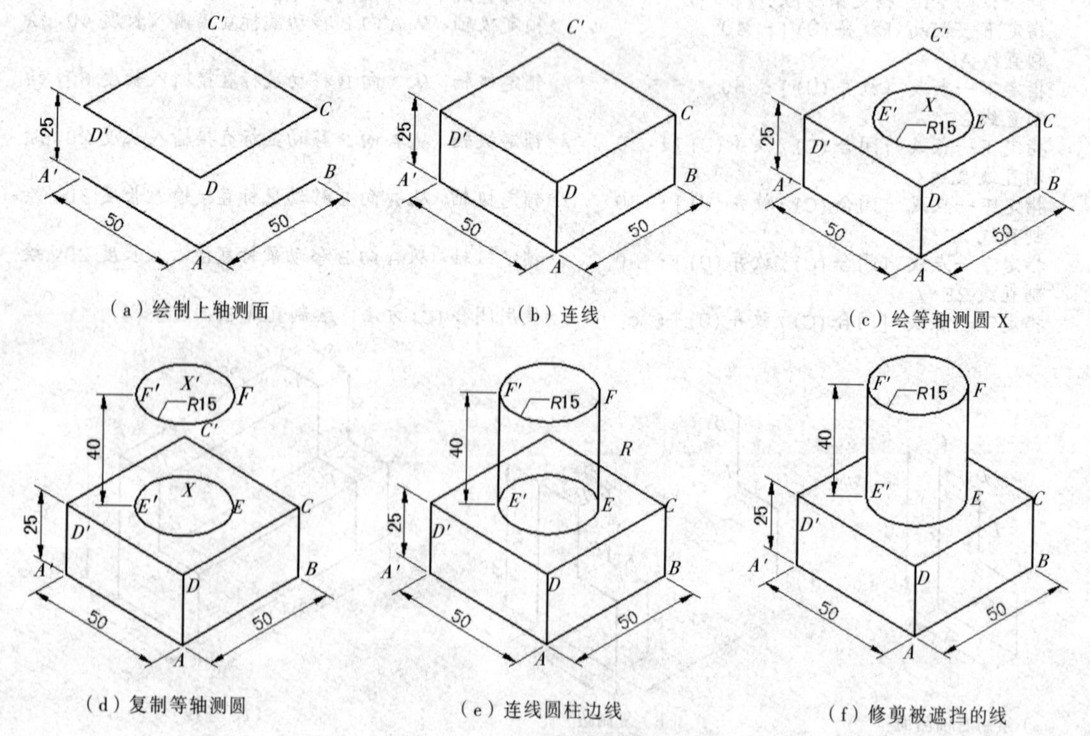

（a）绘制上轴测面　（b）连线　（c）绘等轴测圆 X

（d）复制等轴测圆　（e）连线圆柱边线　（f）修剪被遮挡的线

图 6-8　绘制拼接类型等轴测图步骤

具体绘图的操作过程如下：

第一步： 绘制上轴测面，如图 6-8（a）所示。

```
命令： <极轴 开>                          /*设定极轴角增量为 30°，并开启极轴*/
命令：LINE 指定第一点：                   /*启动直线命令，使用鼠标在屏幕指定一点 D*/
指定下一点或 [放弃(U)]： 50               /*锁定极轴，直接输入长度 50，绘制直线 DC*/
指定下一点或 [放弃(U)]： 50               /*锁定极轴，直接输入长度 50，绘制直线 CC'*/
指定下一点或 [闭合(C)/放弃(U)]： 50/*锁定极轴，直接输入长度 50，绘制直线 C'D'*/
指定下一点或 [闭合(C)/放弃(U)]： c /*使用闭合(C)方法，绘制直线 D'D*/
命令： COPY                               /*启动复制命令*/
选择对象：指定对角点：找到 2 个           /*使用鼠标选择直线 A'A 和 AB*/
选择对象：                                /*按空格键结束对象选择*/
指定基点或 [位移(D)] <位移>：             /*使用鼠标在屏幕指定一点为复制基点*/
指定第二个点或 <使用第一个点作为位移>： 25
                                          /*使用鼠标锁定极轴，沿 DA'方向输入距离 25*/
指定第二个点或 [退出(E)/放弃(U)] <退出>      ：    /*按空格键结束复制操作*/
```

第二步： 连线，如图 6-8（b）所示。

```
命令： LINE 指定第一点：                  /*启动直线命令，使用鼠标捕捉 A'点*/
指定下一点或 [放弃(U)]：                  /*使用鼠标捕捉 D'点*/
指定下一点或 [放弃(U)]：                  /*按空格键结束直线命令*/
命令： LINE 指定第一点：                  /*启动直线命令，使用鼠标捕捉 A 点*/
指定下一点或 [放弃(U)]：                  /*使用鼠标捕捉 D 点*/
指定下一点或 [放弃(U)]：                  /*按空格键结束直线命令*/
命令： LINE 指定第一点：                  /*启动直线命令，使用鼠标捕捉 B 点*/
指定下一点或 [放弃(U)]：                  /*使用鼠标捕捉 C 点*/
指定下一点或 [放弃(U)]：                  /*按空格键结束直线命令*/
```

第三步： 绘等轴测圆 X，如图 6-8（c）所示。

```
命令：ELLIPSE                             /*启动椭圆命令*/
指定椭圆轴的端点或 [圆弧(A)/中心点(C)/等轴测圆(I)]： i /*选择等轴测圆(I)方法*/
指定等轴测圆的圆心：    /*使用鼠标追踪直线 D'C'和直线 D'D 中点，作为等轴测圆圆心*/
指定等轴测圆的半径或 [直径(D)]： <等轴测平面 上> 15
                  /*使用功能键 F5 切换等轴测平面为上平面，输入等轴测圆半径为 15*/
```

第四步： 复制等轴测圆，如图 6-8（d）所示。

```
命令： COPY                                   /*启动复制命令*/
选择对象：找到 1 个                           /*使用鼠标选择等轴测圆 X*/
选择对象：                                    /*按空格键结束对象选择*/
指定基点或 [位移(D)] <位移>：                 /*使用鼠标在屏幕指定一点为复制基点*/
指定第二个点或 <使用第一个点作为位移>： 40 /*使用鼠标锁定极轴，沿 EF 方向输入距离 40*/
指定第二个点或 [退出(E)/放弃(U)] <退出>： /*按空格键结束复制操作*/
```

第五步： 连线圆柱边线，如图 6-8（e）所示。

```
命令： LINE 指定第一点：                      /*启动直线命令，使用鼠标捕捉 E'点*/
指定下一点或 [放弃(U)]：                      /*锁定极轴，使用鼠标捕捉 F'点*/
指定下一点或 [放弃(U)]：                      /*按空格键结束直线命令*/
命令： LINE 指定第一点：                      /*启动直线命令，使用鼠标捕捉 E 点*/
指定下一点或 [放弃(U)]：                      /*锁定极轴，使用鼠标捕捉 F 点*/
指定下一点或 [放弃(U)]：                      /*按空格键结束直线命令*/
```

第六步： 修剪被遮挡的线，如图 6-8（f）所示。

```
命令： TRIM                                   /*启动修剪命令*/
当前设置:投影=UCS，边=延伸
选择剪切边...
```

```
选择对象或 <全部选择>:  找到 1 个            /*使用鼠标选择直线 E'F'*/
选择对象: 找到 1 个, 总计 2 个               /*使用鼠标选择直线 EF*/
选择对象:
选择要修剪的对象, 或按住 Shift 键选择要延伸的对象, 或
[栏选(F)/窗交(C)/投影(P)/边(E)/删除(R)/放弃(U)]:
                                              /*使用鼠标选择需要修剪的直线或弧线*/
选择要修剪的对象, 或按住 Shift 键选择要延伸的对象, 或
[栏选(F)/窗交(C)/投影(P)/边(E)/删除(R)/放弃(U)]:
                                              /*使用鼠标选择需要修剪的直线或弧线*/
选择要修剪的对象, 或按住 Shift 键选择要延伸的对象, 或
[栏选(F)/窗交(C)/投影(P)/边(E)/删除(R)/放弃(U)]:
                                              /*使用鼠标选择需要修剪的直线或弧线*/
选择要修剪的对象, 或按住 Shift 键选择要延伸的对象, 或
[栏选(F)/窗交(C)/投影(P)/边(E)/删除(R)/放弃(U)]:      /*按空格键结束修剪命令*/
```

技巧与提示：

等轴测图能显示实体的长、宽和高。但等轴测图不是真正意义上的三维图形，这些图看起来是三维的，而实际是在二维平面上由 *XOY* 坐标确定的线段组成的。

绘制不包括圆形的正等测轴测图时，对于熟练用户可以不打开等轴测捕捉，用极轴角增量设为 30°的方法代用，这样可以提高绘图的速度。但如果在所绘正等测轴测图中有圆形结构时，绘制等轴测圆时需要打开等轴测捕捉，因为只有这样才能调出椭圆工具中的“等轴测圆”选项，从而使用【F5】键或【Ctrl+E】组合键切换等轴测面。

正等测轴测图的绘制应多采用复制方法辅助绘图，修改时应尽量多用拉伸方法辅助。这样可以提高绘图速度和准确性，在练习时注意体会掌握。

6.2　尺寸标注样式

在绘图设计中，尺寸标注是设计工作中的一项重要内容。图形反映物体的形状，尺寸则反映它们的实际大小和相互位置关系。AutoCAD 的尺寸标注系统十分强大，可以轻松帮我们完成绘图中的尺寸标注。尺寸标注系统包括：线性、对齐、直径、半径、角度等 14 项标注方式。本节重点介绍标注样式设置、常用尺寸标注方法与修改。

6.2.1　标注样式

图形的标注，针对不同专业的构图，所使用的标注样式是不同的。我们在绘制这些图形时需要经常对标注样式进行设置和调整，具体设置方法如下：

- 菜单栏方法：“标注”|“标注样式（S）”；
- 工具栏方法：“标注”工具栏|“按钮”；
- 命令行方法：DDIM 或 DIMSTYLE，简写为 D。

使用以上方法后，将弹出如图 6-9 所示的“标注样式管理器”对话框。

对话框中出现各选项的含义如下：

（1）样式：列出图形中的标注样式。

（2）列出：在“样式”列表中控制样式显示。

（3）预览：显示“样式”列表中选定样式的图示。

（4）置为当前：将在“样式”下选定的标注样式设置为当前标注样式。

（5）新建：显示“创建新标注样式”对话框，从中可以定义新的标注样式。

（6）修改：显示“修改标注样式”对话框，从中可以修改标注样式。

（7）替代：显示“替代当前样式”对话框，从中可以设置标注样式的临时替代。

（8）比较：显示“比较标注样式”对话框，从中可以比较两个标注样式或列出一个标注样式的所有特性。

（9）说明：说明“样式”列表中与当前样式相关的选定样式。

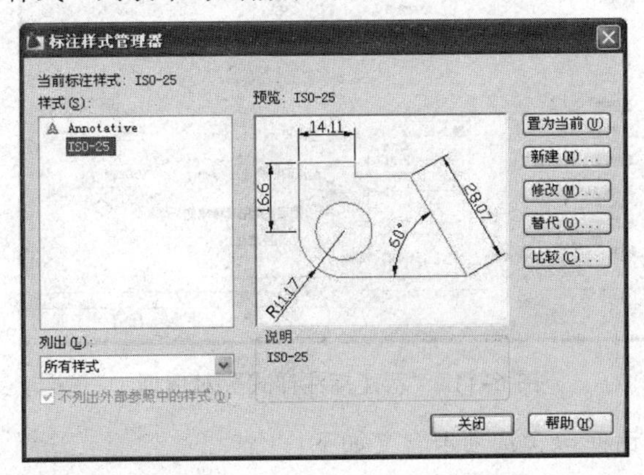

图 6-9　“标注样式管理器”对话框

6.2.2　新建标注样式

在 AutoCAD 中，使用标注样式可以控制尺寸标注的格式和外观，有利于对标注格式及用途进行修改。新建标注样式的具体设置方法如下：

- 菜单栏方法：“标注”|“标注样式（S）”|“新建（N）”；
- 工具栏方法：“标注”工具栏|“按钮”|“新建（N）”。

使用以上方法后，将弹出图 6-10 所示的“创建新标注样式”对话框。

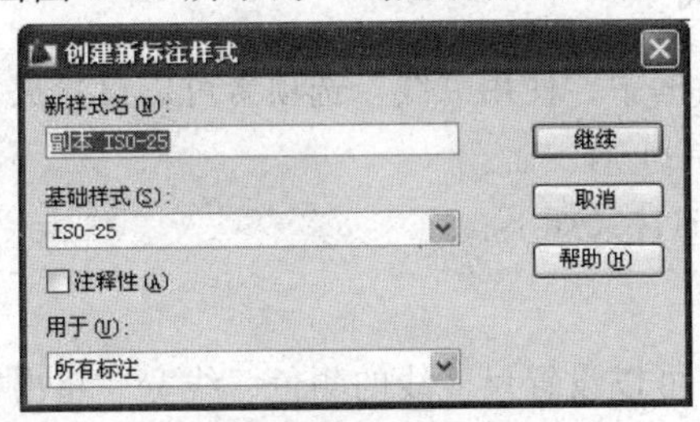

图 6-10　“创建新标注样式”对话框

对话框中出现各选项的含义如下：

（1）新样式名：新建样式名称，用于不同样式之间区别。

（2）基础样式：以在“样式”列表中某一样式为基础。

（3）用于：指定新建样式的适用范围，包括“所有标注”“线性标注”“角度标注”“半径标注”“直径标注”和“引线与公差”等选项。

以上项目设置完成，单击 继续 按钮将弹出图 6-11 所示的“新建标注样式”对话框。在此对话框中可以定义新样式的特性。此对话框最初显示的是在“创建新标注样式”对话框中所选择的基础样式的特性。

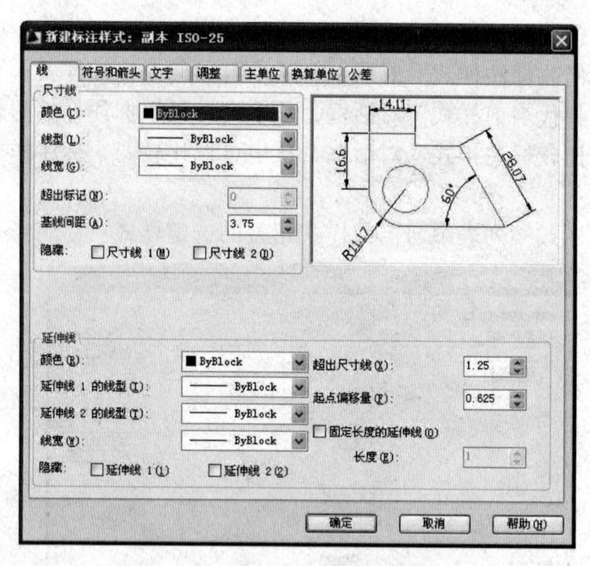

图 6-11 “新建标注样式”对话框

“新建标注样式”对话框包含选项卡含义如下：

（1）线：设置尺寸线、尺寸界线、箭头和圆心标记的格式和特性。

（2）符号和箭头：设置箭头、圆心标记、弧长符号和折弯半径标注的格式和位置。

（3）文字：设置标注文字的格式、放置和对齐。

（4）调整：控制标注文字、箭头、引线和尺寸线的放置。

（5）主单位：设置主标注单位的格式和精度，并设置标注文字的前缀和后缀。

（6）换算单位：指定标注测量值中换算单位的显示并设置其格式和精度。

（7）公差：控制标注文字中公差的格式及显示。

6.2.3 设置直线标注样式

在“新建标注样式”对话框中，使用“线”选项卡可以设置尺寸线、尺寸界线、箭头、圆心标记的格式和特性，如图 6-11 所示。

“线”选项卡所包含项目的含义如下：

1. 尺寸线

在“尺寸线”选项组中，可以设置尺寸线的颜色、线宽、超出标记和基线间距等项目，其中部分选项功能如下：

- 超出标记：指定当箭头使用倾斜、建筑标记、积分和无标记时尺寸线超过尺寸界线的距离，如图 6-12 所示。

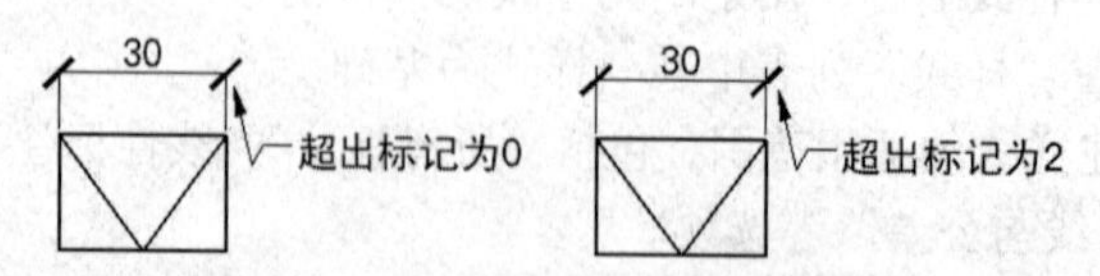

图 6-12 尺寸线超出标记值不同时标注效果

- 基线间距：设置基线标注的尺寸线之间的距离，如图 6-13 所示。

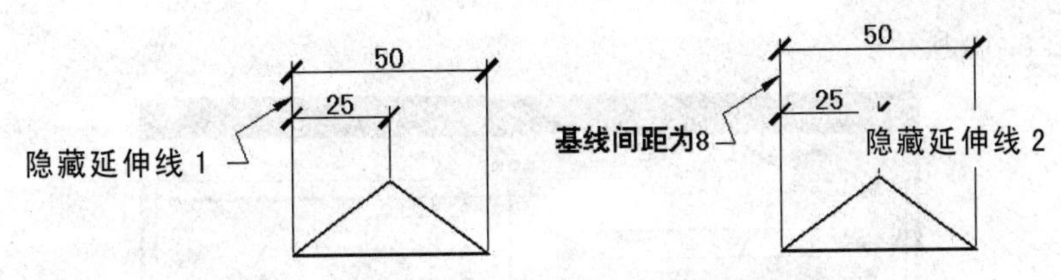

图 6-13　基线间距不同时的标注效果

- 隐藏：隐藏不显示的尺寸线。当选择“尺寸线 1”时，隐藏第一条尺寸线。当选择“尺寸线 2”时，隐藏第二条尺寸线，如图 6-14 所示。

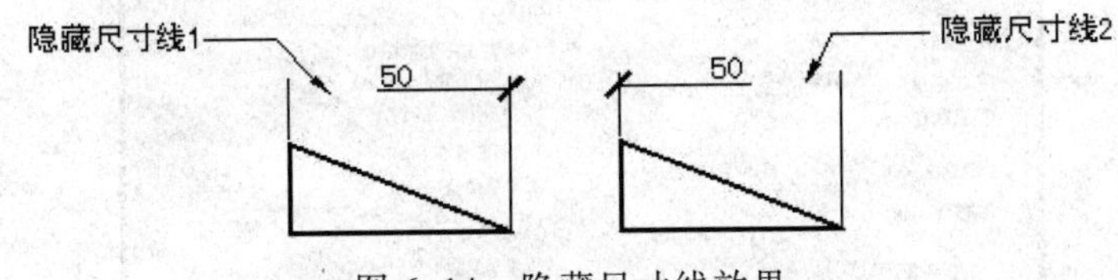

图 6-14　隐藏尺寸线效果

2. 延伸线

在“延伸线”选项组中，可以设置尺寸界线的颜色、线宽、超出尺寸线的长度、起点偏移量和隐藏控制等属性，其中部分选项功能如下：

- “延伸线 1”和“延伸线 2”：分别用于设置延伸线 1 和延伸线 2 的线型。
- 超出尺寸线：分别用于设置延伸线超出尺寸线的距离，如图 6-15 所示。

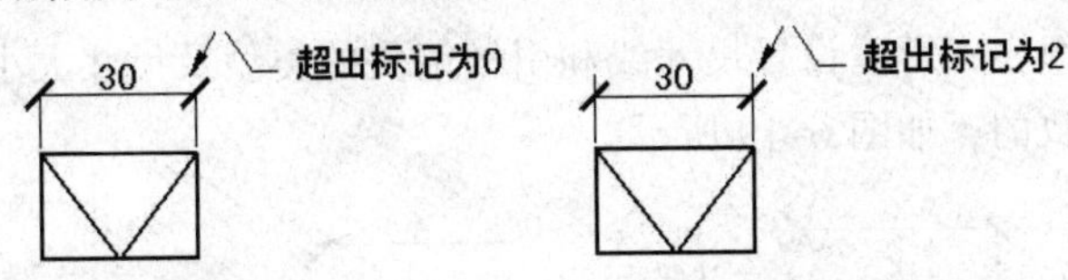

图 6-15　延伸线超出标记值不同时标注效果

起点偏移量：设置延伸线的起点与定义标注的点的偏移距离，如图 6-16 所示。

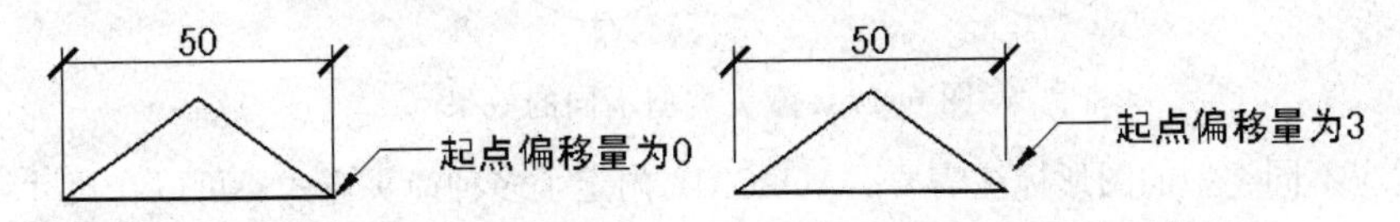

图 6-16　尺寸界线起点偏移量不同时标注效果

- 隐藏：隐藏不显示的尺寸界线。当选择“延伸线 1”时，隐藏第一条尺寸界线。当选择“延伸线 2”时，隐藏第二条尺寸界线，如图 6-17 所示。

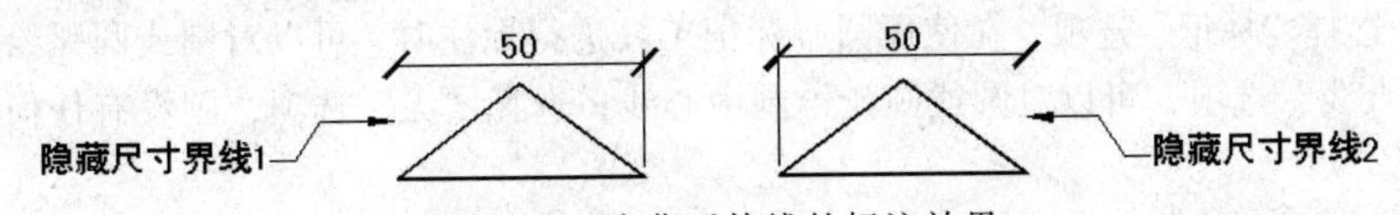

图 6-17　隐藏延伸线的标注效果

- 固定长度的延伸线：选中该复选框，可以使用具有特定长度的延伸线标注图形。

6.2.4　设置符号和箭头标注样式

在“符号和箭头”选项卡中，可以设置箭头、圆心标记、弧长符号和折弯半径标注的格式和位置，如图 6-18 所示。

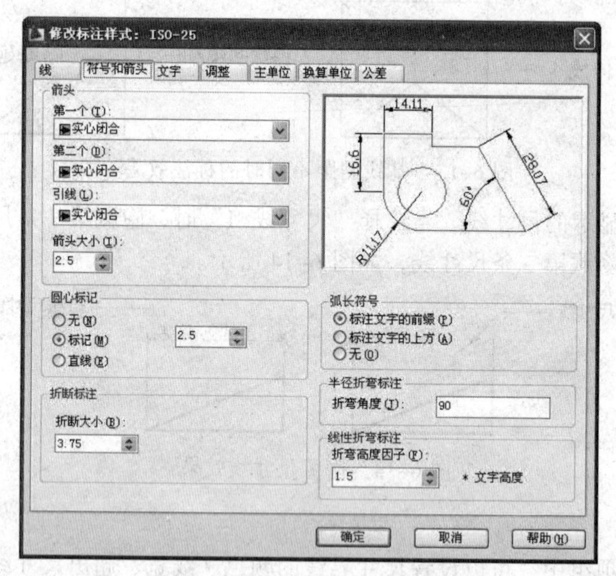

图 6-18 “符号和箭头”选项卡

“符号和箭头”选项卡所包含项目的含义如下：

1. 箭头

在“箭头”选项组中，可以设置尺寸线和引线箭头的类型及尺寸大小等。通常情况下，尺寸线的两端箭头是一致的，如图 6-19 所示。

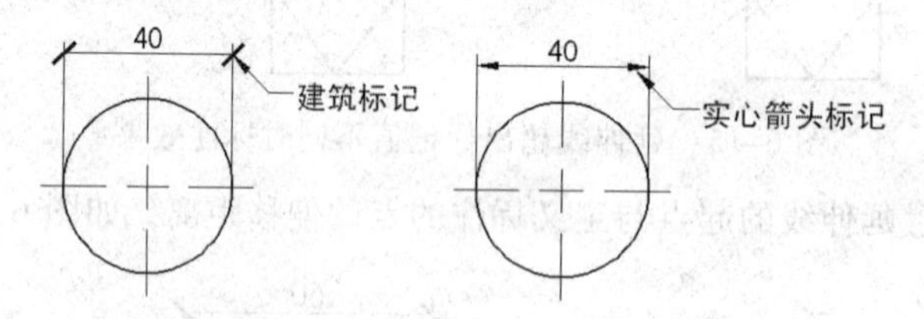

图 6-19 箭头类型不同的效果

为了适应不同类型的图形标注需要，AutoCAD 内定了多种箭头样式。可以在尺寸线对应的下拉列表中选择，并在箭头大小文本框中设置大小。也可使用自定义箭头，方便用户扩展箭头的类型。

2. 圆心标记

在“圆心标记”选项组中，可以设置圆或圆弧的圆心标记类型，如“无”“标记”和“直线”。其中，选择“标记”选项，在使用圆心标记工具进行标注时，可以对圆或圆弧绘制圆心标记；选择“直线”选项，可以对圆或圆弧绘制中心线；选择“无”选项，则没有任何标记，如图 6-20 所示。

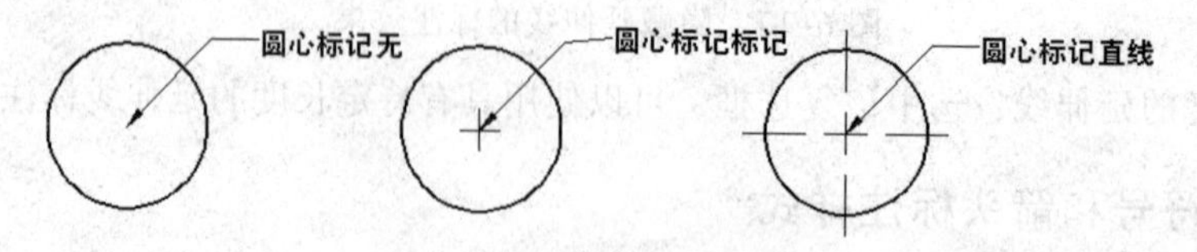

图 6-20 不同圆心标记形式

3．弧长符号

在“弧长符号”选项组中，可以设置弧长符号的位置，包括“标注文字的前缀”“标注文字的上方”和“无”三种方式，如图 6-21 所示。

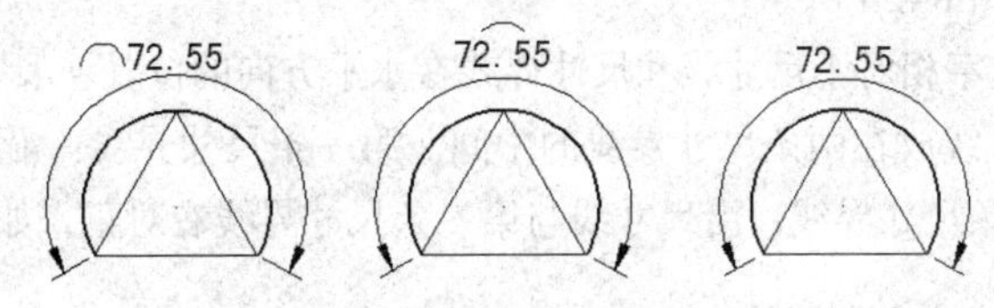

图 6-21　不同的弧长表示方法

4．半径折弯标注

在“半径折弯标注”选项组中，可以设置标注圆弧半径时标注线的折弯角度大小。

6.2.5　设置文字标注样式

在“文字”选项卡中，可以设置标注文字的格式、放置和对齐，如图 6-22 所示。

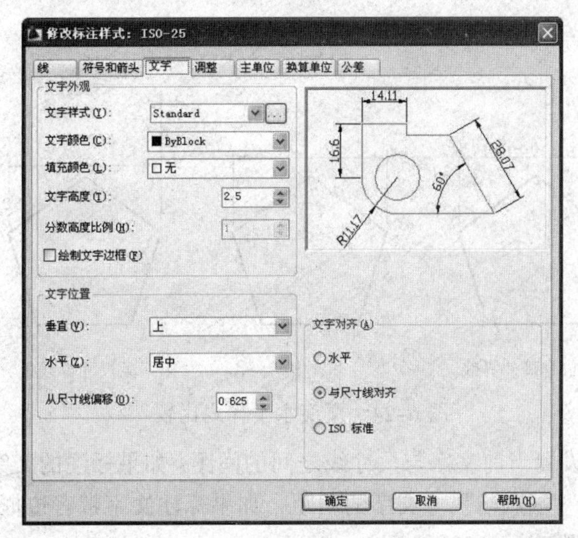

图 6-22　“文字”选项卡

“文字”选项卡所包含项目的含义如下：

1．文字外观

在“文字外观”选项组中，可以设置标注文字样式、颜色、高度、分数高度比例以及控制文字是否绘制边框等。其中部分选项功能如下：

- 分数高度比例：设置标注文字中的分数相对于其他标注文字的比例，AutoCAD 将该比例值与标注文字高度的乘积作为分数的高度。
- 绘制文字边框：设置是否在注写文字周围绘制一个边框。

2．文字位置

在“文字位置”选项组中，可以设置标注文字的垂直、水平位置以及从尺寸线偏移。其中各选项功能如下：

- 垂直：设置标注文字相对尺寸线在垂直方向的位置，包括置中、上方、外部和 JIS 选项。居中：将标注文字放在尺寸线的两部分中间。上方：将标注文字放在尺寸线上方。外部：将标注文字放在尺寸线上远离第一个定义点的一边。JIS：按照日本工业标准 （JIS）放置标注文字，如图 6-23 所示。
- 水平：设置标注文字相对于尺寸线和尺寸界线在水平方向的位置。水平位置选项包括：居中：将标注文字沿尺寸线放在两条尺寸界线的中间。第一条尺寸界线：沿尺寸线与第一条尺寸界线左对正。 第二条尺寸界线：沿尺寸线与第二条尺寸界线右对正，如图 6-24 所示。

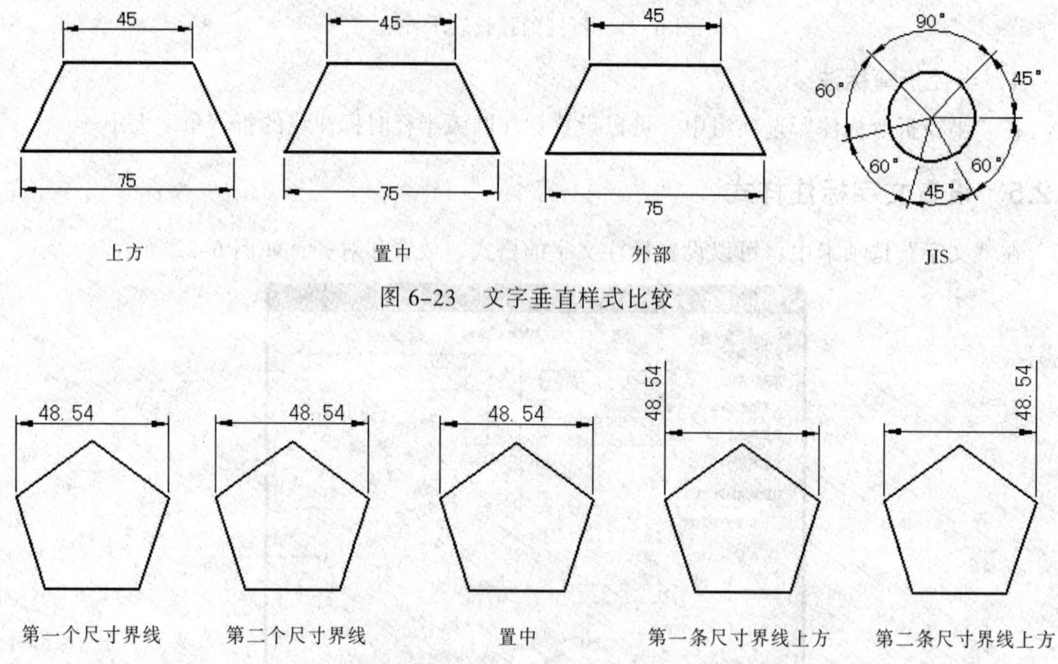

图 6-23　文字垂直样式比较

图 6-24　文字水平样式比较

- 从尺寸线偏移：设置当前文字与尺寸线之间的间距。如果标注的文字位于尺寸线的中间，则表示断开处尺寸端点与尺寸文字的间距，如果标注文字带有边框，则可以控制文字边框与其中文字的距离。

3. 文字对齐

在“文字对齐”选项组中，可以设置标注文字是保持水平还是与尺寸线平行，如图 6-25 所示。

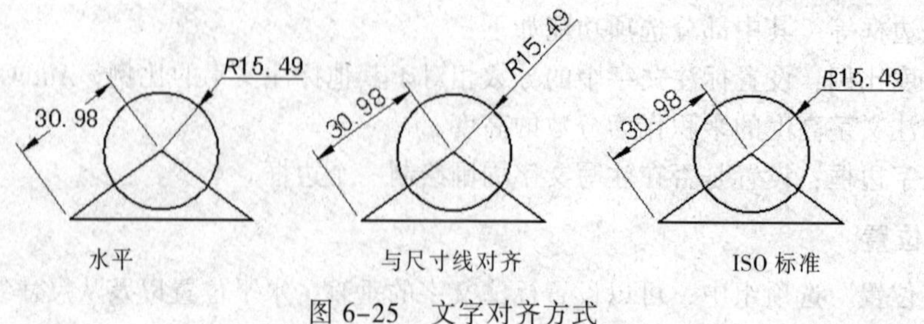

图 6-25　文字对齐方式

6.2.6　设置调整标注样式

在“调整”选项卡中，可以设置标注文字、箭头、引线和尺寸线的位置，如图 6–26 所示。“调整”选项卡所包含项目的含义如下所述。

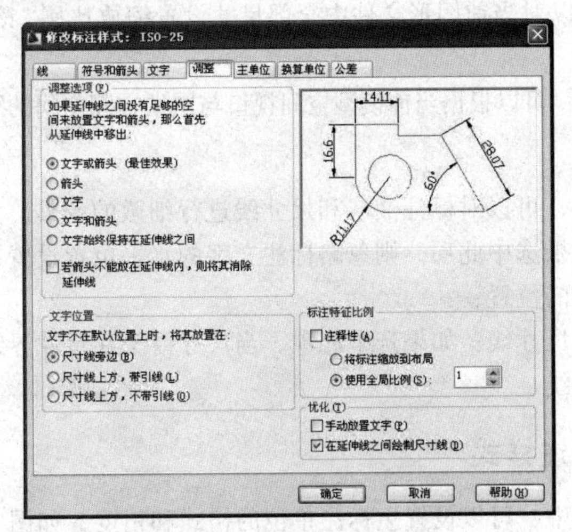

图 6–26　“调整”选项卡

1．调整选项

在“调整选项”选项组中，可以确定当尺寸界线之间没有足够的空间时，如何放置标注文字和箭头的位置，如图 6–27 所示。

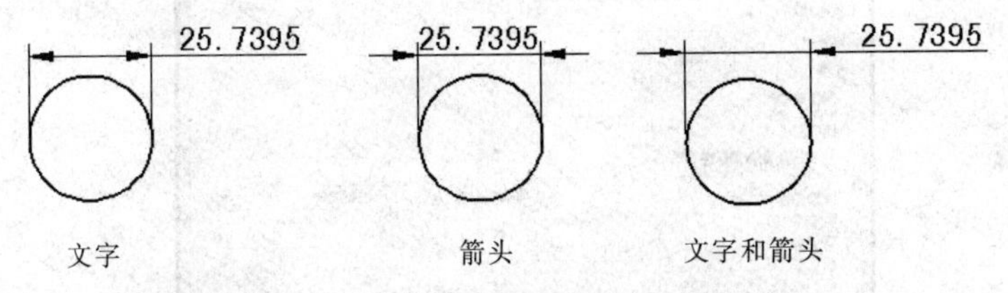

图 6–27　标注文字和箭头在尺寸界线之间位置

其中，如果选择“文字或箭头（最佳效果）”，可由 AutoCAD 按最佳效果自动移出文字或箭头；如果选择“若箭头不能放在延伸线内，则将其消除延伸线”时，当尺寸界线之间的空间不足以容纳箭头，则不显示标注箭头。

2．文字位置

在“文字位置”选项组中，可以设置当文字不在默认位置时，移出标注文字的新位置，如图 6–28 所示。

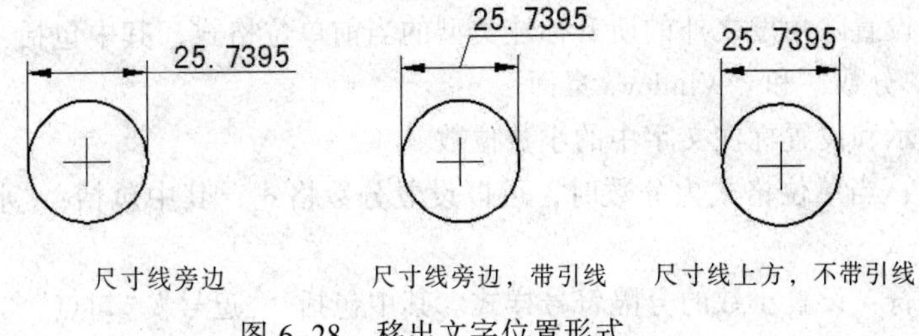

图 6–28　移出文字位置形式

3．标注特征比例

在“标注特征比例”选项组中，可以设置标注尺寸的特征比例。通过全局标注比例值或图纸空间比例的调整，改变标注比例。

“使用全局比例”：可以对当前图形文件中全部尺寸设置缩放比例，该比例只影响标注样式，不改变图形的尺寸。

“将标注缩放到布局”：可以根据当前模型空间视口与图纸空间之间的缩放关系设置比例因子。

4．优化

在“优化”选项组中，可以对标注文本和尺寸线进行细微的调整。其中各选项功能如下：

- 手动放置文字：如果选中此项，则忽略标注文字的水平位置设置，标注时可将标注的文字手动放置在指定的位置；
- 在延伸线之间绘制尺寸线：如果选中此项，当尺寸箭头在尺寸界线之外时，也在尺寸界线之内绘制出尺寸线。

6.2.7　设置主单位标注样式

在“主单位”选项卡中，可以设置主标注单位的格式和精度，如图6–29所示。

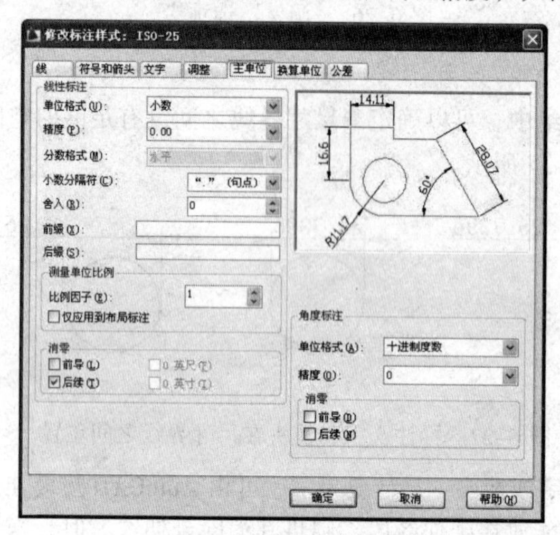

图6–29　“主单位”选项卡

“主单位”选项卡所包含项目的含义如下：

1．线性标注

在“线性标注”选项组中，可以设置线性标注的格式和精度，主要选项功能如下：

单位格式：设置除角度之外的所有标注类型的当前单位格式，其中包括：“科学”“小数”“工程”“建筑”“分数”和“Windows桌面”。

- 精度：显示和设置标注文字中的小数位数。
- 分数格式：当单位格式为分数时，可以设置分数格式，其中包括：“水平”“对角”“非堆叠”。
- 小数分隔符：设置小数的分隔符号样式。其中包括：“逗号”“句点”“空格”，习惯设为“句点”。

- 舍入：设置除“角度”之外的所有标注类型标注测量值的舍入规则，例如输入 0.3，则所有标注距离都以 0.3 为单位进行舍入，大于 0.3 进位，小于 0.3 舍去。
- 前缀：在标注文字中加入前缀。
- 后缀：在标注文字中加入后缀。

2. 测量单位比例

- 比例因子：使用比例因子来控制和调整测量尺寸的缩放比例，建议不要更改此值的默认值 1.00。例如：如果输入 2，则 1 mm 直线的尺寸将标注为 2 mm。该值不应用到角度标注，也不应用到舍入值或者正负公差值。
- 仅应用到布局标注：仅将测量单位比例因子应用于布局视图中创建的标注。除非使用非关联标注，否则，该设置应保持取消复选状态。

3. 消零

控制是否输出前导零和后续零，以及零英尺和零英寸部分，其中各选项功能如下：

- 前导：不输出所有十进制标注中的前导零，例如，0.7000 变成 .7000；
- 后续：不输出所有十进制标注中的后续零，例如，13.4000 变成 13.4，30.0000 变成 30；
- 0 英尺：当距离小于 1 英尺时，不输出英尺-英寸型标注中的英尺部分；
- 0 英寸：当距离为整英尺时，不输出英尺-英寸型标注中的英寸部分。

4. 角度标注

在“角度标注”选项组中，可以使用“单位格式”下拉列表框设置标注角度时的单位，使用“精度”下拉列表框设置标注角度的尺寸精度，使用“消零”选项组设置是否消除角度的尺寸的前导零和后续零，其设置与线性标注设置方法类似。

6.2.8 设置换算单位标注样式

在“换算单位”选项卡中，可以设置主换算单位的格式和精度，如图 6-30 所示。

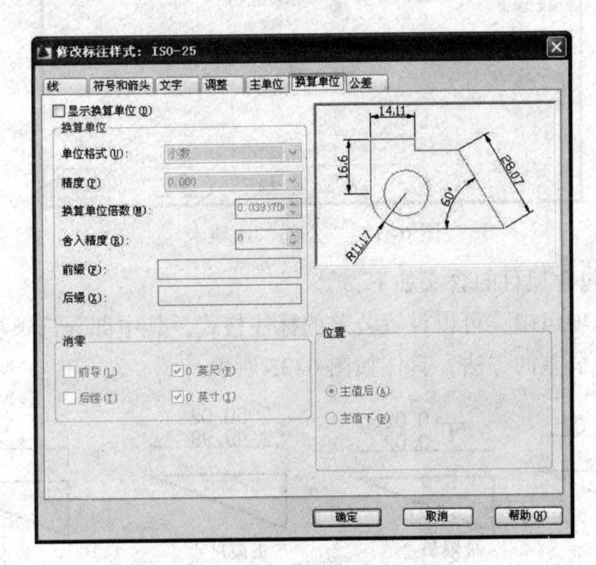

图 6-30　“换算单位”选项卡

“换算单位”选项卡所包含项目的含义如下：

在AutoCAD中，通过换算单位，可以转换使用不同测量单位制的标注，通常是显示英制标注的等效公制标注，或公制标注的等效英制标注。在标注时，换算单位标注在主单位旁边的“[　]”中，如图6-31所示。

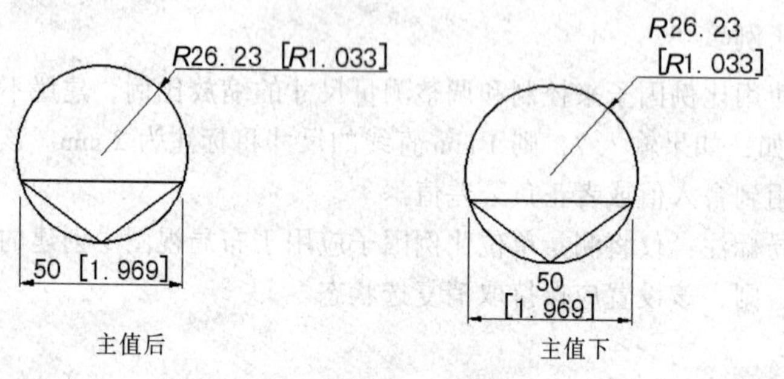

图6-31　换算单位表示位置

当选中“显示换算单位”复选框时，换算单位的各选项才被激活。其中各项设置方法与“主单位”设置方法相同，请参考“主单位”选项卡进行设置。

6.2.9　设置公差标注样式

在“公差”选项卡中，可以设置公差的格式，以及是否在标注时显示公差，如图6-32所示。

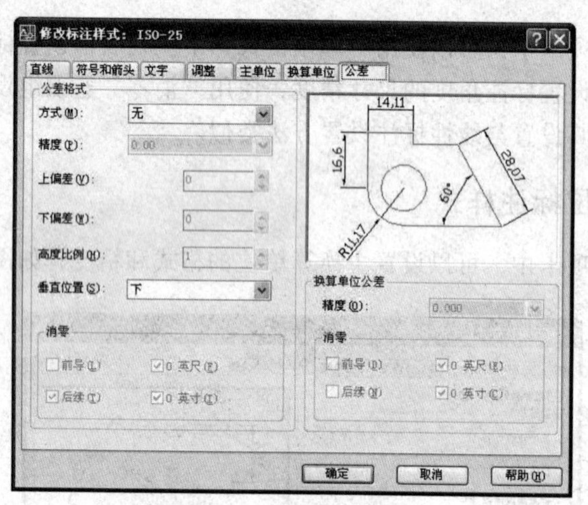

图6-32　“公差”选项卡

“公差”选项卡所包含项目的含义如下：

在“公差格式”选项组中，可以设置公差的标注格式，其中部分选项功能如下：

- 方式：设置标注公差的方法，具体如图6-33所示。

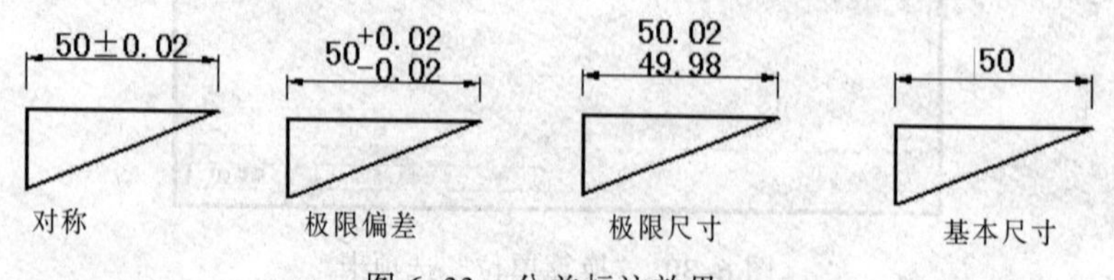

图6-33　公差标注效果

- 上偏差：设置最大公差或上偏差；
- 下偏差：设置最小公差或下偏差；
- 高度比例：设置公差文字的当前高度；
- 垂直位置：控制对称公差和极限公差的文字对正。

其他选项可以参照前面所讲述的内容进行设置，方法大致相同，此处不再赘述。

技巧与提示：

尺寸标注样式的设置项目和内容比较多，在学习时一定要认真仔细，针对每一项的设置改变最好在计算机环境中实验一下，检验最终效果。

使用"标注样式管理器"的"修改""替代"项目时，其中的设置选项与"新建"的内容是相同的。这里需要说明的是："修改"是对现有的样式进行改变，如果修改的是已经使用的样式，则图形上的相应标注也会发生变化。如果修改的是替代样式，则图形上的相应标注不会发生变化，此时进行新的标注将按修改后的样式标注。

如果建立了很多样式，记不清各样式之间的差别，可以使用"标注样式管理器"的"比较"选项，将当前的样式与原始样式进行比较，显示各自的差别。

6.3　长度类型标注

长度类型的尺寸标注，主要用在图形中各点之间，可以是直线的端点、交点、圆弧线等。AutoCAD 中长度类型的标注包括线性标注、对齐标注、弧长标注、基线标注、连续标注及快速标注等。

6.3.1　线性标注

线性标注是使用频率很高的长度类型尺寸标注工具，主要用于水平和垂直方向的尺寸标注。其操作方法如下：

- 菜单栏方法："标注" | "线性（L）"；
- 工具栏方法："标注"工具栏| "按钮"；
- 命令行方法：DIMLINEAR，简写为 DIMLIN。

下面以绘制图 6-34 所示的图形为例，讲解线性标注命令的操作过程。

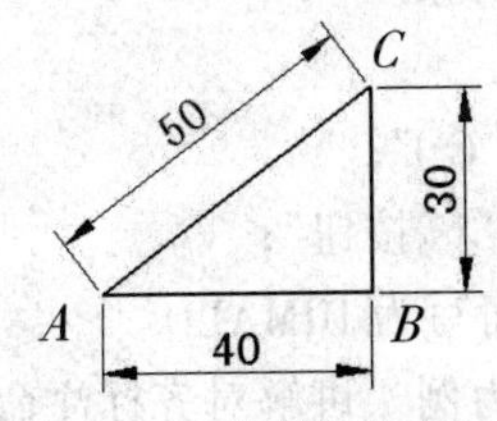

图 6-34　线性标注练习

具体绘图的操作过程如下：

```
命令：DIMLINEAR                              /*启动线性标注命令*/
指定第一条延伸线原点或 <选择对象>：           /*捕捉 A 点*/
指定第二条延伸线原点：                        /*捕捉 B 点*/
指定尺寸线位置或
[多行文字(M)/文字(T)/角度(A)/水平(H)/垂直(V)/旋转(R)]：
```

```
                                        /*移动鼠标到适当位置单击确定尺寸线位置*/
标注文字 = 40
命令： DIMLINEAR                        /*按空格键重复启动线性标注命令*/
指定第一条延伸线原点或 <选择对象>：      /*按空格键，启动选择对象方式*/
选择标注对象：                          /*使用鼠标选择直线 BC*/
指定尺寸线位置或
[多行文字(M)/文字(T)/角度(A)/水平(H)/垂直(V)/旋转(R)]：
                                        /*移动鼠标到适当位置单击确定尺寸线位置*/
标注文字 = 30
命令： DIMLINEAR                        /*按空格键重复启动线性标注命令*/
指定第一条延伸线原点或 <选择对象>：      /*按空格键，启动选择对象方式*/
选择标注对象：                          /*使用鼠标选择直线 AC*/
指定尺寸线位置或
[多行文字(M)/文字(T)/角度(A)/水平(H)/垂直(V)/旋转(R)]： r
                                        /*选择旋转(R)方法*/
指定尺寸线的角度 <0>：                  /*使用鼠标捕捉 A 点*/
指定第二点：                            /*使用鼠标捕捉 C 点*/
指定尺寸线位置或
[多行文字(M)/文字(T)/角度(A)/水平(H)/垂直(V)/旋转(R)]：
                                        /*移动鼠标到适当位置单击确定尺寸线位置*/
标注文字 = 50
```

命令行中出现各选项的含义如下：

（1）指定第一条尺寸界线原点：指定尺寸界线的起点。

（2）指定第二条尺寸界线原点：指定尺寸界线的终点。

（3）指定尺寸线位置：指定尺寸线的固定位置。

（4）多行文字（M）：显示在位文字编辑器，可用它来编辑标注文字。

（5）文字（T）：在命令行自定义标注文字，生成的标注测量值显示在尖括号中。

（6）角度（A）：修改标注文字的角度。

（7）水平（H）：创建水平线性标注。

（8）垂直（V）：创建垂直线性标注。

（9）旋转（R）：创建旋转线性标注。

6.3.2 对齐标注

对齐标注是也是使用频率很高的长度类型尺寸标注工具，可以标注倾斜线段的尺寸，并且对齐标注的尺寸线平行于标注的图形对象。

其操作方法如下：

- 菜单栏方法：“标注” | “对齐（G）”；
- 工具栏方法：“标注” 工具栏| “按钮”；
- 命令行方法：DIMALIGNED，简写为 DIMALI。

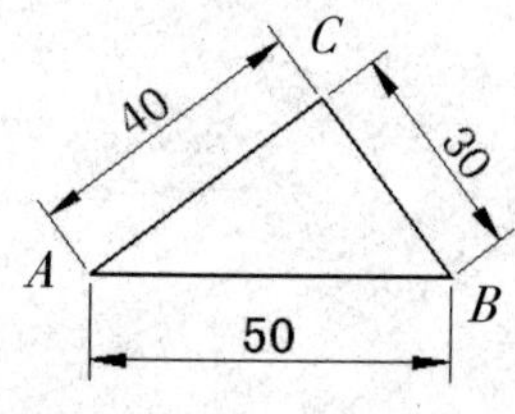

图 6-35 对齐标注练习

下面以绘制图 6-35 所示的图形为例，讲解对齐标注命令的操作过程。

具体绘图的操作过程如下：

```
命令： dimaligned                       /*启动对齐标注命令*/
指定第一条延伸线原点或 <选择对象>：     /*捕捉 A 点*/
指定第二条延伸线原点：                 /*捕捉 B 点*/
指定尺寸线位置或
[多行文字(M)/文字(T)/角度(A)]：        /*移动鼠标到适当位置单击确定尺寸线位置*/
```

```
标注文字 = 50
命令: DIMALIGNED                          /*按空格键重复启动对齐标注命令*/
指定第一条延伸线原点或 <选择对象>:         /*按空格键，启动选择对象方式*/
选择标注对象:                              /*使用鼠标选择直线 BC*/
指定尺寸线位置或
[多行文字(M)/文字(T)/角度(A)]:             /*移动鼠标到适当位置单击确定尺寸线位置*/
标注文字 = 30
命令: DIMALIGNED                          /*按空格键重复启动对齐标注命令*/
指定第一条延伸线原点或 <选择对象>:         /*按空格键，启动选择对象方式*/
选择标注对象:                              /*使用鼠标选择直线 AC*/
指定尺寸线位置或
[多行文字(M)/文字(T)/角度(A)]:             /*移动鼠标到适当位置单击确定尺寸线位置*/
标注文字 = 40
```

命令行中出现各选项的含义如下：

（1）指定第一条尺寸界线原点：指定尺寸界线的起点。

（2）指定第二条尺寸界线原点：指定尺寸界线的终点。

（3）指定尺寸线位置：指定尺寸线的固定位置。

（4）多行文字（M）：显示在位文字编辑器，可用它来编辑标注文字。

（5）文字（T）：在命令行自定义标注文字，生成的标注测量值显示在尖括号中。

（6）角度（A）：修改标注文字的角度。

6.3.3　弧长标注

弧长标注是长度类型的尺寸标注工具，弧长标注用于测量圆弧或多段线弧段上的距离。

其操作方法如下：

- 菜单栏方法："标注"|"弧长（H）"；
- 工具栏方法："标注"工具栏|"按钮"；
- 命令行方法：DIMARC。

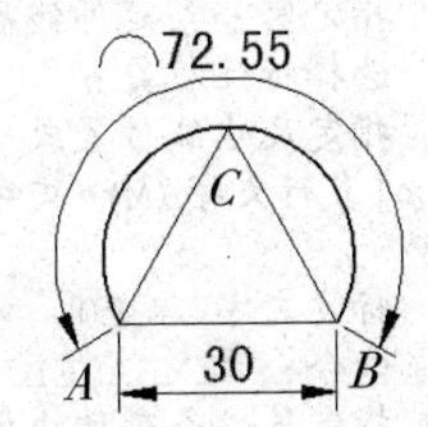

图 6-36　弧长标注练习

下面以绘制图 6-36 所示的图形为例，讲解弧长标注命令的操作过程。

具体绘图的操作过程如下：

```
命令: POLYGON 输入边的数目 <3>:3          /*启动正多边形命令，输入边数为 3*/
指定正多边形的中心点或 [边(E)]: e         /*选择边(E)方法*/
指定边的第一个端点:                       /*使用鼠标在屏幕指定一点 A*/
指定边的第二个端点: 30                    /*锁定极轴水平向右方向，直接输入长度 30*/
命令: ARC 指定圆弧的起点或 [圆心(C)]:     /*启动圆弧命令，使用鼠标捕捉 B 点 */
指定圆弧的第二个点或 [圆心(C)/端点(E)]:   /*使用鼠标捕捉 C 点 */
指定圆弧的端点:                           /*使用鼠标捕捉 A 点 */
命令: DIMARC                              /*启动对齐标注命令*/
选择弧线段或多段线弧线段:                 /*使用鼠标选择圆弧 ABC */
指定弧长标注位置或 [多行文字(M)/文字(T)/角度(A)/部分(P)/引线(L)]:
                                          /*移动鼠标到适当位置单击确定尺寸线位置*/
标注文字 = 72.55
```

命令行中出现各选项的含义如下：

（1）多行文字（M）：显示在位文字编辑器，可用它来编辑标注文字。

（2）文字（T）：在命令行自定义标注文字，生成的标注测量值显示在尖括号中。

（3）角度（A）：修改标注文字的角度。

（4）部分（P）：缩短弧长标注的长度。

（5）引线（L）：添加引线对象。仅当圆弧（或弧线段）大于 90°时才会显示此选项。引线是按径向绘制的，指向所标注圆弧的圆心。

6.3.4 基线标注

基线标注是以某尺寸界线为基准，多条平行等间距的尺寸标注方法。其操作方法如下：

- 菜单栏方法：“标注”|“基线（B）”；
- 工具栏方法：“标注”工具栏|“按钮”；
- 命令行方法：DIMBASELINE，简写 DIMBASE。

下面以绘制图 6-37 所示的图形为例，讲解基线标注命令的操作过程。

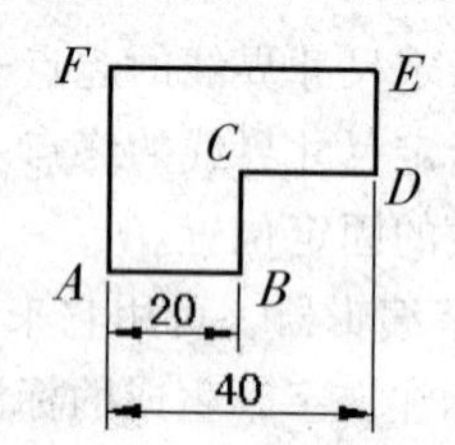

图 6-37　基线标注练习

具体绘图的操作过程如下：

```
命令: DIMLINEAR                                    /*启动对齐标注命令*/
指定第一条延伸线原点或 <选择对象>:                    /*按空格键，启动选择对象方式*/
选择标注对象:                                       /*使用鼠标选择直线AB*/
指定尺寸线位置或
[多行文字(M)/文字(T)/角度(A)/水平(H)/垂直(V)/旋转(R)]:
                          /*移动鼠标到适当位置单击确定尺寸线位置*/
标注文字 = 20
命令: DIMBASELINE             /*启动基线标注命令*/
指定第二条延伸线原点或 [放弃(U)/选择(S)] <选择>:    /*按空格键*/
选择基准标注:                 /*使用鼠标选择AB直线的左端尺寸界线为基线*/
指定第二条延伸线原点或 [放弃(U)/选择(S)] <选择>:    /*使用鼠标捕捉D点*/
标注文字 = 40
指定第二条延伸线原点或 [放弃(U)/选择(S)] <选择>:    /*按空格键结束基线标注命令*/
```

命令行中出现各选项的含义如下：

（1）放弃（U）：取消当前的基线标注，此时可以另行选择新的尺寸界线作为基线。

（2）选择（S）：选择尺寸界线作为标注基线。

6.3.5 连续标注

连续标注是尺寸标注首尾相连，组成多个相连尺寸标注的方法。其操作方法如下：

- 菜单栏方法：“标注”|“连续（C）”；
- 工具栏方法：“标注”工具栏|“按钮”；
- 命令行方法：DIMCONTINUE，简写为 DIMCONT。

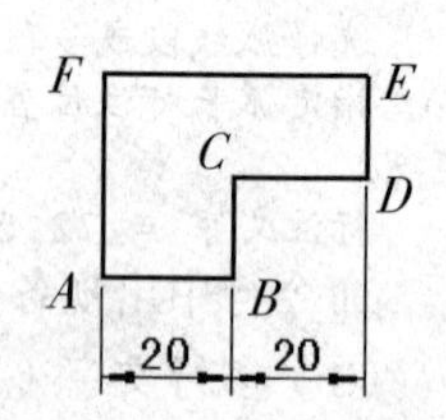

图 6-38　连续标注练习

绘制如图 6-38 所示的图形为例，讲解连续标注命令的操作过程。

具体绘图的操作过程如下：

```
命令: DIMLINEAR                                  /*启动对齐标注命令*/
指定第一条延伸线原点或 <选择对象>:                  /*按空格键，启动选择对象方式*/
选择标注对象:                                     /*使用鼠标选择直线 AB*/
指定尺寸线位置或
[多行文字(M)/文字(T)/角度(A)/水平(H)/垂直(V)/旋转(R)]:
                                                  /*移动鼠标到适当位置单击确定尺寸线位置*/
标注文字 = 20
命令: DIMCONTINUE                                             /*启动连续标注命令*/
指定第二条延伸线原点或 [放弃(U)/选择(S)] <选择>:                /*按空格键*/
选择连续标注:                                     /*使用鼠标选择 AB 直线的左端尺寸界线为基线*/
指定第二条延伸线原点或 [放弃(U)/选择(S)] <选择>:                /*使用鼠标捕捉 D 点*/
标注文字 = 20
指定第二条延伸线原点或 [放弃(U)/选择(S)] <选择>:                /*按空格键结束连续标注命令*/
```

命令行中出现各选项的含义如下：

（1）放弃（U）：取消当前的连续标注，此时可以另行选择新的尺寸界线作为基线。

（2）选择（S）：选择尺寸界线作为标注基线。

6.3.6　实例与练习

如图 6-39 所示，请按图中给定的尺寸，使用长度类型的标注方法标注尺寸。

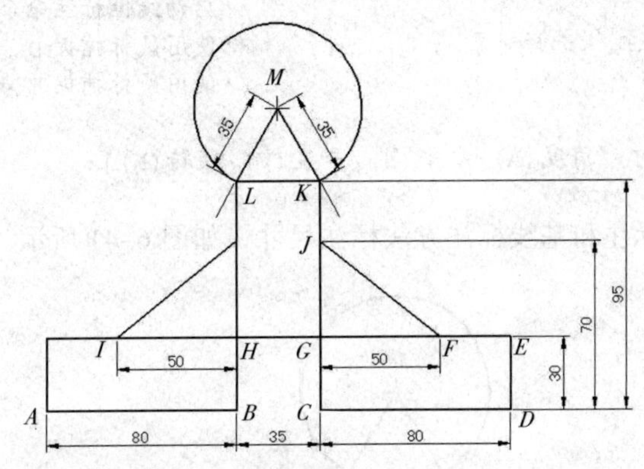

图 6-39　长度类型标注尺寸实例

第一步：使用线性标注方法标注尺寸，如图 6-40 所示。

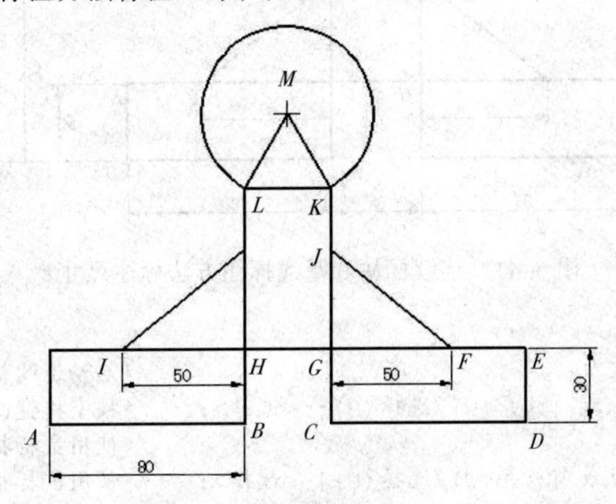

图 6-40　线性标注方法标注尺寸

具体步骤如下：

```
命令: DIMLINEAR                                        /*启动线性标注命令*/
指定第一条延伸线原点或 <选择对象>:                      /*使用鼠标捕捉 I 点*/
指定第二条延伸线原点:                                  /*使用鼠标捕捉 H 点*/
指定尺寸线位置或
[多行文字(M)/文字(T)/角度(A)/水平(H)/垂直(V)/旋转(R)]:
标注文字 = 50
命令: DIMLINEAR                                        /*启动线性标注命令*/
指定第一条延伸线原点或 <选择对象>:                      /*使用鼠标捕捉 G 点*/
指定第二条延伸线原点:                                  /*使用鼠标捕捉 F 点*/
指定尺寸线位置或
[多行文字(M)/文字(T)/角度(A)/水平(H)/垂直(V)/旋转(R)]:
标注文字 = 50
命令: DIMLINEAR                                        /*启动线性标注命令*/
指定第一条延伸线原点或 <选择对象>:                      /*使用鼠标捕捉 A 点*/
指定第二条延伸线原点:                                  /*使用鼠标捕捉 B 点*/
指定尺寸线位置或
[多行文字(M)/文字(T)/角度(A)/水平(H)/垂直(V)/旋转(R)]:
标注文字 = 80
命令: DIMLINEAR                                        /*启动线性标注命令*/
指定第一条延伸线原点或 <选择对象>:                      /*使用鼠标捕捉 D 点*/
指定第二条延伸线原点:                                  /*使用鼠标捕捉 E 点*/
指定尺寸线位置或
[多行文字(M)/文字(T)/角度(A)/水平(H)/垂直(V)/旋转(R)]:
标注文字 = 30
```

第二步：使用连续标注和基线标注方法标注尺寸，如图 6-41 所示。

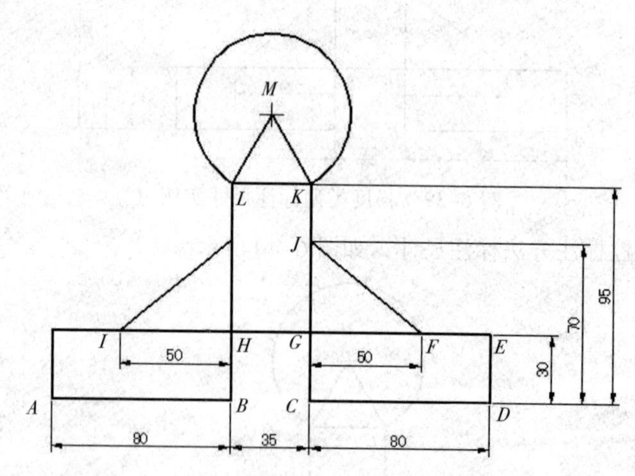

图 6-41　连续标注和基线标注方法标注尺寸

具体步骤如下：

```
命令: DIMCONTINUE                                              /*启动连续标注命令*/
指定第二条延伸线原点或 [放弃(U)/选择(S)] <选择>:               /*按空格键，重选尺寸界线 */
选择连续标注:                                                  /*使用鼠标捕捉 B 点尺寸界线*/
指定第二条延伸线原点或 [放弃(U)/选择(S)] <选择>:               /*使用鼠标捕捉 C 点*/
标注文字 = 35
指定第二条延伸线原点或 [放弃(U)/选择(S)] <选择>:               /*使用鼠标捕捉 D 点*/
```

标注文字 = 80
指定第二条延伸线原点或 [放弃(U)/选择(S)] <选择>:　　/*按空格键结束*/
选择连续标注：*取消*
命令：DIMBASELINE　　/*启动基线标注命令*/
指定第二条延伸线原点或 [放弃(U)/选择(S)] <选择>:　　/*按空格键，重选尺寸界线 */
选择基准标注:　　/*使用鼠标捕捉 D 点尺寸界线*/
指定第二条延伸线原点或 [放弃(U)/选择(S)] <选择>:　　/*使用鼠标捕捉 J 点*/
标注文字 = 70
指定第二条延伸线原点或 [放弃(U)/选择(S)] <选择>:　　/*使用鼠标捕捉 K 点*/
标注文字 = 95
指定第二条延伸线原点或 [放弃(U)/选择(S)] <选择>:　　/*按空格键结束*/

第三步：使用对齐标注和弧长标注方法标注尺寸，如图 6-42 所示。

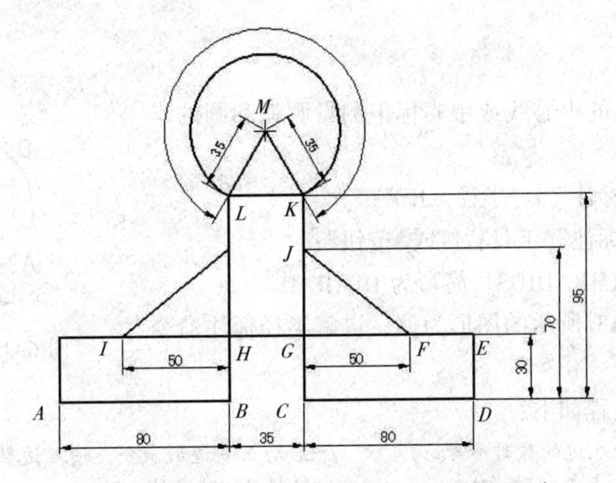

图 6-42　对齐标注和弧长标注方法标注尺寸

具体步骤如下：

命令：DIMALIGNED　　/*启动对齐标注命令*/
指定第一条延伸线原点或 <选择对象>:　　/*按空格键，启动选择对象标注方式*/
选择标注对象:　　/*使用鼠标选择直线 ML*/
指定尺寸线位置或
[多行文字(M)/文字(T)/角度(A)]:　　/*使用鼠标选择尺寸线位置*/
标注文字 = 35
命令： DIMALIGNED　　/*启动对齐标注命令*/
指定第一条延伸线原点或 <选择对象>:　　/*按空格键，启动选择对象标注方式*/
选择标注对象:　　/*使用鼠标选择直线 MK*/
指定尺寸线位置或
[多行文字(M)/文字(T)/角度(A)]:　　/*使用鼠标选择尺寸线位置*/
标注文字 = 35
命令：DIMARC　　/*启动弧长标注命令*/
选择弧线段或多段线弧线段:　　/*使用鼠标选择圆弧*/
指定弧长标注位置或 [多行文字(M)/文字(T)/角度(A)/部分(P)/引线(L)]:
　　/*使用鼠标选择尺寸线位置*/
标注文字 = 183.26

技巧与提示：

长度类型的尺寸标注方式，使用率极高，如果标注水平或竖直方向的尺寸，多用“线性标注”工具进行标注。如果标注尺寸平行于图形对象方向，多用“对齐标注”工具进行标注。

标注的图形对象，如果只标注整体尺寸，在启动“线性标注”或“对齐标注”命令时后，可以先按空格键进入“对象选择”模式，然后逐一选择对象进行标注，此种标注方式，可以提高标注速度，也可在一些特定对象上使用。

“基线标注”和“连续标注”不能单独使用，必须在原有的尺寸标注基础上进行标注。

6.4 弧线和角度类型标注

弧线类型的标注方式主要有半径、直径和圆心标注，主要标注的是圆或圆弧类对象。角度类型的标注主要是标注直线间夹角以及圆心角和圆弧度等。

6.4.1 半径标注

半径标注使用可选的中心线或中心标记测量圆弧和圆的半径。其操作方法如下：

- 菜单栏方法：“标注”|“半径（R）”；
- 工具栏方法：“标注”工具栏|“按钮”；
- 命令行方法：DIMRADIUS，简写为DIMRAD。

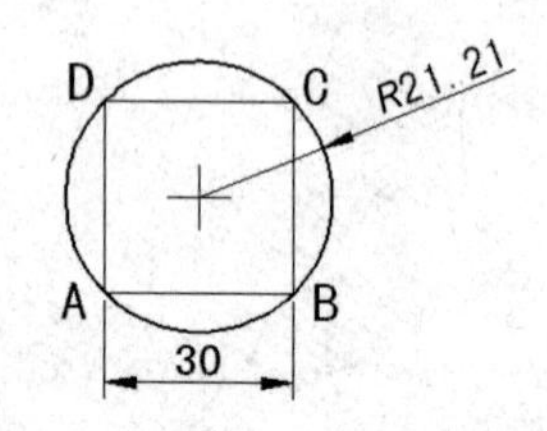

图6-43 半径标注练习

下面以绘制图6-43所示的图形为例，讲解半径标注命令的操作过程。

具体绘图的操作过程如下：

```
命令: POLYGON 输入边的数目 <4>: 4      /*启动正多边形命令，输入边数4*/
指定正多边形的中心点或 [边(E)]: e      /*选择边(E)方法*/
指定边的第一个端点:                    /*使用鼠标在屏幕上确定一点A*/
指定边的第二个端点: 30                 /*锁定极轴水平向右方向，直接输入AB长度30*/
命令: circle 指定圆的圆心或 [三点(3P)/两点(2P)/相切、相切、半径(T)]: 3p
                                       /*选择三点(3P)方法*/
指定圆上的第一个点:                    /*使用鼠标捕捉A点*/
指定圆上的第二个点:                    /*使用鼠标捕捉B点*/
指定圆上的第三个点:                    /*使用鼠标捕捉C点*/
命令: dimradius                        /*启动半径标注方法*/
选择圆弧或圆:                          /*使用鼠标捕捉圆对象*/
标注文字 = 21.21
指定尺寸线位置或 [多行文字(M)/文字(T)/角度(A)]:
                                       /*移动鼠标到适当位置单击确定尺寸线位置*/
```

6.4.2 直径标注

直径标注使用可选的中心线或中心标记测量圆弧和圆的直径，其方法与半径标注方法相同。操作方法如下：

- 菜单栏方法：“标注”|“直径（R）”；
- 工具栏方法：“标注”工具栏|“按钮”；
- 命令行方法：DIMDIAMETER，简写为DIMDIA。

下面以绘制图 6-44 所示的图形为例，讲解直径标注命令的操作过程。

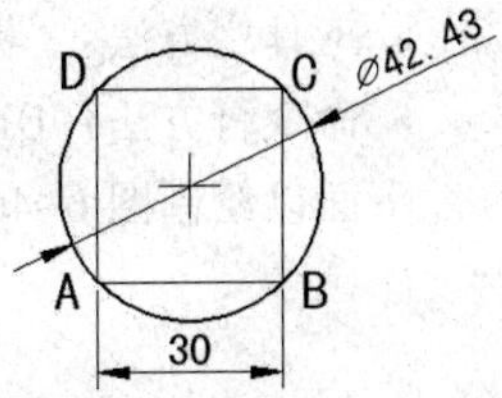

图 6-44　直径标注练习

具体绘图的操作过程如下：

```
命令：polygon 输入边的数目 <4>：4        /*启动正多边形命令，输入边数 4*/
指定正多边形的中心点或 [边(E)]：e       /*选择边(E)方法*/
指定边的第一个端点：                    /*使用鼠标在屏幕上确定一点 A*/
指定边的第二个端点：30                  /*锁定极轴水平向右方向，直接输入 AB 长度 30*/
命令：circle 指定圆的圆心或 [三点(3P)/两点(2P)/相切、相切、半径(T)]：3p
                                        /*选择三点(3P)方法*/
指定圆上的第一个点：                    /*使用鼠标捕捉 A 点*/
指定圆上的第二个点：                    /*使用鼠标捕捉 B 点*/
指定圆上的第三个点：                    /*使用鼠标捕捉 C 点*/
命令：dimdiameter                       /*启动直径标注方法*/
选择圆弧或圆：                          /*使用鼠标捕捉圆对象*/
标注文字 = 42.43
指定尺寸线位置或 [多行文字(M)/文字(T)/角度(A)]：
                                        /*移动鼠标到适当位置单击确定尺寸线位置*/
```

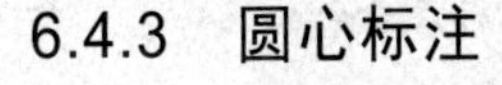

6.4.3　圆心标注

圆心标注使用可选的中心线或中心来标记圆弧和圆的圆心，其操作方法如下：

- 菜单栏方法："标注" | "圆心标记（M）"；
- 工具栏方法："标注" 工具栏| "⊕按钮"；
- 命令行方法：DIMCENTER。

下面以绘制图 6-45 所示的图形为例，讲解圆心标记命令的操作过程。

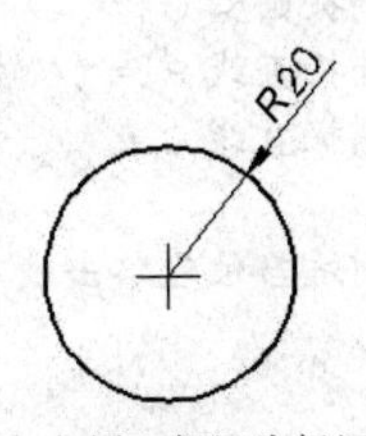

（a）圆心标记为标记

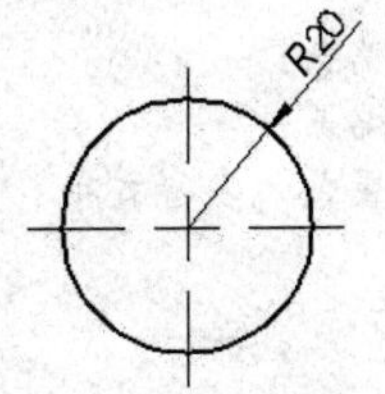

（b）圆心标记为直线

图 6-45　圆心标记练习

具体绘图的操作过程如下：

```
命令：circle 指定圆的圆心或 [三点(3P)/两点(2P)/相切、相切、半径(T)]：
                                          /*启动圆命令*/
指定圆的半径或 [直径(D)] <20.0000>：20    /*输入圆的半径为 20*/
命令：DIMCENTER                           /*启动圆心标记命令*/
选择圆弧或圆：                            /*单击圆形对象*/
```

6.4.4　角度标注

角度标注可对直线间夹角及圆弧度数进行标注。其操作方法如下：

- 菜单栏方法："标注" | "角度（A）"；

- 工具栏方法：“标注”工具栏|“按钮”；
- 命令行方法：DIMANGULAR，简写为 DIMANG。

下面以绘制图 6-46 所示的图形为例，讲解角度标注命令的操作过程。

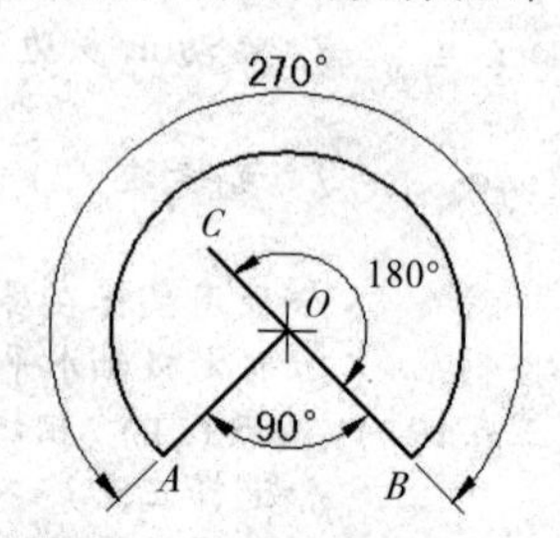

图 6-46　角度标注练习

具体绘图的操作过程如下：

```
命令: DIMANGULAR                                  /*启动角度标注命令*/
选择圆弧、圆、直线或 <指定顶点>:                  /*使用鼠标捕捉圆弧 AB*/
指定标注弧线位置或 [多行文字(M)/文字(T)/角度(A)]:
                                                  /*移动鼠标到适当位置单击确定尺寸线位置*/
标注文字 = 270
命令: DIMANGULAR                                  /*按空格键，重复启动角度标注命令*/
选择圆弧、圆、直线或 <指定顶点>:                  /*使用鼠标捕捉直线 AO*/
选择第二条直线:                                   /*使用鼠标捕捉圆弧 BO*/
指定标注弧线位置或 [多行文字(M)/文字(T)/角度(A)]:
                                                  /*移动鼠标到适当位置单击确定尺寸线位置*/
标注文字 = 90
命令: DIMANGULAR                                  /*按空格键，重复启动角度标注命令*/
选择圆弧、圆、直线或 <指定顶点>:                  /*按空格键指定顶点*/
指定角的顶点:                                     /*使用鼠标捕捉圆心 O*/
指定角的第一个端点:                               /*使用鼠标捕捉直线 B 点*/
指定角的第二个端点:                               /*使用鼠标捕捉直线 C 点*/
指定标注弧线位置或 [多行文字(M)/文字(T)/角度(A)]:
                                                  /*移动鼠标到适当位置单击确定尺寸线位置*/
标注文字 = 180
```

6.4.5　实例与练习

如图 6-47 所示，请按图中给定的尺寸，使用弧线和角度类型标注方法标注尺寸。

具体步骤如下：

第一步：标注半径尺寸。

```
命令: DIMRADIUS                                          /*启动半径标注命令*/
选择圆弧或圆:                                            /*使用鼠标捕捉圆弧 BC*/
标注文字 = 72
指定尺寸线位置或 [多行文字(M)/文字(T)/角度(A)]:          /*使用鼠标选择尺寸线位置*/
命令: DIMRADIUS                                          /*启动半径标注命令*/
选择圆弧或圆:                                            /*使用鼠标捕捉圆弧 GA*/
标注文字 = 36
指定尺寸线位置或 [多行文字(M)/文字(T)/角度(A)]:          /*使用鼠标选择尺寸线位置*/
```

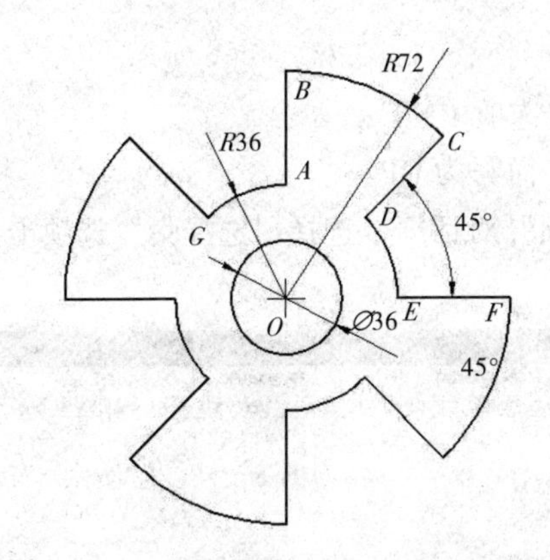

图 6-47　弧线和角度类型标注尺寸实例

第二步：标注直径尺寸。

```
命令: DIMDIAMETER                                  /*启动直径标注命令*/
选择圆弧或圆:                                      /*使用鼠标捕捉里面小圆*/
标注文字 = 36
指定尺寸线位置或 [多行文字(M)/文字(T)/角度(A)]:     /*使用鼠标选择尺寸线位置*/
```

第三步：标角度尺寸。

```
命令: DIMANGULAR                                   /*启动角度标注命令*/
选择圆弧、圆、直线或 <指定顶点>:                    /*使用鼠标捕捉直线 AB*/
选择第二条直线:                                    /*使用鼠标捕捉直线 CD*/
指定标注弧线位置或 [多行文字(M)/文字(T)/角度(A)]:   /*使用鼠标选择尺寸线位置*/
标注文字 = 45
命令: DIMANGULAR                                   /*启动角度标注命令*/
选择圆弧、圆、直线或 <指定顶点>:                    /*使用鼠标捕捉直线 CD*/
选择第二条直线:                                    /*使用鼠标捕捉直线 EF*/
指定标注弧线位置或 [多行文字(M)/文字(T)/角度(A)]:   /*使用鼠标选择尺寸线位置*/
标注文字 = 45
```

技巧与提示：

“半径标注”“直径标注”“圆心标注”相对比较简单，比较容易掌握。但在标注过程中，需要注意“标注样式管理器”中相关选项的设置对标注结果的影响。

使用“角度标注”方式标注图形对象时，注意钝角的标注方法。如果所标注的夹角大于 90°，标注这样的角可以在启动“角度标注”后按空格键进入“指定顶点”方式，选择顶点和角的两边端点进行标注。

6.5　夹点练习

夹点是图形对象上的一些控制点，如端点、中点、圆心等。AutoCAD 的夹点操作是一种综合的集成编辑方式，使用夹点可完成拉伸、移动、复制、旋转、缩放、镜像等操作。

6.5.1　夹点设置

默认情况下，AutoCAD 的夹点功能是启动的。如果系统没有启动夹点，或想关闭夹点功能，此时需对系统进行一些设置。

操作方法如下：

• 菜单栏方法："工具"|"选项（N）"；

• 命令行方法：OPTIONS，简写为OP。

使用以上方法会弹出"选项"对话框，选择"选择集"选项卡，其中右侧项目是对夹点进行设置的，如图6-48所示。

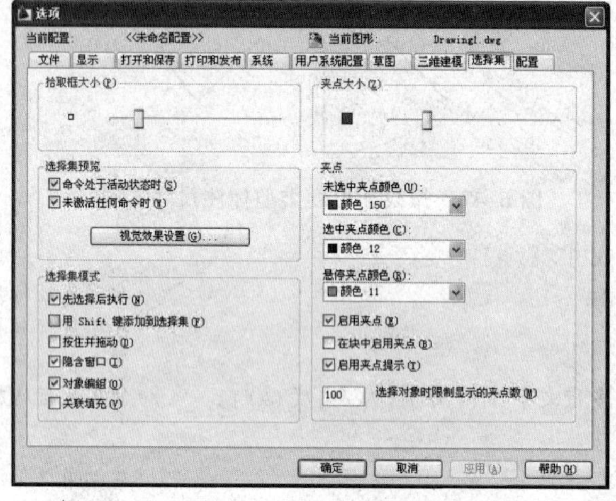

图6-48　选择集选项卡

其中部分选项含义如下：

（1）夹点大小：调整夹点的大小，方便显示和选择夹点。

（2）未选中夹点颜色：定义启用夹点操作时，未被选中情况的夹点显示颜色。

（3）选中夹点颜色：定义启用夹点操作时，被选中情况的夹点显示颜色。

（4）悬停夹点颜色：定义启用夹点操作时，鼠标放置在夹点上时的显示颜色。

（5）启用夹点：开启和关闭夹点功能。

（6）在块中启用夹点：选中图块时，控制块中是否显示夹点。

（7）启用夹点提示：是否显示自定义对象的夹点提示。

（8）显示夹点时限制对象选择：控制选择多少个对象以内，显示夹点，超过数量范围不显示夹点。

当不输入任何命令，直接选择图形对象时，图形对象的特征点处会出现蓝色的小方框，这些方框就是夹点。夹点有未激活和激活两种状态，默认情况下是未激活状态，单击某个未激活的夹点，该夹点变为红色小方框，此时处于激活状态。不同对象夹点的数量和位置不同，下面是一些常见图形对象的夹点样式，如图6-49所示。

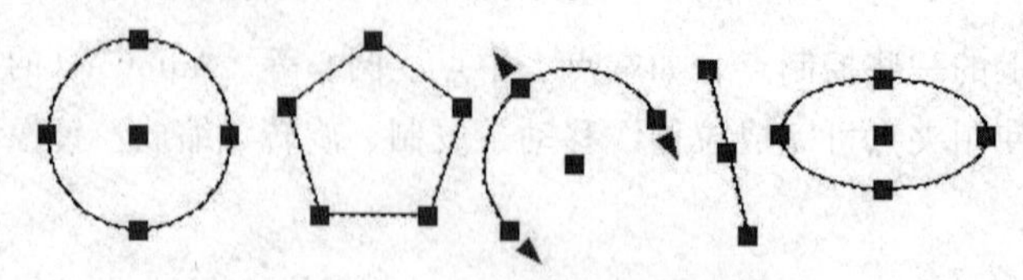

图6-49　不同图形对象夹点样式

6.5.2　夹点拉伸对象

夹点拉伸对象操作非常简单，能完成对象的拉伸操作，在拉伸操作同时还可以进行复制。其操作方法如下：

选择对象后，选择其中一个或多个夹点，右击在弹出的快捷菜单中选择“拉伸”，如图 6-50 所示：

此时命令行提示如下：

** 拉伸 **
指定拉伸点或 [基点(B)/复制(C)/放弃(U)/退出(X)]：

下面以绘制图 6-51 所示的图形为例，讲解夹点拉伸方法的操作过程。

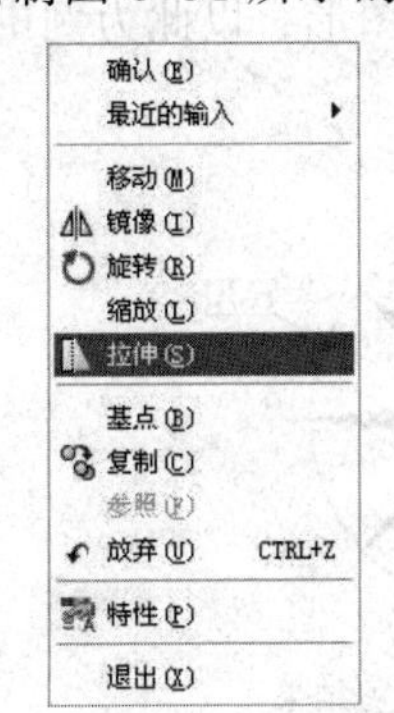

图 6-50　夹点右键菜单

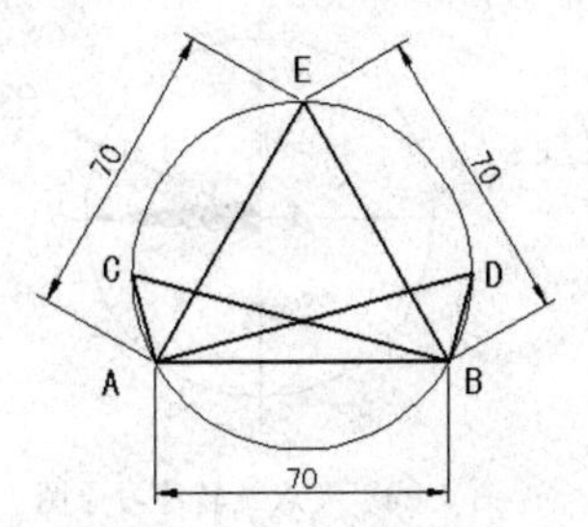

图 6-51　夹点拉伸练习

具体绘图的操作过程如下：

命令：POLYGON 输入边的数目 <3>:3　　　　/*启动正多边形命令*/
指定正多边形的中心点或 [边(E)]：e　　　　/*选择边(E)方法*/
指定边的第一个端点：　　　　/*使用鼠标在屏幕上指定一点 A*/
指定边的第二个端点：70　　　　/*锁定极轴，水平向右移动鼠标，直接输入 70*/
命令：CIRCLE 指定圆的圆心或 [三点(3P)/两点(2P)/相切、相切、半径(T)]：3p
　　　　/*选择三点(3P)方法*/
指定圆上的第一个点：　　　　/*使用鼠标捕捉点 A*/
指定圆上的第二个点：　　　　/*使用鼠标捕捉点 B*/
指定圆上的第三个点：　　　　/*使用鼠标捕捉点 E*/
命令：指定对角点：　　　　/*使用鼠标选择正三角形 ABE，启用夹点*/
** 拉伸 **　　/选择激活夹点 E，右击在快捷菜单中选择拉伸，启动夹点拉伸*/
指定拉伸点或 [基点(B)/复制(C)/放弃(U)/退出(X)]：c　/*选择复制(C)方法*/
** 拉伸（多重）**
指定拉伸点或 [基点(B)/复制(C)/放弃(U)/退出(X)]：　/*使用鼠标捕捉圆的左象限点 C*/
** 拉伸（多重）**
指定拉伸点或 [基点(B)/复制(C)/放弃(U)/退出(X)]：　/*使用鼠标捕捉圆的右象限点 D*/
** 拉伸（多重）**
指定拉伸点或 [基点(B)/复制(C)/放弃(U)/退出(X)]：　/*按空格键结束夹点拉伸*/

命令行中出现各选项的含义如下：

（1）基点（B）：使用夹点拉伸对象的基准点，这里指拉伸的参照点。

（2）复制（C）：使用夹点拉伸对象时，可以同时复制对象。

（3）放弃（U）：取消前一次的操作。

（4）退出（X）：退出前的操作。

6.5.3 夹点旋转对象

夹点拉伸对象操作可以完成图形对象的旋转，在旋转操作同时还可以进行复制。其操作方法如下：

选择对象后，选择其中一个或多个夹点，右击鼠标，在弹出的快捷菜单中选择“旋转”。

此时命令行提示如下：

```
** 旋转 **
指定旋转角度或 [基点(B)/复制(C)/放弃(U)/参照(R)/退出(X)]:
```

以图 6-52（a）所示图形为原图，绘制图 6-52（b）所示的图形，以此为例讲解夹点旋转方法的操作过程。

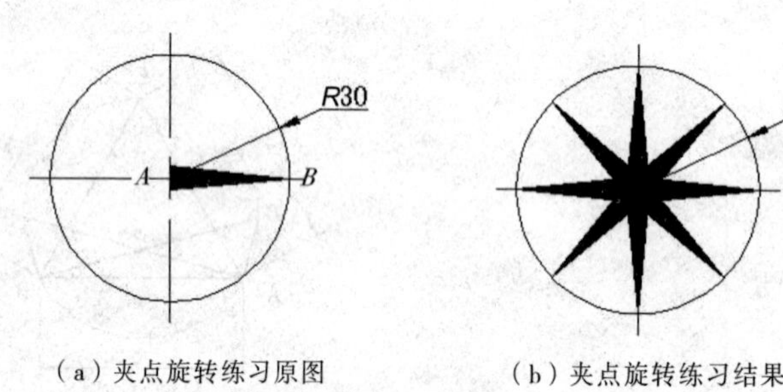

（a）夹点旋转练习原图　　（b）夹点旋转练习结果

图 6-52　夹点旋转练习

具体绘图的操作过程如下：

```
命令: CIRCLE              /*启动圆命令*/
指定圆的圆心或 [三点(3P)/两点(2P)/相切、相切、半径(T)]:
                          /*使用鼠标在屏幕上指定一点 A 为圆心*/
指定圆的半径或 [直径(D)] <56.1899>: 30       /*输入圆的半径为 30*/
命令: PLINE               /*启动多段线命令*/
指定起点:                 /*使用鼠标捕捉圆心 A 为多段线的起点*/
当前线宽为 0.0000
指定下一个点或 [圆弧(A)/半宽(H)/长度(L)/放弃(U)/宽度(W)]: w
                          /*选择宽度(W)方法*/
指定起点宽度 <0.0000>: 6                    /*输入多段线起点宽度为 6*/
指定端点宽度 <6.0000>: 0                    /*输入多段线结束点宽度为 0*/
指定下一个点或 [圆弧(A)/半宽(H)/长度(L)/放弃(U)/宽度(W)]:
                          /*使用鼠标捕捉 B 点*/
指定下一点或 [圆弧(A)/闭合(C)/半宽(H)/长度(L)/放弃(U)/宽度(W)]:
                          /*按空格键结束多段线命令*/
命令: 指定对角点:         /*使用鼠标选择多段线 AB，启用夹点*/
** 拉伸 **
指定拉伸点或 [基点(B)/复制(C)/放弃(U)/退出(X)]: rotate
     /选择夹点 A，右击在快捷菜单中选择旋转，启动夹点旋转*/
** 旋转 **
指定旋转角度或 [基点(B)/复制(C)/放弃(U)/参照(R)/退出(X)]: c
                          /*选择复制(C)方法*/
** 旋转 (多重) **
指定旋转角度或 [基点(B)/复制(C)/放弃(U)/参照(R)/退出(X)]:
                          /*移动鼠标指针，锁定到轴极 45°位置，单击“确定”按钮*/
```

```
** 旋转 (多重) **
指定旋转角度或 [基点(B)/复制(C)/放弃(U)/参照(R)/退出(X)]:
                        /*移动鼠标指针，锁定到轴极 90°位置，单击“确定”按钮*/
** 旋转 (多重) **
指定旋转角度或 [基点(B)/复制(C)/放弃(U)/参照(R)/退出(X)]:
                        /*移动鼠标指针，锁定到轴极 135°位置，单击“确定”按钮*/
** 旋转 (多重) **
指定旋转角度或 [基点(B)/复制(C)/放弃(U)/参照(R)/退出(X)]:
                        /*移动鼠标指针，锁定到轴极 180°位置，单击“确定”按钮*/
** 旋转 (多重) **
指定旋转角度或 [基点(B)/复制(C)/放弃(U)/参照(R)/退出(X)]:
                        /*移动鼠标指针，锁定到轴极 225°位置，单击“确定”按钮*/
** 旋转 (多重) **
指定旋转角度或 [基点(B)/复制(C)/放弃(U)/参照(R)/退出(X)]:
                        /*移动鼠标指针，锁定到轴极 270°位置，单击“确定”按钮*/
** 旋转 (多重) **
指定旋转角度或 [基点(B)/复制(C)/放弃(U)/参照(R)/退出(X)]:
                        /*移动鼠标指针，锁定到轴极 315°位置，单击“确定”按钮*/
** 旋转 (多重) **
指定旋转角度或 [基点(B)/复制(C)/放弃(U)/参照(R)/退出(X)]:
                        /*按空格键结束夹点旋转*/
```

命令行中出现各选项的含义如下：

（1）基点（B）：使用夹点旋转对象的基准点，这里指旋转中心点。

（2）复制（C）：使用夹点旋转对象时，可以同时复制对象。

（3）放弃（U）：取消前一次的操作。

（4）参照（R）：进入参照方式，可以重新指定参照角度。

（5）退出（X）：退出前面的操作。

6.5.4　夹点缩放对象

夹点缩放对象操作可以完成图形对象的缩放，在缩放操作同时还可以进行复制。其操作方法如下：

选择对象后，选择其中一个或多个夹点，右击，在弹出的快捷菜单中选择“缩放”。

此时命令行提示如下：

```
** 比例缩放 **
指定比例因子或 [基点(B)/复制(C)/放弃(U)/参照(R)/退出(X)]:
```

实例：边长为 30 的正五边形，按 0.2、0.4、0.6、0.8 的缩放比例进行四次缩放，最终完成图 6-53 所示的图形。

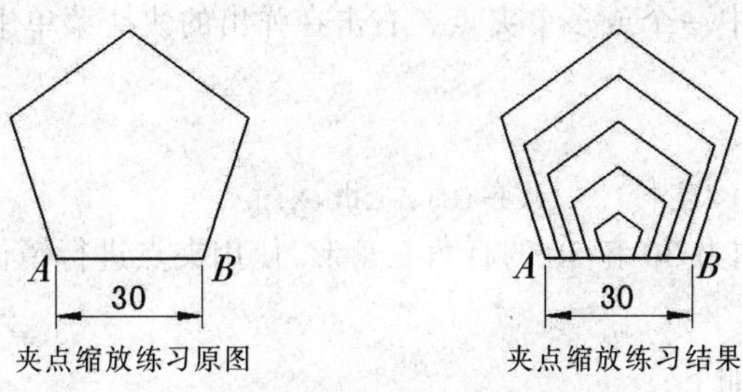

图 6-53　夹点旋转练习

具体绘图的操作过程如下：

```
命令: POLYGON 输入边的数目 <5>: 5      /*启动正多边形命令*/
指定正多边形的中心点或 [边(E)]: e       /*选择边(E)方法*/
指定边的第一个端点:                    /*使用鼠标在屏幕上指定一点 A*/
指定边的第二个端点: 30                 /*锁定极轴水平向右方向，直接输入长度 30*/
命令: 指定对角点:                      /*使用鼠标选择正五边形 ，启用夹点*/
** 拉伸 **
指定拉伸点或 [基点(B)/复制(C)/放弃(U)/退出(X)]: SCALE
        /任选择一夹点，右击在快捷菜单中选择缩放，启动夹点缩放*/
** 比例缩放 **
指定比例因子或 [基点(B)/复制(C)/放弃(U)/参照(R)/退出(X)]: BASE
        /右击在快捷菜单中选择基点，重新定义缩放的基点*/
指定基点:/使用鼠标捕捉边 AB 的中点，定义此点为新基点*/
** 比例缩放 **
指定比例因子或 [基点(B)/复制(C)/放弃(U)/参照(R)/退出(X)]: c
                    /*选择复制(C)方法*/
** 比例缩放 (多重) **
指定比例因子或 [基点(B)/复制(C)/放弃(U)/参照(R)/退出(X)]: 0.2
                    /*输入缩放比例 0.2*/
** 比例缩放 (多重) **
指定比例因子或 [基点(B)/复制(C)/放弃(U)/参照(R)/退出(X)]: 0.4
                    /*输入缩放比例 0.4*/
** 比例缩放 (多重) **
指定比例因子或 [基点(B)/复制(C)/放弃(U)/参照(R)/退出(X)]: 0.6
                    /*输入缩放比例 0.6*/
** 比例缩放 (多重) **
指定比例因子或 [基点(B)/复制(C)/放弃(U)/参照(R)/退出(X)]: 0.8
                    /*输入缩放比例 0.8*/
** 比例缩放 (多重) **
指定比例因子或 [基点(B)/复制(C)/放弃(U)/参照(R)/退出(X)]:
                    /*按空格键结束夹点缩放*/
```

6.5.5 夹点镜像对象

夹点镜像对象操作可以完成图形对象的镜像，在镜像操作同时还可以进行复制，其操作方法如下：

选择对象后，选择其中一个或多个夹点，右击在弹出的快捷菜单中选择“镜像”。

此时命令行提示如下：

```
** 镜像 **
指定第二点或 [基点(B)/复制(C)/放弃(U)/退出(X)]:
```

实例：两直角边长分别为 30 和 50 的直角三角形，使用夹点进行镜像操作，最终完成图 6-54 所示的图形。

具体绘图的操作过程如下：

```
命令: LINE 指定第一点:                 /*启动直线命令，在屏幕上指定一点 C*/
```

```
指定下一点或 [放弃(U)]: 50           /*锁定极轴竖直向下方向，直接输入长度 50*/
指定下一点或 [放弃(U)]: 30           /*锁定极轴水平向右方向，直接输入长度 30*/
```

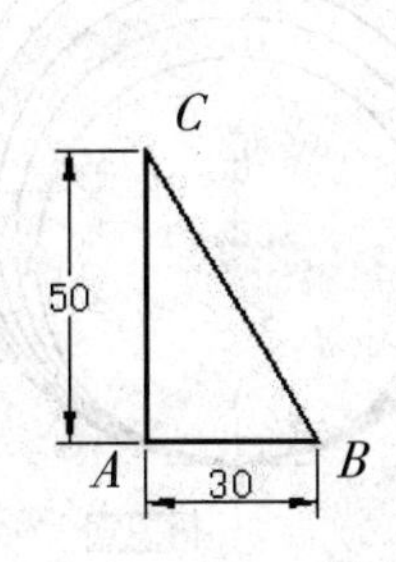

夹点镜像练习原图

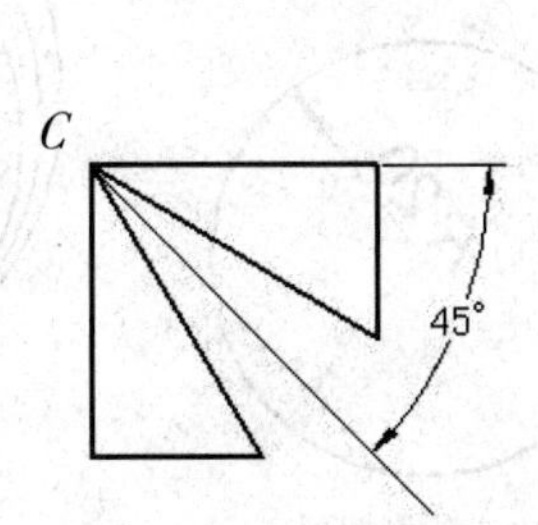

第一次夹点镜像结果

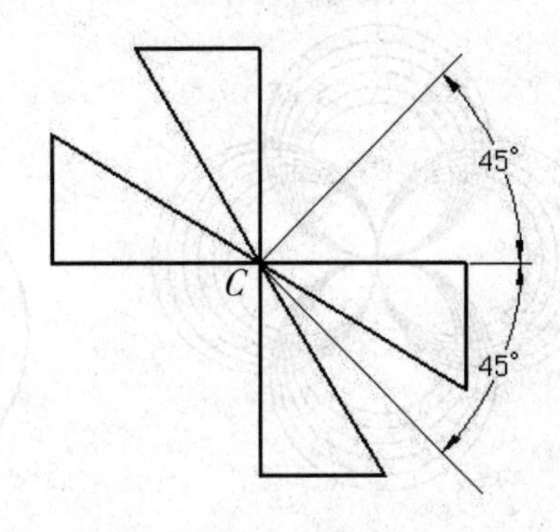

第二次夹点镜像结果

图 6-54　夹点镜像练习

```
指定下一点或 [闭合(C)/放弃(U)]: c /*选择闭合(C)方法*/
命令: 指定对角点:       /*使用鼠标选择直角三角形 ABC ，启用夹点*/
** 拉伸 **
指定拉伸点或 [基点(B)/复制(C)/放弃(U)/退出(X)]: MIRROR
                        /*选择夹点 C，右击在快捷菜单中选择镜像，启动夹点镜像*/
** 镜像 **
指定第二点或 [基点(B)/复制(C)/放弃(U)/退出(X)]: c    /*选择复制(C)方法*/
** 镜像 (多重) **
指定第二点或 [基点(B)/复制(C)/放弃(U)/退出(X)]:
                        /*移动鼠标指针，锁定到轴极 - 45°位置，单击"确定"按钮*/
** 镜像 (多重) **
指定第二点或 [基点(B)/复制(C)/放弃(U)/退出(X)]:
                        /*按空格键结束第一次夹点镜像*/
命令: 指定对角点:       /*使用鼠标同时选择两个直角三角形 ，启用夹点*/
** 拉伸 **
指定拉伸点或 [基点(B)/复制(C)/放弃(U)/退出(X)]: MIRROR
                        /*选择夹点 C，右击在快捷菜单中选择镜像，启动夹点镜像*/
** 镜像 **
指定第二点或 [基点(B)/复制(C)/放弃(U)/退出(X)]: c    /*选择复制(C)方法*/
** 镜像 (多重) **
指定第二点或 [基点(B)/复制(C)/放弃(U)/退出(X)]:
                        /*移动鼠标指针，锁定到轴极 45°位置，单击"确定"按钮*/
** 镜像 (多重) **
指定第二点或 [基点(B)/复制(C)/放弃(U)/退出(X)]:
                        /*按空格键结束第二次夹点镜像*/
```

6.5.6　实例与练习

如图 6-55 所示，请按图中给定的尺寸，使用夹点方法绘制图形。

具体绘图的操作步骤如图 6-56 所示。

第一步：绘制圆形，如图 6-56（a）所示。

第二步：使用夹点缩放，按指定比例缩放并复制操作，如图 6-56（b）所示。

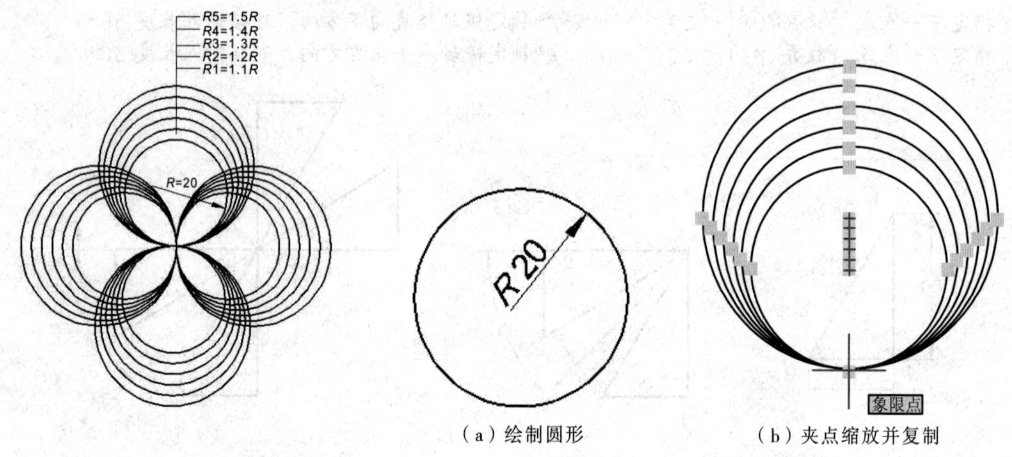

图 6-55　夹点方法绘制图形实例

（a）绘制圆形　（b）夹点缩放并复制

图 6-56　夹点绘图实例

具体操作步骤如下：

```
** 拉伸 **                                /*选择小圆，启动夹点*/
指定拉伸点或 [基点(B)/复制(C)/放弃(U)/退出(X)]: SCALE
                                          /*选择小圆最下象限点，启动夹点缩放*/
** 比例缩放 **
指定比例因子或 [基点(B)/复制(C)/放弃(U)/参照(R)/退出(X)]: c
                                          /*选择复制(C)选项*/
** 比例缩放 (多重) **
指定比例因子或 [基点(B)/复制(C)/放弃(U)/参照(R)/退出(X)]: 1.1
                                          /*输入缩放比例因子1.1*/
** 比例缩放 (多重) **
指定比例因子或 [基点(B)/复制(C)/放弃(U)/参照(R)/退出(X)]: 1.2
                                          /*输入缩放比例因子1.2*/
** 比例缩放 (多重) **
指定比例因子或 [基点(B)/复制(C)/放弃(U)/参照(R)/退出(X)]: 1.3
                                          /*输入缩放比例因子1.3*/
** 比例缩放 (多重) **
指定比例因子或 [基点(B)/复制(C)/放弃(U)/参照(R)/退出(X)]: 1.4
                                          /*输入缩放比例因子1.4*/
** 比例缩放 (多重) **
指定比例因子或 [基点(B)/复制(C)/放弃(U)/参照(R)/退出(X)]: 1.5
                                          /*输入缩放比例因子1.5*/
** 比例缩放 (多重) **
指定比例因子或 [基点(B)/复制(C)/放弃(U)/参照(R)/退出(X)]:
                                          /*按空格键结束夹点操作*/
命令:
```

第三步：使用夹点旋转，按指定的角度旋转并复制操作。

```
** 拉伸 **                                /*选择6个圆，启动夹点*/
指定拉伸点或 [基点(B)/复制(C)/放弃(U)/退出(X)]: rotate
                                          /*选择最下象限点，启动夹点旋转*/
** 旋转 **
指定旋转角度或 [基点(B)/复制(C)/放弃(U)/参照(R)/退出(X)]: c
                                          /*选择复制(C)选项*/
** 旋转 (多重) **
```

```
指定旋转角度或 [基点(B)/复制(C)/放弃(U)/参照(R)/退出(X)]: 90
                                        /*输入旋转角度90°*/
** 旋转 (多重) **
指定旋转角度或 [基点(B)/复制(C)/放弃(U)/参照(R)/退出(X)]: 180
                                        /*输入旋转角度180°*/
** 旋转 (多重) **
指定旋转角度或 [基点(B)/复制(C)/放弃(U)/参照(R)/退出(X)]: 270
                                        /*输入旋转角度270°*/
** 旋转 (多重) **
指定旋转角度或 [基点(B)/复制(C)/放弃(U)/参照(R)/退出(X)]:
                                        /*按空格键结束夹点操作*/
```

技巧与提示：

使用夹点来修改图形对象，可以方便且快速进行拉伸、移动、复制、旋转、缩放、镜像等操作，代替相应单独的工具完成各种绘图工作。

使用夹点操作对象时，如果同时要复制选定对象，可以在选定相应的夹点后，选择子项命令“复制(C)”选项，也可以右击并选择快捷菜单的相应选项。另外，也可以在操作对象时同时按住【Ctrl】键，完成操作对象的同时进行复制。

在对图形对象选择并进行夹点操作时，如果选择的夹点不止一个，可以按住【Shift】键并单击多个夹点使其亮显，进行多夹点选择。

启用夹点操作后，按【Enter】键可以进入遍历夹点模式，每按一次【Enter】键将在“拉伸”“移动”“旋转”“缩放”“镜像”模式中循环选择。

6.6 实训案例

本实训案例主要是针对本章正等测轴测图和尺寸标注部分进行总结，将各相关的知识概括成一个相对完整的案例，通过案例使正等测轴测图和尺寸标注知识进一步深化，使绘图的技能得到提高。

6.6.1 案例效果图

本案例主要参照本章的知识和技术特点，涉及绘图界限的设置以及直线（LINE）、修剪（TRIM）、对齐标注（DIMALIGNED）、编辑标注（DIMEDIT）、编辑标注文字（DIMTEDIT）命令的具体操作和技巧，具体案例效果如图 6-57 所示。

6.6.2 绘图步骤

1. 设置绘界限

本例中的图形界限大小为设定为 420×297，设置图形界限可以使显示和绘图操作方便，针对本案例的特点，只要求在图形界限内绘制一个矩形，用来表示图幅范围，其他设置采用 AutoCAD 2010 图形空间默认值即可。设置图形界限可以使用菜单栏方法“格式”|“图形界限(A)”或命令行方法 LIMITS 进行设置。具体操作如下：

```
命令: LIMITS                    /*启动图形界限命令*/
重新设置模型空间界限:
指定左下角点或 [开(ON)/关(OFF)] <0.0000,0.0000>: 0,0
```

```
                                /*指定左下角坐标为 WCS 的零点*/
指定右上角点 <420.0000,297.0000>: 594,420
                                /*指定右上角坐标为 WCS 绝对直角坐标 594, 420*/
命令: rectang                   /*启动矩形命令*/
指定第一个角点或 [倒角(C)/标高(E)/圆角(F)/厚度(T)/宽度(W)]: 0,0
                                /*指定矩形左下角坐标（与图形界限范围匹配）*/
指定另一个角点或 [面积(A)/尺寸(D)/旋转(R)]: 420,297
                                /*指定矩形右上角坐标（与图形界限范围匹配）*/
命令: zoom                      /*输入缩放命令*/
```

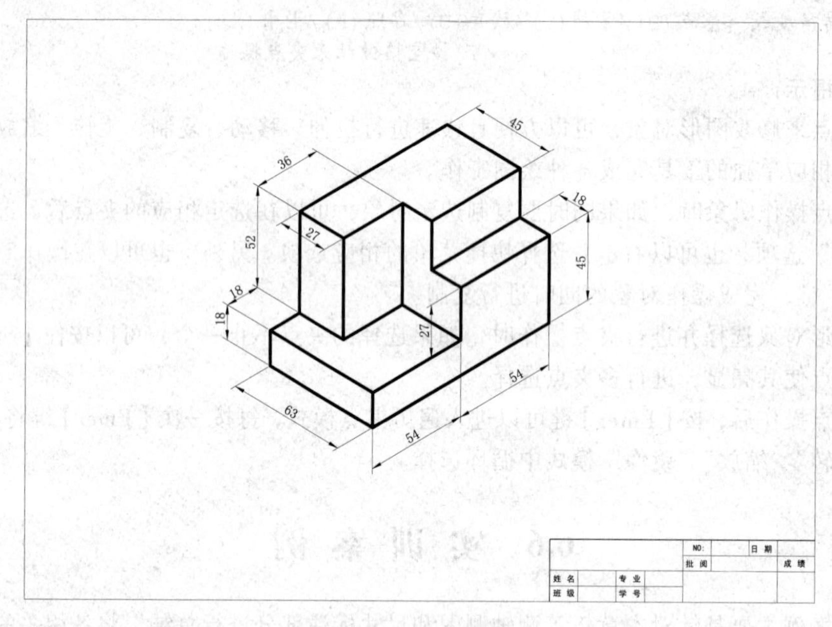

图 6-57　案例效果图

2. 设置等轴测捕捉和极轴角

使用草图设置（DSETTINGS）命令,在弹出的对话框中，选择捕捉和栅格选项卡，设置对象捕捉类型为等轴测捕捉，如图 6-58 所示。选择极轴追踪选项卡，启用极轴追踪，设置极轴增量角为 30°，效果如图 6-59 所示。

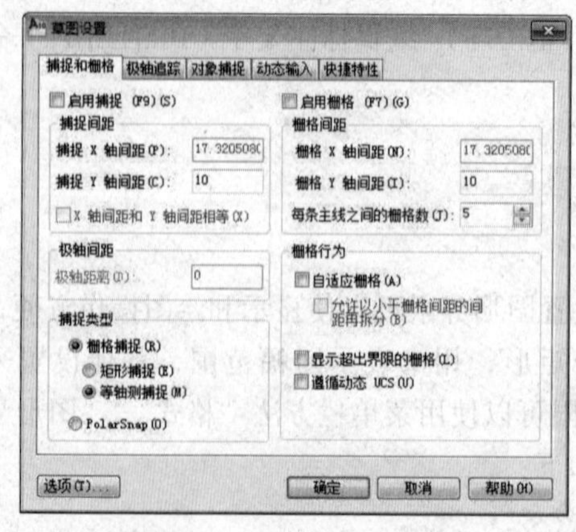

图 6-58　设置等轴测捕捉

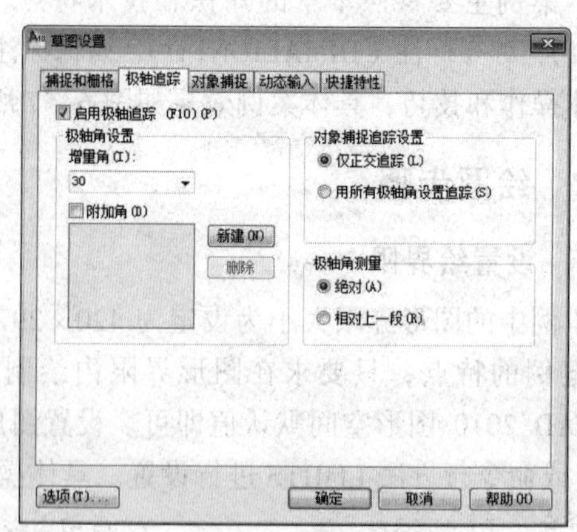

图 6-59　设置极轴追踪

3．绘制长方体轴测图

（1）使用直线（LINE）命令，先绘制出长方体前表面 ABCD，如图 6-60 所示。

```
命令： LINE            /*启动直线命令*/
指定第一点：           /*使用鼠标在屏幕上选一点作为起点 A*/
指定下一点或 [放弃(U)]： 108      /*沿极轴线 30° 方向，输入长度 108，绘出直线 AB*/
指定下一点或 [放弃(U)]： 70       /*沿极轴线垂直向上方向，输入长度 70，绘出直线 BC*/
指定下一点或 [闭合(C)/放弃(U)]：108/*沿极轴线 210° 方向，输入长度 108，绘出直线 CD*/
指定下一点或 [闭合(C)/放弃(U)]： c   /*选择 c 选项*/
```

（2）使用直线（LINE）命令，绘制出长方体上表面 CEFD，如图 6-61 所示。

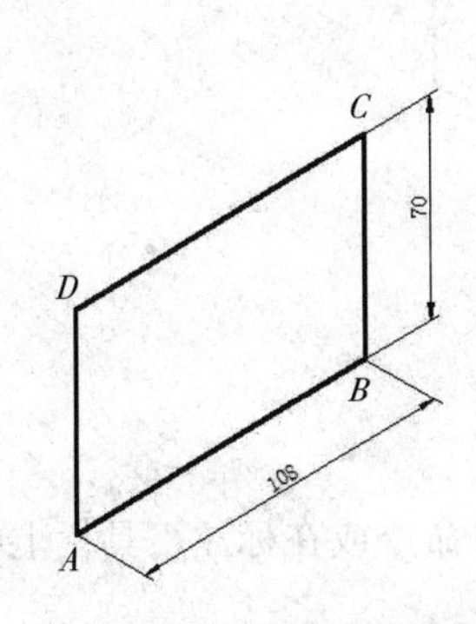

图 6-60　绘制矩形前表面

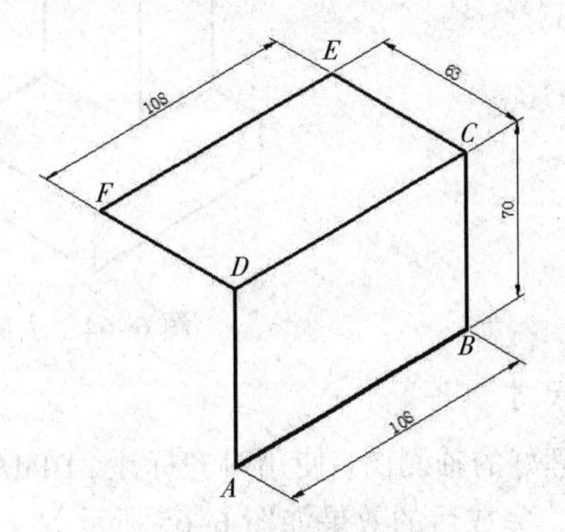

图 6-61　绘制长方体上表面

```
命令： LINE            /*启动直线命令*/
指定第一点：           /*使用鼠标捕捉 C 点为起点*/
指定下一点或 [放弃(U)]： 63       /*沿极轴线 150° 方向，输入长度 63，绘出直线 CE*/
指定下一点或 [放弃(U)]： 108      /*沿极轴线 210° 方向，输入长度 108，绘出直线 EF*/
指定下一点或 [闭合(C)/放弃(U)]：/*使用鼠标捕捉 D 点，绘出直线 FD*/
指定下一点或 [闭合(C)/放弃(U)]：/*回车结束*/
```

（3）使用直线（LINE）命令，绘制出长方体左表面 ADFG，如图 6-62 所示。

```
命令： line            /*启动直线命令*/
指定第一点：           /*使用鼠标捕捉 F 点为起点*/
指定下一点或 [放弃(U)]： 70       /*沿极轴线 270° 方向，输入长度 70，绘出直线 FG*/
指定下一点或 [放弃(U)]：          /*使用鼠标捕捉 A 点，绘出直线 GA*/
指定下一点或 [闭合(C)/放弃(U)]：/*回车结束*/
```

4．绘制切割线

按长方体的绘制方法，在图示尺寸的长方体相应位置，绘制切割线，如图 6-63 所示。

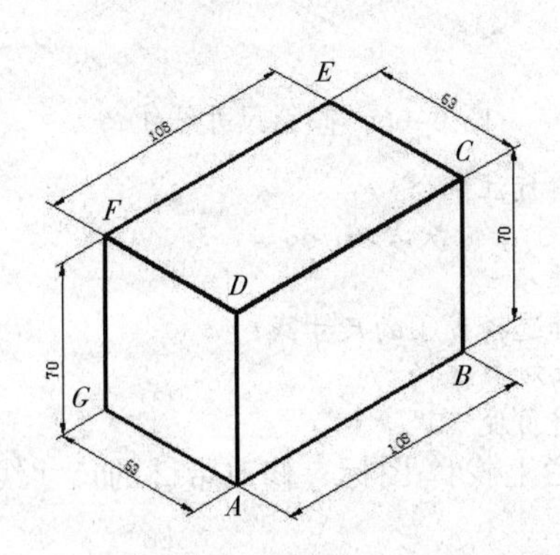

图 6-62　绘制矩形左表面

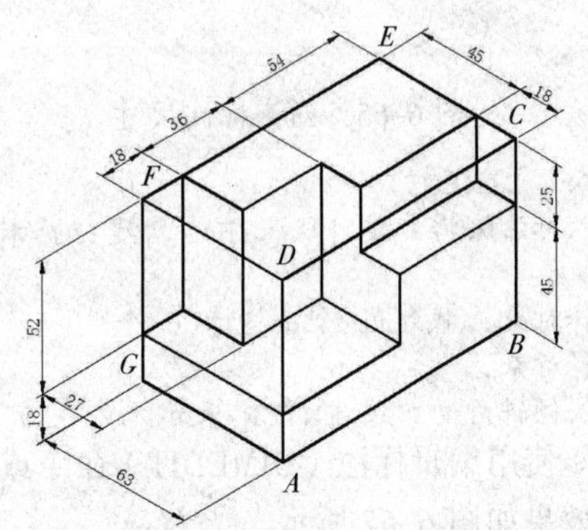

图 6-63　绘制切割线

5．去除多余的线

按切割线位置，使用修剪（TRIM）和删除（ERASE）命令，去除多余的线段，结果如图 6-64 所示。

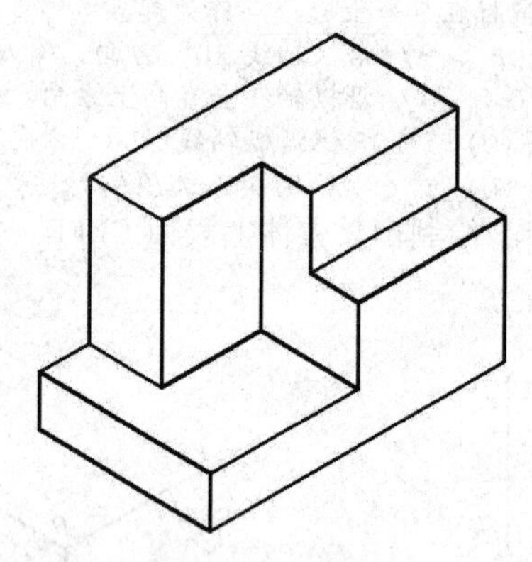

图 6-64　去除多余线

6．标注尺寸

（1）将处理好的轴测图，使用对齐标注（DIMALIGNED）命令或在标注工具栏上找图标，进行尺寸标注，完成后的效果如图 6-65 所示。

（2）将标注尺寸线进行倾斜处理，使用编辑标注（DIMEDIT）命令或在标注工具栏上找图标，修改带①的尺寸线，完成后的效果如图 6-66 所示。

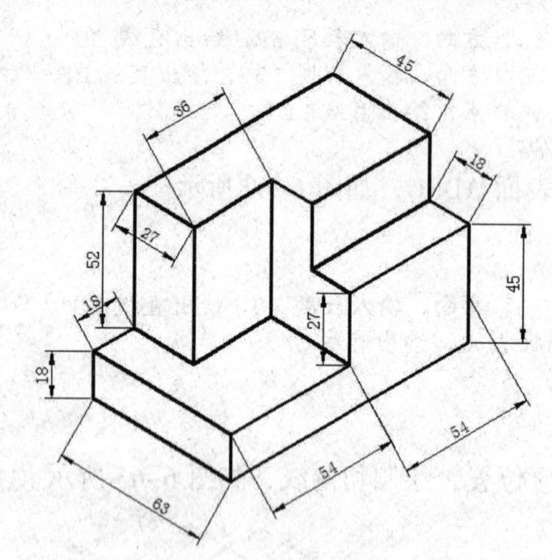

图 6-65　对齐标注尺寸

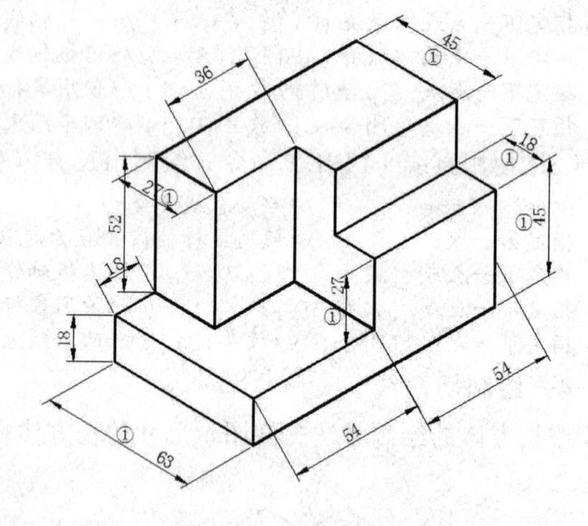

图 6-66　倾斜尺寸线①

```
命令: DIMEDIT                                    /*启动编辑标注命令*/
输入标注编辑类型 [默认(H)/新建(N)/旋转(R)/倾斜(O)] <默认>: o
                                                 /*选择 o 选项*/
选择对象: 找到 1 个, 总计 6 个                   /*使用鼠标选择带①的尺寸线*/
选择对象:                                        /*回车结束对象选择*/
输入倾斜角度 (按 ENTER 表示无): 30               /*输入倾斜角度 30° */
```

（3）使用编辑标注（DIMEDIT）命令或在标注工具栏上找图标，修改带②的尺寸线，完成后的效果如图 6-67 所示。

```
命令: DIMEDIT                                    /*启动编辑标注命令*/
```

```
输入标注编辑类型 [默认(H)/新建(N)/旋转(R)/倾斜(O)] <默认>: o
                                        /*选择 O 选项*/
选择对象: 找到 1 个, 总计 6 个           /*使用鼠标选择带②的尺寸线*/
选择对象:                               /*回车结束对象选择*/
输入倾斜角度 (按 ENTER 表示无): 150      /*输入倾斜角度 150*/
```

（4）使用编辑标注文字（DIMTEDIT）命令，将如图 6-68 所示的标注文字，调整到合适的位置，最后的效果如图 6-69 所示，完成全部绘图。

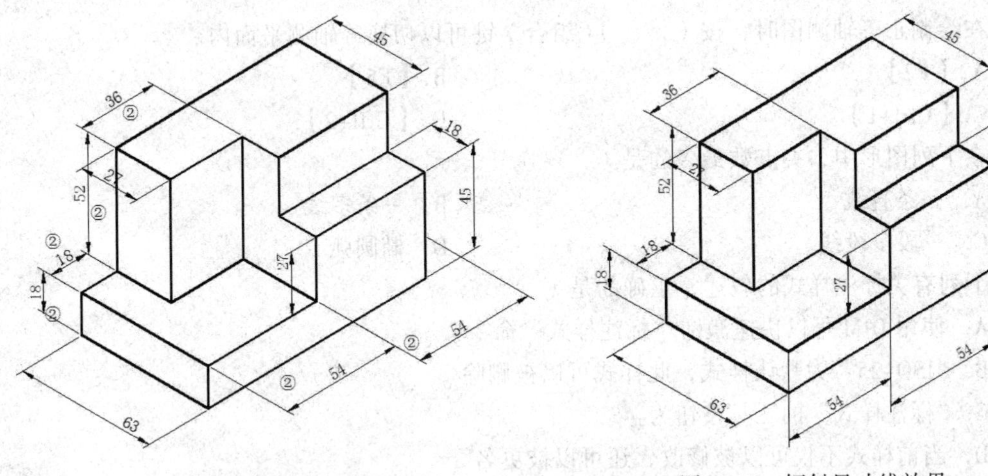

图 6-67　倾斜尺寸线②　　　　图 6-68　倾斜尺寸线效果

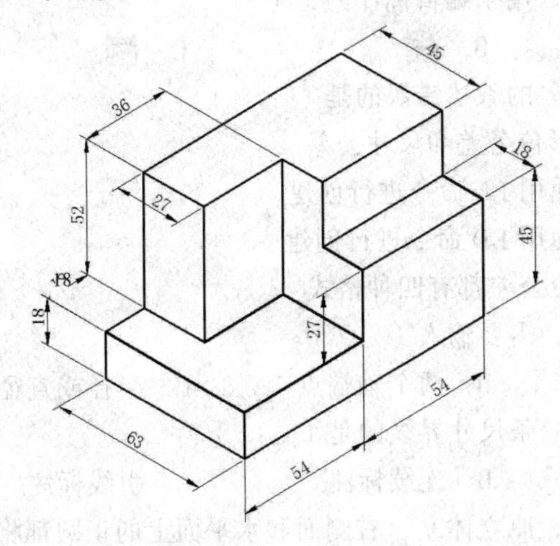

图 6-69　案例结果

6.6.3　注意事项和绘图技巧提示

本例是正等测轴测图和尺寸标注的综合应用，在绘图过程中没有使用 F5 功能键切换轴测面方法，而采用了正等测捕捉配合 30 度极轴角追踪方式，从而使绘图方便了很多，在练习中请认真体会。在尺寸标注时要注意以下几点：

（1）尺寸文字的样式设定这里没有提及，详细设置细节请参看本章相关部分。

（2）编辑标注（DIMEDIT）命令在使用时注意尺寸线的倾斜角度，本例中主要涉及 30° 和 150° 两种，实际标注时要注意区分和理解。

（3）编辑标注文字（DIMTEDIT）命令可对标注文字的位置进行调整，调整时注意尺寸规范和美观度。

思考与练习题

一、单选题

1. 在绘制正等轴测图时，按（　　）（组合）键可以切换等轴测平面内。

A.【F2】　　B.【F5】

C.【Ctrl+1】　　D.【Crtl+2】

2. 在下列图形中，夹点数最多的是（　　）。

A. 一条直线　　B. 一条多线

C. 一段多段线　　D. 椭圆弧

3. 下列有关标注样式的叙述，正确的是（　　）。

A. 使用 DIM 可以快速激活“标注样式”命令

B.“ISO-25”为默认样式，此样式可以被删除

C.“标注样式”的工具按钮为

D. 当前样式不仅可以被修改，还可以被更名

4. 在下列工具按钮中，用于编辑标注的是（　　）。

A.　　B.　　C.　　D.

5. 下列选项中，对公差的叙述错误的是（　　）。

A. 公差主要分为形位公差和尺寸公差

B. 形位公差可以使用 LE 命令进行创建

C. 尺寸公差可以使用 ED 命令进行创建

D. 尺寸公差和形位公差都有四种格式

6. 在绘制等轴测圆时，需要输入（　　）。

A. 一条轴长　　B. 两个轴端点　　C. 半径或直径　　D. 轴测圆周长

7. 所有尺寸标注公用一条尺寸界线的是（　　）。

A. 基线标注　　B. 连续标注　　C. 引线标注　　D. 公差标注

8. 在正等测轴测图中，原立体左、右侧面和水平面上的正圆都将变成椭圆。在 AutoCAD 中画正等测图中的这类椭圆的方法是（　　）。

A. 正等测模式下的圆命令

B. 画椭圆命令

C. 画圆命令/正等测选项

D. 正等测模式下画椭圆命令/ 正等测圆选项

9. 使用夹点操作对象时，如果同时要复制选定的对象，操作对象时需同时按住（　　）键。

A.【Ctrl】　　B.【Shift】　　C.【Alt】　　D.【Tab】

10. 绘制不包括圆形的正等测轴测图时，为了提高作图速度常把极轴设为（　　）。

A. 45°　　B. 30°　　C. 60°　　D. 15°

二、多选题

1. 使用夹点来修改图形对象，可以完成的操作有（　　）。

A．移动　B．旋转　C．修剪　D．拉伸

2. 整个图幅上只有一个矩形，在没任何尺寸标注情况下，可以使用哪些标注方式（　　）。

A．性线标注　B．对齐标注　C．基线标注　D．连续标注

3.“角度标注”可以标注（　　）。

A．夹角为锐角的两直线　B．夹角为钝角的两直线

C．圆弧　D．样条曲线

4. 使用夹点旋转图形对象时，可以（　　）。

A．启用夹点后，选中夹点，然后右击，在快捷菜单中选择旋转项

B．启用夹点后，选中夹点，然后用键盘输入 R 并按【Enter】键

C．启用夹点后，选中夹点，然后用按空格键，当提示出现 ** 旋转 ** 时进行操作

D．启用夹点后，选中夹点，然后点击图标

5. 绘制正等测轴测圆时，切换轴测面可以使用（　　）（组合）键。

A.【F3】　B.【F5】　C.【Ctrl+F】　D.【Ctrl+E】

第7章 实训实例

AutoCAD 是目前国内外使用最为广泛的平面制图软件之一，其功能强大，界面友好，被各类院校作为必修课之一。现在市面上 AutoCAD 的配套练习类书籍虽然多种多样，但是练习图样比较复杂，不适合学生上机练习使用。针对此情况，本章将前面几章所涉及的实例进行汇集整理，并配有上机报告，方便上机练习。可使初学者从基础学起，由简单到复杂一步一个脚印地掌握 AutoCAD 的操作。

本章共分为 30 项基础练习、18 项提高练习、10 项综合练习，适合各层次的学习者。

使用时有下列几点建议：

（1）基础练习包括 30 个实验（第 180 页至第 240 页），是 AutoCAD 的基础操作，练习时尽可能做到每个实训按所提要求准确完成，并认真填写上机报告。

（2）提高练习包括 18 个实验（第 241 页至第 276 页），是 AutoCAD 的提高练习，内容相对难度较高，主要针对有精力学生选用，也可作为测试习题选用。

（3）综合练习包括 10 个实验（第 277 页至第 296 页），是 AutoCAD 的综合练习，可针对不同专业班级适当选用，也可作为课程设计之用。

（4）每个实验内容都是以竖 2 号图（420 × 594）的图形界限为标准，练习时要按样图的尺寸绘制。

AutoCAD 绘图上机实训

上 机 报 告

（第 1 次）

实验题目 熟悉 AutoCAD 界面及坐标系

专　　业＿＿＿＿＿ 班　　级＿＿＿＿＿

学　　号＿＿＿＿＿ 报 告 人＿＿＿＿＿

日　　期＿＿＿＿＿ 任课教师＿＿＿＿＿

评　　语

实验目的和要求：

1. 熟悉 AutoCAD 绘图界面；
2. 掌握不同菜单及子菜单的显示形式及其含义；
3. 掌握各状态行各项按钮的含义及设置方法；
4. 熟悉 AutoCAD 的坐标系及其含义；
5. 以直线命令为例，绘制简单图形，熟悉命令的操作方法。

实验准备内容：

1. 熟悉 Windows 的基本操作；
2. 进入 AutoCAD 环境，练习使用键盘、菜单、按钮操作。

实验注意事项：

1. 启动 AutoCAD 时间比较长，注意等待；
2. 不要误用 AutoCAD 的卸载程序；
3. 不要修改 AutoCAD 程序中选项的设置；
4. 注意开关机的先后顺序。

实验步骤及过程：

实验中发现的问题：

实验总结：

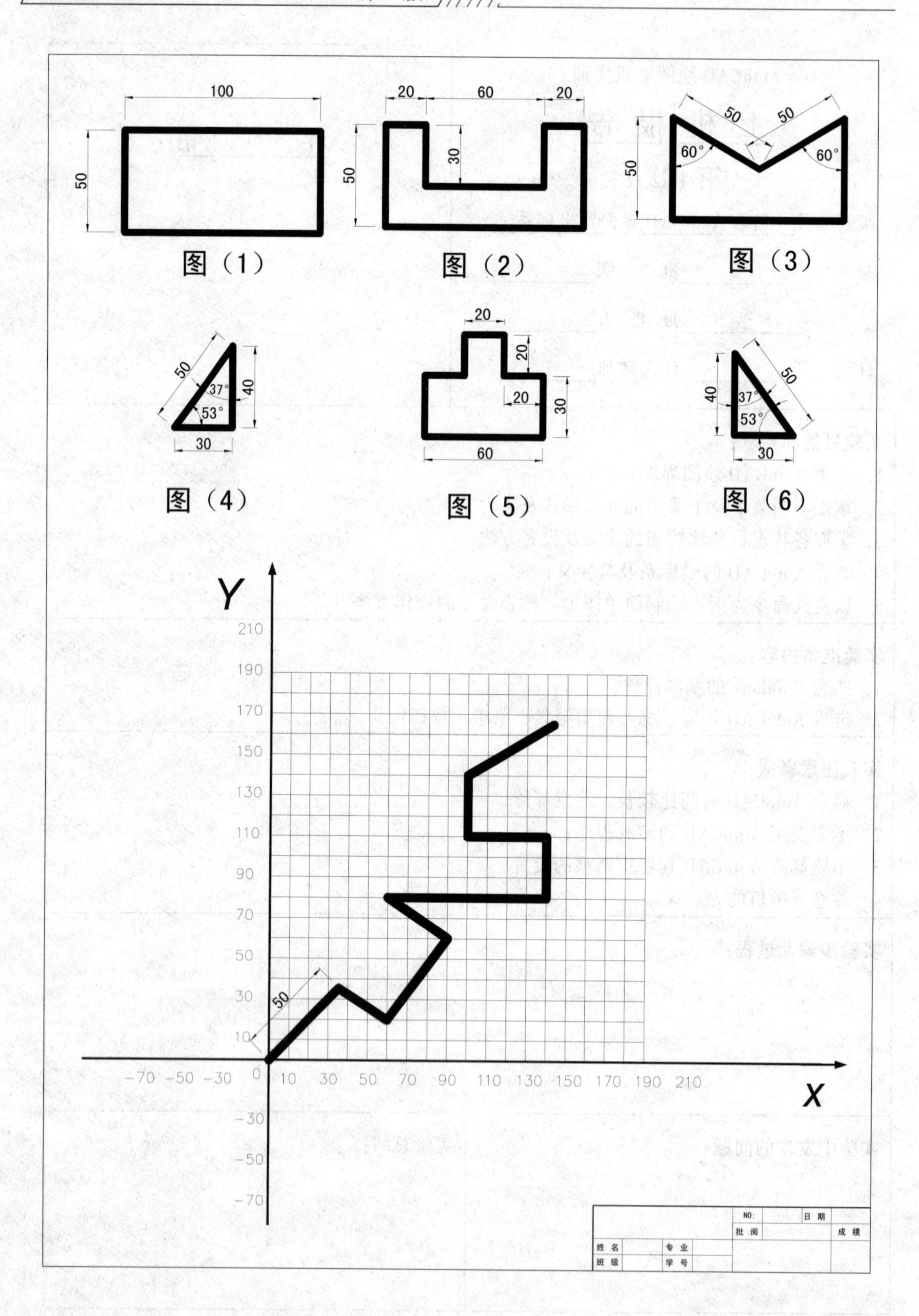

100
50
图（1）
20
60
20
30
50
图（2）
50
50
60°
60°
50
图（3）
50
37°
53°
40
30
图（4）
20
20
20
30
60
图（5）
50
40
37°
53°
30
图（6）
Y
X
50
NO:
日 期
批 阅
成 绩
姓 名
专 业
班 级
学 号

AutoCAD 绘图上机实训

上 机 报 告

（第 2 次）

实验题目 直线的绘制

专　　业＿＿＿＿＿班　　级＿＿＿＿＿

学　　号＿＿＿＿＿报 告 人＿＿＿＿＿

日　　期＿＿＿＿＿任课教师＿＿＿＿＿

评　　语

实验目的和要求：

1. 熟悉直线 LINE 命令；
2. 熟悉点的直角坐标、极坐标输入，熟悉正交、捕捉功能；
3. 掌握平面图形的简单绘制方法和技巧；
4. 简单应用对象捕捉等辅助功能。

实验准备内容：

1. 复习直线 LINE 命令的用法；
2. 复习删除 ERASE 等修改编辑命令的用法；
3. 复习点的定位方法。

实验注意事项：

1. 注意直线点坐标的确定；
2. 注意直线长度的确定；
3. 注意直线方向的确定。

实验步骤及过程：

实验中发现的问题：

实验总结：

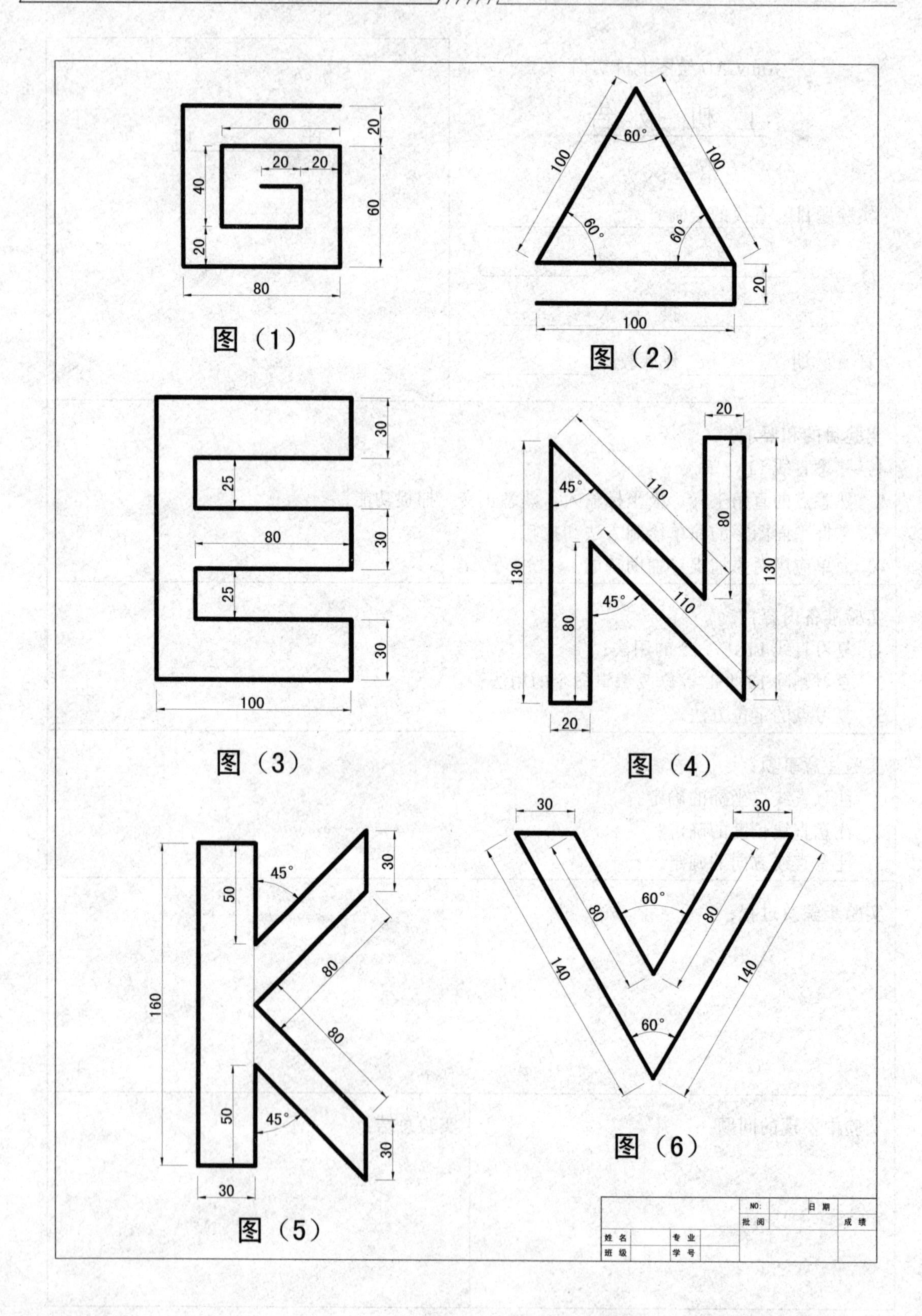
60
20
20 20
40
60
20
80
图（1）
60°
100
100
60°
60°
20
100
图（2）
30
25
80
30
25
30
100
图（3）
20
45°
110
80
130
130
45°
110
80
20
图（4）
30
45°
50
80
160
80
50
45°
30
30
图（5）
30
30
60°
80
80
140
140
60°
图（6）
NO:
日 期
批 阅
成 绩
姓 名
专 业
班 级
学 号

AutoCAD 绘图上机实训

上 机 报 告

（第 3 次）

实验题目 矩形的绘制

专　　业＿＿＿＿＿＿ 班　　级＿＿＿＿＿＿

学　　号＿＿＿＿＿＿ 报 告 人＿＿＿＿＿＿

日　　期＿＿＿＿＿＿ 任课教师＿＿＿＿＿＿

评　　语

实验目的和要求：

1. 掌握直线 LINE、矩形 RECTANG 命令；
2. 熟悉点的直角坐标、极坐标输入；
3. 熟悉正交、对象捕捉功能；
4. 熟悉二维图形的绘制技巧；
5. 较熟练地应用对象捕捉等辅助功能。

实验准备内容：

1. 复习直线 LINE、矩形 RECTANG 命令的用法；
2. 复习删除 ERASE 等修改编辑命令的用法；
3. 复习点的定位方法；

实验注意事项：

1. 注意矩形边长的确定；
2. 如何确定矩形角点的位置；
3. 几种变形矩形的区别。

实验步骤及过程：

实验中发现的问题：

实验总结：

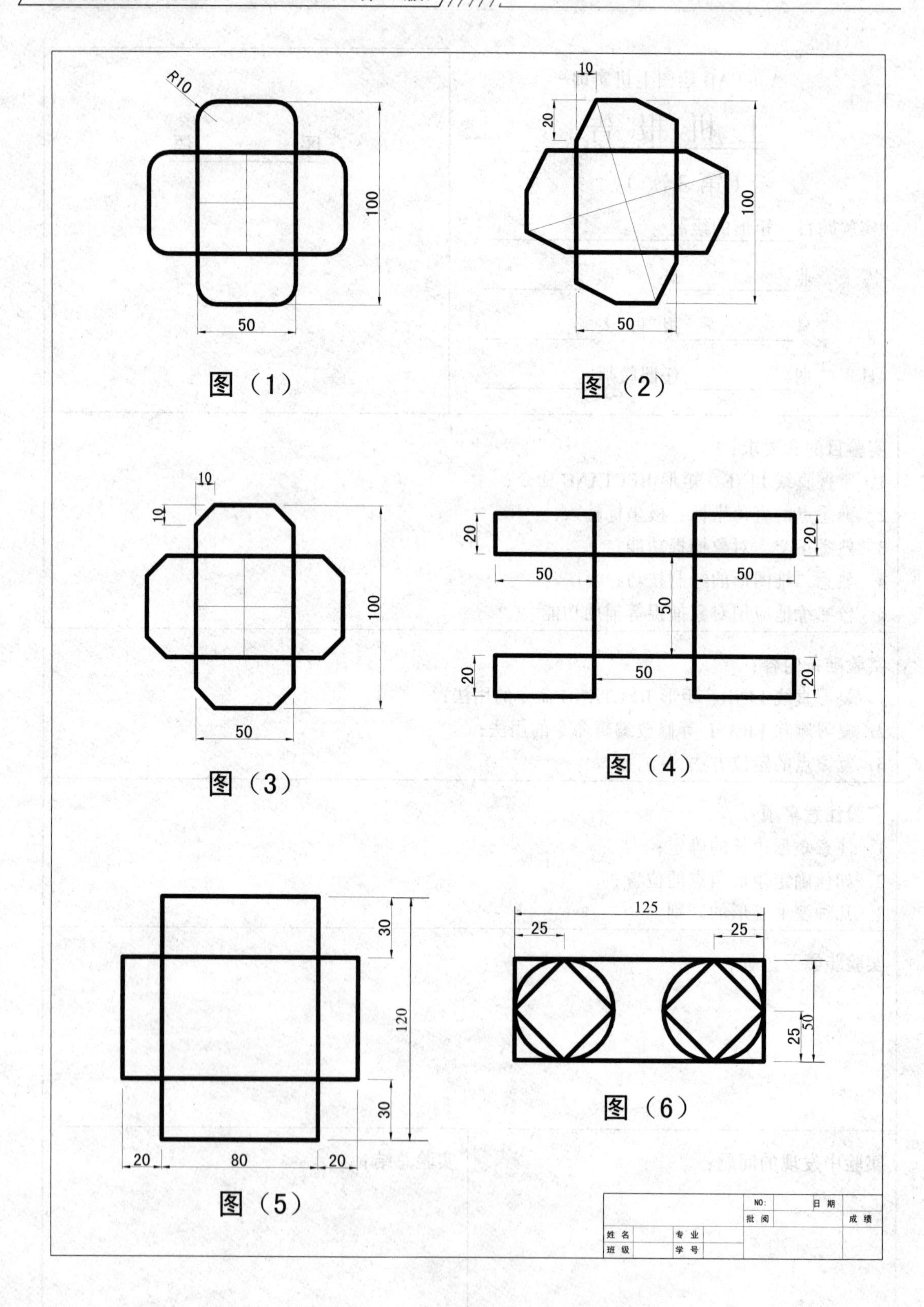
R10
100
50
图（1）
10
20
100
50
图（2）
10
10
100
50
图（3）
20
50
50
50
20
20
50
20
图（4）
30
120
30
20
80
20
图（5）
125
25
25
50
25
图（6）
NO:
日 期
批 阅
成 绩
姓 名
专 业
班 级
学 号

AutoCAD绘图上机实训

上机报告

（第4次）

实验题目 正多边形绘制

专　业＿＿＿＿＿＿ 班　级＿＿＿＿＿＿

学　号＿＿＿＿＿＿ 报告人＿＿＿＿＿＿

日　期＿＿＿＿＿＿ 任课教师＿＿＿＿＿＿

评　语

实验目的和要求：

1．掌握直线LINE、正多边形POLYGON命令；
2．进一步熟悉点的直角坐标、极坐标输入；
3．进一步熟悉正交、对象捕捉功能；
4．进一步熟悉二维图形的绘制技巧；
5．较熟练地应用对象捕捉等辅助功能。

实验准备内容：

1．复习直线LINE、正多边形POLYGON命令的用法；
2．复习删除ERASE等修改编辑命令的用法；
3．复习点的定位方法。

实验注意事项：

1．注意直线长度的确定；
2．如何确定正多边形的位置；
3．正多边形几种绘制方法的区别。

实验步骤及过程：

实验中发现的问题：

实验总结：

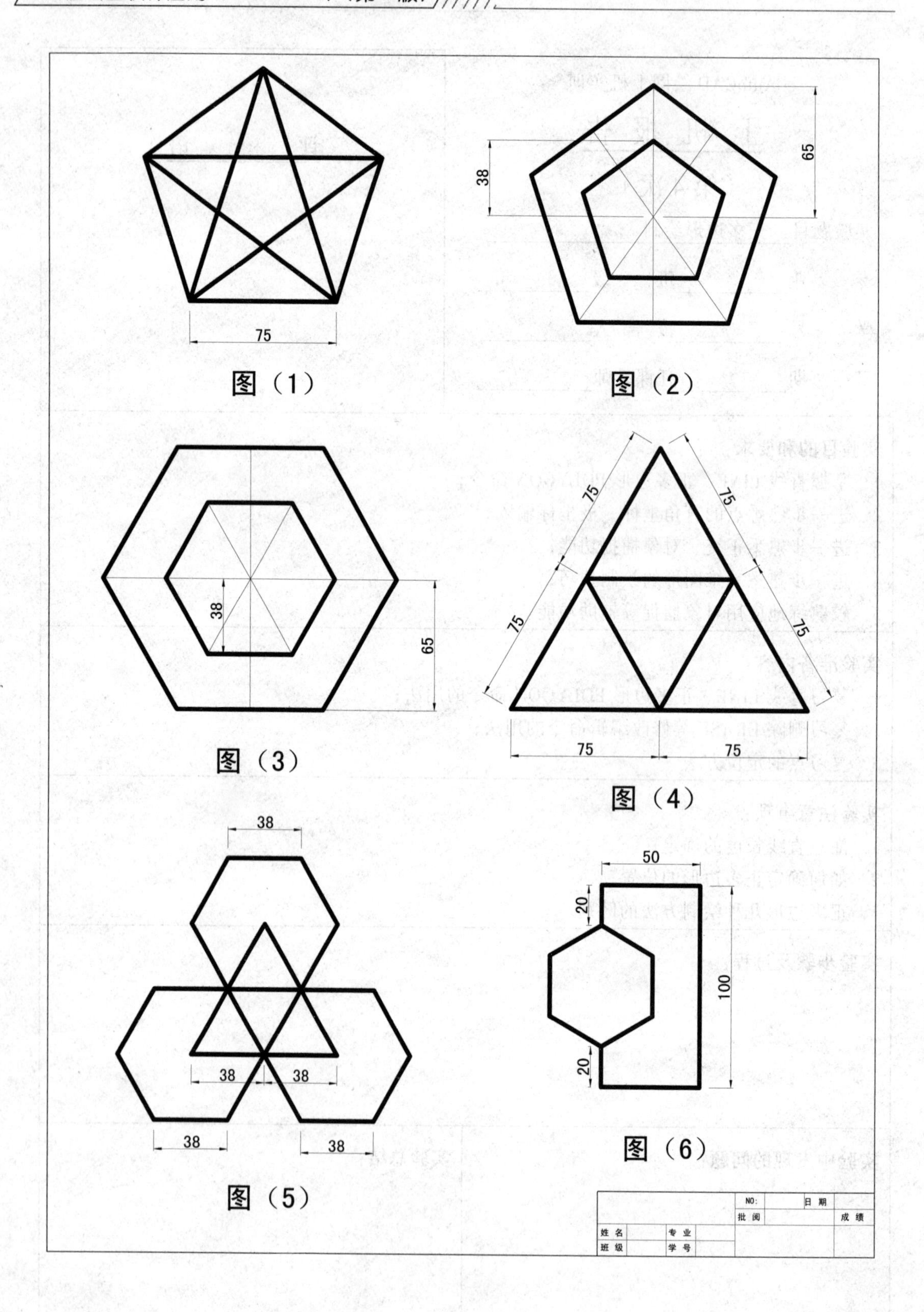
75
图（1）
38
65
图（2）
38
65
图（3）
75
75
75
75
75
75
图（4）
38
38
38
38
38
图（5）
50
20
100
20
图（6）
NO:
日 期
批 阅
成 绩
姓 名
专 业
班 级
学 号

AutoCAD 绘图上机实训

上 机 报 告

（第 5 次）

实验题目　圆的绘制

专　　业＿＿＿＿＿＿班　　级＿＿＿＿＿＿

学　　号＿＿＿＿＿＿报 告 人＿＿＿＿＿＿

日　　期＿＿＿＿＿＿任课教师＿＿＿＿＿＿

评　　　　语

实验目的和要求：

1．掌握圆 CIRCLE 命令的各种绘制方法；

2．掌握不同条件下具体使用圆 CIRCLE 命令的技巧；

3．熟练掌握对象捕捉的基本设置方法及含义。

实验准备内容：

1．熟悉直线、矩形、正多边形等图形命令；

2．熟悉删除 ERASE 等修改编辑命令的用法。

实验注意事项：

1．注意各种绘圆方法的区别；

2．如何输入圆的半径和直径；

3．注意根据实际情况选择绘圆方法。

实验步骤及过程：

实验中发现的问题：

实验总结：

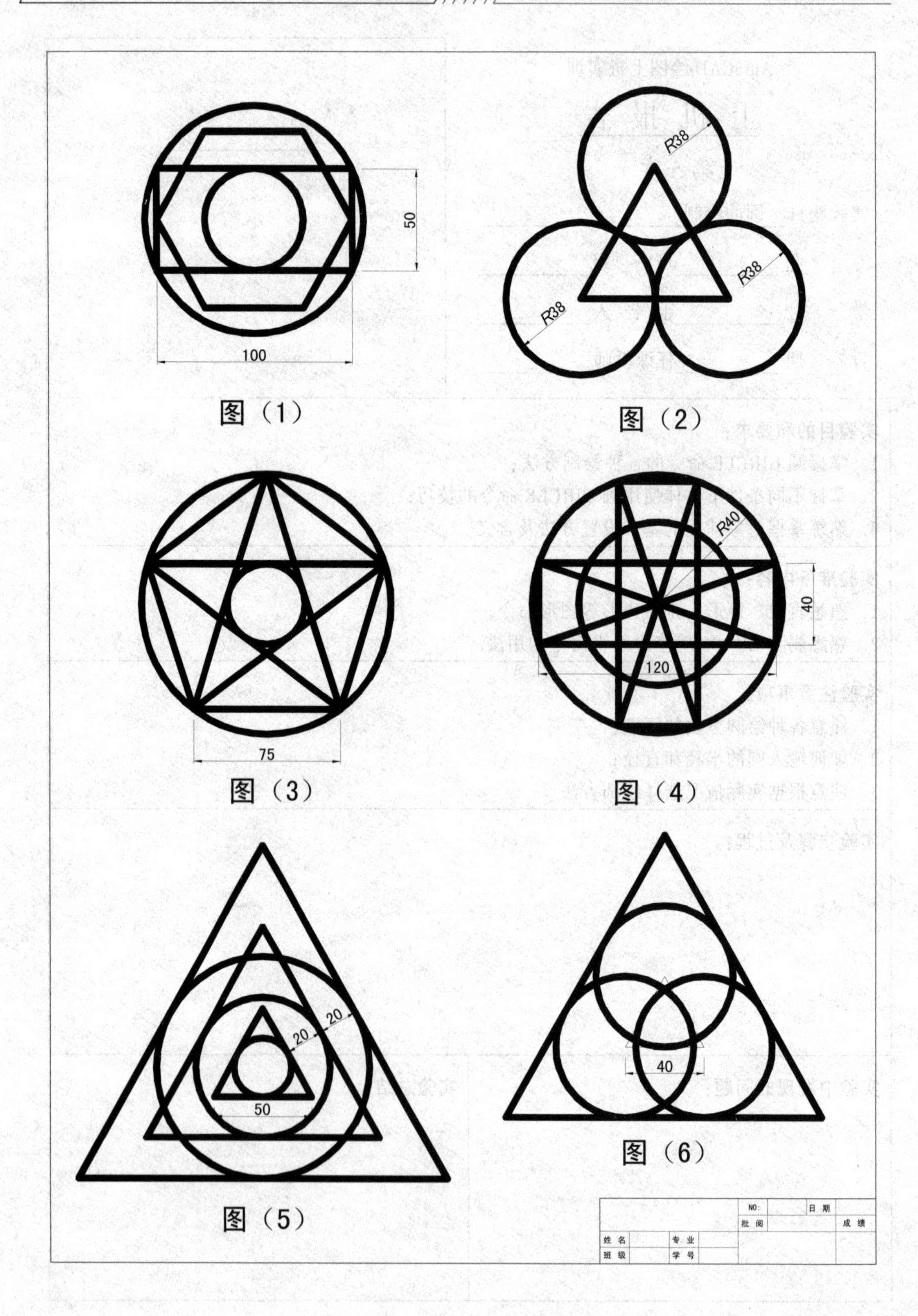
50
100
图（1）
R38
R38
R38
图（2）
75
图（3）
R40
40
120
图（4）
20
20
50
图（5）
40
图（6）
NO:
日 期
批 阅
成 绩
姓 名
专 业
班 级
学 号

AutoCAD 绘图上机实训

上 机 报 告

（第6次）

实验题目 基本捕捉练习

专　　业＿＿＿＿＿＿班　　级＿＿＿＿＿＿

学　　号＿＿＿＿＿＿报 告 人＿＿＿＿＿＿

日　　期＿＿＿＿＿＿任课教师＿＿＿＿＿＿

评　　　　语

实验目的和要求：

1．熟悉捕捉工具条的各种工具功能；

2．熟悉定点捕捉和对象捕捉的区别；

3．综合应用捕捉等辅助功能。

实验准备内容：

1．预习对象捕捉和定点捕捉种类和功能；

2．复习直线、矩形、正多边形等图形命令。

实验注意事项：

1．注意定点捕捉与对象捕捉的区别；

2．注意理解对象特征点的含义；

3．注意各种捕捉方法的综合运用。

实验步骤及过程：

实验中发现的问题：

实验总结：

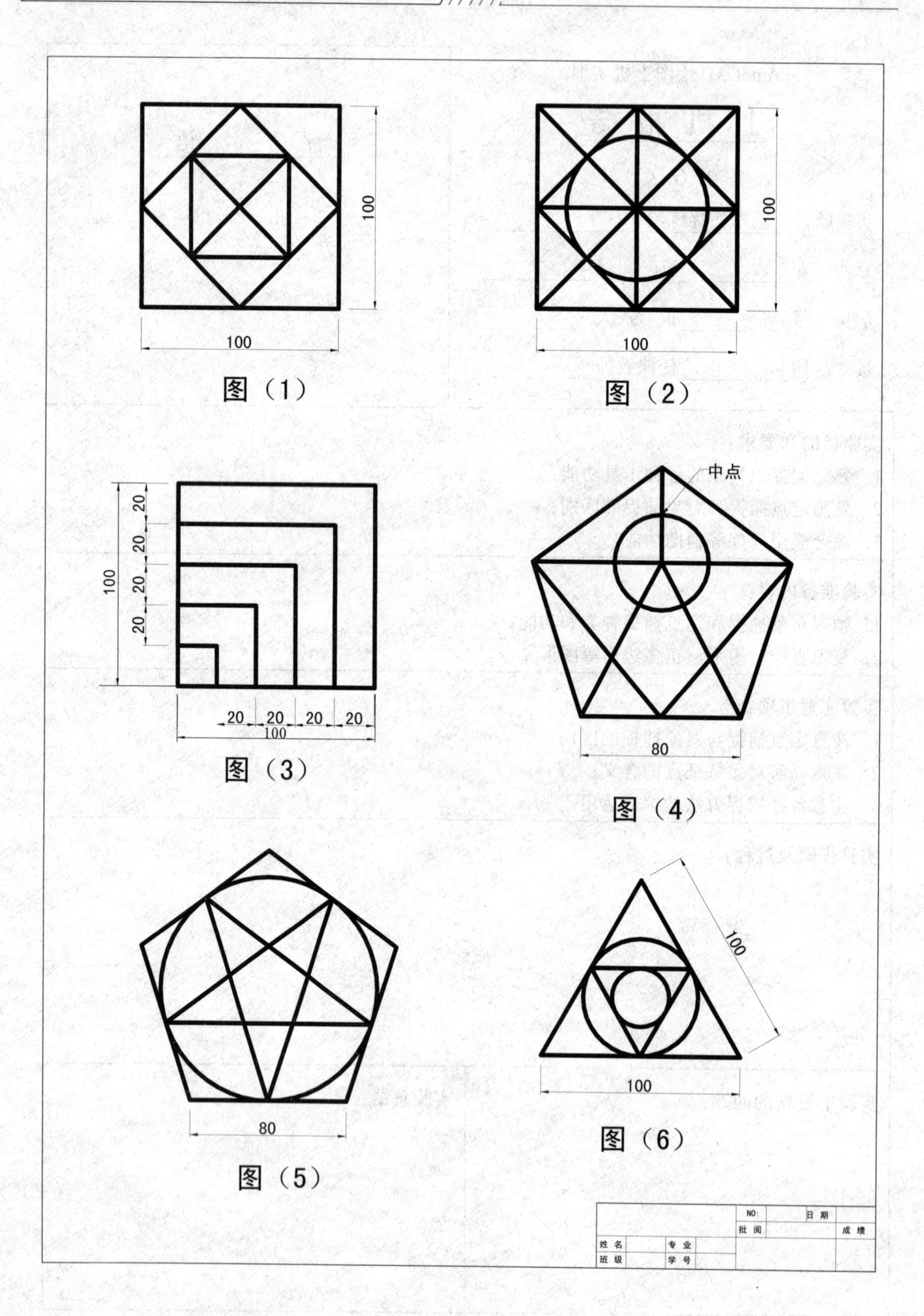
100
100
图（1）
100
100
图（2）
100
20
20
20
20
20
20
20
20
100
图（3）
中点
80
图（4）
80
图（5）
100
100
图（6）
NO:
日 期
批 阅
成 绩
姓 名
专 业
班 级
学 号

AutoCAD 绘图上机实训

上 机 报 告

（第 7 次）

实验题目 复制练习

专　　业＿＿＿＿＿ 班　　级＿＿＿＿＿

学　　号＿＿＿＿＿ 报 告 人＿＿＿＿＿

日　　期＿＿＿＿＿ 任课教师＿＿＿＿＿

评　　语

实验目的和要求：

1. 熟悉并掌握复制 COPY 工具的用法；
2. 掌握复制 COPY 命令的技巧。

实验准备内容：

1. 预习复制 COPY 命令；
2. 复习直线、矩形、正多边形等图形命令；
3. 复习对象捕捉和定点捕捉。

实验注意事项：

1. 区别修剪与打断的异同；
2. 复制时注意基点的选择；
3. 复制时注意捕捉工具的影响。

实验步骤及过程：

实验中发现的问题：

实验总结：

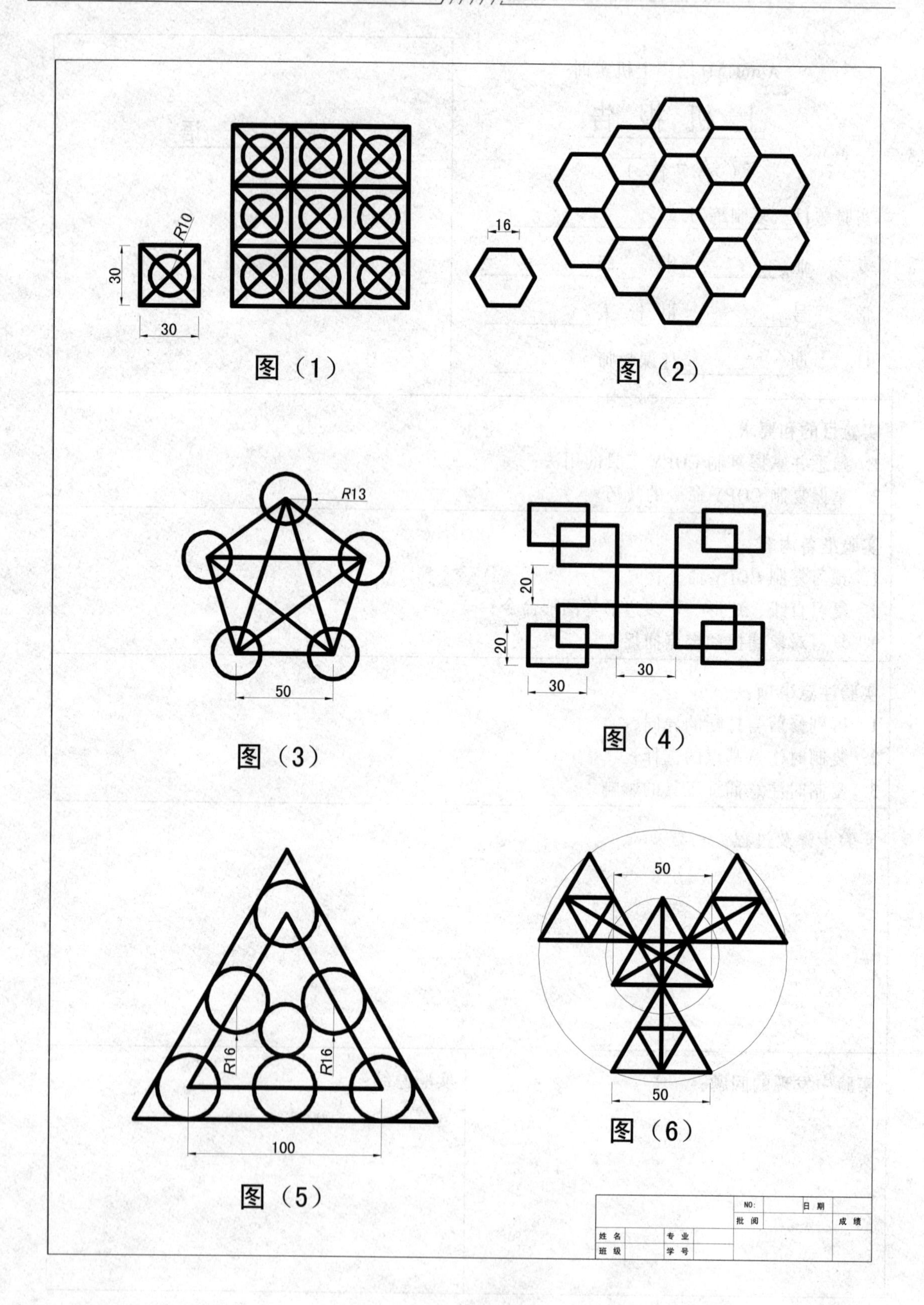
R10
30
30
图（1）
16
图（2）
R13
50
图（3）
20
20
30
30
图（4）
R16
R16
100
图（5）
50
50
图（6）
NO:
日 期
批 阅
成 绩
姓 名
专 业
班 级
学 号

AutoCAD 绘图上机实训

上 机 报 告

（第 8 次）

实验题目 偏移练习

专　　业＿＿＿＿＿ 班　　级＿＿＿＿＿

学　　号＿＿＿＿＿ 报 告 人＿＿＿＿＿

日　　期＿＿＿＿＿ 任课教师＿＿＿＿＿

评　　　　语

实验目的和要求：

1. 熟悉并掌握偏移 OFFSET 工具的用法；
2. 掌握偏移 OFFSET 命令的技巧。

实验准备内容：

1. 预习偏移 OFFSET 命令；
2. 复习直线、矩形、正多边形等图形命令；
3. 复习对象捕捉和定点捕捉。

实验注意事项：

1. 区别修剪与打断的异同；
2. 偏移时注意偏移方向；
3. 偏移时注意捕捉工具的影响。

实验步骤及过程：

实验中发现的问题：

实验总结：

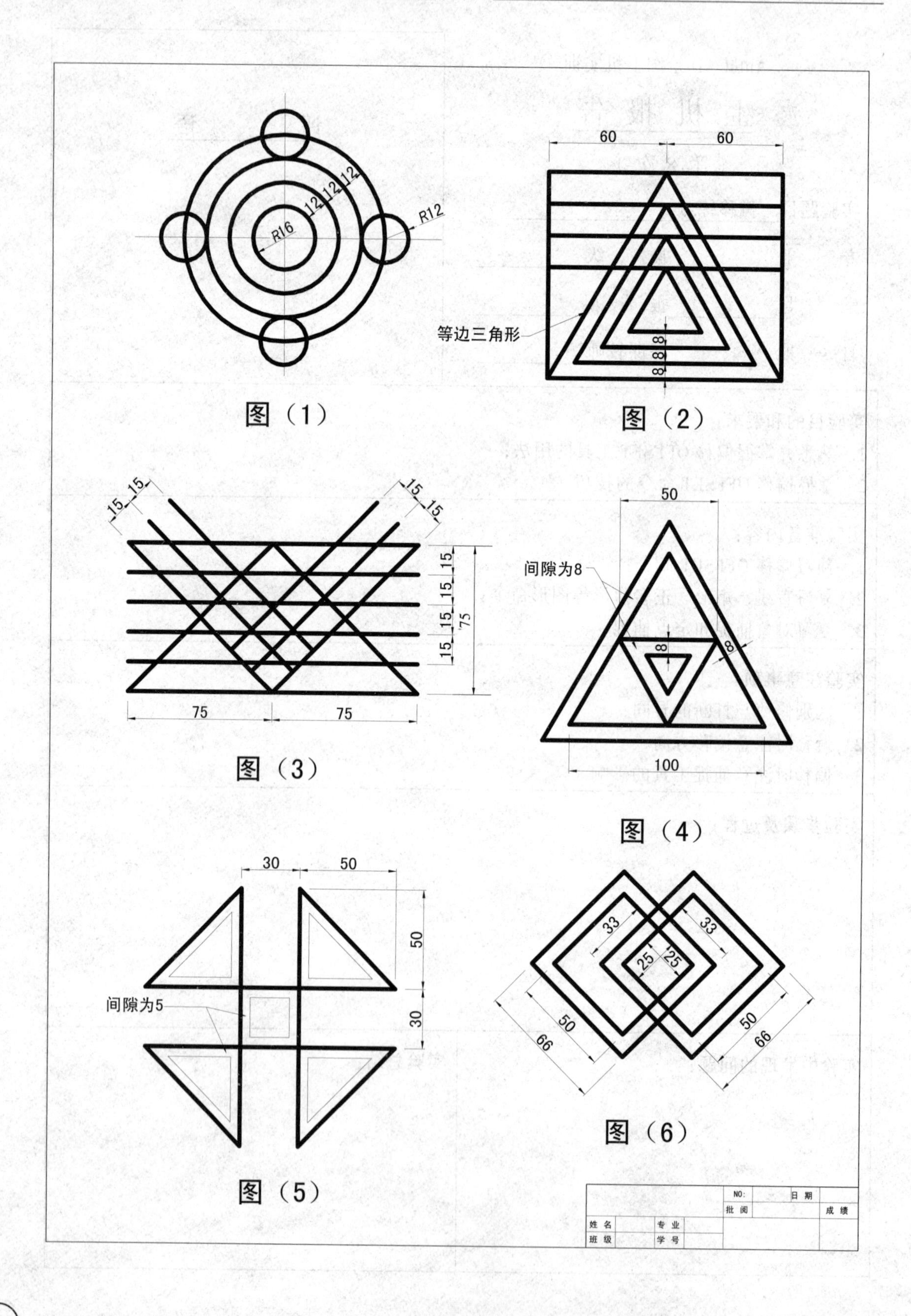

R16
12
12
12
R12
图（1）
60
60
等边三角形
8
8
8
图（2）
15
15
15
15
15
15
15
15
75
75
75
图（3）
50
间隙为8
8
8
100
图（4）
30
50
50
间隙为5
30
图（5）
33
33
25
25
50
66
50
66
图（6）
NO:
日 期
批 阅
成 绩
姓 名
专 业
班 级
学 号

AutoCAD 绘图上机实训

上 机 报 告

（第 9 次）

实验题目 修剪与打断练习

专　　业__________ 班　　级__________

学　　号__________ 报 告 人__________

日　　期__________ 任课教师__________

评　　语

实验目的和要求：

1. 掌握修剪 TRIM 与打断 BREAK 两个命令详细功能；
2. 理解修剪 TRIM 与打断 BREAK 命令的区别；
3. 掌握修剪 TRIM 与打断 BREAK 选取对象范围的方法。

实验准备内容：

1. 预习偏移 OFFSET 命令；
2. 复习直线、矩形、正多边形等图形命令；
3. 复习对象捕捉和定点捕捉。

实验注意事项：

1. 区别修剪与打断的异同；
2. 注意修剪边界的选择对修剪的影响；
3. 注意理解原位置打断和二次给点打断。

实验步骤及过程：

实验中发现的问题：

实验总结：

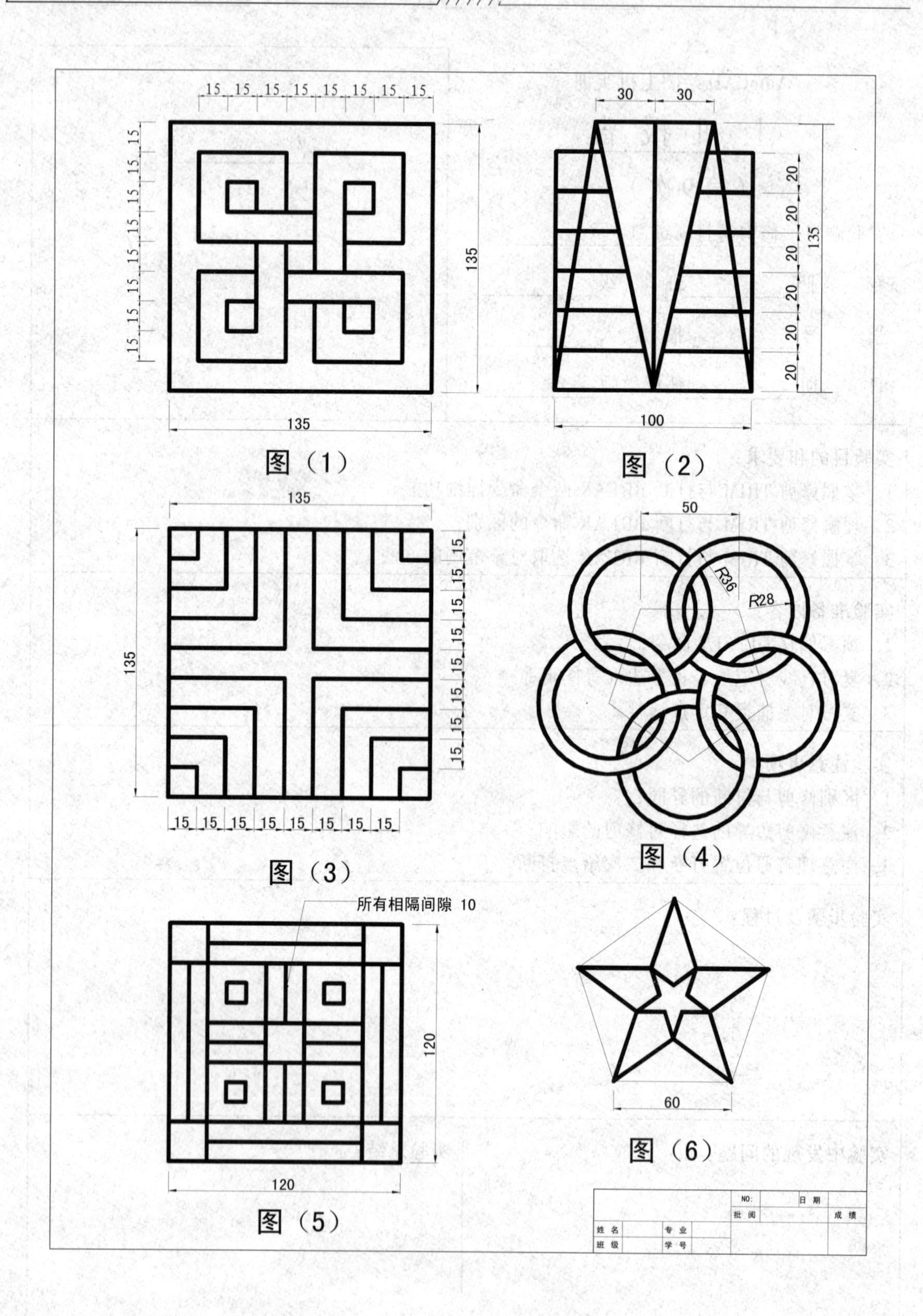
15 15 15 15 15 15 15 15
135
135
图（1）
30 30
20 20 20 20 20 20
135
100
图（2）
135
135
15 15 15 15 15 15 15 15
图（3）
50
R36
R28
图（4）
所有相隔间隙 10
120
120
图（5）
60
图（6）
NO:
日 期
批 阅
成 绩
姓 名
专 业
班 级
学 号

AutoCAD绘图上机实训

上 机 报 告

（第10次）

实验题目 倒角和圆角练习

专 业________ 班 级________

学 号________ 报告人________

日 期________ 任课教师________

评 语

实验目的和要求：

1. 掌握倒角CHAMFER命令的详细用法；
2. 掌握圆角FILLET命令的详细用法；
3. 掌握倒角CHAMFER和圆角FILLET命令的逆向操作用法。

实验准备内容：

1. 预习倒角CHAMFER、圆角FILLET命令的使用方法；
2. 复习直线、矩形、正多边形等图形命令；
3. 复习复制COPY、偏移OFFSET的操作。

实验注意事项：

1. 注意倒角距离的确定；
2. 理解倒角、圆角选项中修剪的含义；
3. 理解倒角、圆角选项中多段线的含义；
4. 注意圆弧之间、圆弧与直线之间圆角的连接。

实验步骤及过程：

实验中发现的问题：

实验总结：

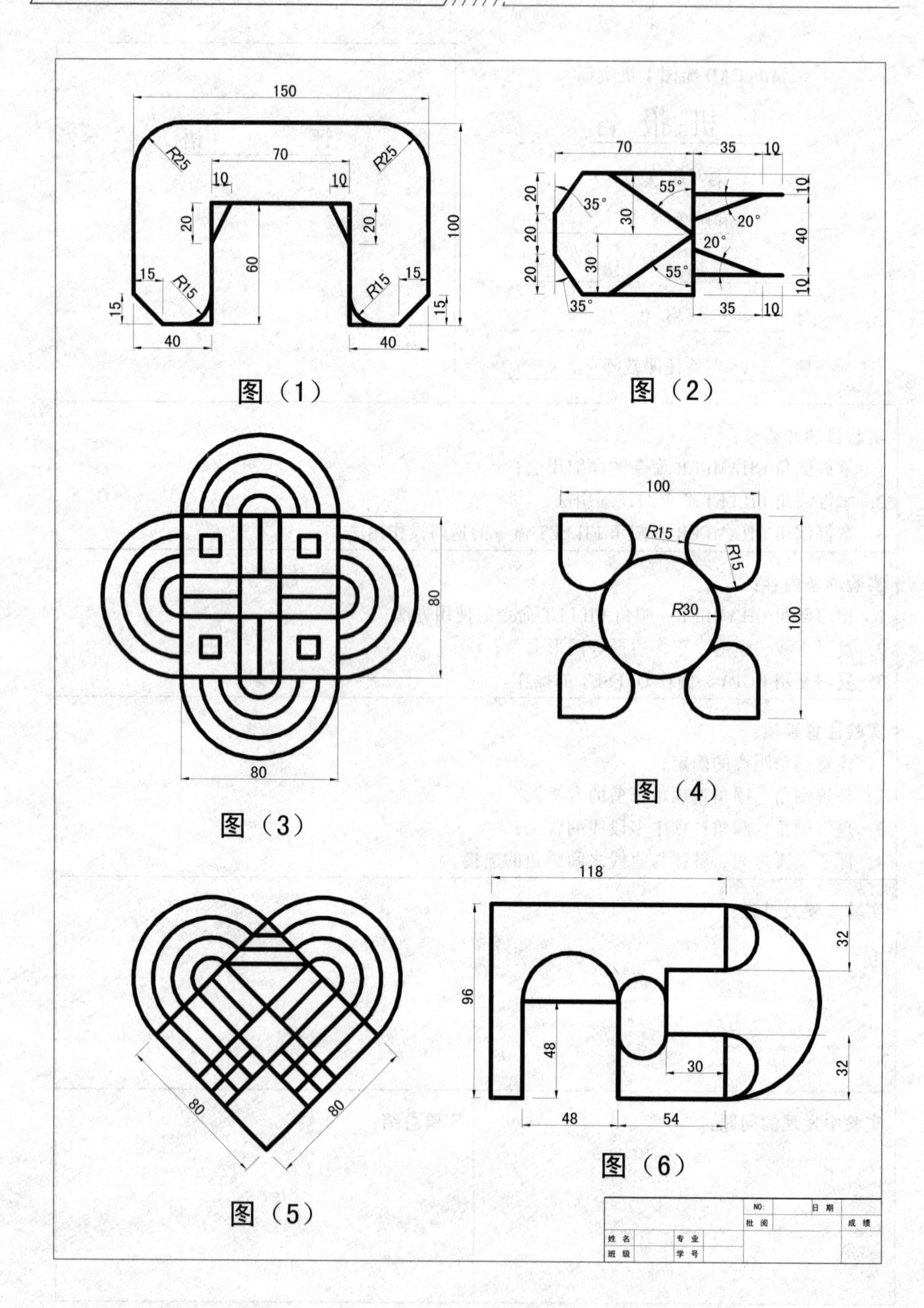

图（1）

图（2）

图（3）

图（4）

图（5）

图（6）

AutoCAD 绘图上机实训

上 机 报 告

（第 11 次）

实验题目　镜像练习

专　　业＿＿＿＿＿＿　班　　级＿＿＿＿＿＿

学　　号＿＿＿＿＿＿　报 告 人＿＿＿＿＿＿

日　　期＿＿＿＿＿＿　任课教师＿＿＿＿＿＿

评　　　语

实验目的和要求：

1. 掌握镜像 MIRROR 命令的功能；
2. 掌握镜像 MIRROR、复制 COPY 命令的区别；
3. 了解镜像轴选择对绘图的影响。

实验准备内容：

1. 预习镜像命令；
2. 复习对象捕捉等绘图辅助命令；
3. 预习单位和方向设定。

实验注意事项：

1. 注意镜像轴的选择；
2. 注意镜像时避免重复；
3. 理解镜像与复制的区别。

实验步骤及过程：

实验中发现的问题：

实验总结：

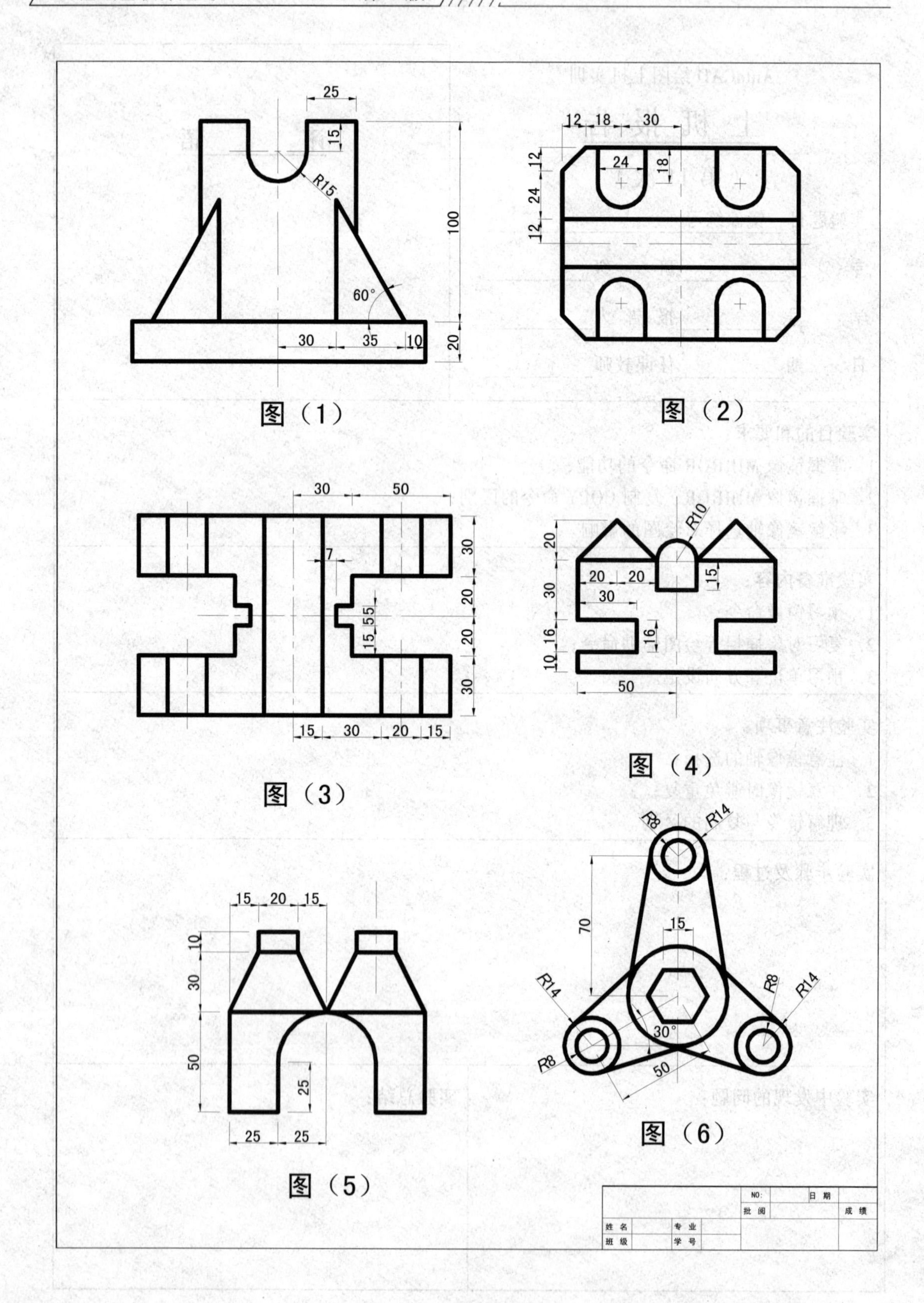
25
15
R15
100
60°
30
35
10
20
图（1）
12 18 30
24
18
12
24
12
图（2）
30 50
7
5 5
15
30
20
20
30
15 30 20 15
图（3）
R10
20
20 20
15
30
30
16
16
10
50
图（4）
15 20 15
10
30
50
25
25 25
图（5）
R8
R14
70
15
R14
R8
R14
30°
R8
50
图（6）
NO:
日 期
批 阅
成 绩
姓 名
专 业
班 级
学 号

AutoCAD 绘图上机实训

上　机　报　告

（第 12 次）

实验题目　旋转练习

专　　业＿＿＿＿＿＿班　　级＿＿＿＿＿＿

学　　号＿＿＿＿＿＿报 告 人＿＿＿＿＿＿

日　　期＿＿＿＿＿＿任课教师＿＿＿＿＿＿

评　　　语

实验目的和要求：

1. 掌握旋转 ROTATE 命令的功能；
2. 了解基点对旋转操作的影响。

实验准备内容：

1. 预习旋转 ROTATE 命令；
2. 复习对象捕捉等绘图辅助命令；
3. 预习单位和方向设定。

实验注意事项：

1. 注意旋转基点的选择；
2. 注意旋转参数中参照的用法。

实验步骤及过程：

实验中发现的问题：

实验总结：

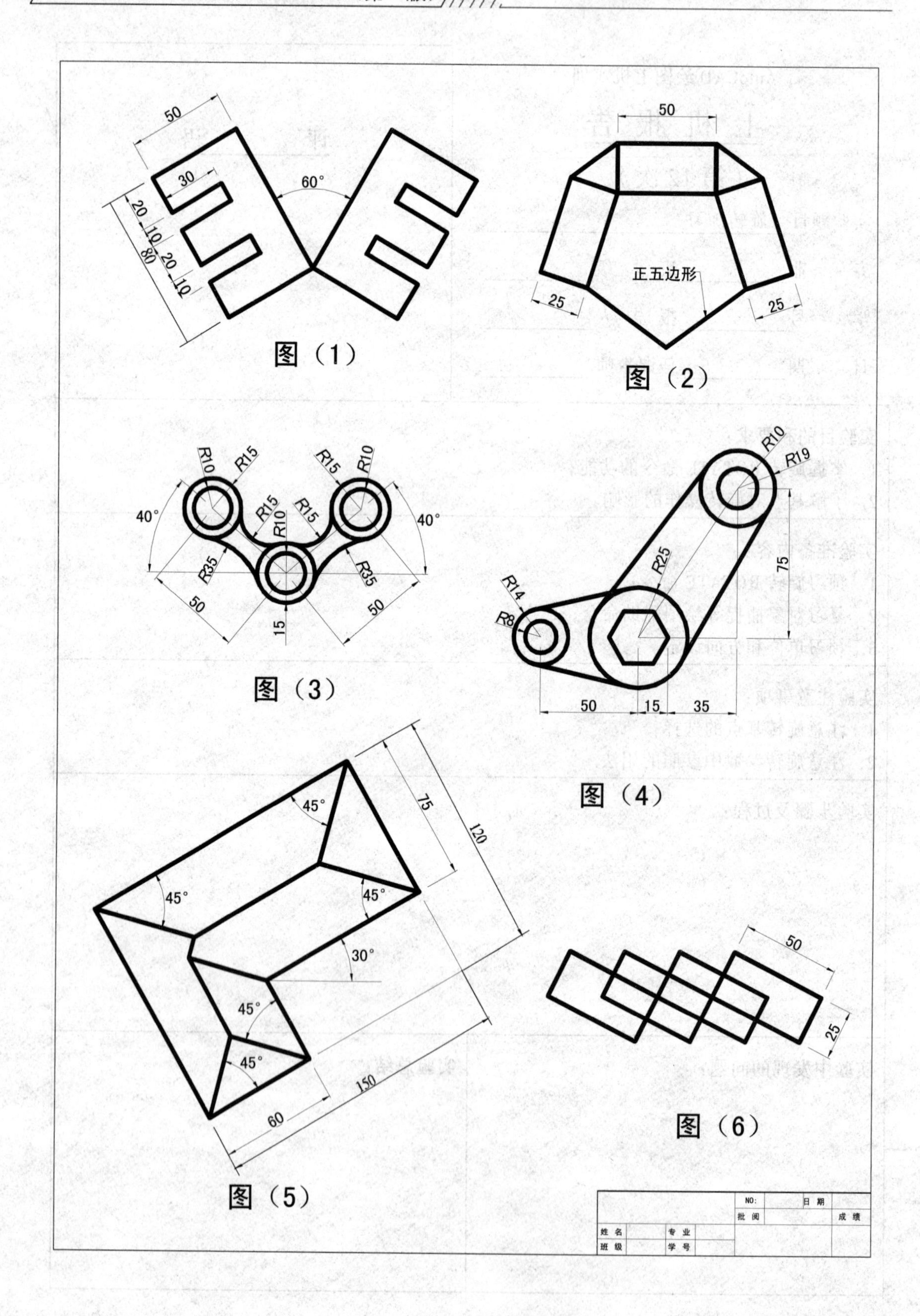
50
30
60°
20
10
80
20
10
图（1）
50
正五边形
25
25
图（2）
R10
R15
R15
R10
40°
R15
R15
R10
40°
R35
R35
50
50
15
图（3）
R10
R19
R25
75
R14
R8
50
15
35
图（4）
45°
75
120
45°
45°
30°
45°
45°
150
60
图（5）
50
25
图（6）
NO:
日 期
批 阅
成 绩
姓 名
专 业
班 级
学 号

AutoCAD 绘图上机实训

上 机 报 告

（第 13 次）

实验题目 缩放和移动练习

专　　业＿＿＿＿＿班　　级＿＿＿＿＿

学　　号＿＿＿＿＿报 告 人＿＿＿＿＿

日　　期＿＿＿＿＿任课教师＿＿＿＿＿

评　　　　语

实验目的和要求：

1. 掌握缩放命令的各项功能；
2. 掌握移动 MOVE 的技巧；
3. 掌握缩放 SCALE 命令与显示缩放 ZOOM 命令的区别。

实验准备内容：

1. 预习比例命令、移动命令；
2. 复习显示缩放 ZOOM 命令。

实验注意事项：

1. 注意区别比例与显示缩放；
2. 注意比例和移动基点的选择。

实验步骤及过程：

实验中发现的问题：

实验总结：

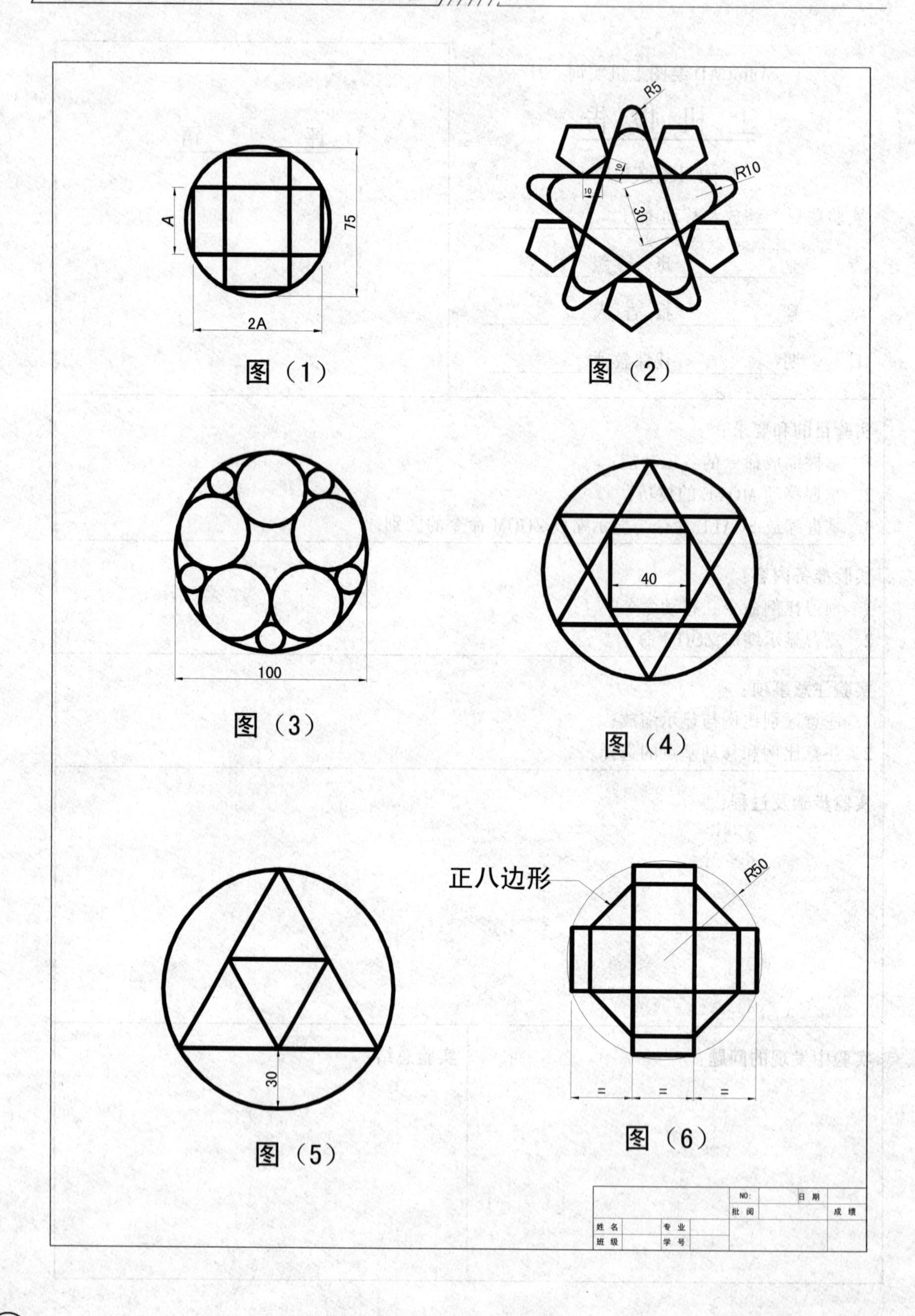
R5
R10
10
10
30
A
75
2A
图（1）
图（2）
100
图（3）
40
图（4）
30
图（5）
正八边形
R50
=
=
=
图（6）
NO:
日 期
批 阅
成 绩
姓 名
专 业
班 级
学 号

AutoCAD 绘图上机实训

上 机 报 告

（第 14 次）

实验题目　对齐练习

专　　业＿＿＿＿＿＿班　　级＿＿＿＿＿＿

学　　号＿＿＿＿＿＿报 告 人＿＿＿＿＿＿

日　　期＿＿＿＿＿＿任课教师＿＿＿＿＿＿

评　　　　语

实验目的和要求：

1. 掌握对齐 ALIGN 命令功能和操作技巧；
2. 掌握对齐、旋转、比例、移动命令之间区别与联系。

实验准备内容：

1. 预习对齐命令；
2. 复习旋转、比例、移动命令；
3. 复习定点捕捉和对象捕捉命令。

实验注意事项：

1. 对齐图形与被对齐图形确定；
2. 对齐原点的选择。

实验步骤及过程：

实验中发现的问题：

实验总结：

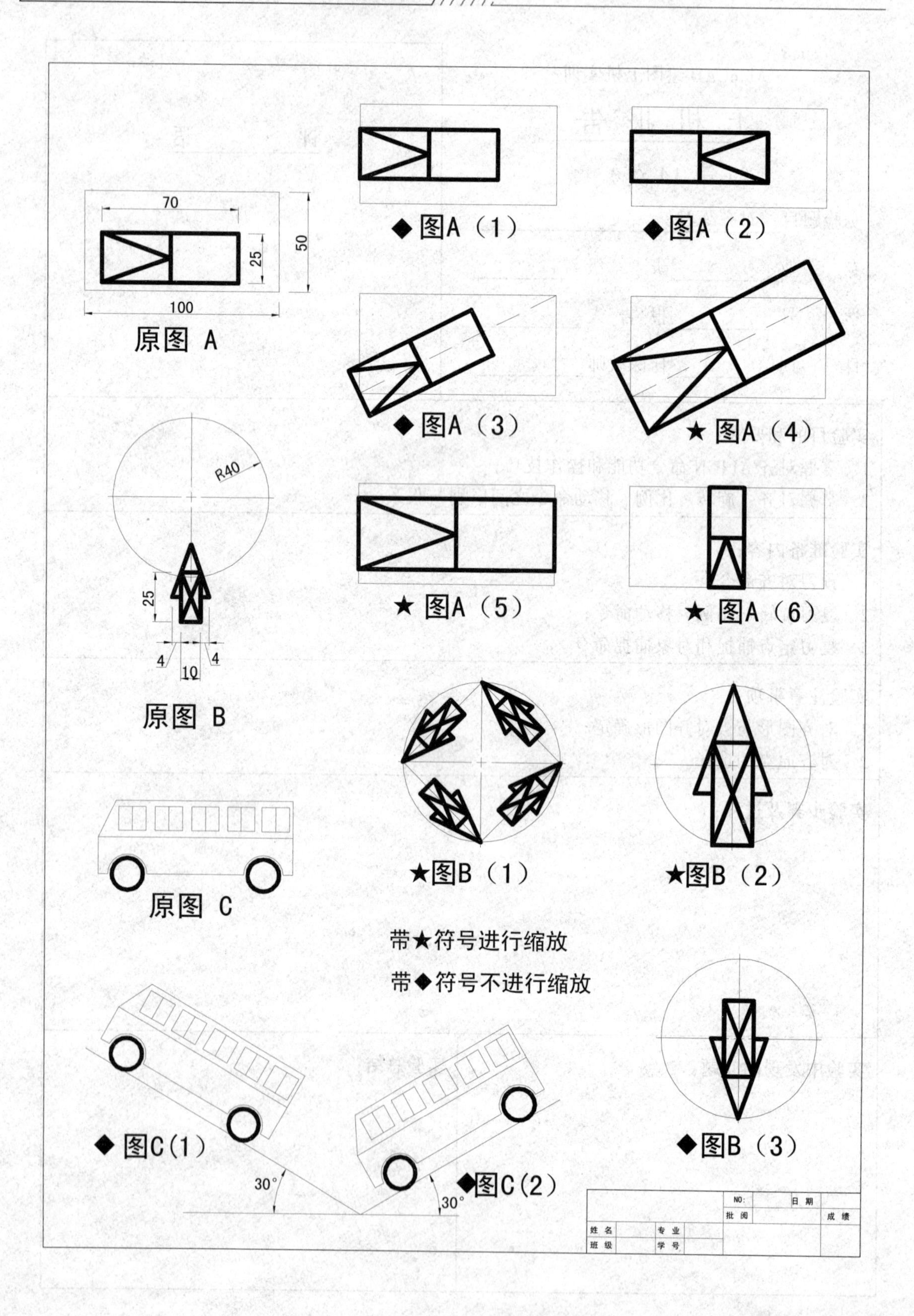
70
50
25
100
原图 A
◆图A（1）
◆图A（2）
◆图A（3）
★图A（4）
★图A（5）
★图A（6）
R40
25
4
10
4
原图 B
★图B（1）
★图B（2）
原图 C
带★符号进行缩放
带◆符号不进行缩放
◆图C(1)
◆图C(2)
30°
30°
◆图B（3）
NO:
日 期
批 阅
成 绩
姓 名
专 业
班 级
学 号

AutoCAD 绘图上机实训

上机报告

（第 15 次）

实验题目 圆弧绘制

专　　业＿＿＿＿＿＿班　　级＿＿＿＿＿＿

学　　号＿＿＿＿＿＿报 告 人＿＿＿＿＿＿

日　　期＿＿＿＿＿＿任课教师＿＿＿＿＿＿

评　　语

实验目的和要求：

1．掌握绘制圆弧 ARC 命令的各种方法；
2．掌握各种绘制圆弧方法的适用范围；
3．掌握单位和方向设置对圆弧命令的影响。

实验准备内容：

1．预习圆弧命令；
2．复习绘圆命令；
3．复习单位和方向设置命令。

实验注意事项：

1．注意圆弧各种绘制方法之间区别；
2．注意方向设置对绘圆弧的影响。

实验步骤及过程：

实验中发现的问题：

实验总结：

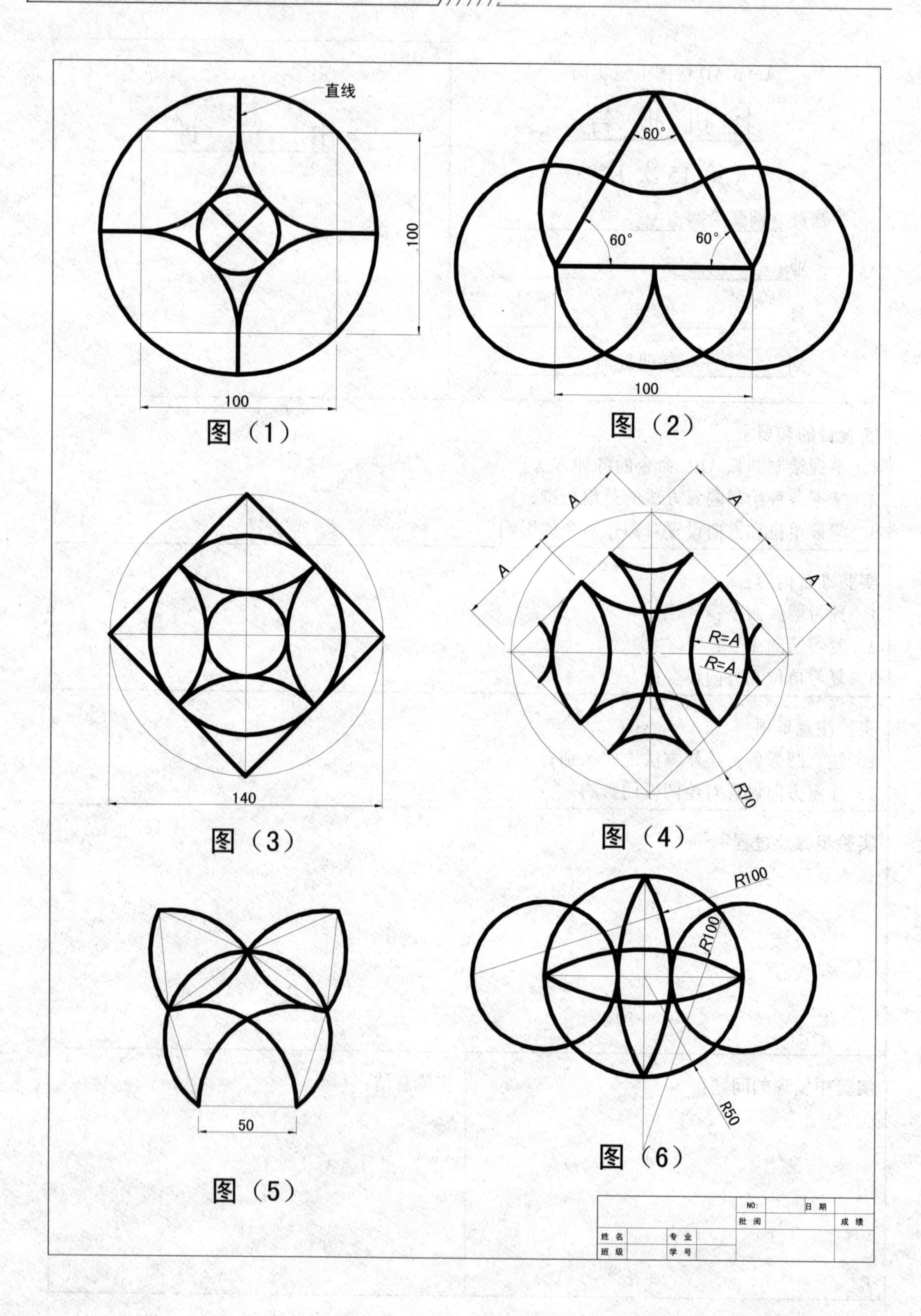
直线
100
100
图（1）
60°
60°
60°
100
图（2）
140
图（3）
A
A
A
A
R=A
R=A
R70
图（4）
50
图（5）
R100
R100
R50
图（6）
NO:
日 期
批 阅
成 绩
姓 名
专 业
班 级
学 号

AutoCAD绘图上机实训

上 机 报 告

（第16次）

实验题目　椭圆绘制

专　　业＿＿＿＿＿＿ 班　　级＿＿＿＿＿＿

学　　号＿＿＿＿＿＿ 报 告 人＿＿＿＿＿＿

日　　期＿＿＿＿＿＿ 任课教师＿＿＿＿＿＿

评　　语

实验目的和要求：

1．学习椭圆 ELLIPSE 的绘制操作；

2．进一步熟悉各状态行各项按钮的含义及设置方法。

实验准备内容：

1．复习偏移 OFFSET 命令、复制 COPY、删除 ERASE；

2．预习椭圆 ELLIPSE 命令。

实验注意事项：

1．注意椭圆绘制选项中旋转角的含义；

2．注意方向设置对椭圆绘制的影响。

实验步骤及过程：

实验中发现的问题：

实验总结：

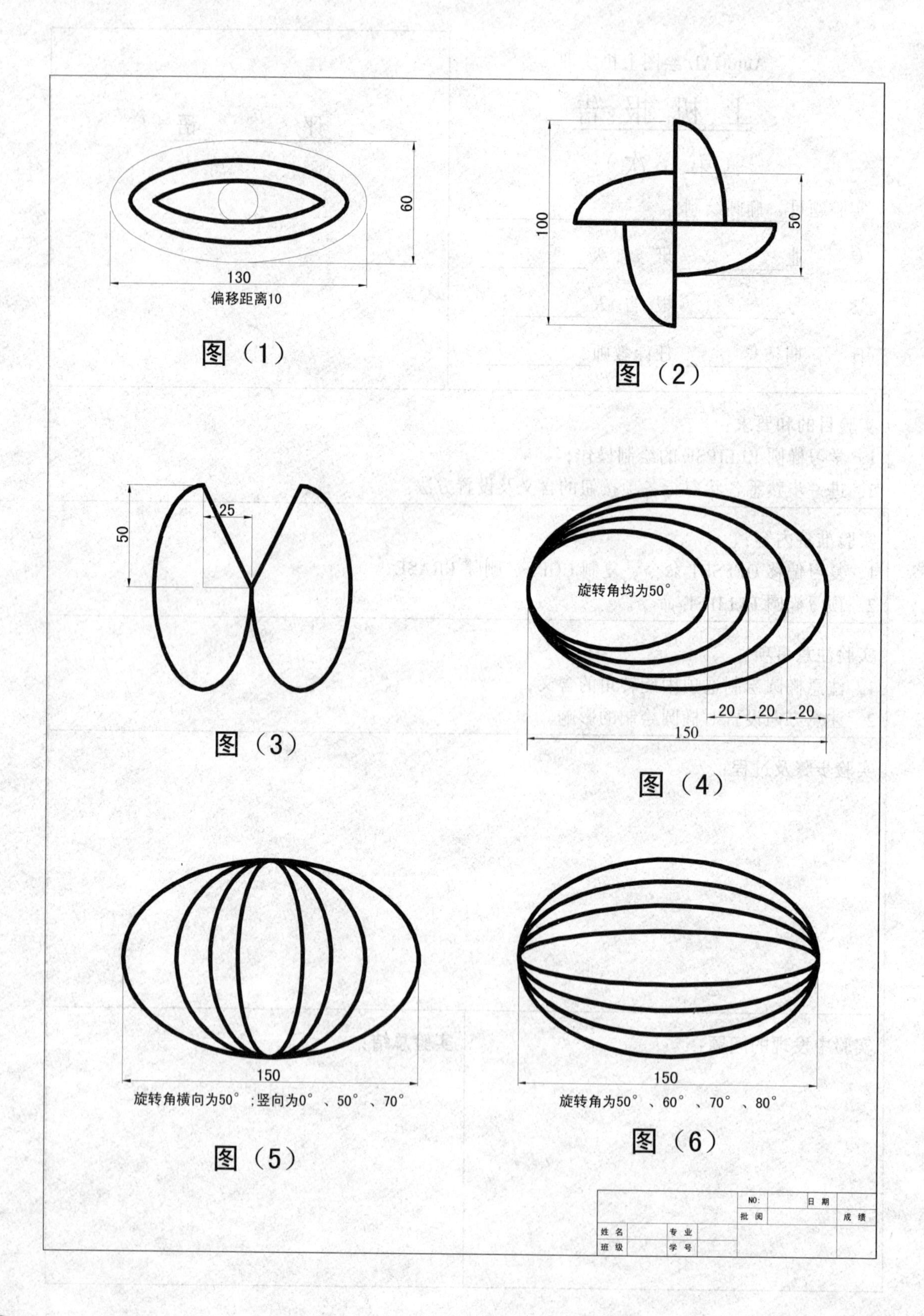
60
130
偏移距离10
图（1）
100
50
图（2）
50
25
图（3）
旋转角均为50°
20
20
20
150
图（4）
150
旋转角横向为50°；竖向为0°、50°、70°
图（5）
150
旋转角为50°、60°、70°、80°
图（6）
NO:
日 期
批 阅
成 绩
姓 名
专 业
班 级
学 号

AutoCAD 绘图上机实训

上 机 报 告

（第 17 次）

实验题目 多段线绘制

专　　业＿＿＿＿＿＿班　　级＿＿＿＿＿＿

学　　号＿＿＿＿＿＿报 告 人＿＿＿＿＿＿

日　　期＿＿＿＿＿＿任课教师＿＿＿＿＿＿

评　　　　语

实验目的和要求：

1. 掌握不同类型多段线绘制方法；
2. 了解多段线与直线的区别；
3. 掌握多段线曲直变换；
4. 掌握多段线修改编辑命令 PEDIT。

实验准备内容：

1. 预习多段线命令；
2. 注意多段线命令各参数含义；
3. 预习圆弧的绘制命令。

实验注意事项：

1. 注意多段线线宽的设置；
2. 注意多段线分解；
3. 注意多段线弧线绘制方法及其选项的含义；
4. 注意多段线曲直连接。

实验步骤及过程：

实验中发现的问题：

实验总结：

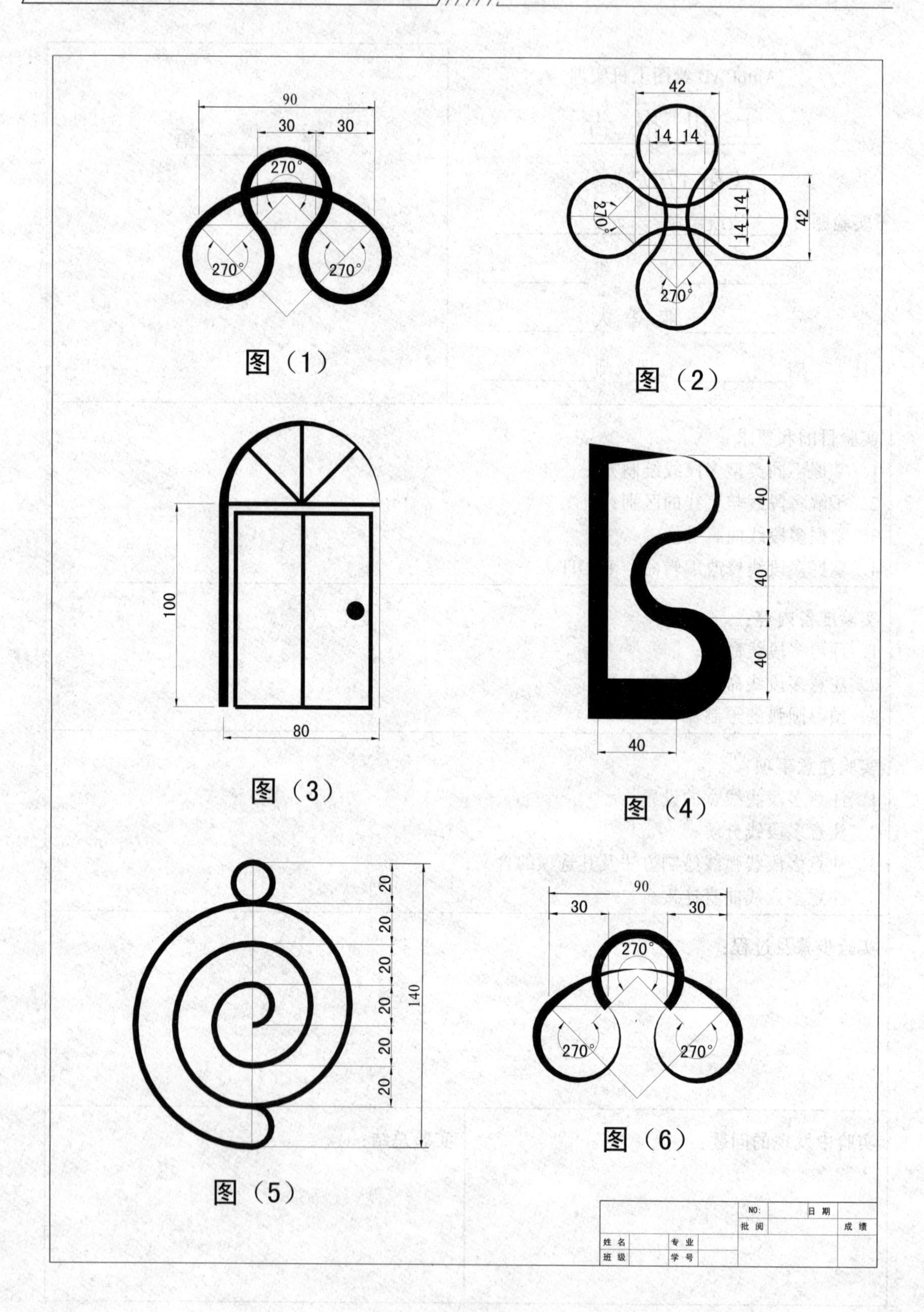
90
30
30
270°
270°
270°
图（1）
42
14
14
270°
14
14
42
270°
图（2）
100
80
图（3）
40
40
40
40
图（4）
20
20
20
20
20
20
140
图（5）
90
30
30
270°
270°
270°
图（6）
NO:
日期
批阅
成绩
姓名
专业
班级
学号

AutoCAD 绘图上机实训

上 机 报 告

（第 18 次）

实验题目　样条曲线绘制

专　　业＿＿＿＿＿＿＿班　　级＿＿＿＿＿＿＿

学　　号＿＿＿＿＿＿＿报 告 人＿＿＿＿＿＿＿

日　　期＿＿＿＿＿＿＿任课教师＿＿＿＿＿＿＿

评　　　　语

实验目的和要求：

1．掌握样条曲线 SPLINE 绘制基本方法；
2．熟悉多段线与样条曲线的转化；
3．灵活应用样条曲线绘图。

实验准备内容：

1．预习教材关于样条曲线的内容；
2．复习多段线绘图命令。

实验注意事项：

1．比较样条曲线与其他类型线条绘制方法的不同；
2．注意多段线拟合和曲线化的区别；
3．注意样条曲线起止切线方向的调整。

实验步骤及过程：

实验中发现的问题：

实验总结：

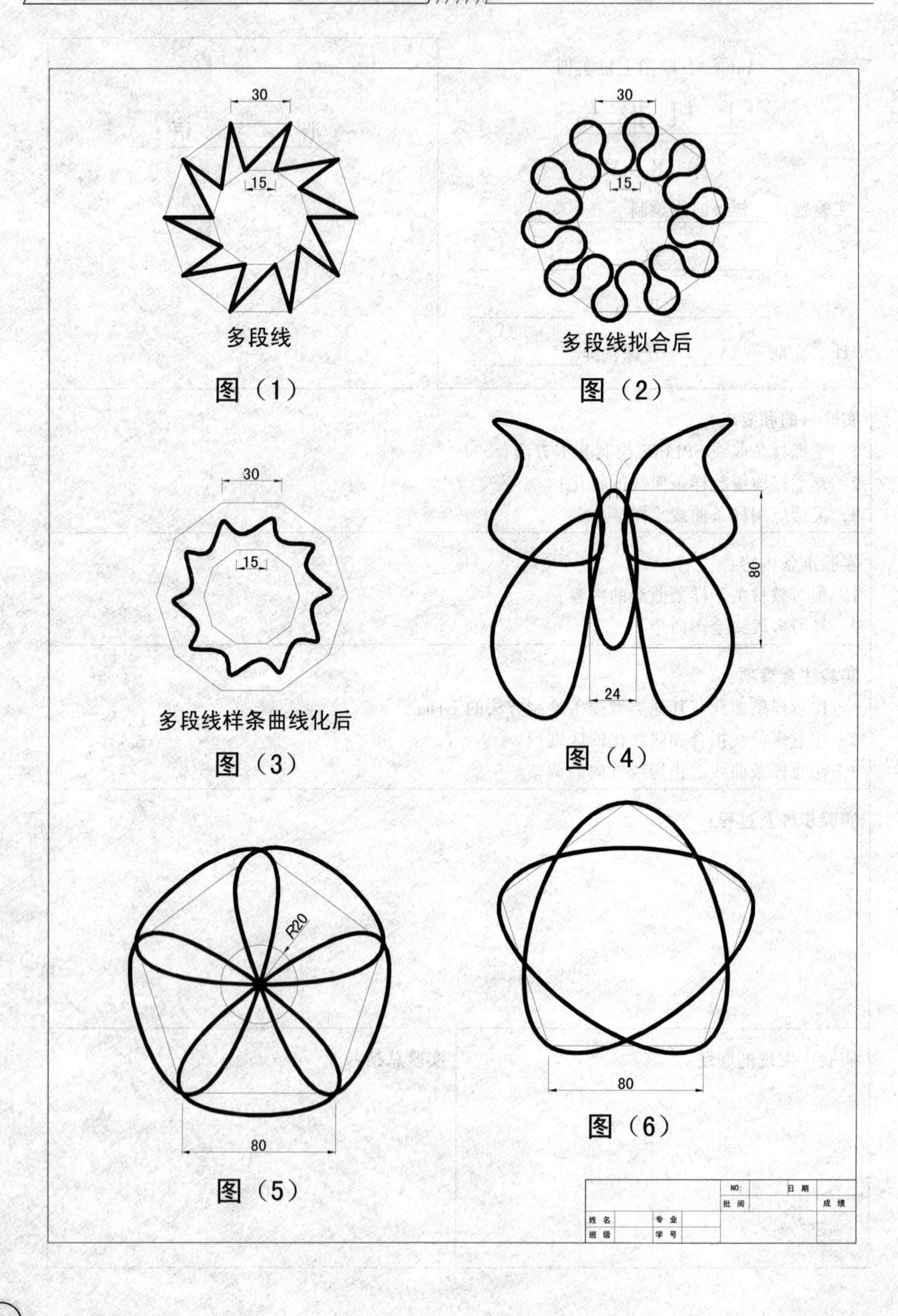
30
15
多段线
图（1）
30
15
多段线拟合后
图（2）
30
15
多段线样条曲线化后
图（3）
80
24
图（4）
R20
80
图（5）
80
图（6）
NO:
日 期
批 阅
成 绩
姓 名
专 业
班 级
学 号

AutoCAD 绘图上机实训

上 机 报 告

（第 19 次）

实验题目 拉长与延伸练习

专　　业＿＿＿＿＿ 班　　级＿＿＿＿＿

学　　号＿＿＿＿＿ 报 告 人＿＿＿＿＿

日　　期＿＿＿＿＿ 任课教师＿＿＿＿＿

评　　　语

实验目的和要求：

1. 掌握拉长 LENGTHEN 命令的几种方法和区别；
2. 掌握延伸 EXTEND 命令的方法及命令的细节；
3. 掌握特殊类型线条的拉长与延伸。

实验准备内容：

1. 预习拉长和延伸命令；
2. 复习圆弧、多段线命令；
3. 预习对象属性显示命令。

实验注意事项：

1. 注意样条曲线不能拉长；
2. 边界设定对延伸的影响；
3. 注意区别拉长的几种方法。

实验步骤及过程：

实验中发现的问题：

实验总结：

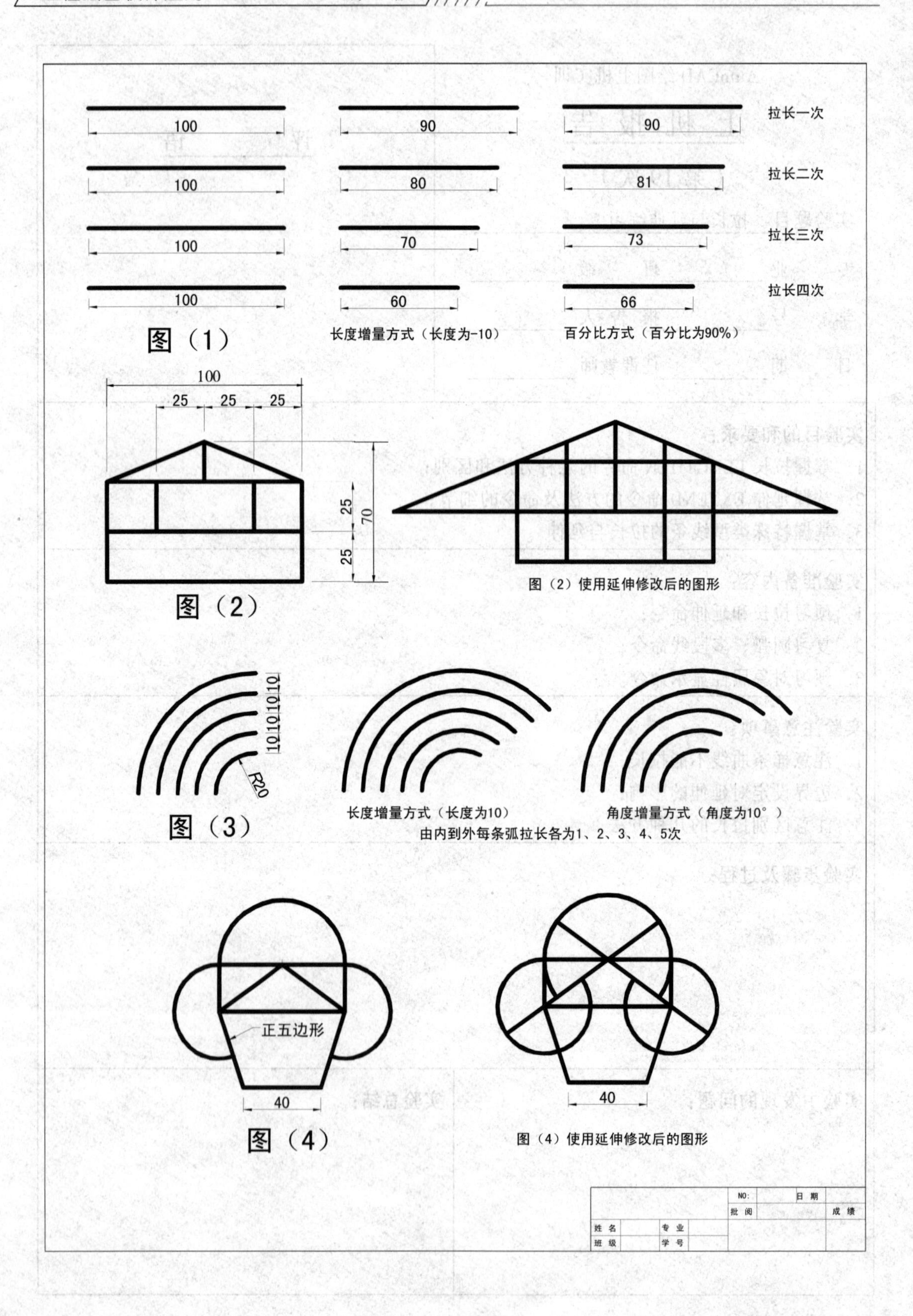

100
90
90
拉长一次
100
80
81
拉长二次
100
70
73
拉长三次
100
60
66
拉长四次
图（1）
长度增量方式（长度为-10）
百分比方式（百分比为90%）
100
25
25
25
25
70
25
图（2）
图（2）使用延伸修改后的图形
10
10
10
10
10
R20
图（3）
长度增量方式（长度为10）
角度增量方式（角度为10°）
由内到外每条弧拉长各为1、2、3、4、5次
正五边形
40
图（4）
40
图（4）使用延伸修改后的图形
NO:
日 期
批 阅
成 绩
姓 名
专 业
班 级
学 号

AutoCAD 绘图上机实训

上 机 报 告

（第 20 次）

实验题目 线型练习

专　　业＿＿＿＿＿ 班　　级＿＿＿＿＿

学　　号＿＿＿＿＿ 报 告 人＿＿＿＿＿

日　　期＿＿＿＿＿ 任课教师＿＿＿＿＿

评　　　语

实验目的和要求：

1. 熟悉 AutoCAD 的线型设置与更改；
2. 掌握线型比例调整方法；
3. 了解线型的应用范围。

实验准备内容：

1. 复习学习过的绘图命令和编辑命令；
2. 预习线型设置的相关命令；
3. 预习与图层相关的线型知识。

实验注意事项：

1. 注意线型比例设置；
2. 注意对具有宽度多段线设置线型的效果。

实验步骤及过程：

实验中发现的问题：

实验总结：

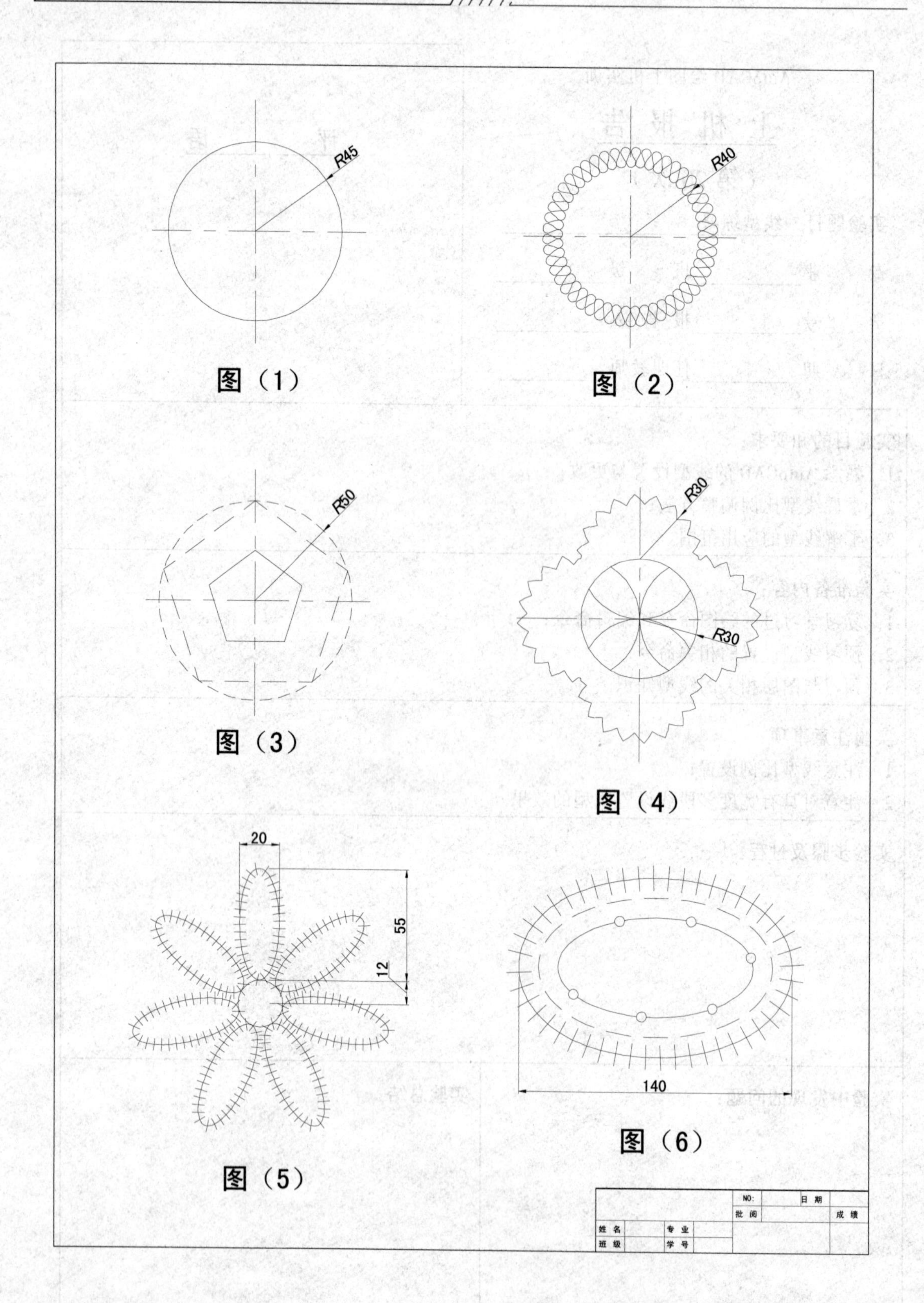
R45
图（1）
R40
图（2）
R50
图（3）
R30
R30
图（4）
20
55
12
图（5）
140
图（6）
NO:
日 期
批 阅
成 绩
姓 名
专 业
班 级
学 号

AutoCAD 绘图上机实训

上 机 报 告

（第 21 次）

实验题目 图案填充练习

专　　业＿＿＿＿＿＿ 班　　级＿＿＿＿＿＿

学　　号＿＿＿＿＿＿ 报 告 人＿＿＿＿＿＿

日　　期＿＿＿＿＿＿ 任课教师＿＿＿＿＿＿

评　　语

实验目的和要求：

1．掌握图案填充 BHATCH 命令的功能；

2．掌握图案填充命令各选项的含义。

实验准备内容：

1．预习填充命令；

2．复习分解、文字注写命令。

实验注意事项：

1．注意非封闭图形不能使用图案填充；

2．注意填充图案的比例、角度的确定；

3．注意填充高级方式中的各选项的含义。

实验步骤及过程：

实验中发现的问题：

实验总结：

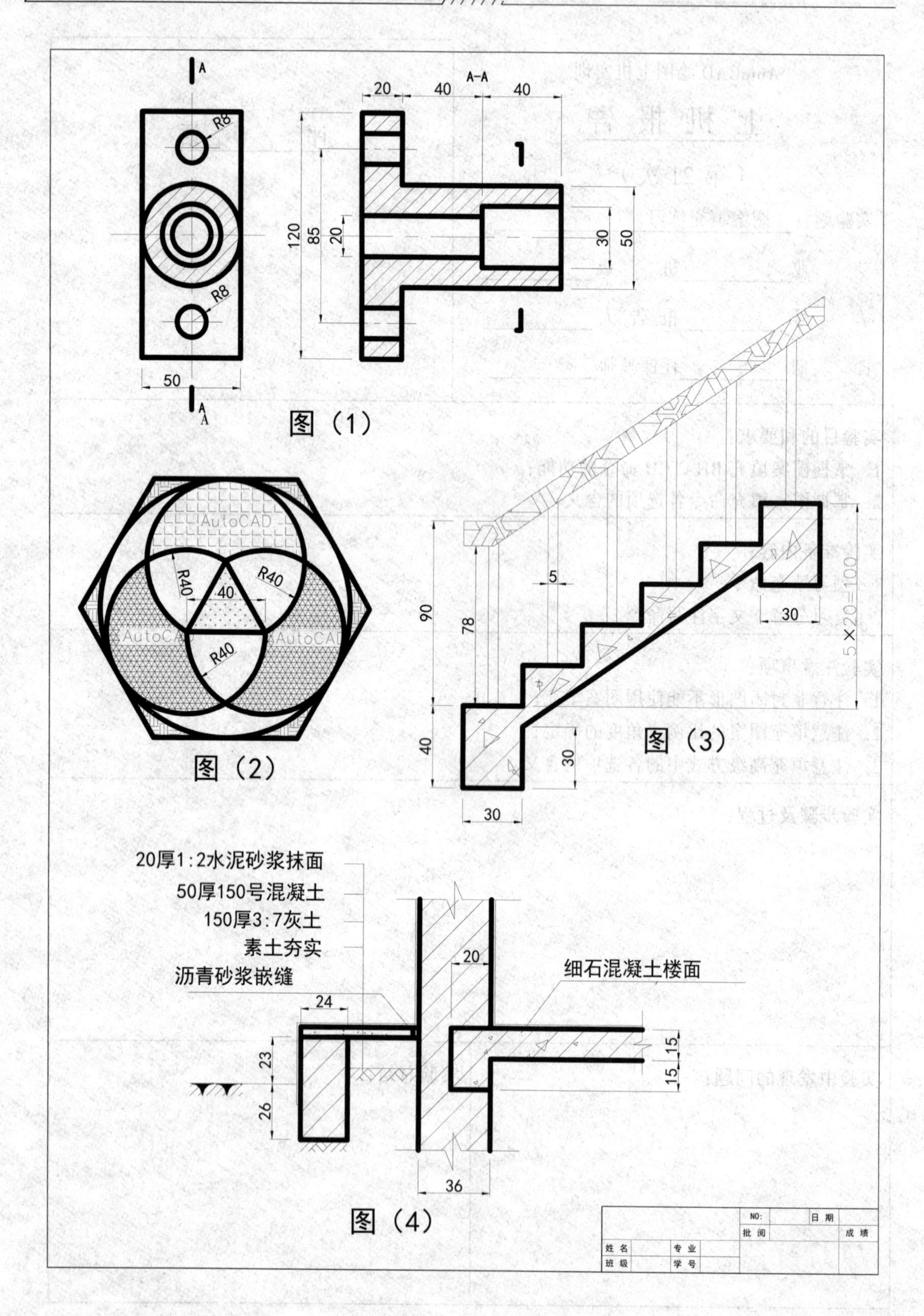
A
A-A
20
40
40
R8
R8
120
85
20
30
50
50
A
图（1）
AutoCAD
R40
R40
40
AutoCAD
AutoCAD
R40
图（2）
5
90
78
40
30
30
30
5×20=100
图（3）
20厚1:2水泥砂浆抹面
50厚150号混凝土
150厚3:7灰土
素土夯实
沥青砂浆嵌缝
20
细石混凝土楼面
24
23
26
15
15
36
图（4）
NO:
日期
批阅
成绩
姓名
专业
班级
学号

AutoCAD 绘图上机实训

上 机 报 告

（第 22 次）

实验题目　环形阵列练习

专　　业＿＿＿＿＿＿班　　级＿＿＿＿＿＿

学　　号＿＿＿＿＿＿报 告 人＿＿＿＿＿＿

日　　期＿＿＿＿＿＿任课教师＿＿＿＿＿＿

评　　　语

实验目的和要求：

1．掌握阵列 ARRAY 命令（环形）的使用方法；

2．掌握阵列 ARRAY 命令（环形）的使用技巧。

实验准备内容：

1．预习教材中关于阵列的章节；

2．复习学习过的绘制和编辑命令。

实验注意事项：

1．注意环形阵列中心确定；

2．注意环形阵列的角度和数量确定；

3．注意区别环形阵列对象自转对结果的影响。

实验步骤及过程：

实验中发现的问题：

实验总结：

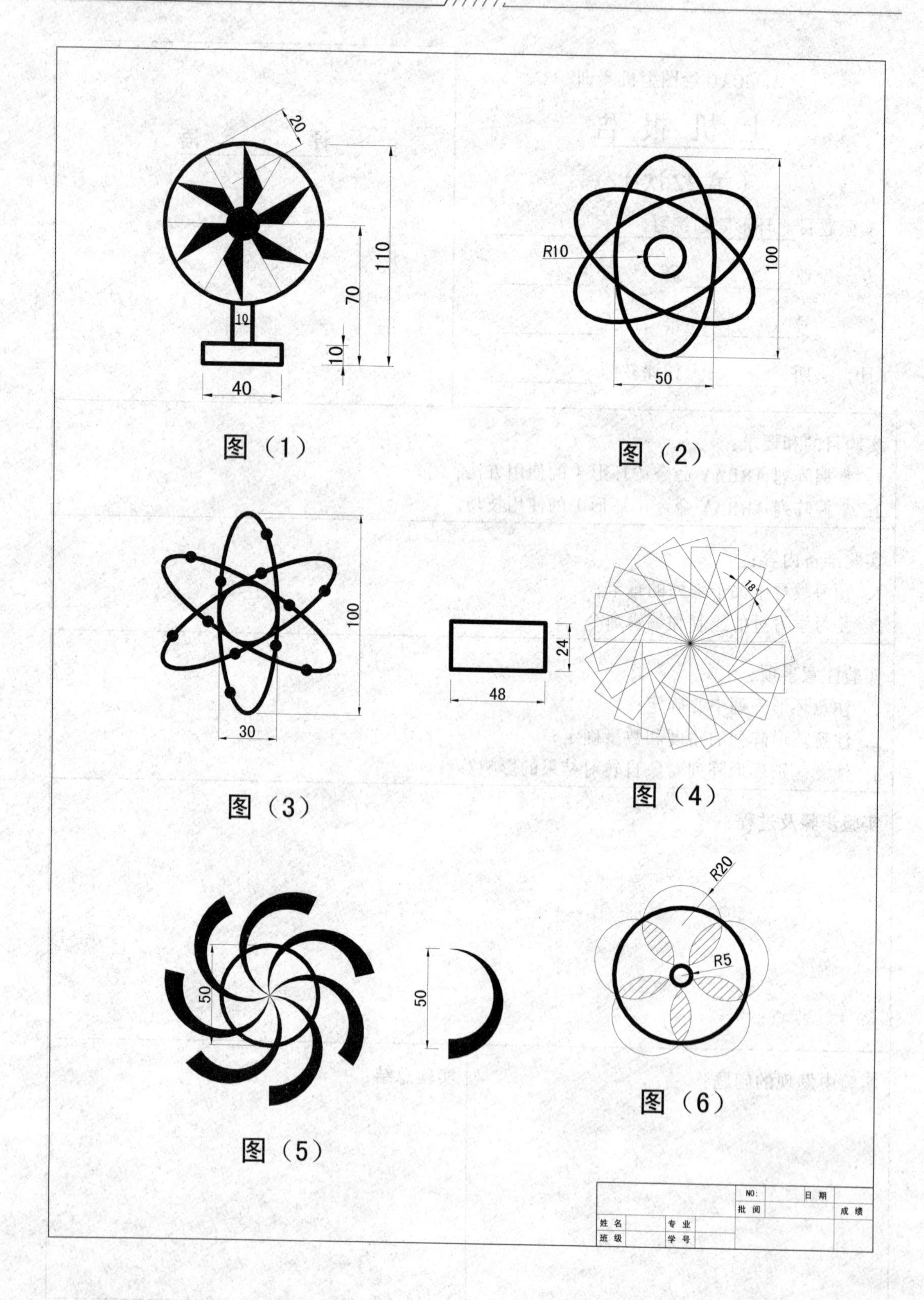

图（1）

图（2）

图（3）

图（4）

图（5）

图（6）

AutoCAD 绘图上机实训

上 机 报 告

（第 23 次）

实验题目 矩形阵列练习

专　　业＿＿＿＿＿＿ 班　　级＿＿＿＿＿＿

学　　号＿＿＿＿＿＿ 报 告 人＿＿＿＿＿＿

日　　期＿＿＿＿＿＿ 任课教师＿＿＿＿＿＿

评　　语

实验目的和要求：

1. 掌握阵列 ARRAY 命令（矩形）的使用方法；
2. 掌握阵列 ARRAY 命令（矩形）的使用技巧。

实验准备内容：

1. 预习教材中关于阵列的章节；
2. 复习学习过的绘制和编辑命令。

实验注意事项：

1. 注意矩形阵列中行、列距离的确定；
2. 注意矩形阵列快速确定行、列距离的方法；
3. 注意矩形阵列方向。

实验步骤及过程：

实验中发现的问题：

实验总结：

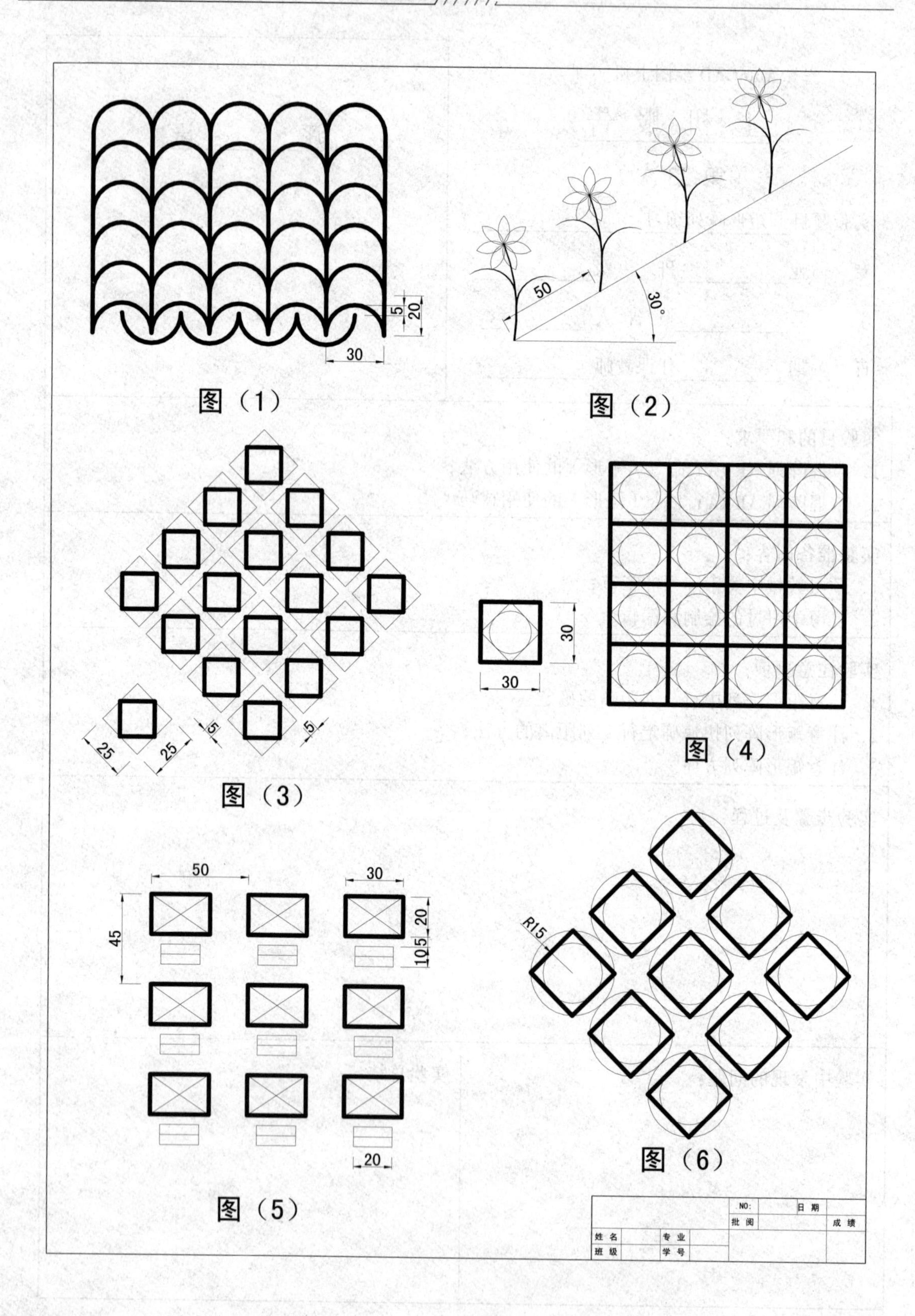

图（1）

图（2）

图（3）

图（4）

图（5）

图（6）

AutoCAD绘图上机实训 **上 机 报 告** （第24次） 实验题目 图块的定义与插入 专 业______ 班 级______ 学 号______ 报告人______ 日 期______ 任课教师______	**评 语**

实验目的和要求：

1. 掌握图块的定义 BLOCK 方法；
2. 掌握图块的插入 INSERT 方法；
3. 掌握图块的存盘 WBLOCK；
4. 掌握属性 ATTRIB 命令的用法。

实验准备内容：

1. 预习教材中关于图块的章节；
2. 复习学习过的绘制和编辑命令；
3. 复习文字样式 STYLE 设定和文字 DTEXT 注写命令的用法。

实验注意事项：

1. 注意图块定义时基点的选择；
2. 注意图块插入时比例与转角的确定；
3. 注意图块的分解。

实验步骤及过程：

实验中发现的问题：	**实验总结：**

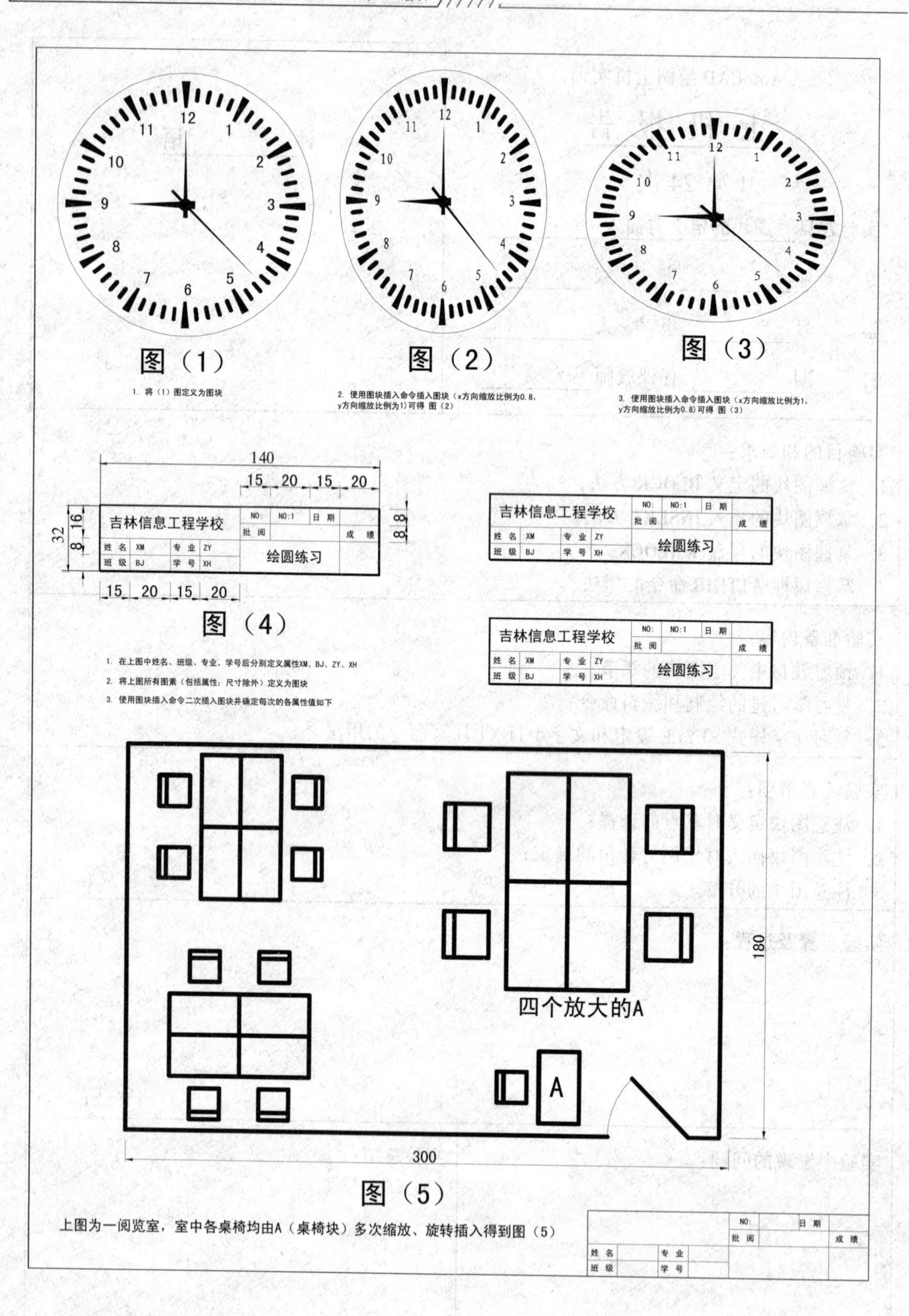
图（1）
1. 将（1）图定义为图块
图（2）
2. 使用图块插入命令插入图块（x方向缩放比例为0.8，y方向缩放比例为1）可得 图（2）
图（3）
3. 使用图块插入命令插入图块（x方向缩放比例为1，y方向缩放比例为0.8）可得 图（3）
140
15 20 15 20
32 16 8
8 8
吉林信息工程学校
NO: NO:1 日 期
批 阅 成 绩
姓 名 XM 专 业 ZY
班 级 BJ 学 号 XH
绘圆练习
图（4）
1. 在上图中姓名、班级、专业、学号后分别定义属性XM、BJ、ZY、XH
2. 将上图所有图素（包括属性；尺寸除外）定义为图块
3. 使用图块插入命令二次插入图块并确定每次的各属性值如下
四个放大的A
A
180
300
图（5）
上图为一阅览室，室中各桌椅均由A（桌椅块）多次缩放、旋转插入得到图（5）
NO: 日 期
批 阅 成 绩
姓 名 专 业
班 级 学 号

AutoCAD绘图上机实训

上机报告

（第25次）

实验题目 点的等分练习

专　业＿＿＿＿＿ 班　级＿＿＿＿＿

学　号＿＿＿＿＿ 报告人＿＿＿＿＿

日　期＿＿＿＿＿ 任课教师＿＿＿＿＿

评　语

实验目的和要求：

1. 掌握点POINT的绘制；
2. 掌握点的定数DIVIDE、定距MEASURE等分；
3. 掌握图块的定数、定距等分。

实验准备内容：

1. 预习教材中关于点的章节；
2. 复习图块定义命令；
3. 复习边界填充命令。

实验注意事项：

1. 注意多段线、曲线的定数、定距等分；
2. 注意等分图块基点的确定；
3. 注意理解边界填充后的特殊多段线等分；
4. 注意等分的起点确定。

实验步骤及过程：

实验中发现的问题：

实验总结：

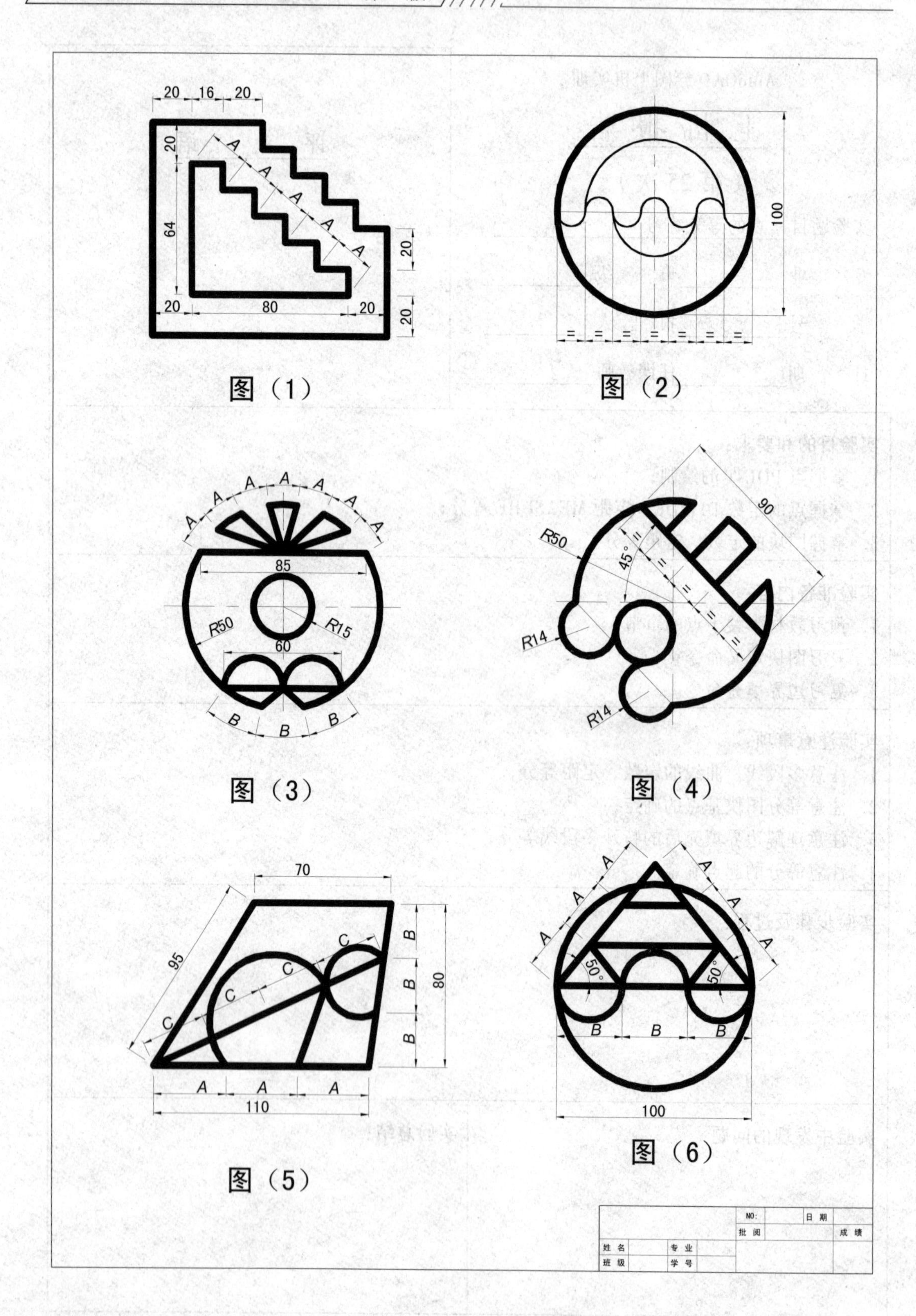

图（1）

图（2）

图（3）

图（4）

图（5）

图（6）

AutoCAD 绘图上机实训

上 机 报 告

（第 26 次）

实验题目 多线及编辑练习

专　　业＿＿＿＿＿ 班　　级＿＿＿＿＿

学　　号＿＿＿＿＿ 报 告 人＿＿＿＿＿

日　　期＿＿＿＿＿ 任课教师＿＿＿＿＿

评　　语

实验目的和要求：

1. 掌握多线 MLINE 的绘制；
2. 掌握多线的编辑修改。

实验准备内容：

1. 预习教材中关于多线的章节；
2. 复习线形设置命令。

实验注意事项：

1. 注意多线绘制过程中对正选项的调整；
2. 注意多线编辑中各种方法的选用；
3. 注意理解多线的分解。

实验步骤及过程：

实验中发现的问题：

实验总结：

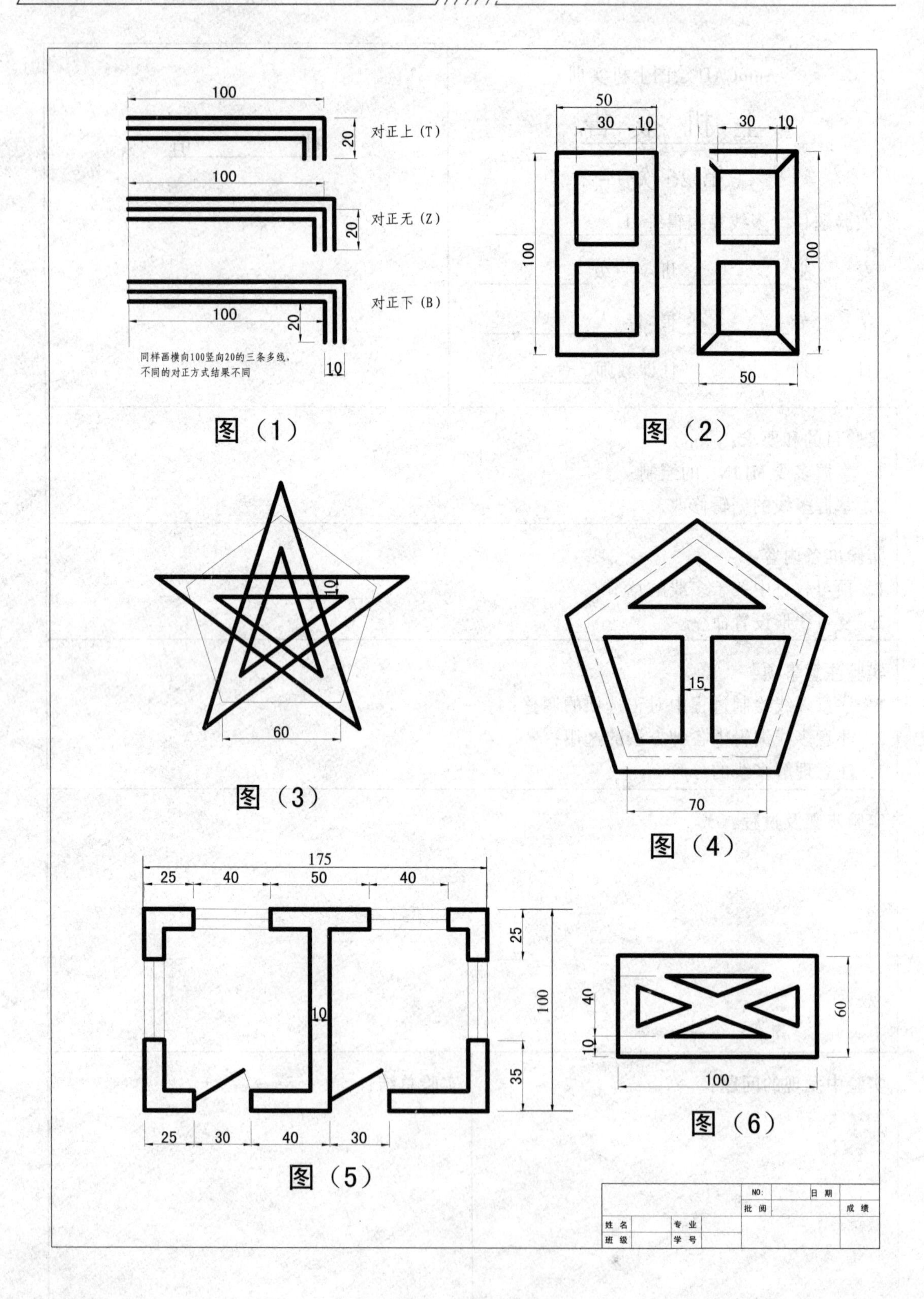

100
20
对正上 (T)
100
20
对正无 (Z)
100
20
对正下 (B)
同样画横向100竖向20的三条多线，
不同的对正方式结果不同
10
图（1）
50
30
10
30
10
100
100
50
图（2）
10
60
图（3）
15
70
图（4）
175
25
40
50
40
25
10
100
35
25
30
40
30
图（5）
40
10
60
100
图（6）
NO:
日 期
批 阅
成 绩
姓 名
专 业
班 级
学 号

AutoCAD 绘图上机实训

上机报告

（第 27 次）

实验题目　拉伸练习

专　　业________　班　　级________

学　　号________　报 告 人________

日　　期________　任课教师________

评　　　语

实验目的和要求：

1. 掌握拉伸 STRETCH 命令的功能；
2. 熟悉拉伸 STRETCH 命令的使用范围。

实验准备内容：

1. 预习教材中关于拉伸的章节；
2. 复习多线命令；
3. 复习选择集的构成。

实验注意事项：

1. 注意拉抻操作必须使用交叉型窗口选取对象；
2. 注意使用拉伸命令时选取对象范围的确定；
3. 注意封闭的圆弧类曲线不能进行拉伸操作。

实验步骤及过程：

实验中发现的问题：

实验总结：

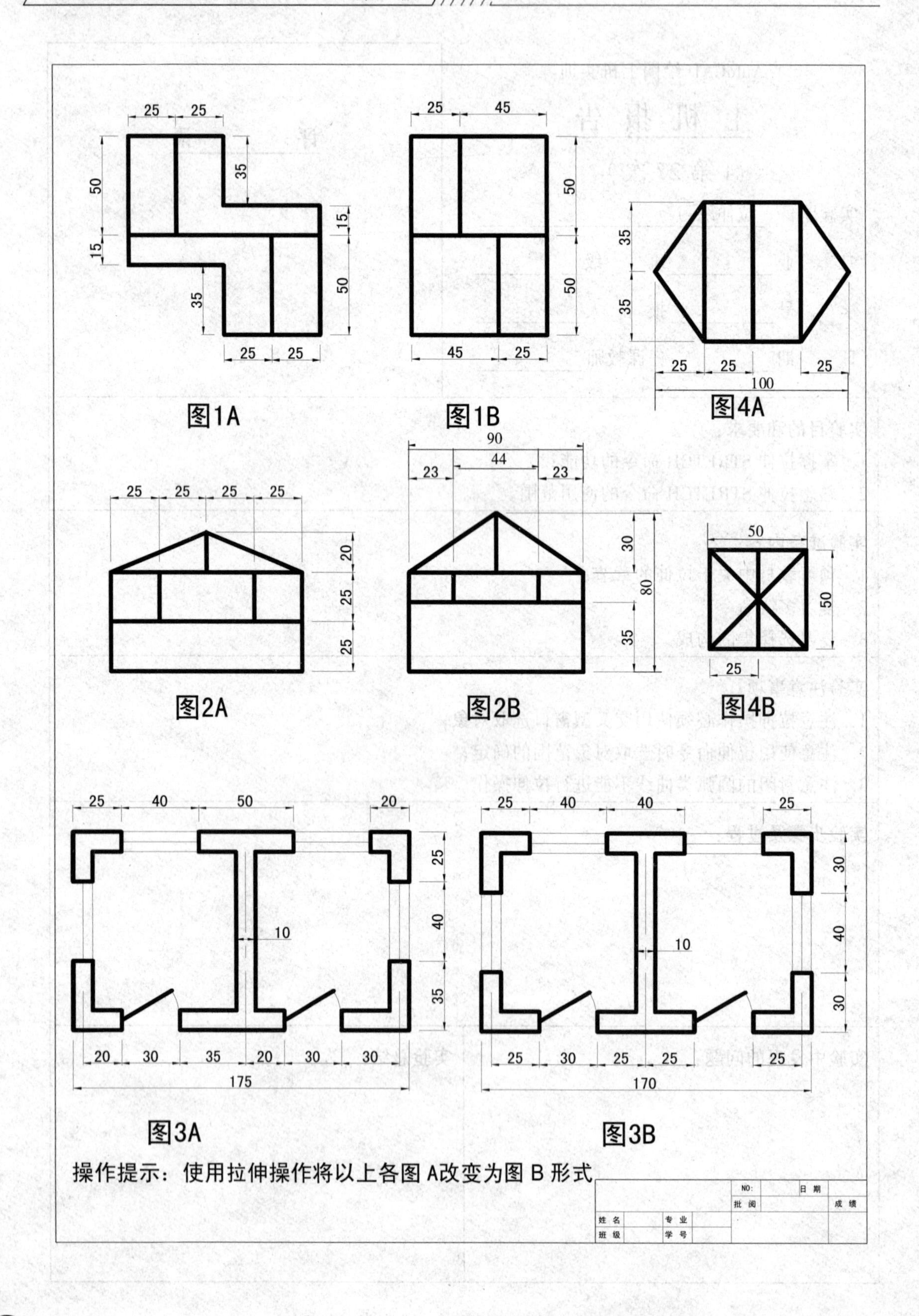

图1A

图1B

图4A

图2A

图2B

图4B

图3A

图3B

操作提示：使用拉伸操作将以上各图 A改变为图 B 形式

AutoCAD 绘图上机实训

上 机 报 告

（第 28 次）

实验题目 正等测轴测 S 图绘制

专　　业＿＿＿＿＿班　　级＿＿＿＿＿

学　　号＿＿＿＿＿报 告 人＿＿＿＿＿

日　　期＿＿＿＿＿任课教师＿＿＿＿＿

评　　语

实验目的和要求：

1．掌握正等测轴测图绘制必要的设置；
2．熟悉正等测轴测图绘图原理。

实验准备内容：

1．预习教材中关于正等测轴测图绘制的章节；
2．复习建筑专业中正等测轴测图绘制方法；
3．复习对象追踪设置。

实验注意事项：

1．注意【F5】功能键的作用；
2．注意使用极轴捕捉；
3．注意线条的修剪。

实验步骤及过程：

实验中发现的问题：

实验总结：

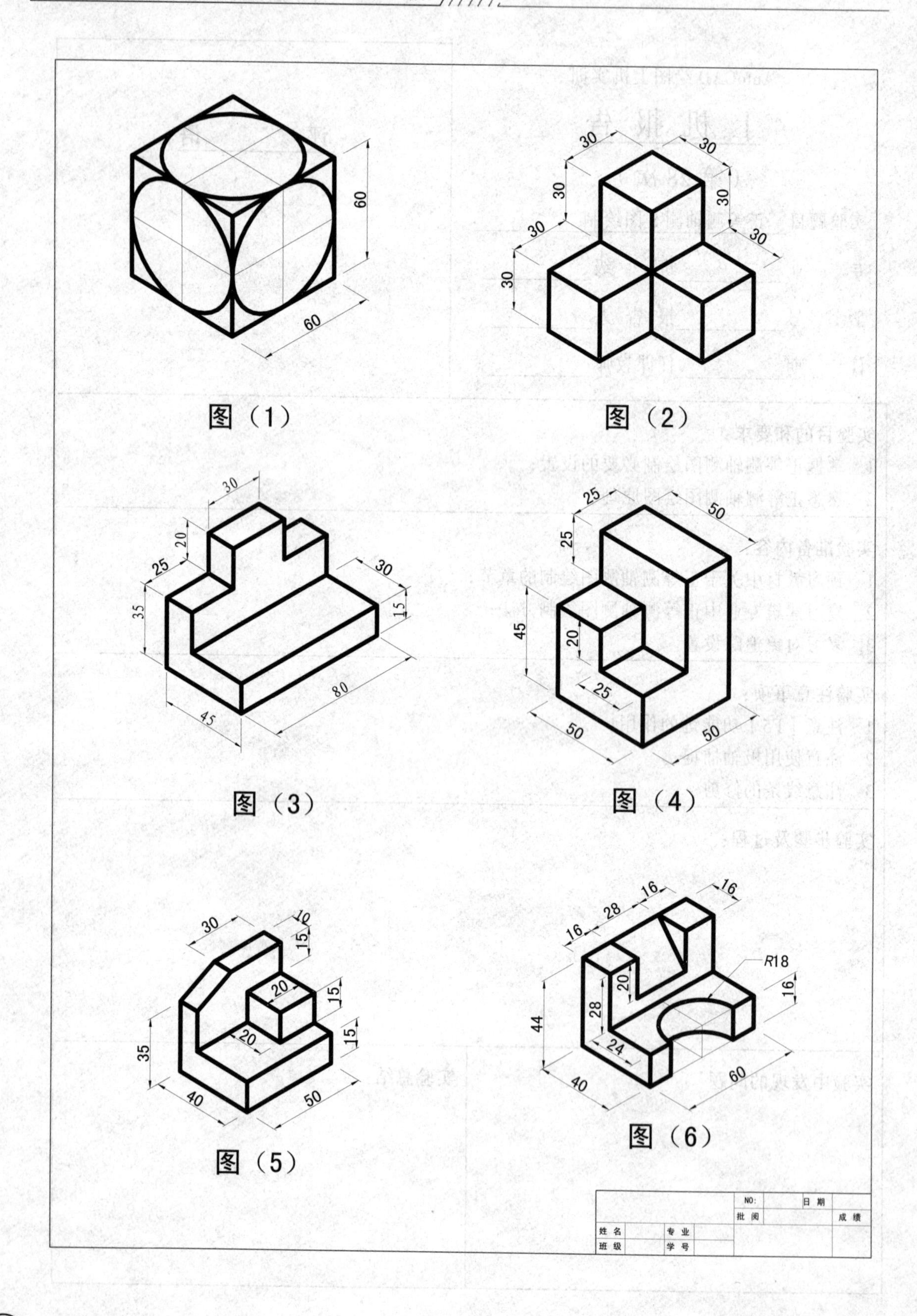

图（1）

图（2）

图（3）

图（4）

图（5）

图（6）

AutoCAD 绘图上机实训

上 机 报 告

（第 29 次）

实验题目 尺寸标注练习

专　　业＿＿＿＿　班　　级＿＿＿＿

学　　号＿＿＿＿　报 告 人＿＿＿＿

日　　期＿＿＿＿　任课教师＿＿＿＿

评　　　　语

实验目的和要求：

1. 掌握尺寸标注的不同方法；
2. 掌握尺寸标注的编辑方式；
3. 掌握不同尺寸要求的设置。

实验准备内容：

1. 预习教材关于尺寸标注的章节；
2. 预习相关专业尺寸标注的要求；
3. 复习正等测轴测图绘制。

实验注意事项：

1. 注意不同尺寸标注工具的综合使用；
2. 注意尺寸标注设置含义；
3. 注意尺寸标注的修改、调整方法；
4. 注意正等测轴测图的尺寸调整。

实验步骤及过程：

实验中发现的问题：

实验总结：

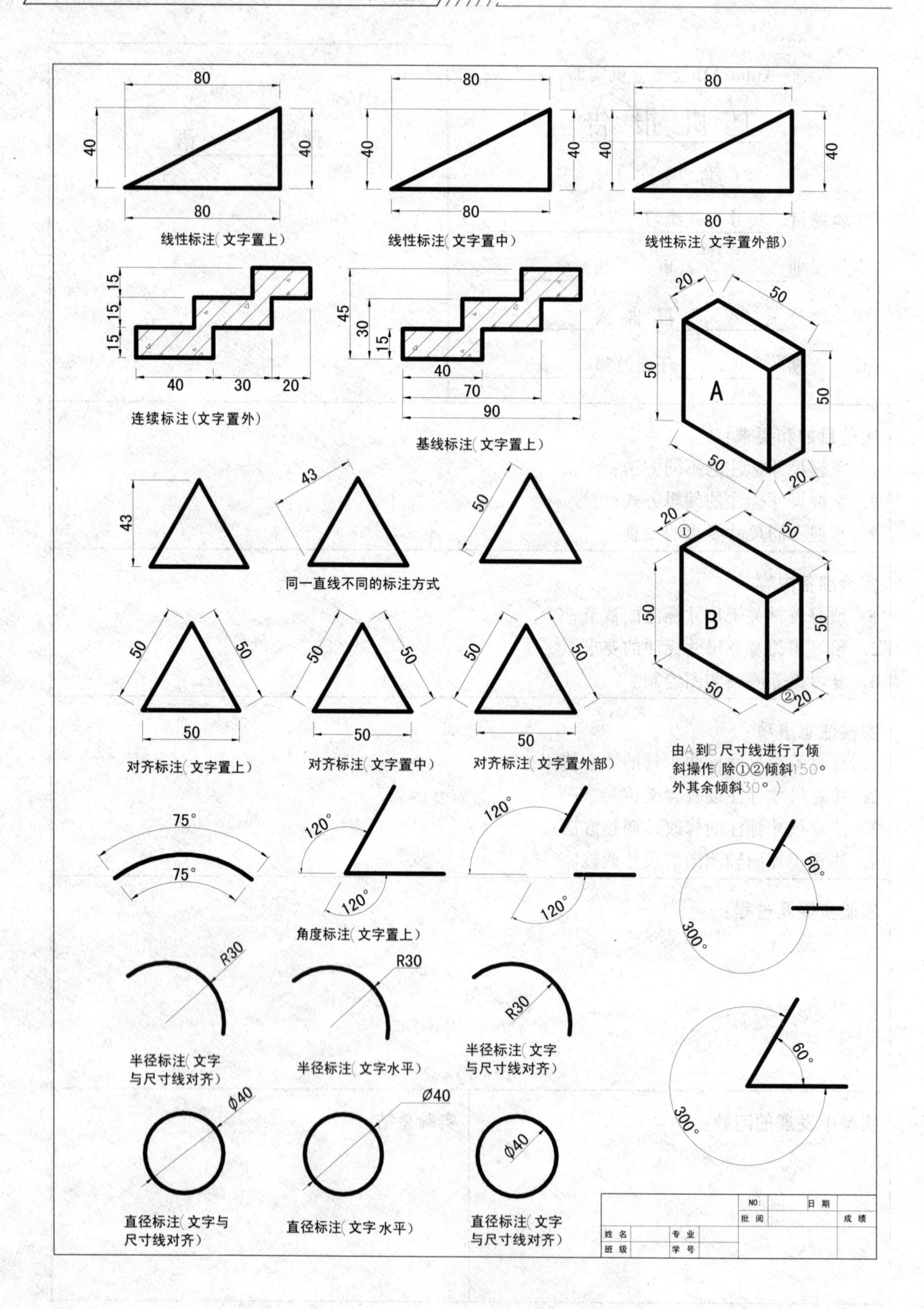
80
40
40
80
线性标注（文字置上）
80
40
40
80
线性标注（文字置中）
80
40
40
80
线性标注（文字置外部）
15
15
15
40
30
20
连续标注（文字置外）
45
30
15
40
70
90
基线标注（文字置上）
20
50
50
A
50
50
20
43
43
50
同一直线不同的标注方式
20
①
50
50
B
50
50
②
20
50
50
50
对齐标注（文字置上）
50
50
50
对齐标注（文字置中）
50
50
50
对齐标注（文字置外部）
由A到B尺寸线进行了倾斜操作（除①②倾斜150°外其余倾斜30°）
75°
75°
120°
120°
120°
120°
角度标注（文字置上）
60°
300°
R30
半径标注（文字与尺寸线对齐）
R30
半径标注（文字水平）
R30
半径标注（文字与尺寸线对齐）
60°
300°
Ø40
直径标注（文字与尺寸线对齐）
Ø40
直径标注（文字水平）
Ø40
直径标注（文字与尺寸线对齐）
NO:
日期
批阅
成绩
姓名
专业
班级
学号

AutoCAD 绘图上机实训

上 机 报 告

（第30次）

实验题目 夹点练习

专　　业＿＿＿＿＿ 班　　级＿＿＿＿＿

学　　号＿＿＿＿＿ 报 告 人＿＿＿＿＿

日　　期＿＿＿＿＿ 任课教师＿＿＿＿＿

评　　语

实验目的和要求：

1. 掌握如何开启夹点功能的设置；
2. 熟悉可进行夹点操作的命令；
3. 掌握夹点操作方法和技巧。

实验准备内容：

1. 预习教材中关于夹点操作的部分章节；
2. 复习与夹点操作相关的命令及用法；
3. 复习对象追踪设置。

实验注意事项：

1. 注意夹点使用时的相关命令的操作；
2. 注意使用极轴捕捉；
3. 注意多个夹点及基点的选择问题。

实验步骤及过程：

实验中发现的问题：

实验总结：

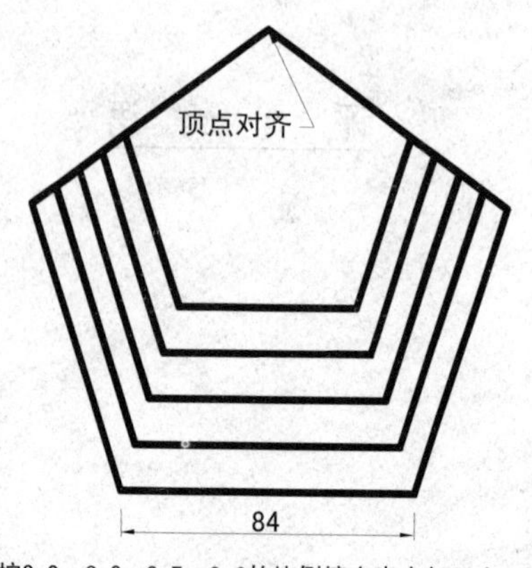

分别按0.9、0.8、0.7、0.6的比例缩小出内部四个正五边形

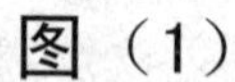

图（1）

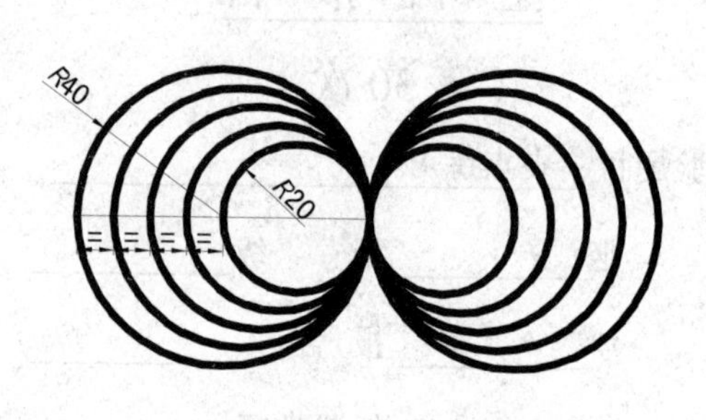

图（2）

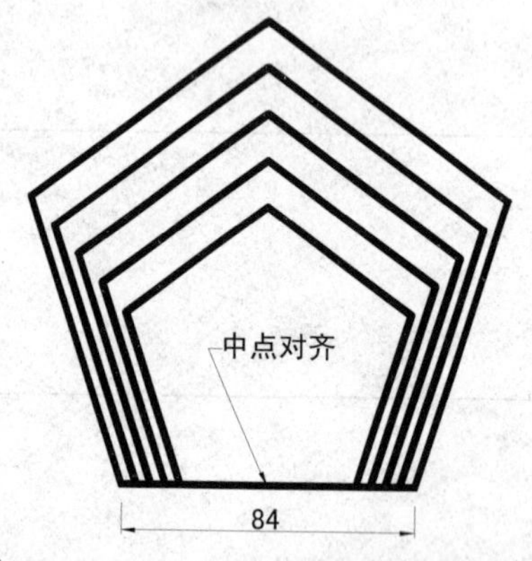

分别按0.9、0.8、0.7、0.6的比例缩小出内部四个正五边形

图（3）

图（4）

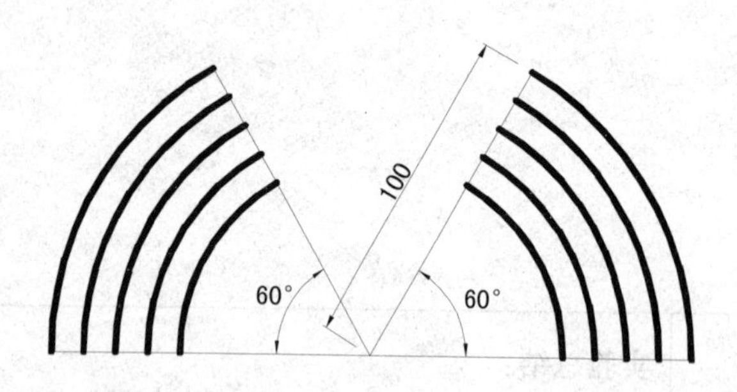

分别按0.9、0.8、0.7、0.6的比例缩小出内部四个圆弧

图（5）

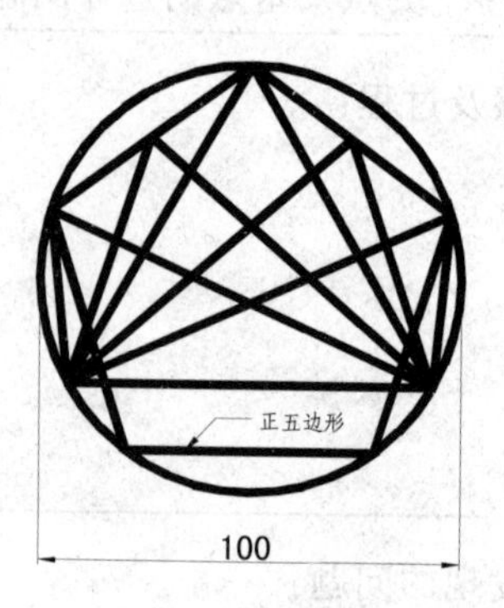

图（6）

				NO:		日 期	
				批 阅			成 绩
姓 名		专 业					
班 级		学 号					

AutoCAD 绘图上机实训

上 机 报 告

（第 31 次）

实验题目 直线的绘制

专　　业＿＿＿＿＿ 班　　级＿＿＿＿＿

学　　号＿＿＿＿＿ 报 告 人＿＿＿＿＿

日　　期＿＿＿＿＿ 任课教师＿＿＿＿＿

评　　语

实验目的和要求：

1. 熟悉直线 LINE 特殊用法；
2. 进一步熟悉使用捕捉，和其他辅助命令绘制直线图形；
3. 掌握由直线构成图形的绘制方法和技巧；
4. 能简单应用辅助圆等特殊方法绘图。

实验准备内容：

1. 复习直线 LINE、POINT 等命令的用法；
2. 预习对象捕捉、对象追踪等点的定位命令；
3. 复习点的极坐标定位方法。

实验注意事项：

1. 注意直线点坐标的确定；
2. 注意直线长度的确定；
3. 注意直线方向的确定。

实验步骤及过程：

实验中发现的问题：

实验总结：

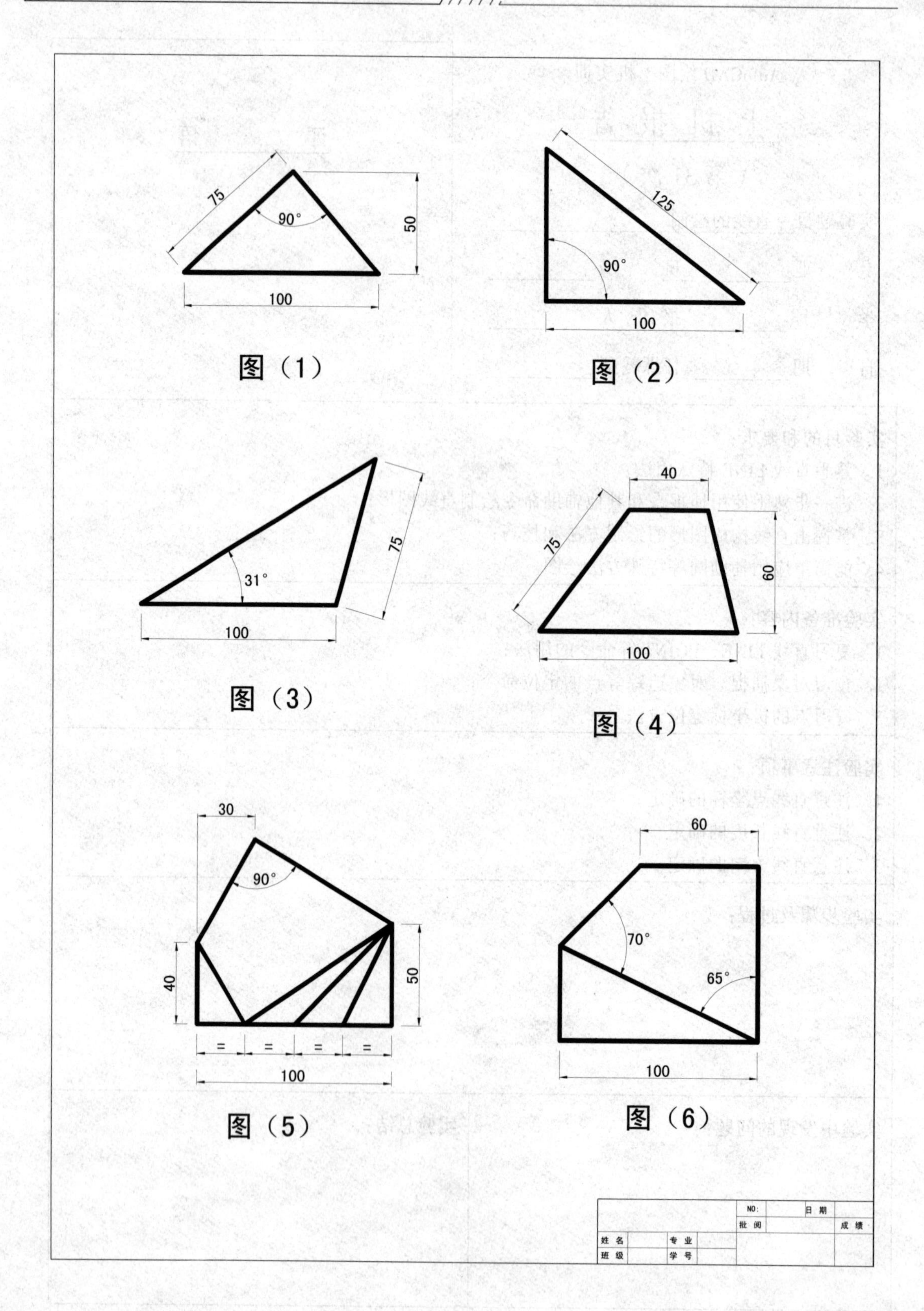

75
90°
50
100
图（1）
125
90°
100
图（2）
75
31°
100
图（3）
40
75
60
100
图（4）
30
90°
40
50
=
=
=
=
100
图（5）
60
70°
65°
100
图（6）
NO:
日 期
批 阅
成 绩
姓 名
专 业
班 级
学 号

AutoCAD 绘图上机实训

上 机 报 告

（第 32 次）

实验题目 矩形的绘制

专　　业__________ 班　　级__________

学　　号__________ 报 告 人__________

日　　期__________ 任课教师__________

评　　语

实验目的和要求：

1. 掌握矩形 RECTANG 命令的特殊用法；
2. 熟悉矩形 RECTANG 命令的各项参数；
3. 熟悉捕捉、参照等辅助功能绘图；
4. 熟悉矩形 RECTANG 命令的绘制技巧。

实验准备内容：

1. 预习矩形 RECTANG 命令的具体参数含义；
2. 复习移动 MOVE 等修改编辑命令的用法；
3. 复习点的定位方法。

实验注意事项：

1. 注意矩形面积的确定；
2. 负倒角值的特殊用法；
3. 多种参数的综合使用方法；
4. 参照的用法。

实验步骤及过程：

实验中发现的问题：

实验总结：

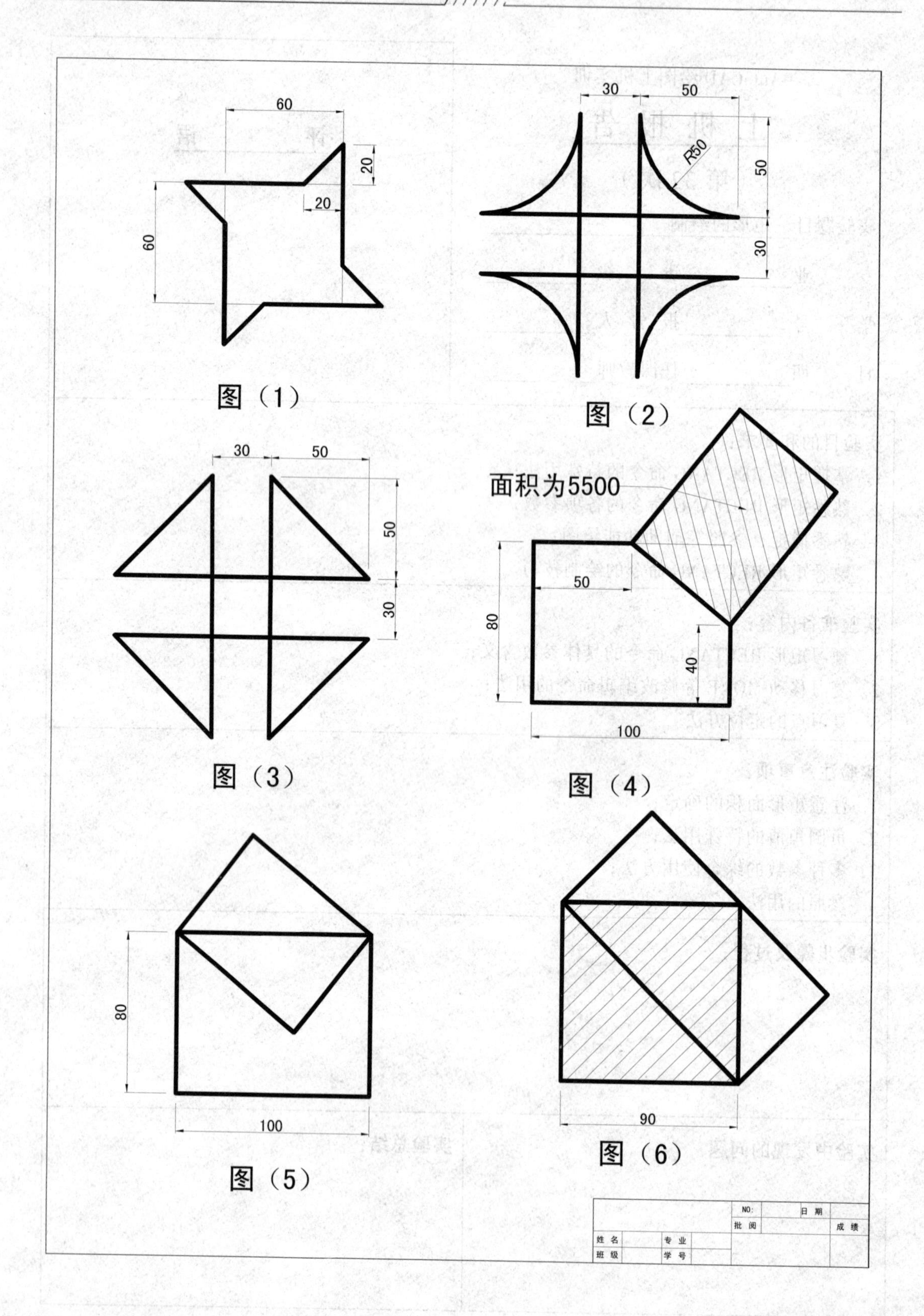

60
20
20
60
图（1）
30
50
R50
50
30
图（2）
30
50
50
30
图（3）
面积为5500
50
80
40
100
图（4）
80
100
图（5）
90
图（6）
NO:
日 期
批 阅
成 绩
姓 名
专 业
班 级
学 号

AutoCAD 绘图上机实训

上 机 报 告

（第 33 次）

实验题目　正多边形绘制

专　　业＿＿＿＿＿　班　　级＿＿＿＿＿

学　　号＿＿＿＿＿　报 告 人＿＿＿＿＿

日　　期＿＿＿＿＿　任课教师＿＿＿＿＿

评　　　　语

实验目的和要求：

1. 掌握正多边形 POLYGON 命令的各项参数用法；
2. 进一步熟悉点的直角坐标、极坐标输入；
3. 熟悉极轴的特殊功能及用法；
4. 掌握正多边形绘制技巧；
5. 熟练地应用对象捕捉等辅助功能。

实验准备内容：

1. 预习正多边形 POLYGON 命令；
2. 复习极轴等定位命令的用法；
3. 复习点坐标定位。

实验注意事项：

1. 注意极轴的相关设置；
2. 如何确定正多边形中心定位点；
3. 正多边形几种绘制方法的区别。

实验步骤及过程：

实验中发现的问题：

实验总结：

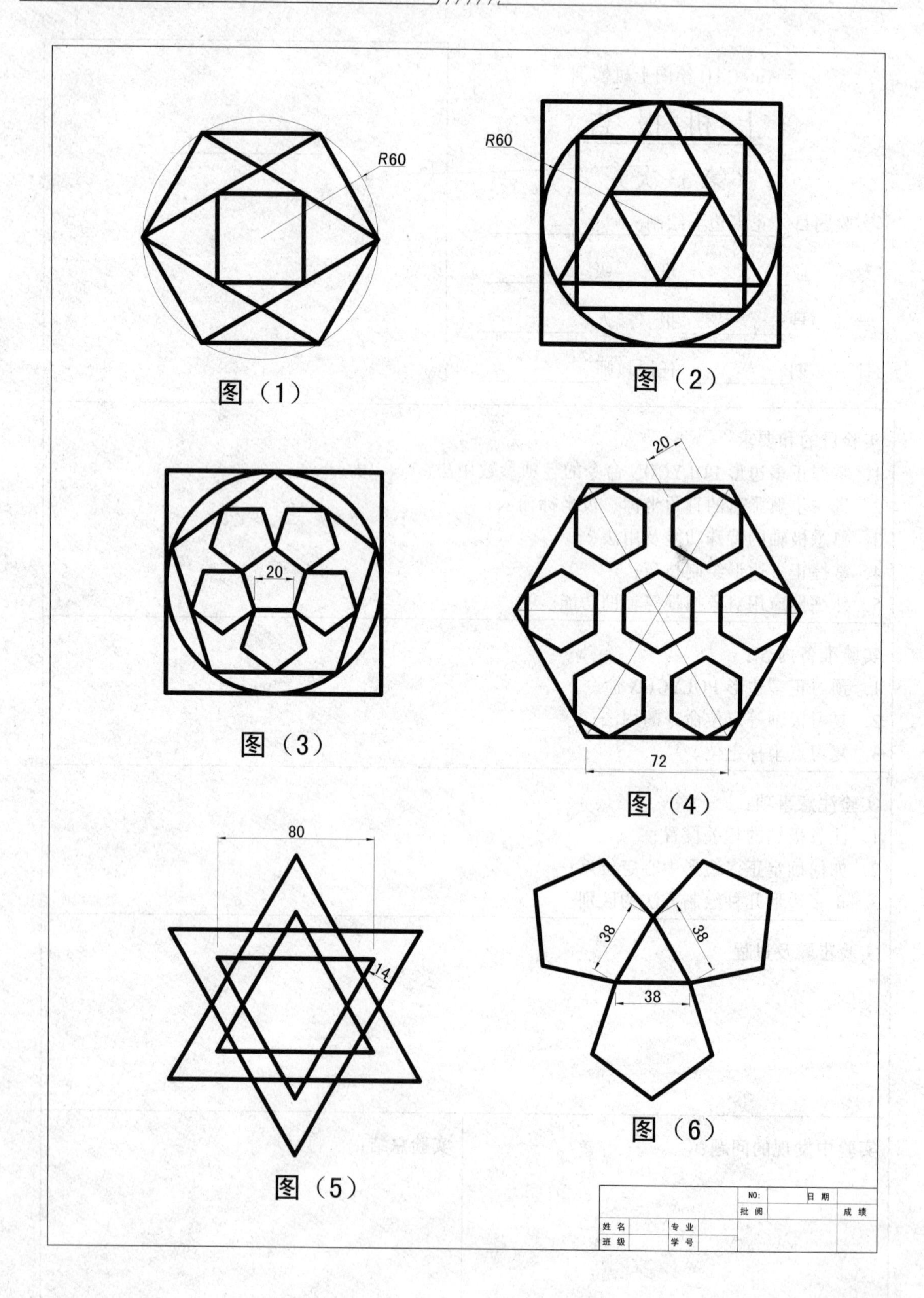
R60
图（1）
R60
图（2）
20
图（3）
20
72
图（4）
80
14
图（5）
38
38
38
图（6）
NO:
日 期
批 阅
成 绩
姓 名
专 业
班 级
学 号

AutoCAD 绘图上机实训

上 机 报 告

（第 34 次）

实验题目 圆的绘制

专　　业＿＿＿＿＿＿＿＿班　　级＿＿＿＿＿＿＿＿

学　　号＿＿＿＿＿＿＿＿报 告 人＿＿＿＿＿＿＿＿

日　　期＿＿＿＿＿＿＿＿任课教师＿＿＿＿＿＿＿＿

评　　　　语

实验目的和要求：

1. 掌握圆 CIRCLE 命令的具体参数含义；
2. 掌握特殊条件下圆 CIRCLE 命令的技巧；
3. 进一步熟练使用辅助工具绘图。

实验准备内容：

1. 熟悉直线、矩形、正多边形等图形命令；
2. 熟悉常用修改编辑命令的用法。

实验注意事项：

1. 注意各种绘圆和多边形的综合应用；
2. 如何定位圆心位置及相切位置；
3. 注意根据实际情况选择绘圆方法。

实验步骤及过程：

实验中发现的问题：

实验总结：

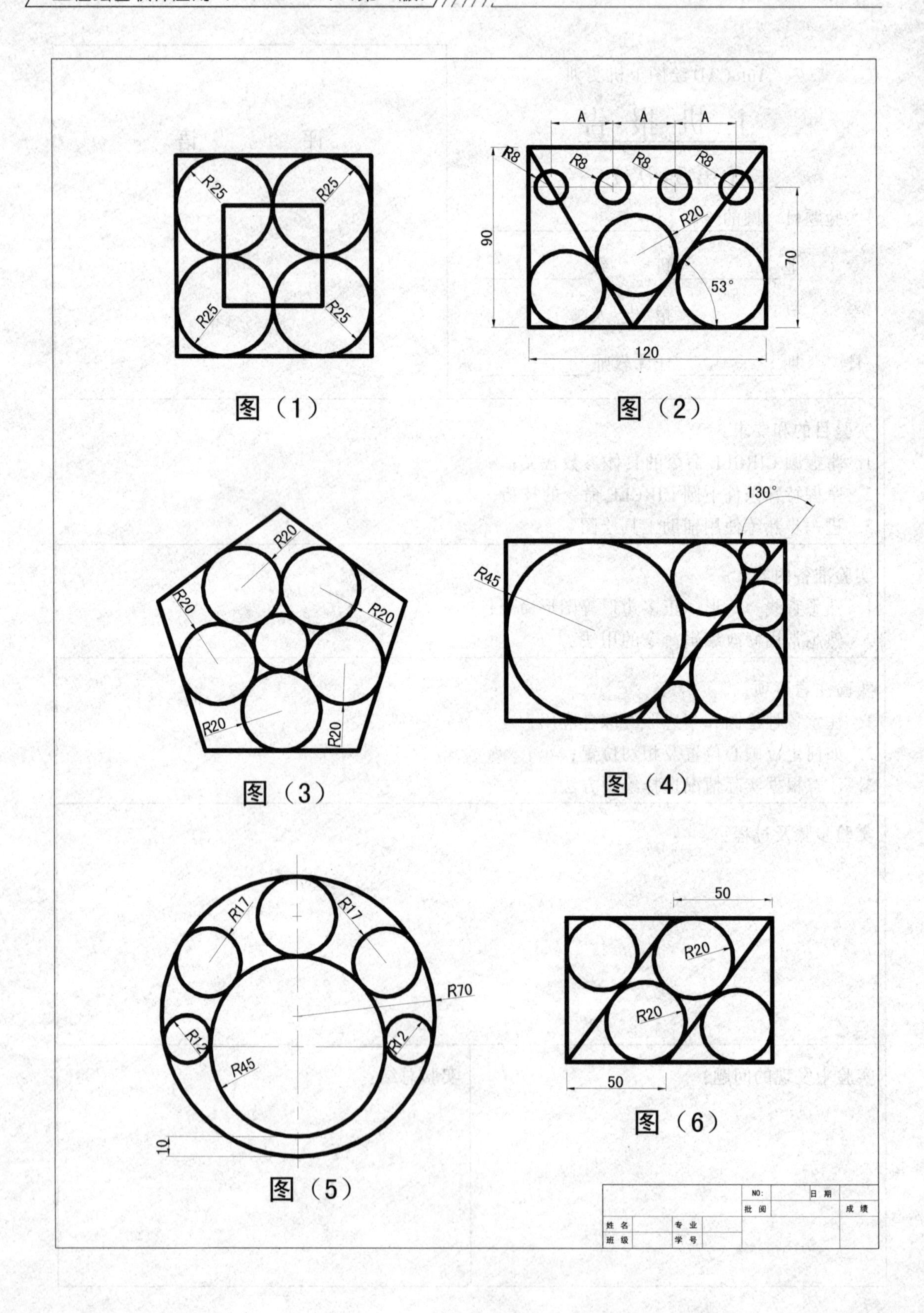
R25
R25
R25
R25
图（1）
A
A
A
R8
R8
R8
R8
R20
90
70
53°
120
图（2）
R20
R20
R20
R20
R20
图（3）
130°
R45
图（4）
R17
R17
R70
R12
R12
R45
10
图（5）
50
R20
R20
50
图（6）
NO:
日期
批阅
成绩
姓名
专业
班级
学号

AutoCAD 绘图上机实训

上 机 报 告

（第35次）

实验题目 基本捕捉练习

专 业________ 班 级________

学 号________ 报 告 人________

日 期________ 任课教师________

评 语

实验目的和要求：

1. 熟悉各种捕捉功能的综合运用；
2. 熟悉定点捕捉和对象捕捉的区别；
3. 捕捉等辅助功能的临时应用。

实验准备内容：

1. 预习对象捕捉和定点捕捉种类及功能；
2. 复习直线、矩形、正多边形等图形命令。

实验注意事项：

1. 注意定点捕捉、对象捕捉及临时捕捉综合应用；
2. 注意理解对象特征点的含义；
3. 注意多捕捉方法的配合使用。

实验步骤及过程：

实验中发现的问题：

实验总结：

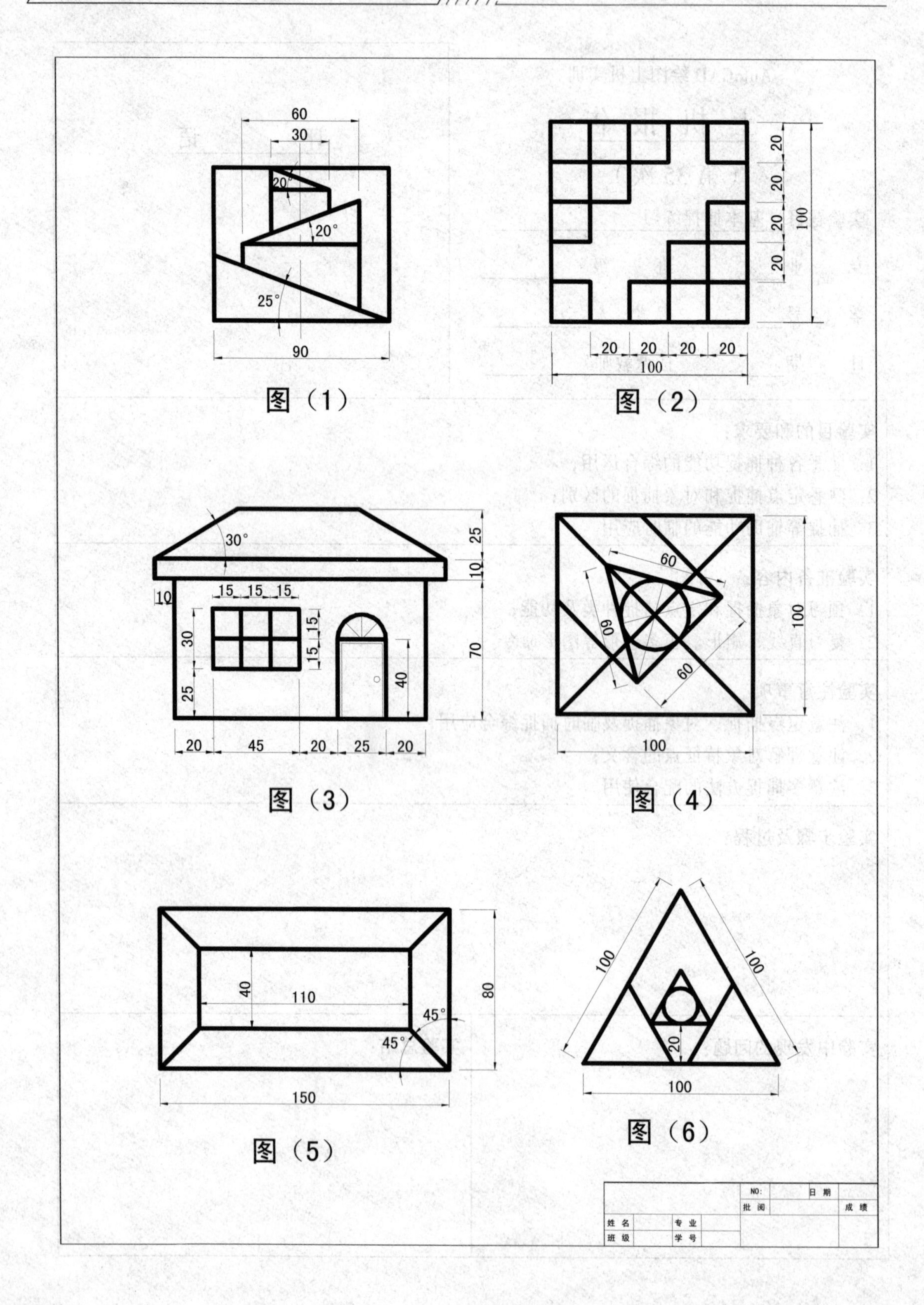
60
30
20°
20°
25°
90
图（1）
20
20
20
20
100
20 20 20 20
100
图（2）
30°
25
10
10
15 15 15
15
15
30
25
70
40
20 45 20 25 20
图（3）
60
60
60
100
100
图（4）
40
110
45°
45°
80
150
图（5）
100
100
20
100
图（6）
NO:
日 期
批 阅
成 绩
姓 名
专 业
班 级
学 号

AutoCAD 绘图上机实训

上 机 报 告

（第 36 次）

实验题目　偏移练习

专　　业________班　　级________

学　　号________报 告 人________

日　　期________任课教师________

评　　　语

实验目的和要求：

1. 熟悉并掌握偏移 OFFSET 工具每项参数；
2. 掌握偏移 OFFSET 命令的应用技巧。

实验准备内容：

1. 预习偏移 OFFSET 命令；
2. 复习直线、矩形、正多边形等图形命令；
3. 复习极轴、捕捉等常用的定位命令。

实验注意事项：

1. 区别偏移与复制的异同；
2. 偏移时注意偏移方向；
3. 偏移时注意捕捉工具的影响。

实验步骤及过程：

实验中发现的问题：

实验总结：

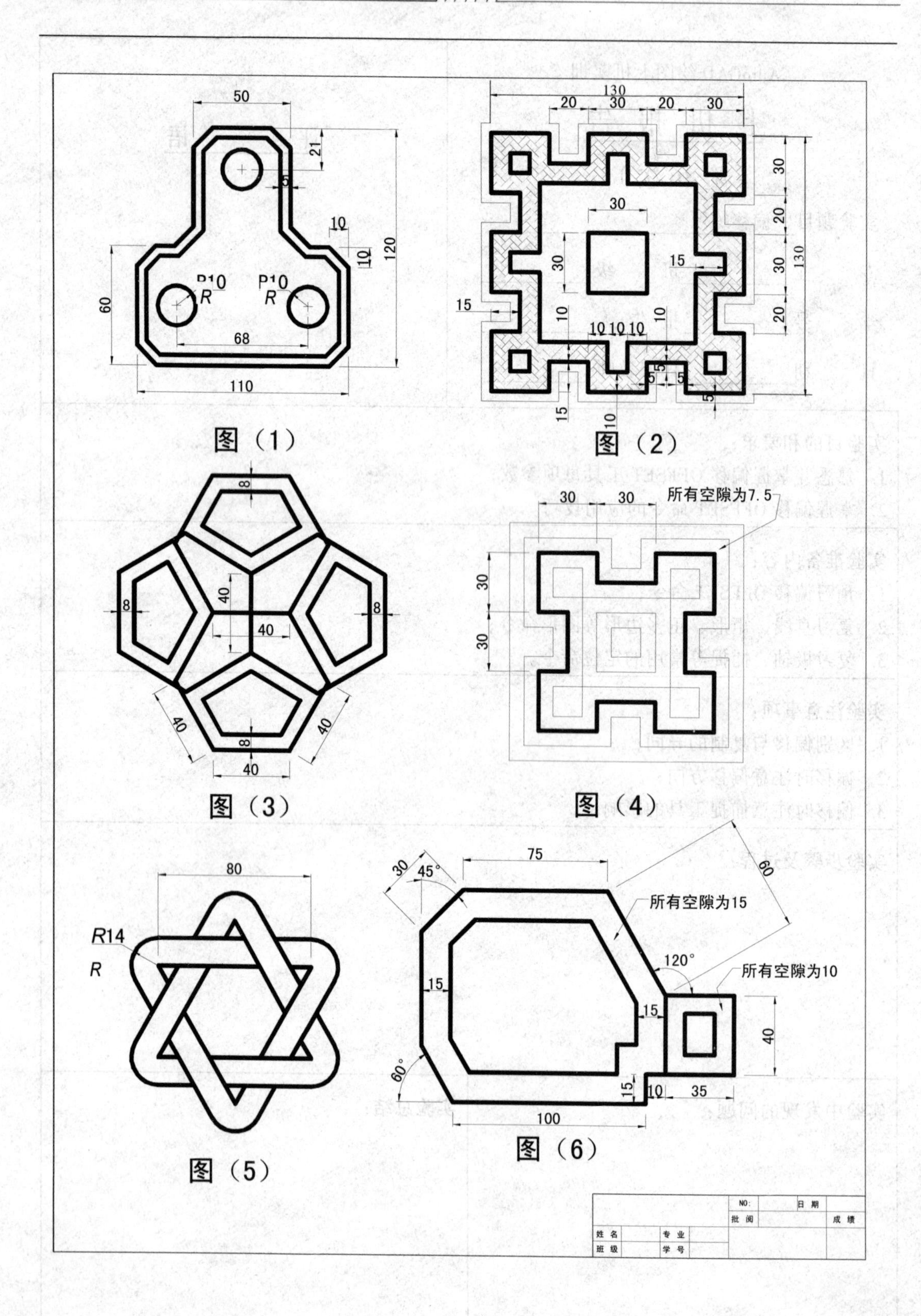

50
21
5
10
10
120
60
R10
R10
68
110
图（1）
130
20
30
20
30
30
20
30
130
20
30
15
15
10
10
10 10 10
5
5
5
5
15
10
图（2）
8
8
8
40
40
40
40
8
40
图（3）
所有空隙为7.5
30
30
30
30
图（4）
80
R14
图（5）
75
30
45°
60
所有空隙为15
120°
所有空隙为10
15
15
40
60°
15
10
35
100
图（6）
NO:
日 期
批 阅
成 绩
姓 名
专 业
班 级
学 号

AutoCAD绘图上机实训

上 机 报 告

（第37次）

实验题目　修剪与打断练习

专　　业________ 班　　级________

学　　号________ 报 告 人________

日　　期________ 任课教师________

评　　语

实验目的和要求：

1. 掌握修剪TRIM与打断BREAK 高级用法；
2. 理解修剪TRIM参数中的边含义；
3. 掌握修剪TRIM与打断BREAK的实用范围。

实验准备内容：

1. 预习修剪TRIM与打断BREAK命令；
2. 复习学过的作图命令；
3. 复习绘图辅助命令。

实验注意事项：

1. 区别修剪与打断的异同；
2. 注意修剪边界的选择对修剪结果的影响；
3. 注意理解原位置打断和二次给点打断。

实验步骤及过程：

实验中发现的问题：

实验总结：

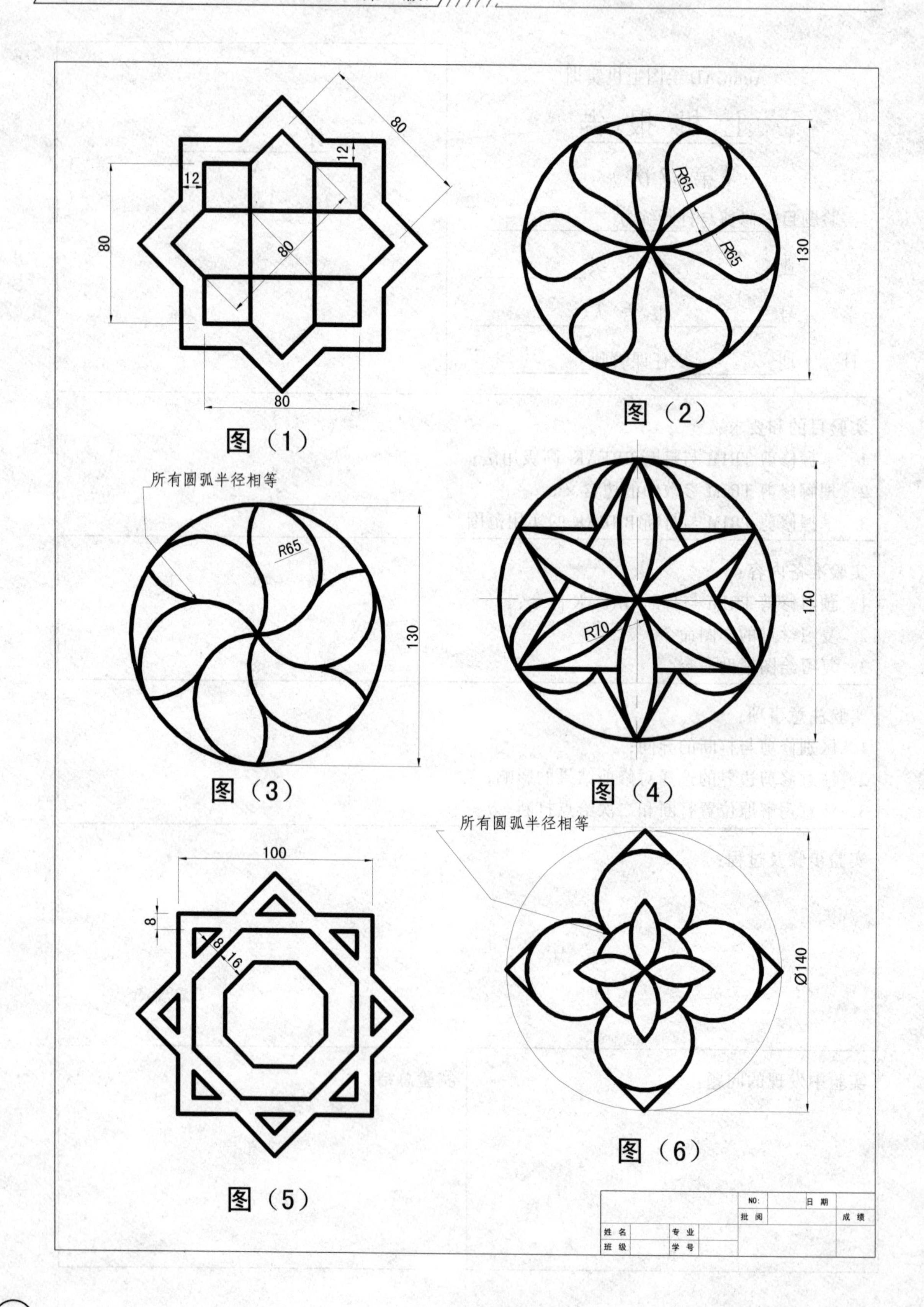
80
12
12
80
80
80
图（1）
R65
R65
130
图（2）
所有圆弧半径相等
R65
130
图（3）
140
R70
图（4）
100
8
8
16
图（5）
所有圆弧半径相等
Ø140
图（6）
NO:
日 期
批 阅
成 绩
姓 名
专 业
班 级
学 号

AutoCAD绘图上机实训

上 机 报 告

（第38次）

实验题目 倒角和圆角练习

专　　业________ 班　　级________

学　　号________ 报 告 人________

日　　期________ 任课教师________

评　　语

实验目的和要求：

1. 掌握倒角CHAMFER命令的高级用法；
2. 掌握圆角FILLET命令的高级用法；
3. 掌握倒角CHAMFER命令的逆向操作和用法；
4. 掌握圆角FILLET命令的逆向操作和用法。

实验准备内容：

1. 预习倒角CHAMFER、圆角FILLET命令的使用方法；
2. 复习直线、矩形、正多边形等图形命令；
3. 复习复制COPY、偏移OFFSET的操作。

实验注意事项：

1. 注意倒角距离的确定；
2. 理解倒角、圆角选项中修剪的含义；
3. 注意圆弧之间、圆弧与直线之间圆角的连接；
4. 注意理解平行线间的圆角操作。

实验步骤及过程：

实验中发现的问题：

实验总结：

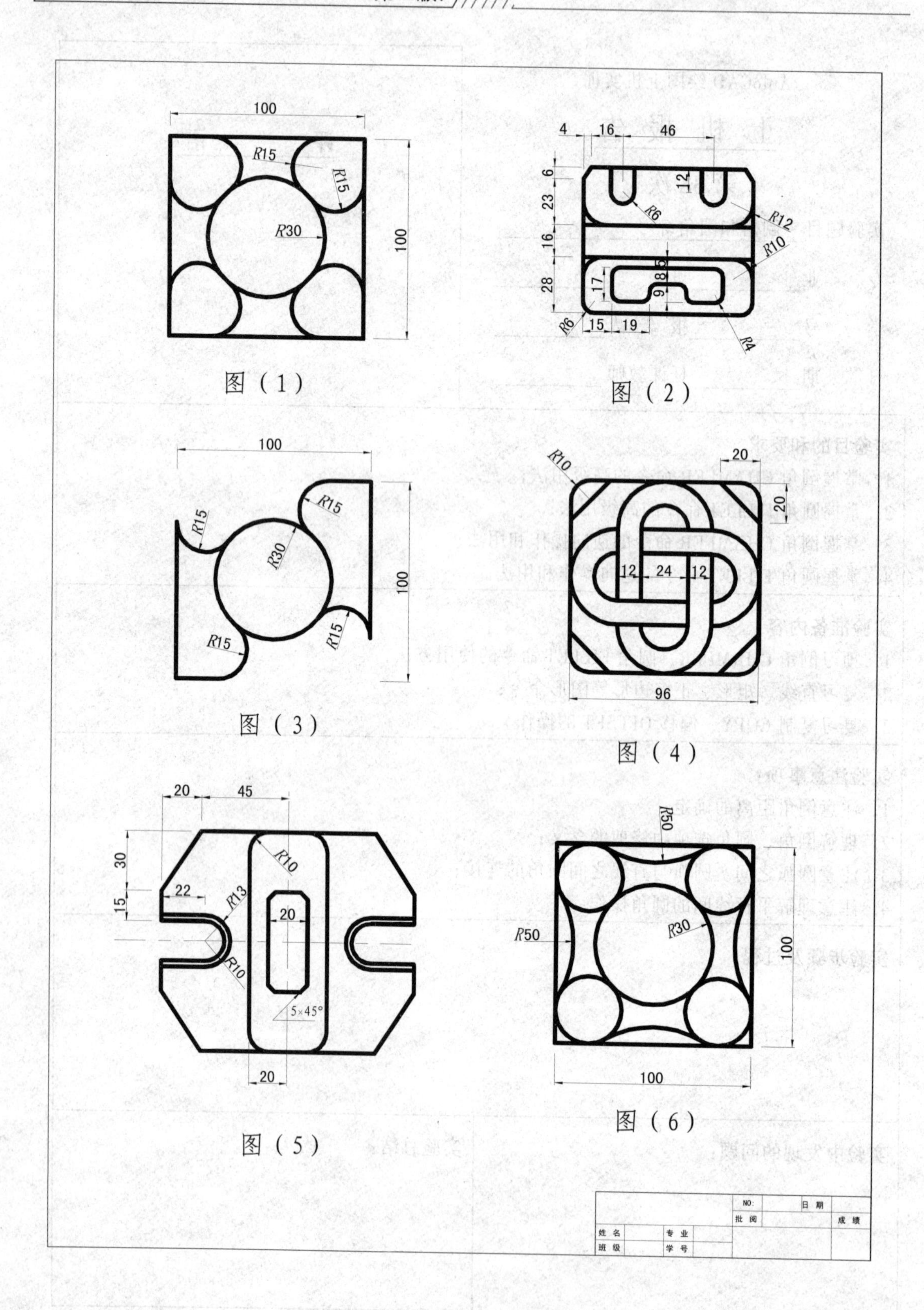
100
R15
R15
R30
100
图（1）
4
16
46
6
12
23
R6
R12
16
R10
28
17
8
5
9
R6
15
19
R4
图（2）
100
R15
R15
R30
100
R15
R15
图（3）
20
R10
20
12
24
12
96
图（4）
20
45
30
R10
15
22
R13
20
R10
5×45°
20
图（5）
R50
R50
R30
100
100
图（6）
NO:
日期
批阅
成绩
姓名
专业
班级
学号

AutoCAD 绘图上机实训

上 机 报 告

（第 39 次）

实验题目 镜像练习

专　　业＿＿＿＿＿　班　　级＿＿＿＿＿

学　　号＿＿＿＿＿　报 告 人＿＿＿＿＿

日　　期＿＿＿＿＿　任课教师＿＿＿＿＿

评　　语

实验目的和要求：

1．掌握镜像 MIRROR、旋转 ROTATE 命令的功能；
2．掌握镜像 MIRROR、旋转 ROTATE 命令的区别；
3．了解镜像轴、旋转基点对编辑的影响。

实验准备内容：

1．预习镜像旋转命令；
2．复习对象捕捉等绘图辅助命令；
3．预习单位和方向设定。

实验注意事项：

1．注意镜像轴的选择、旋转基点的选择；
2．注意旋转角的方向；
3．理解镜像与旋转的区别。

实验步骤及过程：

实验中发现的问题：

实验总结：

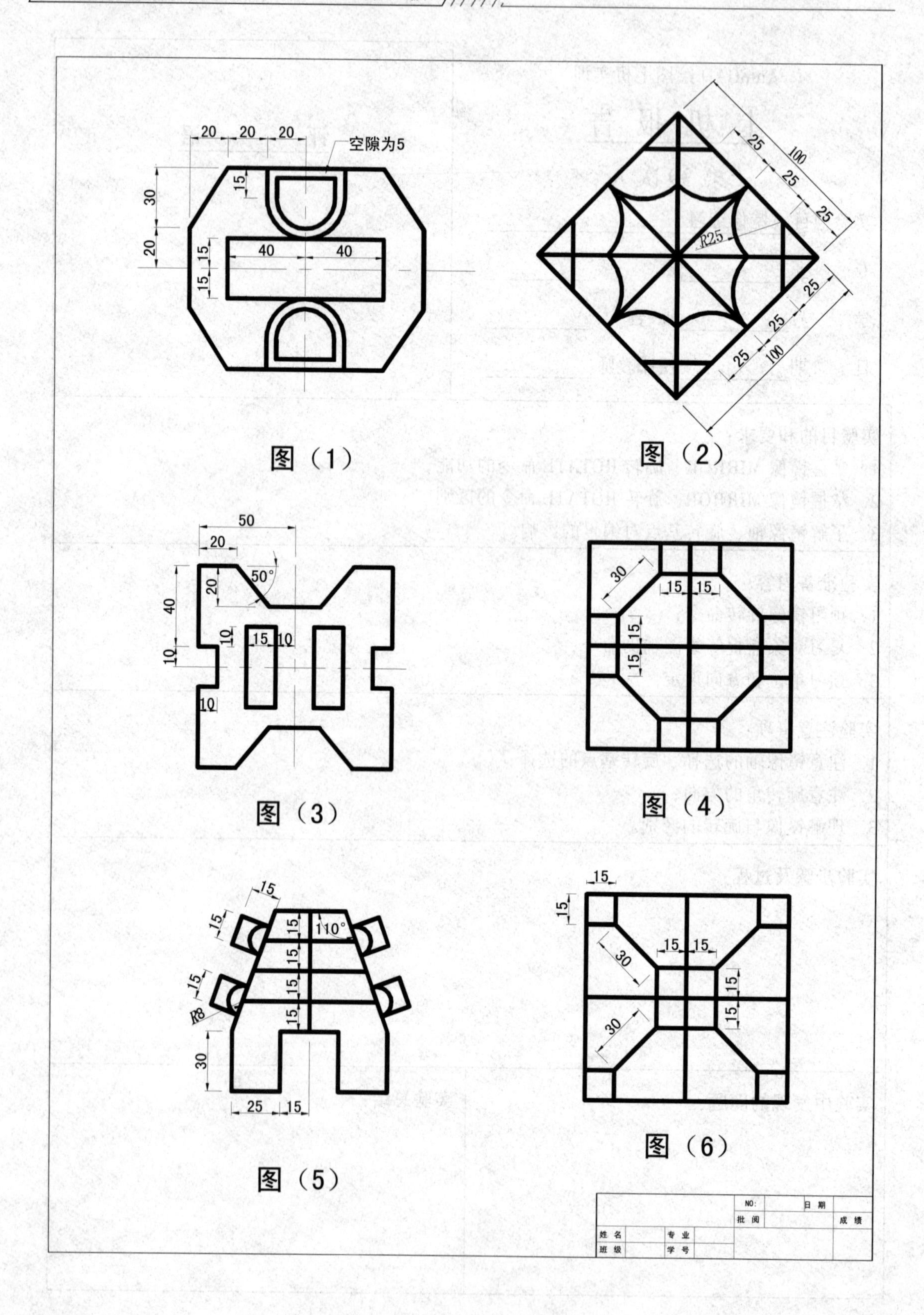

20
20
20
空隙为5
30
20
15
15
15
40
40
图（1）
25
100
25
25
R25
25
25
25
100
图（2）
50
20
50°
40
20
10
15
10
10
10
图（3）
30
15
15
15
15
图（4）
15
15
15
110°
15
15
15
15
R8
30
25
15
图（5）
15
15
15
15
30
15
15
30
图（6）
NO:
日 期
批 阅
成 绩
姓 名
专 业
班 级
学 号

AutoCAD 绘图上机实训

上机报告

（第 40 次）

实验题目 缩放和移动练习

专　　业________ 班　　级________

学　　号________ 报 告 人________

日　　期________ 任课教师________

评　　语

实验目的和要求：

1．掌握缩放 SCALE 命令的各项功能；

2．掌握移动 MOVE 的技巧；

3．明确缩放 SCALE 命令与显示缩放 ZOOM 命令的区别。

实验准备内容：

1．预习缩放命令、移动命令；

2．复习显示缩放 ZOOM 命令。

实验注意事项：

1．注意区别缩放与显示缩放；

2．注意缩放和移动基点的选择；

3．注意缩放参照的用法。

实验步骤及过程：

实验中发现的问题：

实验总结：

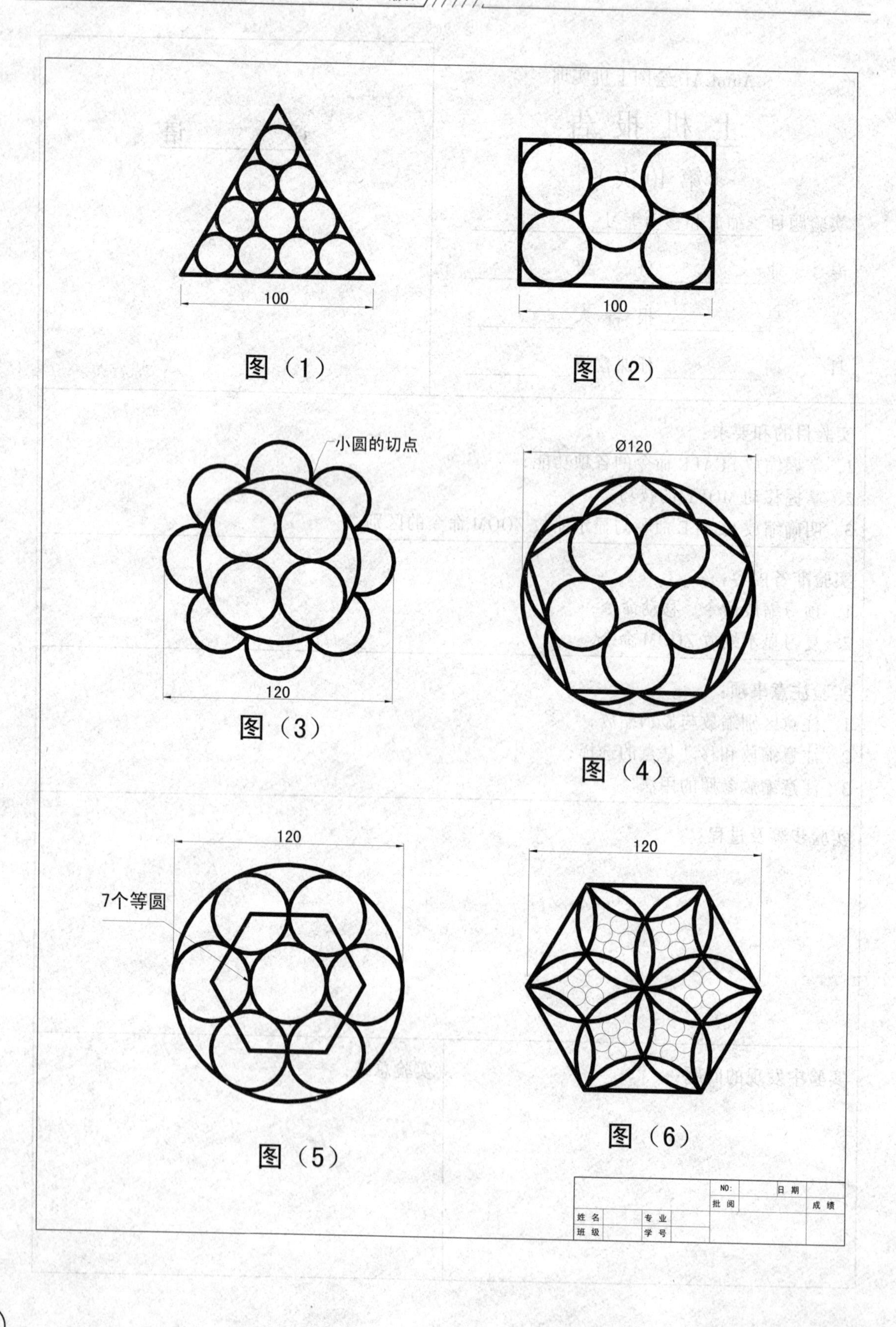
100
图（1）
100
图（2）
小圆的切点
120
图（3）
Ø120
图（4）
120
7个等圆
图（5）
120
图（6）
NO:
日 期
批 阅
成 绩
姓 名
专 业
班 级
学 号

AutoCAD绘图上机实训

上机报告

（第41次）

实验题目 圆弧绘制

专　　业__________ 班　　级__________

学　　号__________ 报 告 人__________

日　　期__________ 任课教师__________

评　　语

实验目的和要求：

1. 掌握绘制圆弧ARC命令的各种方法；
2. 掌握各种绘制圆弧方法的适用范围；
3. 掌握单位和方向设置对圆弧命令的影响。

实验准备内容：

1. 预习圆弧命令；
2. 复习绘圆命令；
3. 复习单位和方向设置命令。

实验注意事项：

1. 注意圆弧各种绘制方法之间区别；
2. 注意方向设置对绘圆弧的影响；
3. 注意圆弧半径负值的含义。

实验步骤及过程：

实验中发现的问题：

实验总结：

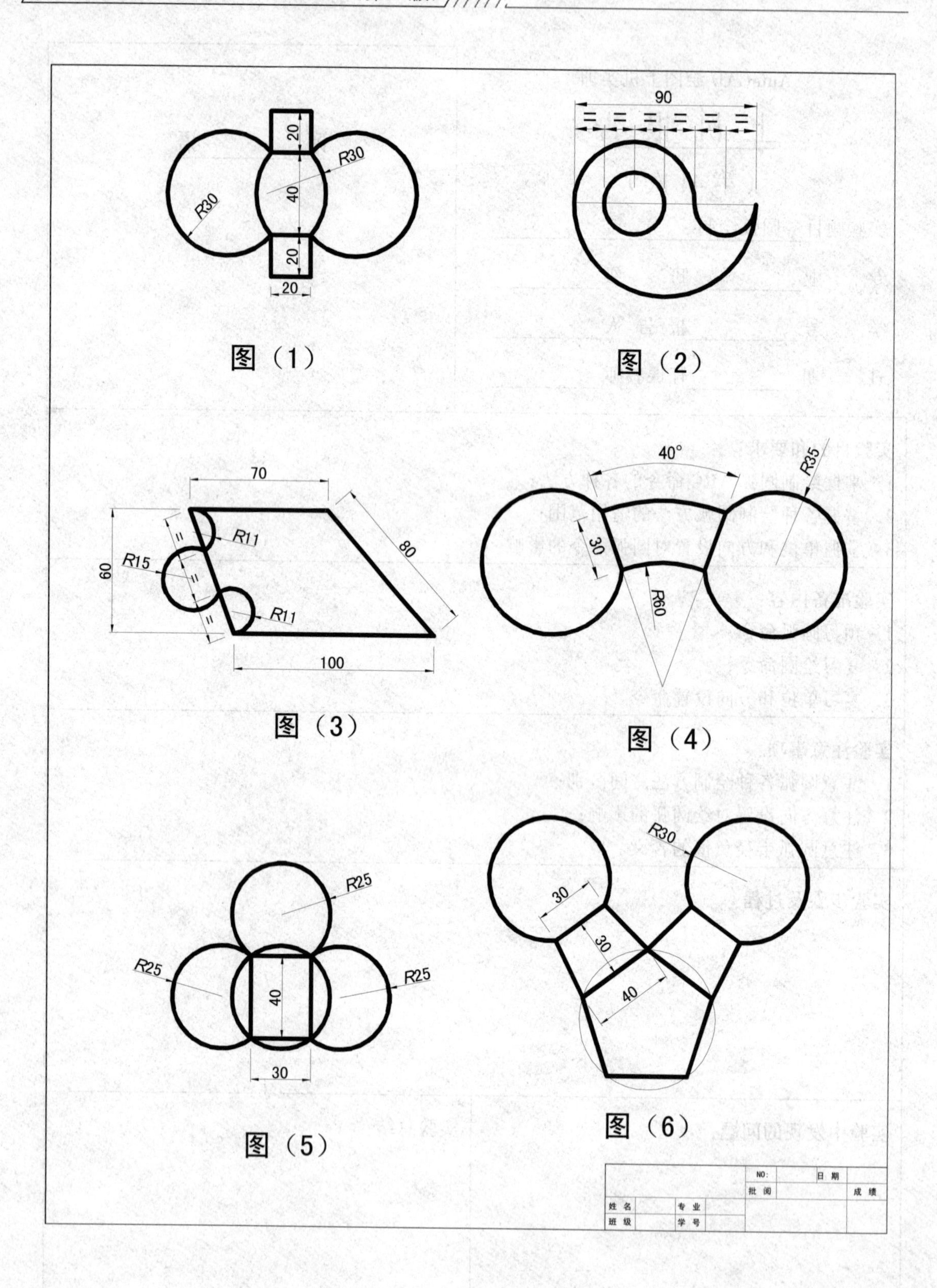

20
R30
40
R30
20
20
图（1）
90
图（2）
70
R11
80
60
R15
R11
100
图（3）
40°
R35
30
R60
图（4）
R25
R25
R25
40
30
图（5）
R30
30
30
40
图（6）
NO:
日 期
批 阅
成 绩
姓 名
专 业
班 级
学 号

AutoCAD 绘图上机实训

上 机 报 告

（第 42 次）

实验题目　椭圆绘制

专　　业＿＿＿＿＿＿班　　级＿＿＿＿＿＿

学　　号＿＿＿＿＿＿报 告 人＿＿＿＿＿＿

日　　期＿＿＿＿＿＿任课教师＿＿＿＿＿＿

评　　　语

实验目的和要求：

1. 掌握椭圆 ELLIPSE 的绘制技巧；
2. 掌握椭圆弧的绘制方法和技巧。

实验准备内容：

1. 复习偏移 OFFSET 命令、复制 COPY、删除 ERASE；
2. 预习椭圆 ELLIPSE 命令。

实验注意事项：

1. 注意椭圆绘制选项中旋转角的含义；
2. 注意方向设置对椭圆绘制的影响。

实验步骤及过程：

实验中发现的问题：

实验总结：

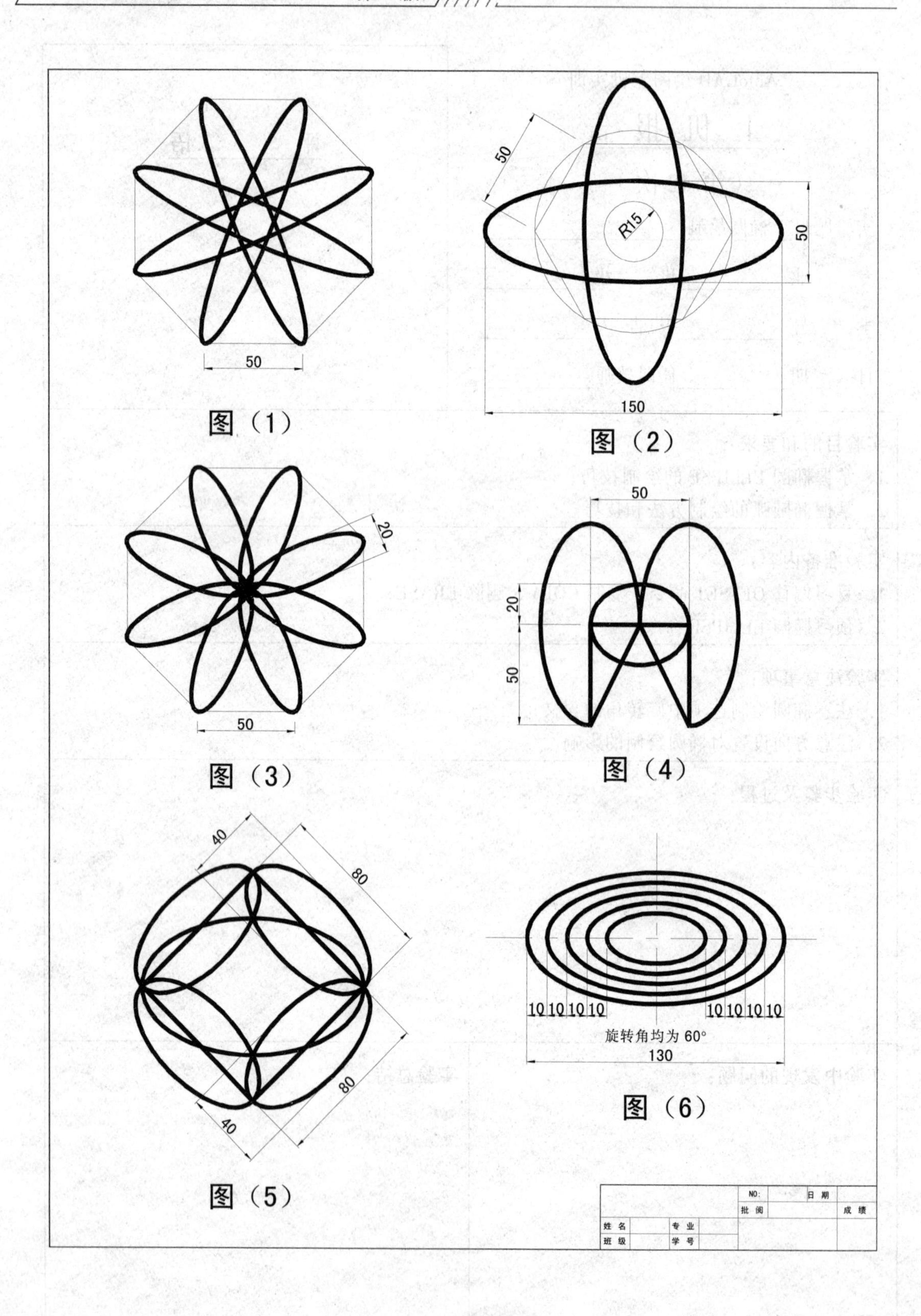
50
图（1）
50
R15
50
150
图（2）
20
50
图（3）
50
20
50
图（4）
40
80
80
40
图（5）
10 10 10 10
10 10 10 10
旋转角均为 60°
130
图（6）
NO:
日 期
批 阅
成 绩
姓 名
专 业
班 级
学 号

AutoCAD 绘图上机实训

上 机 报 告

（第 43 次）

实验题目　多段线绘制

专　　业＿＿＿＿＿＿班　　级＿＿＿＿＿＿

学　　号＿＿＿＿＿＿报 告 人＿＿＿＿＿＿

日　　期＿＿＿＿＿＿任课教师＿＿＿＿＿＿

评　　语

实验目的和要求：

1. 掌握不同类型多段线绘制方法；
2. 了解多段线与直线的区别；
3. 掌握多段线曲直变换；
4. 掌握多段线修改编辑命令 PEDIT。

实验准备内容：

1. 预习多段线命令；
2. 注意多段线命令各参数含义；
3. 复习圆弧的绘制命令。

实验注意事项：

1. 注意多段线线宽的设置；
2. 注意分解对多段线的影响；
3. 注意多段线弧线绘制方法及其选项的含义；
4. 注意多段线间的连接；
5. 注意多段线与样条曲线、直线的转换。

实验步骤及过程：

实验中发现的问题：

实验总结：

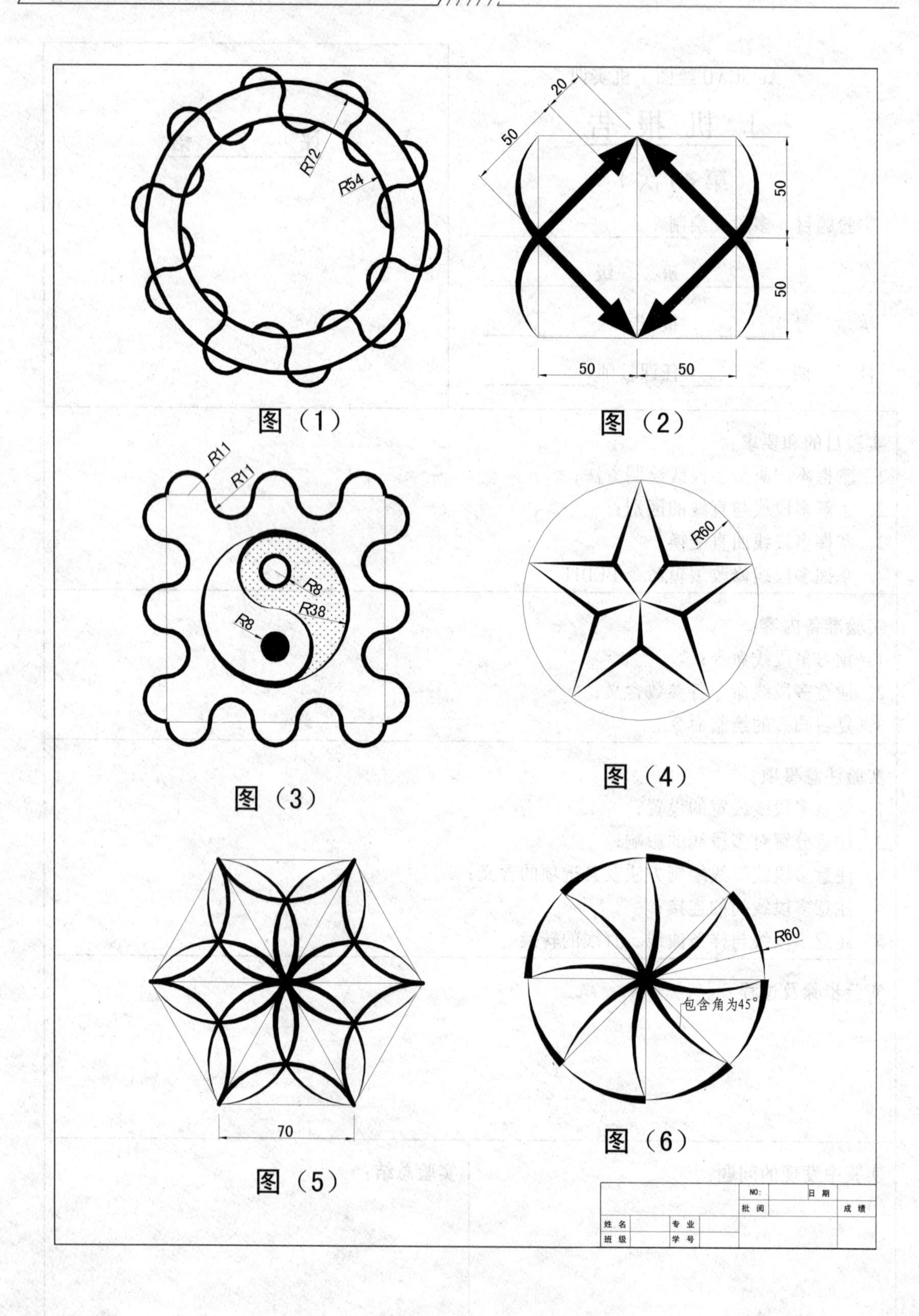

图（1） 图（2） 图（3） 图（4） 图（5） 图（6）

AutoCAD 绘图上机实训

上 机 报 告

（第 44 次）

实验题目　线型练习

专　　业＿＿＿＿＿＿　班　　级＿＿＿＿＿＿

学　　号＿＿＿＿＿＿　报 告 人＿＿＿＿＿＿

日　　期＿＿＿＿＿＿　任课教师＿＿＿＿＿＿

评　　语

实验目的和要求：

1．熟悉 AutoCAD 的线型设置与更改；

2．掌握线型比例调整方法；

3．了解线型的应用范围；

4．能自定义线型。

实验准备内容：

1．复习学习过的绘图命令和编辑命令；

2．预习线型设置的相关命令；

3．预习与图层相关的线型知识。

实验注意事项：

1．注意线型比例设置；

2．注意对具有宽度多段线设置线型的效果；

3．注意各种线型的区别。

实验步骤及过程：

实验中发现的问题：

实验总结：

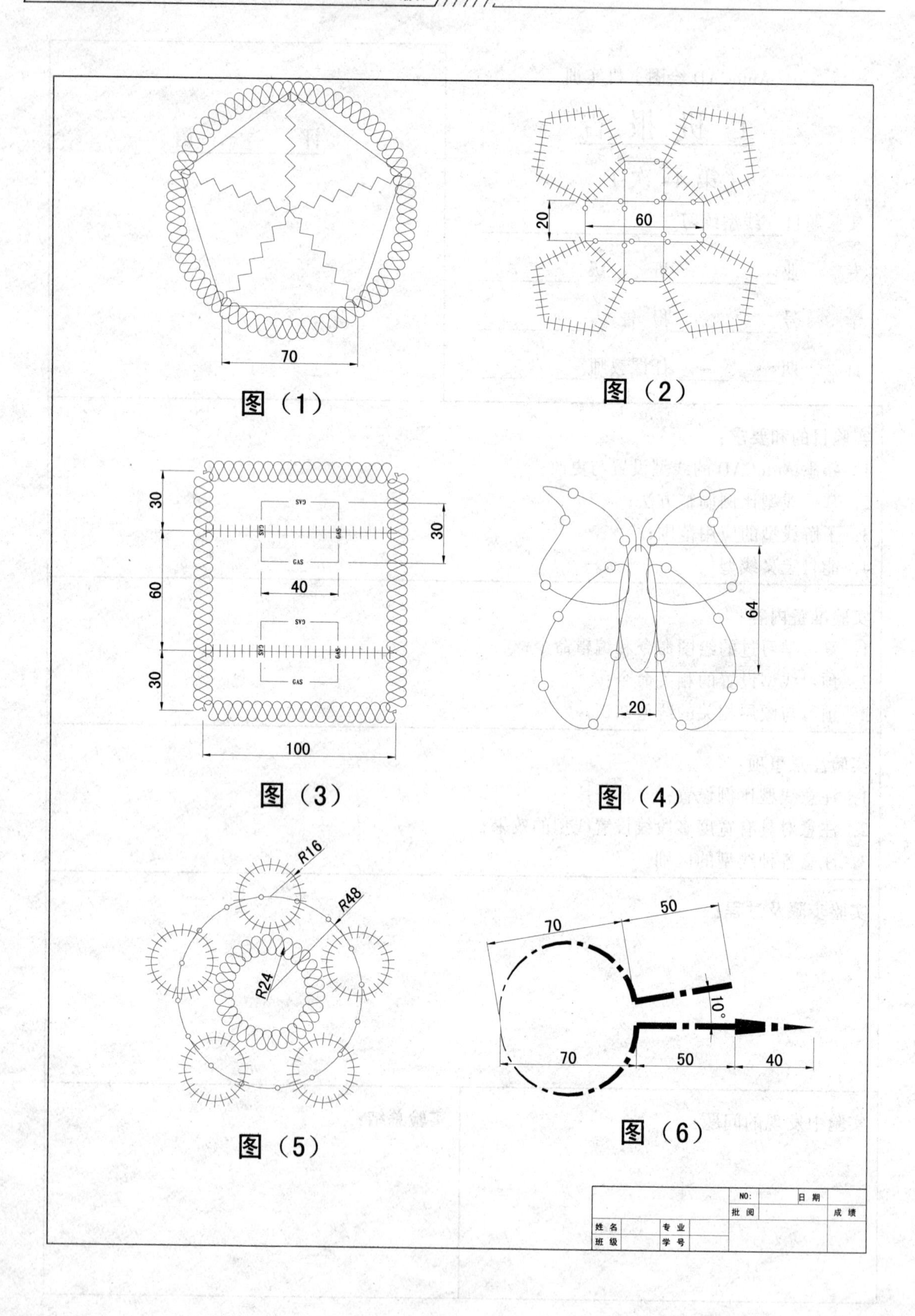
70
图（1）
20
60
图（2）
30
60
30
GAS
30
40
100
图（3）
64
20
图（4）
R16
R48
R24
图（5）
70
50
10°
70
50
40
图（6）
NO:
日 期
批 阅
成 绩
姓 名
专 业
班 级
学 号

AutoCAD 绘图上机实训

上 机 报 告

（第 45 次）

实验题目　环形阵列练习

专　　业＿＿＿＿＿＿班　　级＿＿＿＿＿＿

学　　号＿＿＿＿＿＿报 告 人＿＿＿＿＿＿

日　　期＿＿＿＿＿＿任课教师＿＿＿＿＿＿

评　　语

实验目的和要求：

1. 掌握阵列 ARRAY 命令（环形）的使用方法；
2. 掌握阵列 ARRAY 命令（环形）的使用技巧；
3. 掌握多次阵列操作的方法和技巧。

实验准备内容：

1. 预习教材中关于阵列的章节；
2. 复习学习过的绘制和编辑命令。

实验注意事项：

1. 注意环形阵列中心确定；
2. 注意环形阵列的角度和数量确定；
3. 注意区别环形阵列对象自转对结果的影响；
4. 注意阵列中快捷按钮的作用。

实验步骤及过程：

实验中发现的问题：

实验总结：

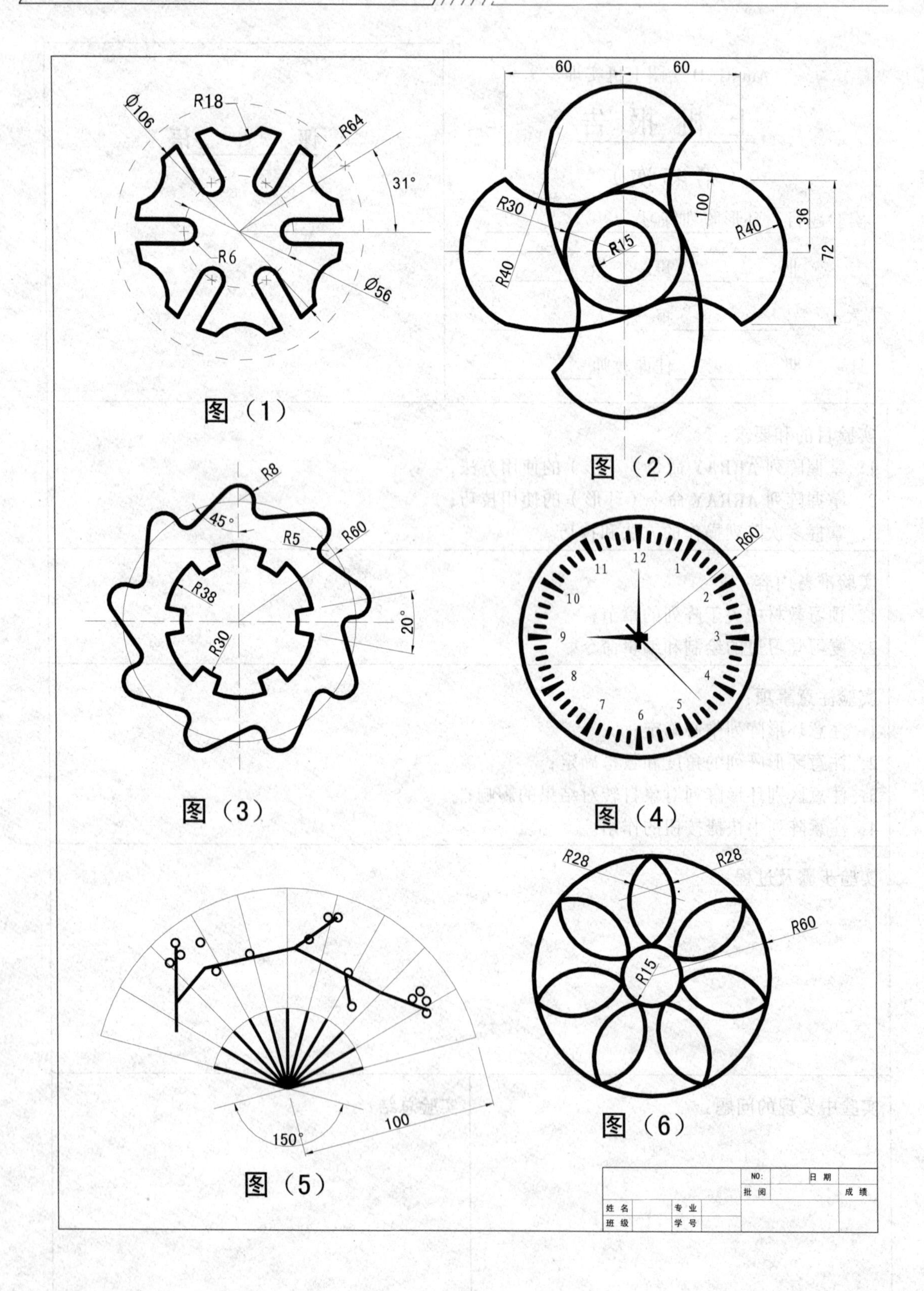

Ø106
R18
R64
31°
R6
Ø56
图（1）
60
60
R30
100
R40
36
72
R15
R40
图（2）
R8
45°
R5
R60
R38
20°
R30
图（3）
R60
12
1
2
3
4
5
6
7
8
9
10
11
图（4）
R28
R28
R60
R15
150°
100
图（5）
图（6）
NO:
日期
批阅
成绩
姓名
专业
班级
学号

AutoCAD 绘图上机实训

上 机 报 告

（第46次）

实验题目 矩形阵列练习

专　　业＿＿＿＿＿班　　级＿＿＿＿＿

学　　号＿＿＿＿＿报 告 人＿＿＿＿＿

日　　期＿＿＿＿＿任课教师＿＿＿＿＿

评　　语

实验目的和要求：

1. 掌握阵列 ARRAY 命令（矩形）的使用方法；
2. 掌握阵列 ARRAY 命令（矩形）的使用技巧；
3. 掌握多次阵列操作的方法和技巧。

实验准备内容：

1. 预习教材中关于阵列的章节；
2. 复习学习过的绘制和编辑命令。

实验注意事项：

1. 注意矩形阵列中行、列距离的确定；
2. 注意矩形阵列快速确定行、列距离的方法；
3. 注意矩形阵列方向；
4. 注意阵列中快捷按钮的作用。

实验步骤及过程：

实验中发现的问题：

实验总结：

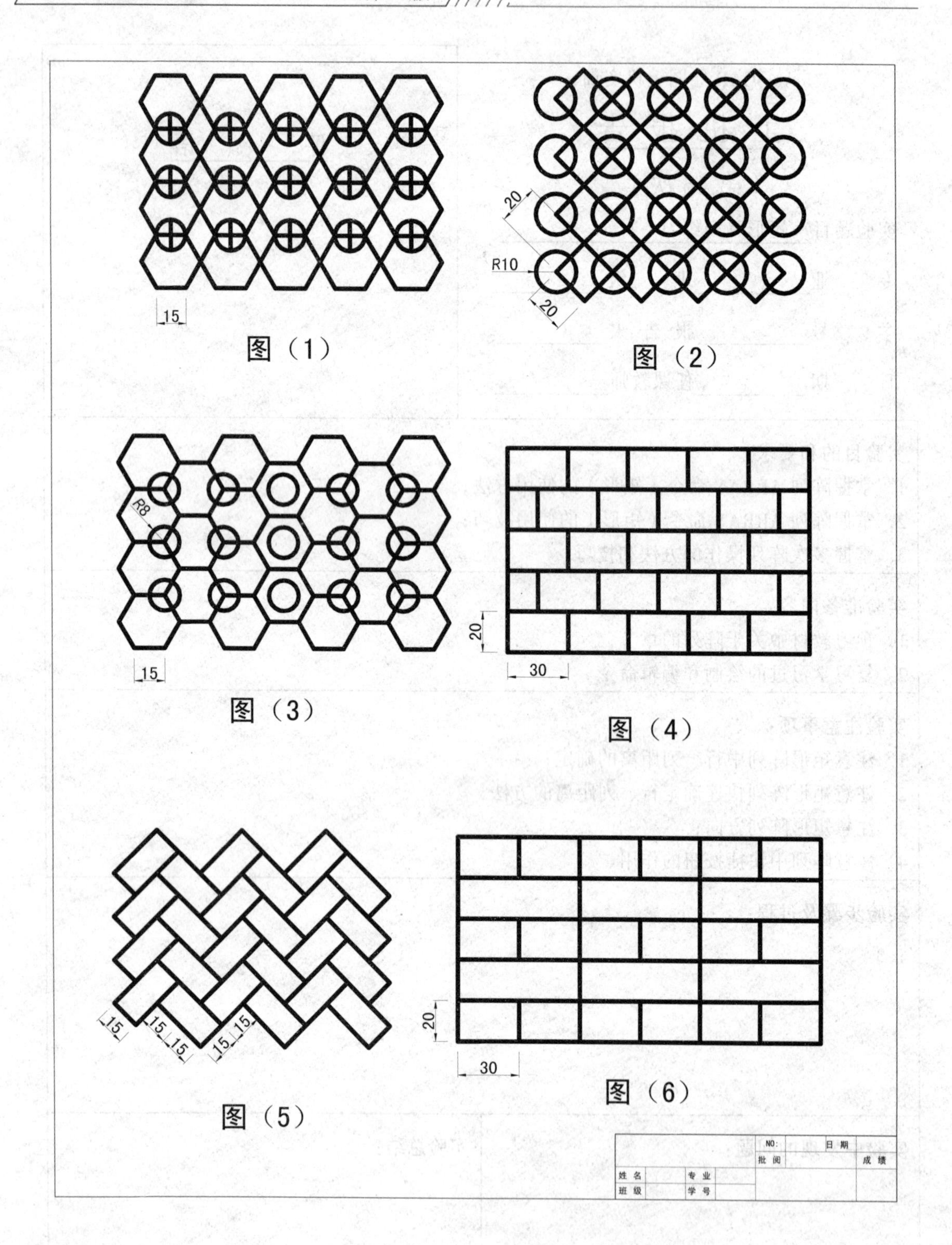

图（1） 图（2） 图（3） 图（4） 图（5） 图（6）

AutoCAD 绘图上机实训

上 机 报 告

（第 47 次）

实验题目　点的等分练习

专　　业________ 班　　级________

学　　号________ 报 告 人________

日　　期________ 任课教师________

评　　　语

实验目的和要求：

1．掌握点 POINT 的绘制；

2．掌握点的定数 DIVIDE、定距 MEASURE 等分；

3．掌握图块的定数、定距等分。

实验准备内容：

1．预习教材中关于点的章节；

2．复习图块定义命令；

3．复习边界填充命令。

实验注意事项：

1．注意多段线、曲线的定数，定距等分；

2．注意等分图块基点的确定；

3．注意理解边界填充后的特殊多段线等分；

4．注意等分的起点确定。

实验步骤及过程：

实验中发现的问题：

实验总结：

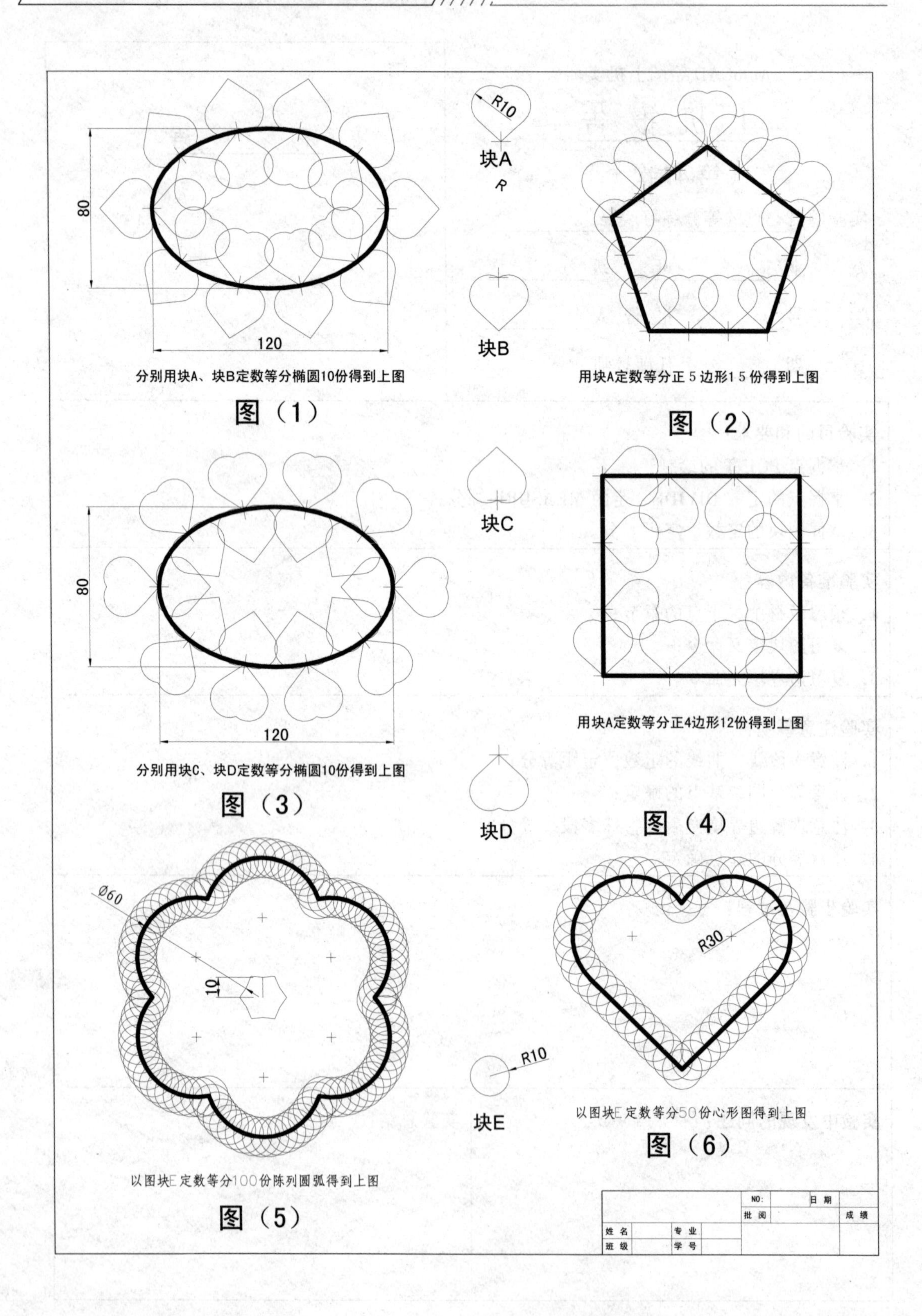
R10
块A
R
80
120
块B
分别用块A、块B定数等分椭圆10份得到上图
图（1）
用块A定数等分正5边形15份得到上图
图（2）
块C
80
120
分别用块C、块D定数等分椭圆10份得到上图
图（3）
用块A定数等分正4边形12份得到上图
块D
图（4）
Ø60
10
R30
R10
块E
以图块E定数等分50份心形图得到上图
图（6）
以图块E定数等分100份陈列圆弧得到上图
图（5）
NO:
日期
批阅
成绩
姓名
专业
班级
学号

AutoCAD 绘图上机实训

上 机 报 告

（第 48 次）

实验题目 正等测轴测图绘制

专　　业＿＿＿＿＿＿　班　　级＿＿＿＿＿＿

学　　号＿＿＿＿＿＿　报 告 人＿＿＿＿＿＿

日　　期＿＿＿＿＿＿　任课教师＿＿＿＿＿＿

评　　语

实验目的和要求：

1. 掌握正等测轴测图绘制必要的设置；
2. 熟悉正等测轴测图绘图方法；
3. 理解制图中正等测轴测图绘图原理。

实验准备内容：

1. 预习教材中关于正等测轴测图绘制的章节；
2. 复习建筑专业中正等测轴测图绘制方法；
3. 复习对象追踪设置。

实验注意事项：

1. 注意功能键【F5】的作用；
2. 注意使用极轴捕捉；
3. 注意线条的修剪；
4. 注意极轴为 30°对绘图的影响。

实验步骤及过程：

实验中发现的问题：

实验总结：

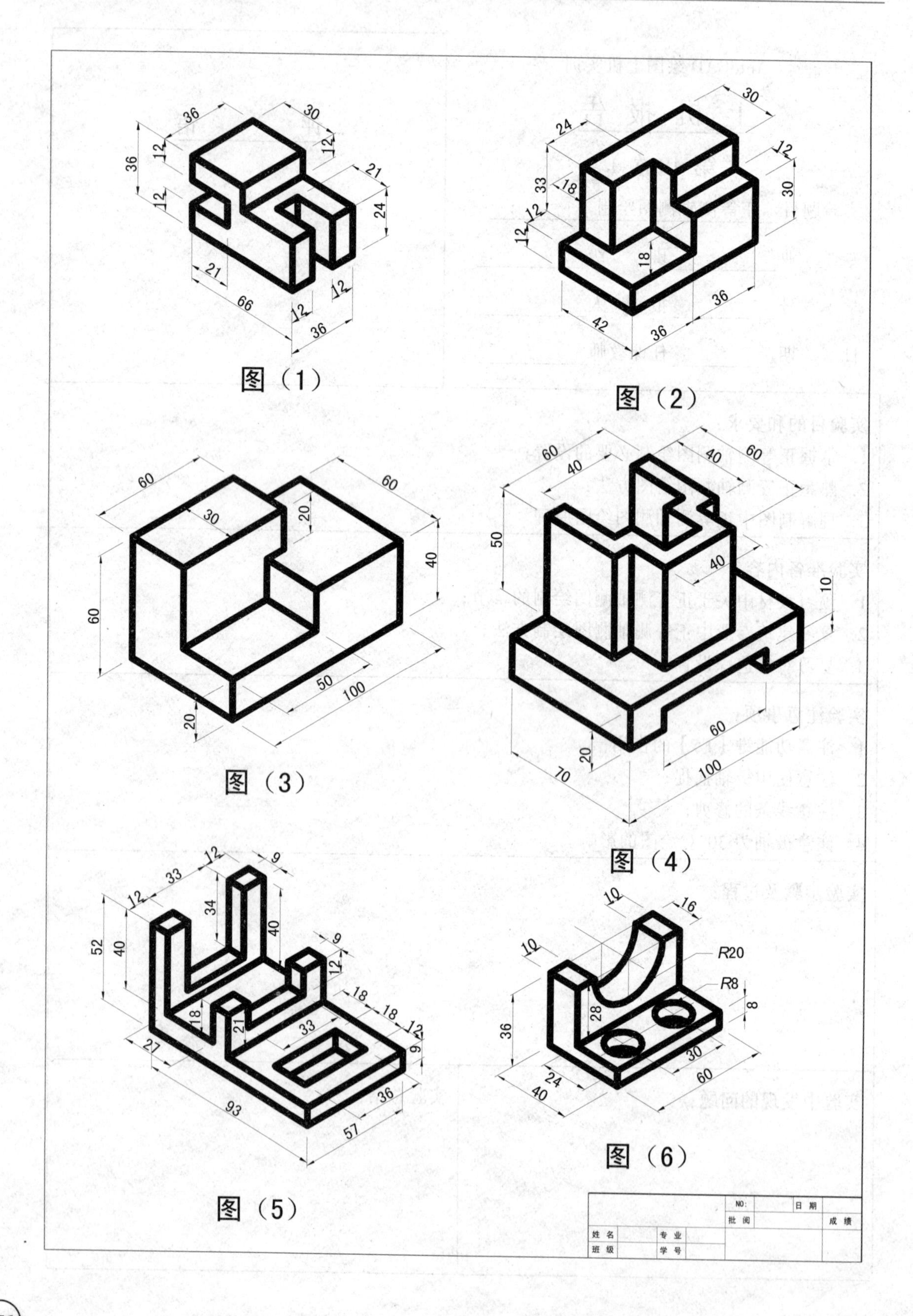
36
30
36
12
12
12
21
24
21
66
12
12
36
图（1）
30
24
12
33
18
30
12
12
18
36
42
36
图（2）
60
30
20
60
40
60
50
100
20
图（3）
60
40
40
60
50
40
10
20
70
100
图（4）
12
33
12
9
52
40
34
40
9
12
18
18
18
21
33
12
27
9
93
36
57
图（5）
10
16
10
R20
R8
8
36
28
30
24
60
40
图（6）
NO:
日 期
批 阅
成 绩
姓 名
专 业
班 级
学 号

AutoCAD绘图上机实训

上 机 报 告

（第49次）

实验题目 综合绘图练习（一）

专　　业＿＿＿＿＿ 班　　级＿＿＿＿＿

学　　号＿＿＿＿＿ 报 告 人＿＿＿＿＿

日　　期＿＿＿＿＿ 任课教师＿＿＿＿＿

评　　　语

实验目的和要求：

1．熟悉椭圆 ELLIPSE、直线 LINE 等绘图命令；

2．熟悉修剪 TRIM、缩放 SCALE；

3．掌握二维图形的绘制方法和技巧；

4．掌握尺寸标注的应用；

5．综合应用对象捕捉等辅助功能。

实验准备内容：

1．复习圆 CIRCLE、椭圆 ELLIPSE 等图形命令的用法；

2．复习修剪、偏移、删除、修改特性等编辑命令的用法；

3．复习移动 MOVE 和复制 COPY 等修改命令的操作方法。

实验注意事项：

1．注意绘图的准确性；

2．注意使用捕捉等辅助工具；

3．注意提高绘图速度；

4．注意各种绘图方法和修改方法的综合运用。

实验步骤及过程：

实验中发现的问题：

实验总结：

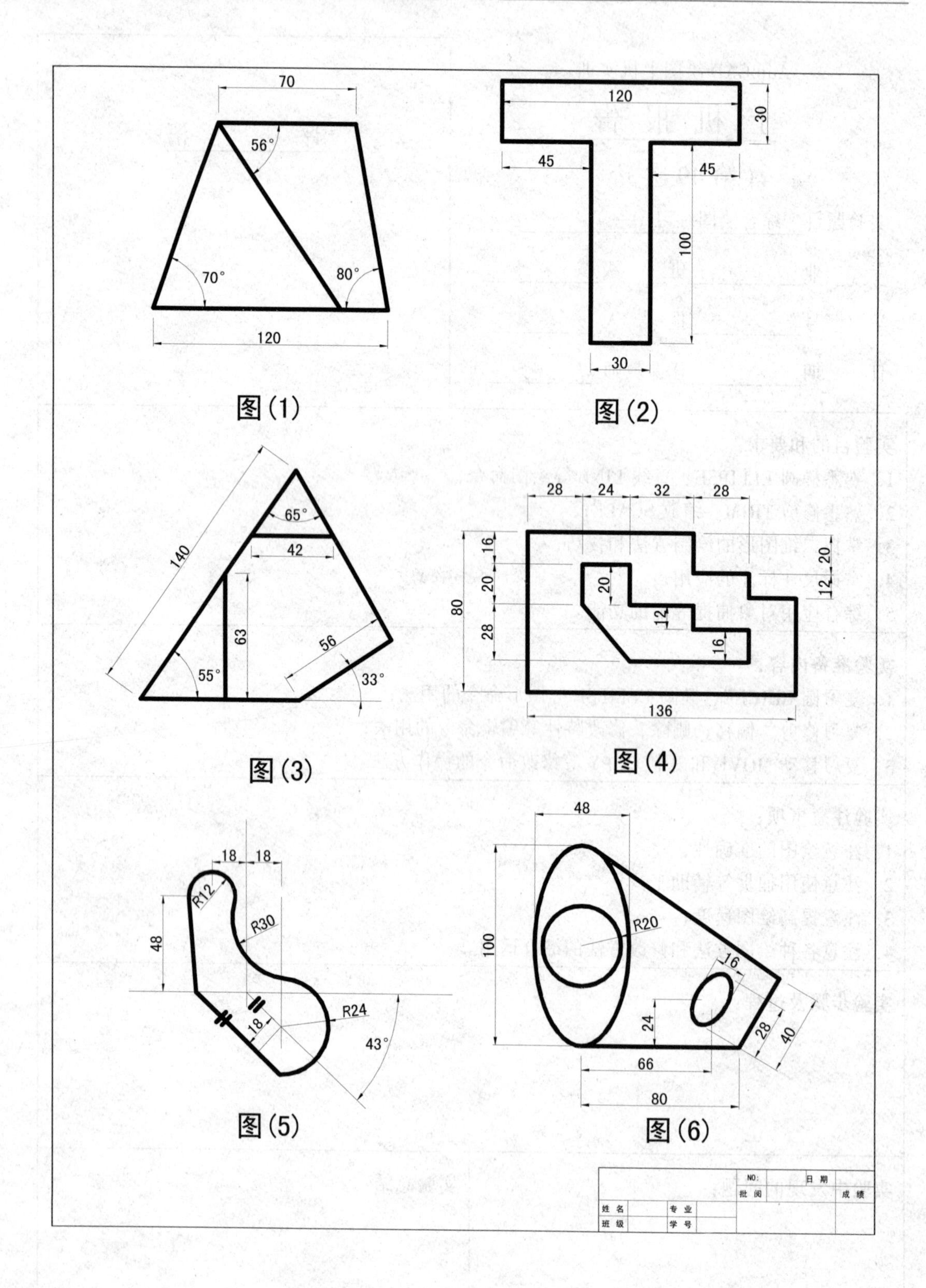
70
56°
70°
80°
120
图(1)
120
30
45
45
100
30
图(2)
140
65°
42
63
56
55°
33°
图(3)
28
24
32
28
16
20
28
80
20
12
16
20
12
136
图(4)
18
18
R12
R30
48
R24
18
43°
图(5)
48
100
R20
16
24
28
40
66
80
图(6)
NO:
日期
批阅
成绩
姓名
专业
班级
学号

AutoCAD绘图上机实训

上 机 报 告

（第50次）

实验题目　综合绘图练习（二）

专　　业＿＿＿＿　班　　级＿＿＿＿

学　　号＿＿＿＿　报 告 人＿＿＿＿

日　　期＿＿＿＿　任课教师＿＿＿＿

评　　语

实验目的和要求：

1. 熟悉圆 CIRCLE、直线 LINE 等绘图命令；
2. 熟悉修剪 TRIM、圆角 FILLET、倒角 CHAMFER 命令；
3. 掌握二维图形的绘制方法和技巧；
4. 掌握尺寸标注的应用；
5. 综合应用对象追踪等辅助功能。

实验准备内容：

1. 复习圆 CIRCLE、直线 LINE 等图形命令的用法；
2. 复习修剪、偏移、删除、修改特性等编辑命令的用法；
3. 复习线型 LINETYPE 和图案填充 BHATCH 命令。

实验注意事项：

1. 注意绘图的准确性；
2. 注意使用捕捉等辅助工具；
3. 注意提高绘图速度；
4. 注意各种绘图方法和修改方法的综合运用。

实验步骤及过程：

实验中发现的问题：

实验总结：

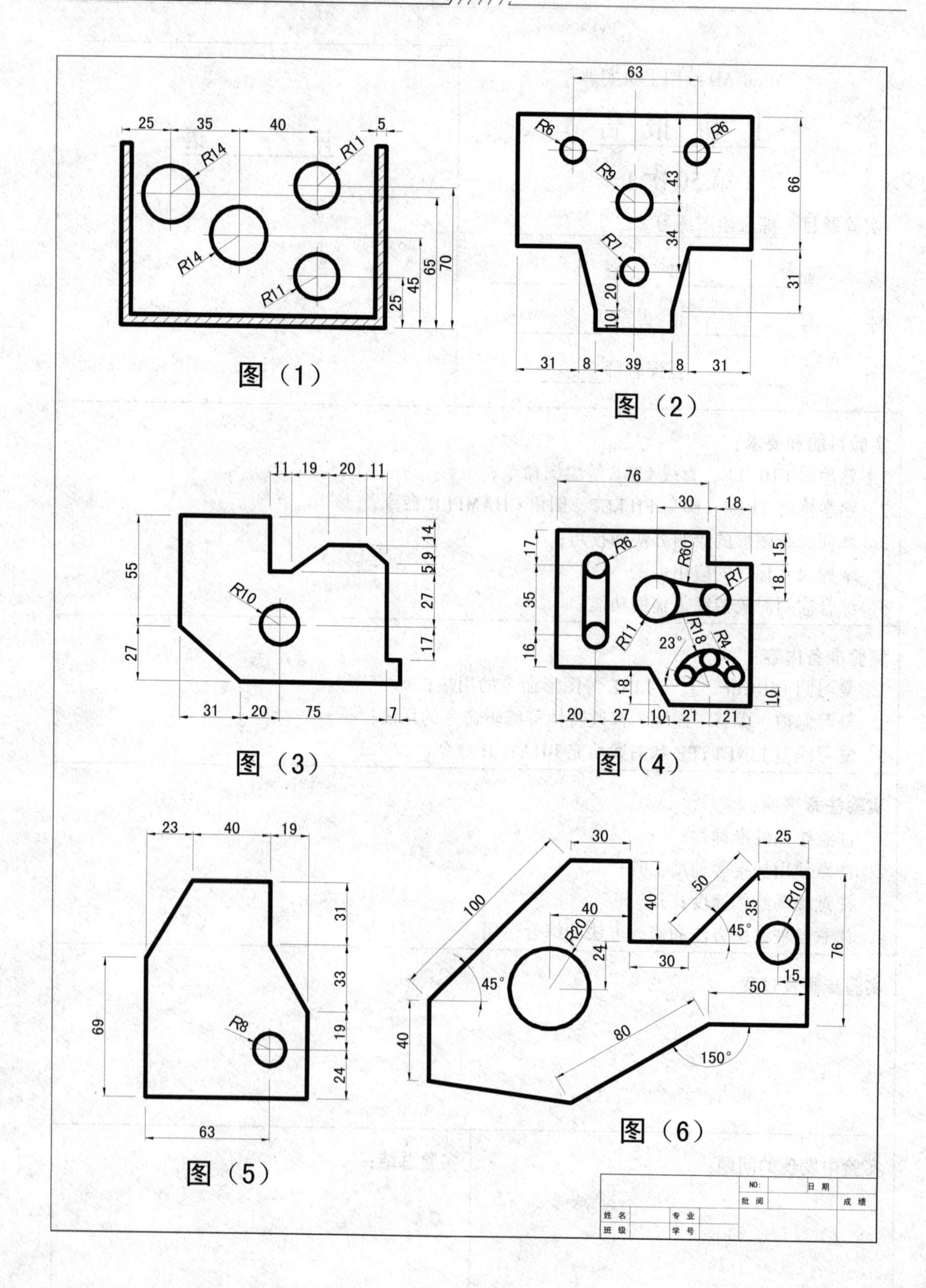

图（1）

图（2）

图（3）

图（4）

图（5）

图（6）

AutoCAD绘图上机实训

上 机 报 告

（第51次）

实验题目 综合绘图练习（三）

专　　业＿＿＿＿＿＿ 班　　级＿＿＿＿＿＿

学　　号＿＿＿＿＿＿ 报 告 人＿＿＿＿＿＿

日　　期＿＿＿＿＿＿ 任课教师＿＿＿＿＿＿

评　　　语

实验目的和要求：

1. 熟悉缩放SCALE、阵列ARRAY等命令；
2. 熟悉修剪TRIM、偏移OFFSET等命令；
3. 掌握尺寸标注的应用；
4. 掌握边界BOUNDARY命令的技巧；
5. 综合应用对象捕捉等辅助功能。

实验准备内容：

1. 复习圆CIRCLE、正多边形POLYGON等图形命令的用法；
2. 复习修剪、偏移、删除、修改特性等编辑命令的用法；
3. 复习直角坐标和极坐标的表示方法。

实验注意事项：

1. 注意绘图的准确性；
2. 注意使用捕捉等辅助工具；
3. 注意提高绘图速度；
4. 注意各种绘图方法和修改方法的综合运用。

实验步骤及过程：

实验中发现的问题：

实验总结：

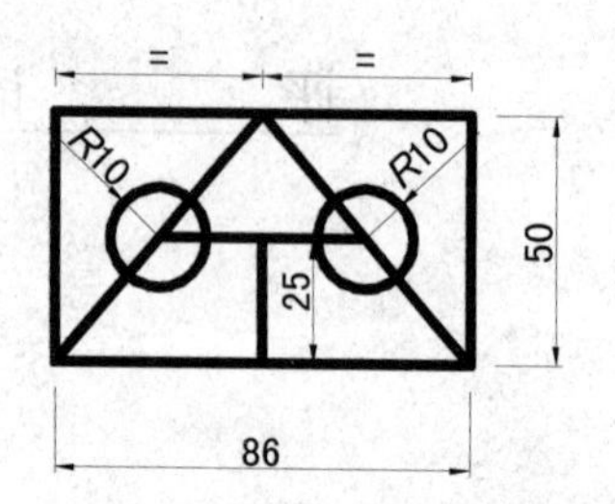

将上图比例缩放（参照85.63缩小到55）得到一个新图

图（1）

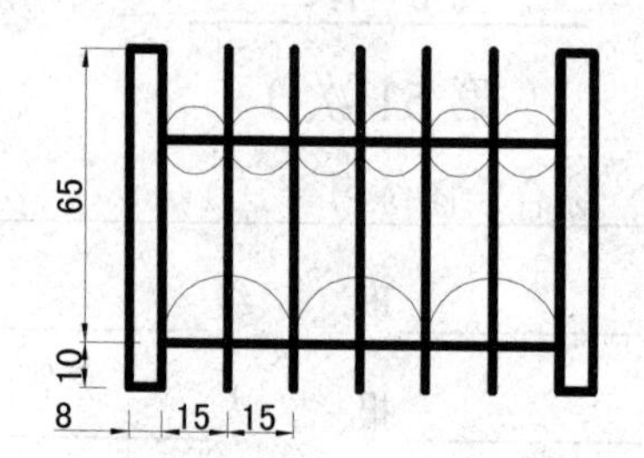

图（2）

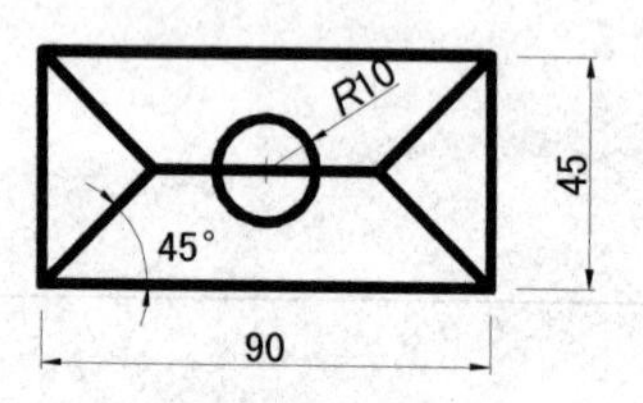

将上图比例缩小到2/3重新做一图形

图（3）

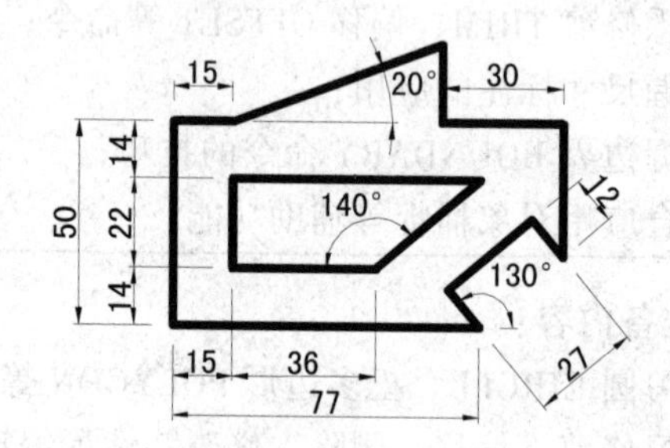

图（4）

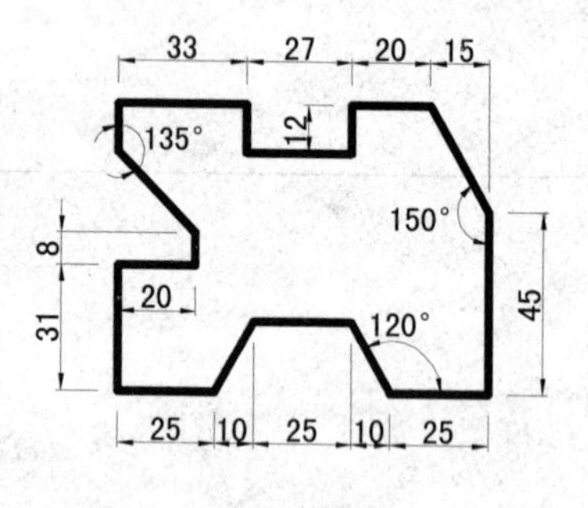

图（5）

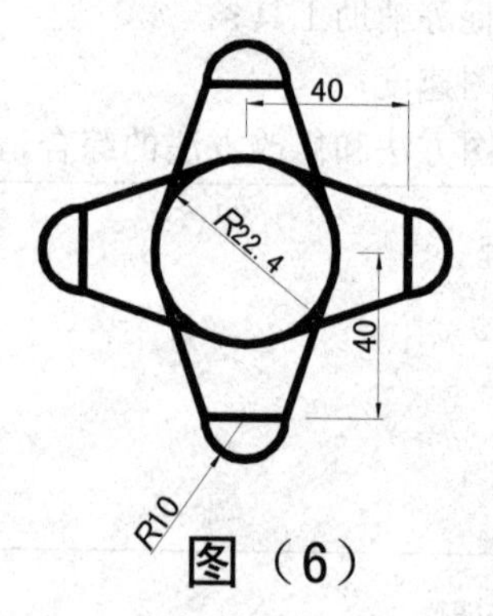

图（6）

			NO:	日 期	
			批 阅		成 绩
姓 名		专 业			
班 级		学 号			

AutoCAD 绘图上机实训

上 机 报 告

（第 52 次）

实验题目 综合绘图练习（四）

专　　业＿＿＿＿　班　　级＿＿＿＿

学　　号＿＿＿＿　报 告 人＿＿＿＿

日　　期＿＿＿＿　任课教师＿＿＿＿

评　　语

实验目的和要求：

1. 熟悉直线 LINE、图案填充 BHATCH 等图形命令；
2. 熟悉偏移 OFFSET、正多边形 POLYGON 等命令；
3. 掌握边界 BOUNDARY 命令的技巧
4. 掌握修剪 TRIM、阵列 ARRAY；
5. 综合应用对象捕捉等辅助功能。

实验准备内容：

1. 复习圆、直线、正多边形、修剪、延伸等命令；
2. 复习偏移、删除、圆角和修改特性等命令的用法；
3. 复习图层管理线型、颜色、线宽等特性的方法；
4. 复习对象捕捉使用方法。

实验注意事项：

1. 注意绘图的准确性；
2. 注意使用捕捉等辅助工具；
3. 注意提高绘图速度；
4. 注意各种绘图方法和修改方法的综合运用。

实验步骤及过程：

实验中发现的问题：

实验总结：

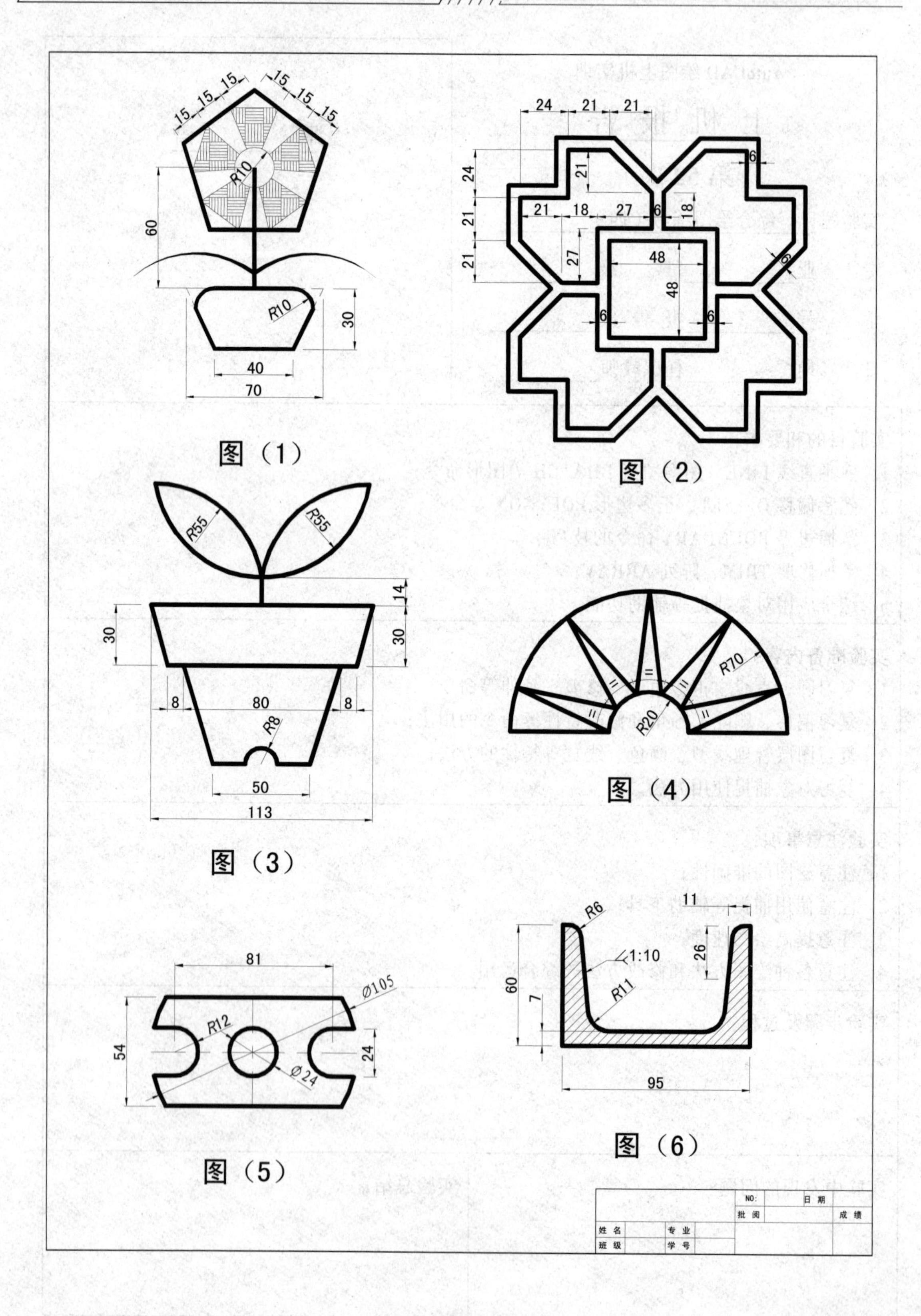

图（1）
图（2）
图（3）
图（4）
图（5）
图（6）

AutoCAD 绘图上机实训

上 机 报 告

（第 53 次）

实验题目 综合绘图练习（五）

专　　业＿＿＿＿＿ 班　　级＿＿＿＿＿

学　　号＿＿＿＿＿ 报 告 人＿＿＿＿＿

日　　期＿＿＿＿＿ 任课教师＿＿＿＿＿

评　　语

实验目的和要求：

1. 熟悉旋转、倒角、打断、复制等编辑命令；
2. 掌握夹点编辑方法；
3. 综合应用对象捕捉等辅助功能；
4. 掌握二维图形绘制的技巧。

实验准备内容：

1. 复习圆、直线、修剪、延伸、偏移、删除、旋转；
2. 复习倒角、打断、复制和修改特性等编辑命令的用法；
3. 复习夹点编辑方法，图层、线型和线宽设置和管理方法；
4. 复习对象捕捉的设置和使用方法。

实验注意事项：

1. 注意绘图的准确性；
2. 注意使用捕捉等辅助工具；
3. 注意提高绘图速度；
4. 注意各种绘图方法和修改方法的综合运用。

实验步骤及过程：

实验中发现的问题：

实验总结：

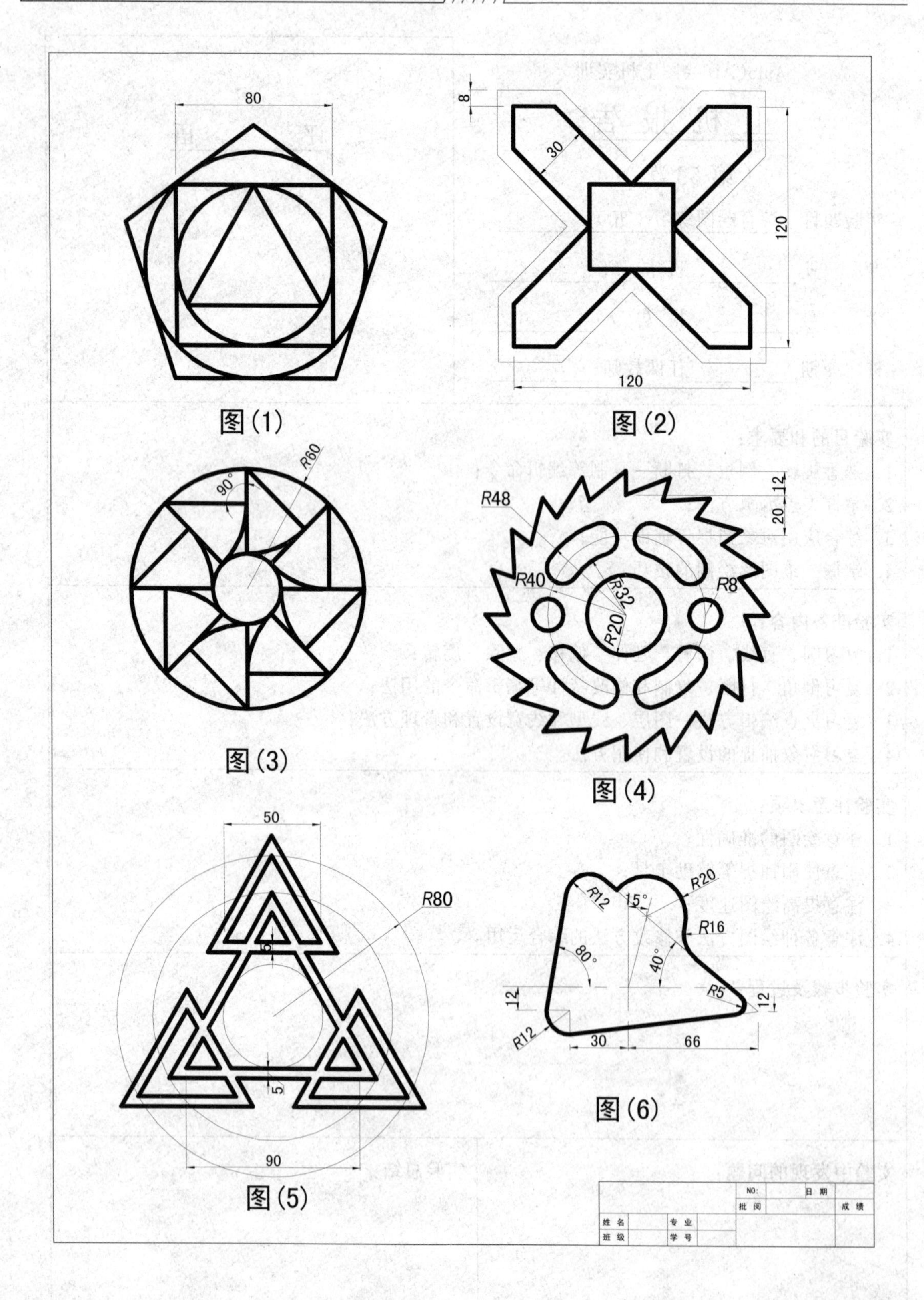
80
图(1)
8
30
120
120
图(2)
90°
R60
图(3)
R48
12
20
R40
R32
R8
R20
图(4)
50
R80
5
5
90
图(5)
R12
R20
15°
R16
80°
40°
12
R5
12
R12
30
66
图(6)
NO:
日 期
批 阅
成 绩
姓 名
专 业
班 级
学 号

AutoCAD 绘图上机实训

上 机 报 告

（第 54 次）

实验题目　综合绘图练习（六）

专　　业＿＿＿＿＿班　　级＿＿＿＿＿

学　　号＿＿＿＿＿报 告 人＿＿＿＿＿

日　　期＿＿＿＿＿任课教师＿＿＿＿＿

评　　　　语

实验目的和要求：

1. 熟悉圆 CIRCLE、直线 LINE 等图形命令；
2. 熟悉修剪 TRIM、圆角 FILLET；
3. 掌握二维图形的绘制方法和技巧；
4. 掌握尺寸标注的应用；
5. 综合应用对象捕捉等辅助功能。

实验准备内容：

1. 复习图层 LAYER 的有关知识；
2. 复习对象捕捉 OSNAP 的设置和使用方法；
3. 复习夹点的使用方法。

实验注意事项：

1. 注意绘图的准确性；
2. 注意使用捕捉等辅助工具；
3. 注意提高绘图速度；
4. 注意各种绘图方法和修改方法的综合运用。

实验步骤及过程：

实验中发现的问题：

实验总结：

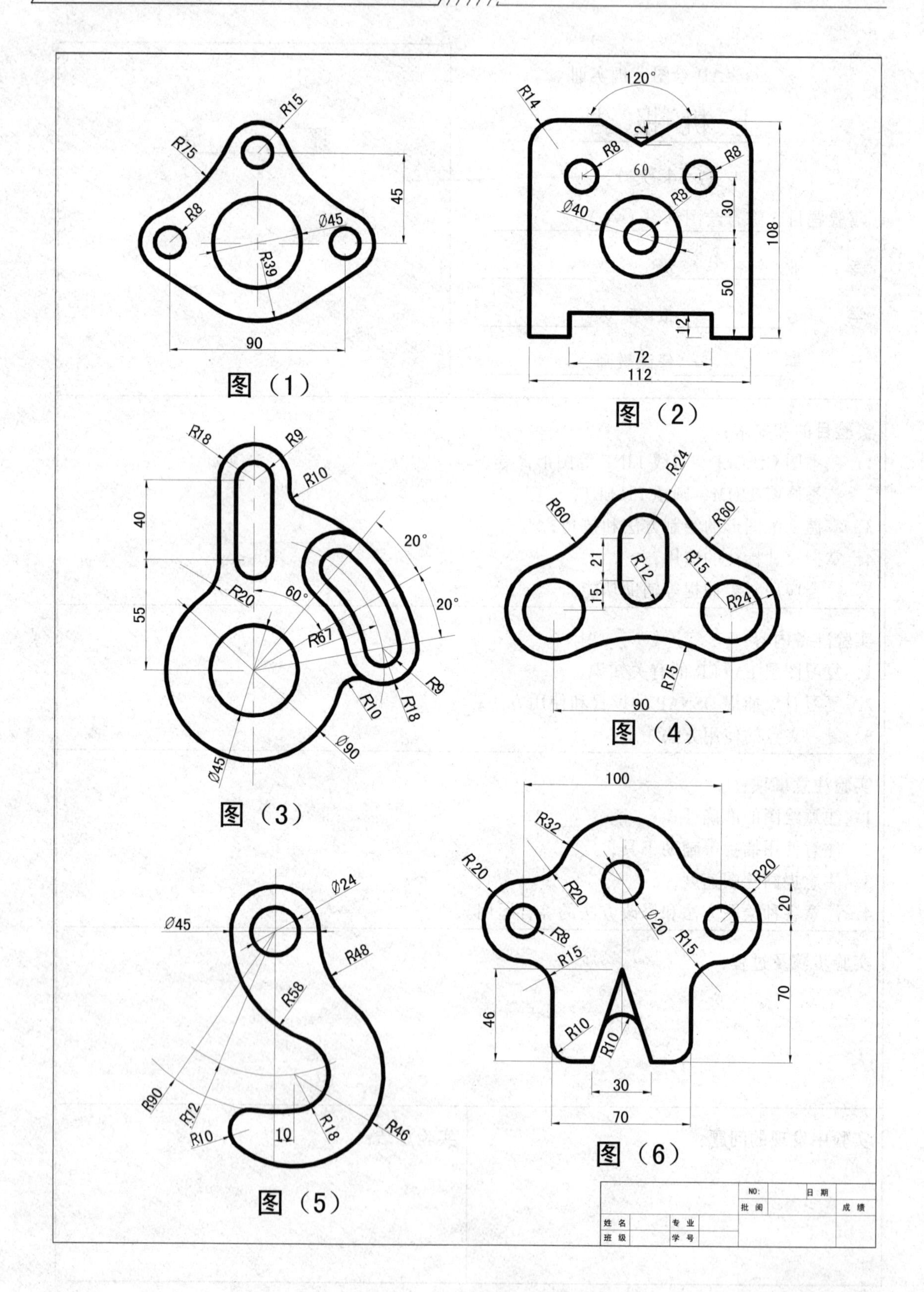
R15
R75
45
R8
Ø45
R39
90
图（1）
120°
R14
12
R8
R8
60
R8
Ø40
30
108
50
12
72
112
图（2）
R18
R9
R10
40
20°
R20
60°
20°
55
R67
R9
R10
R18
Ø90
Ø45
图（3）
R24
R60
R60
21
R12
R15
15
R24
R75
90
图（4）
100
R32
R20
R20
R20
Ø20
20
R8
R15
R15
46
R10
R10
70
30
70
图（6）
Ø24
Ø45
R48
R58
R90
R72
R10
10
R18
R46
图（5）
NO:
日 期
批 阅
成 绩
姓 名
专 业
班 级
学 号

AutoCAD 绘图上机实训

上 机 报 告

（第 55 次）

实验题目 综合绘图练习（七）

专　　业________ 班　　级________

学　　号________ 报 告 人________

日　　期________ 任课教师________

评　　　语

实验目的和要求：

1. 熟悉圆、图案填充等绘图命令；
2. 掌握阵列 ARRAY 的技巧；
3. 综合应用诸如对象捕捉、极轴追踪等辅助功能。

实验准备内容：

1. 复习缩放，多段线等有关命令；
2. 复习修改特性等编辑命令的用法；
3. 复习图形极限 LIMITS 的设置方法。

实验注意事项：

1. 注意绘图的准确性；
2. 注意使用捕捉等辅助工具；
3. 注意提高绘图速度；
4. 注意各种绘图方法和修改方法的综合运用。

实验步骤及过程：

实验中发现的问题：

实验总结：

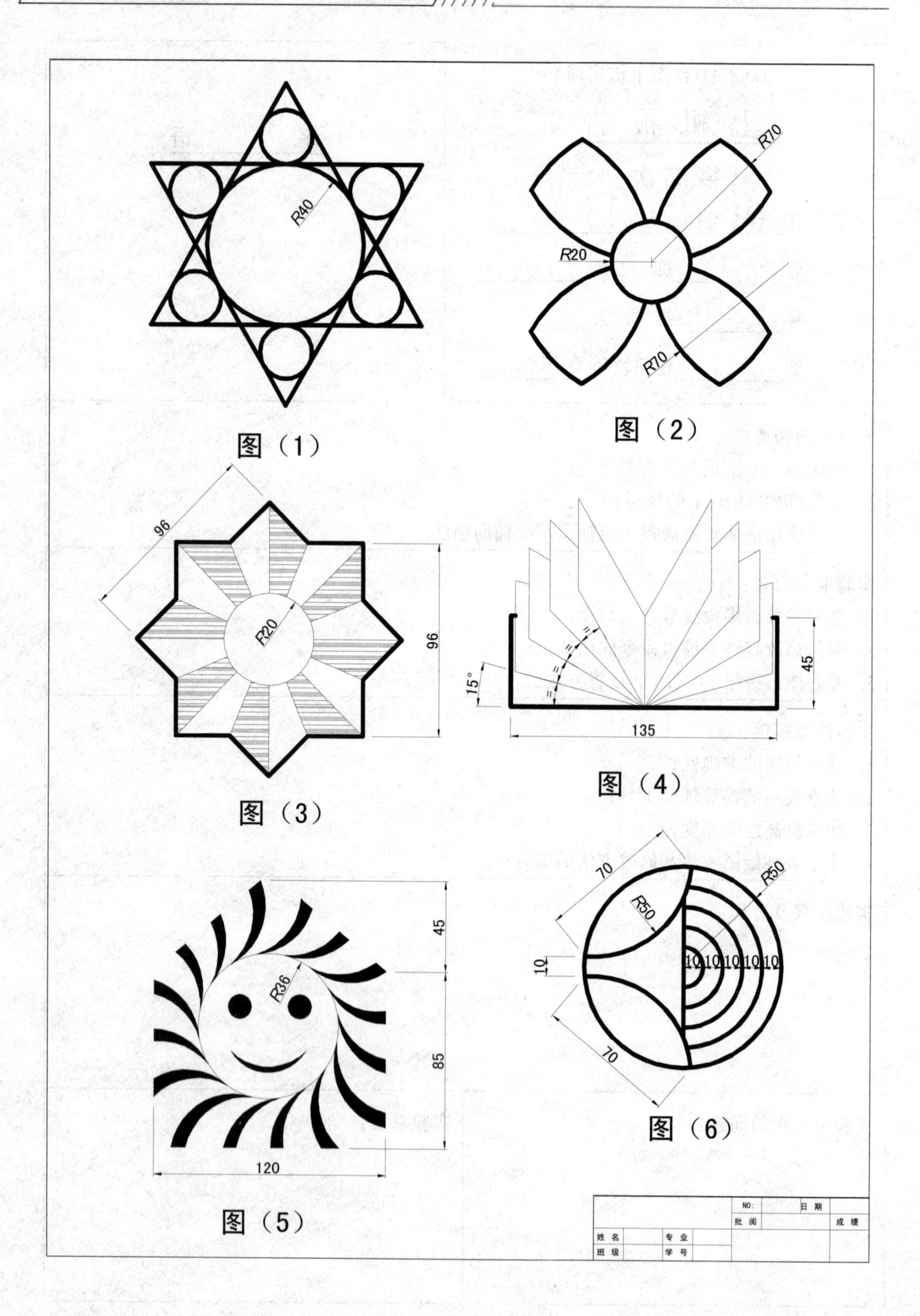

图（1）

图（2）

图（3）

图（4）

图（5）

图（6）

AutoCAD绘图上机实训

上 机 报 告

（第56次）

实验题目 综合绘图练习（八）

专 业________ 班 级________

学 号________ 报 告 人________

日 期________ 任课教师________

评 语

实验目的和要求：

1. 熟悉直线、偏移、修剪、文本、镜像尺寸标注等绘图命令；
2. 掌握二维图形的绘制方法和技巧；
3. 综合应用诸如对象捕捉、极轴追踪等辅助功能。

实验准备内容：

1. 复习尺寸标注、线型设置等有关命令；
2. 复习制图的有关规定；
3. 复习图形极限LIMITS的设置方法。

实验注意事项：

1. 注意绘图的准确性；
2. 注意使用捕捉等辅助工具；
3. 注意提高绘图速度；
4. 注意各种绘图方法和修改方法的综合运用。

实验步骤及过程：

实验中发现的问题：

实验总结：

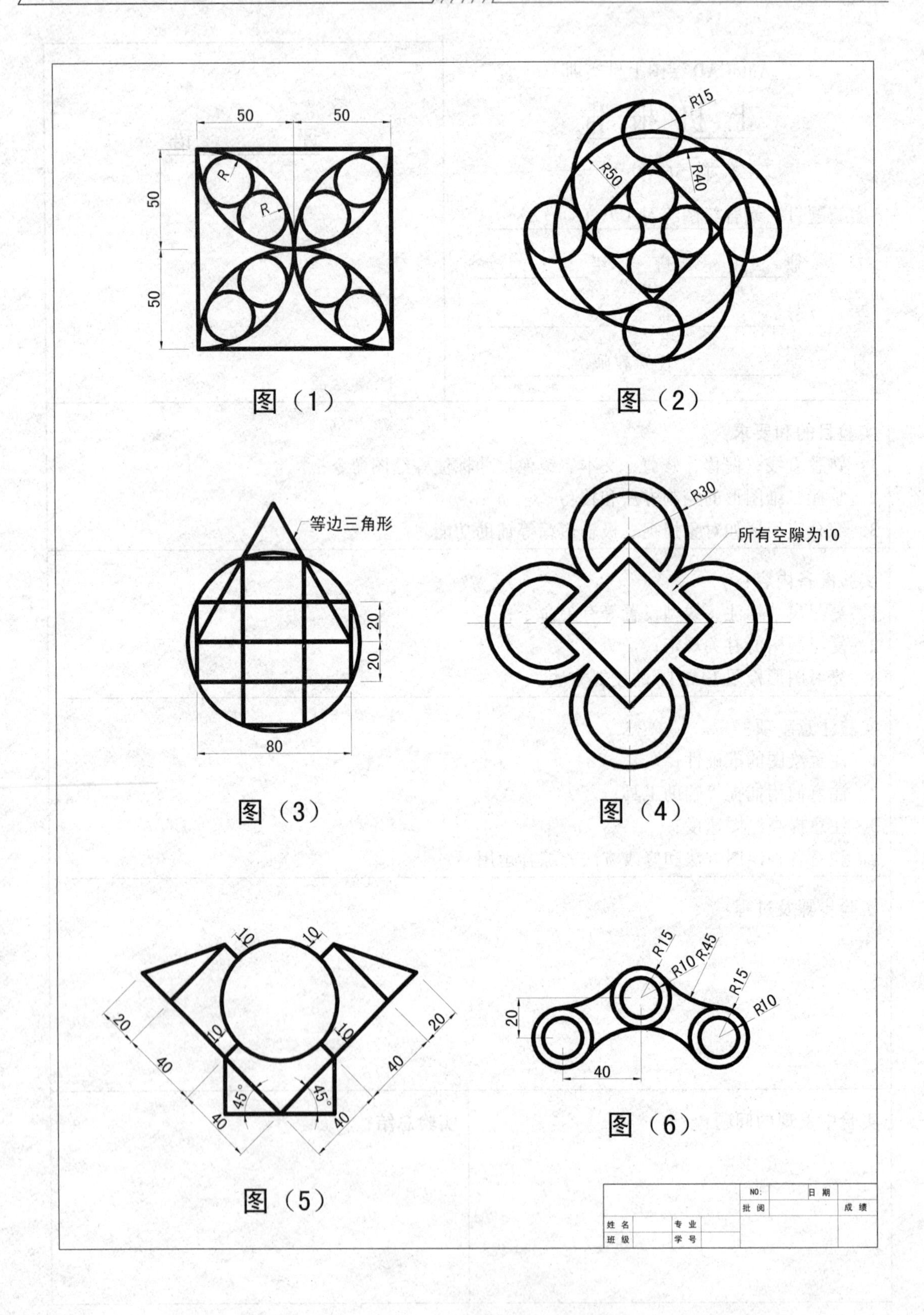
50
50
50
50
R
R
图（1）
R15
R50
R40
图（2）
等边三角形
20
20
80
图（3）
R30
所有空隙为10
图（4）
10
10
10
10
20
20
40
40
45°
45°
40
40
图（5）
R15
R10
R45
R15
R10
20
40
图（6）
NO:
日 期
批 阅
成 绩
姓 名
专 业
班 级
学 号

AutoCAD 绘图上机实训

上 机 报 告

（第 57 次）

实验题目 综合绘图练习（九）

专　　业＿＿＿＿＿ 班　　级＿＿＿＿＿

学　　号＿＿＿＿＿ 报 告 人＿＿＿＿＿

日　　期＿＿＿＿＿ 任课教师＿＿＿＿＿

评　　语

实验目的和要求：

1. 提高自我设计的能力；
2. 熟悉学习过的所有命令；
3. 掌握实例图形的绘制方法和技巧；
4. 综合应用对象捕捉、极轴、追踪的辅助功能。

实验准备内容：

1. 复习尺寸标注、线型设置等有关命令；
2. 复习相关制图的有关规定；
3. 复习图形极限 LIMITS 的设置方法。

实验注意事项：

1. 注意绘图的准确性；
2. 注意使用捕捉等辅助工具；
3. 注意提高绘图速度；
4. 注意各种绘图方法和修改方法的综合运用。

实验步骤及过程：

实验中发现的问题：

实验总结：

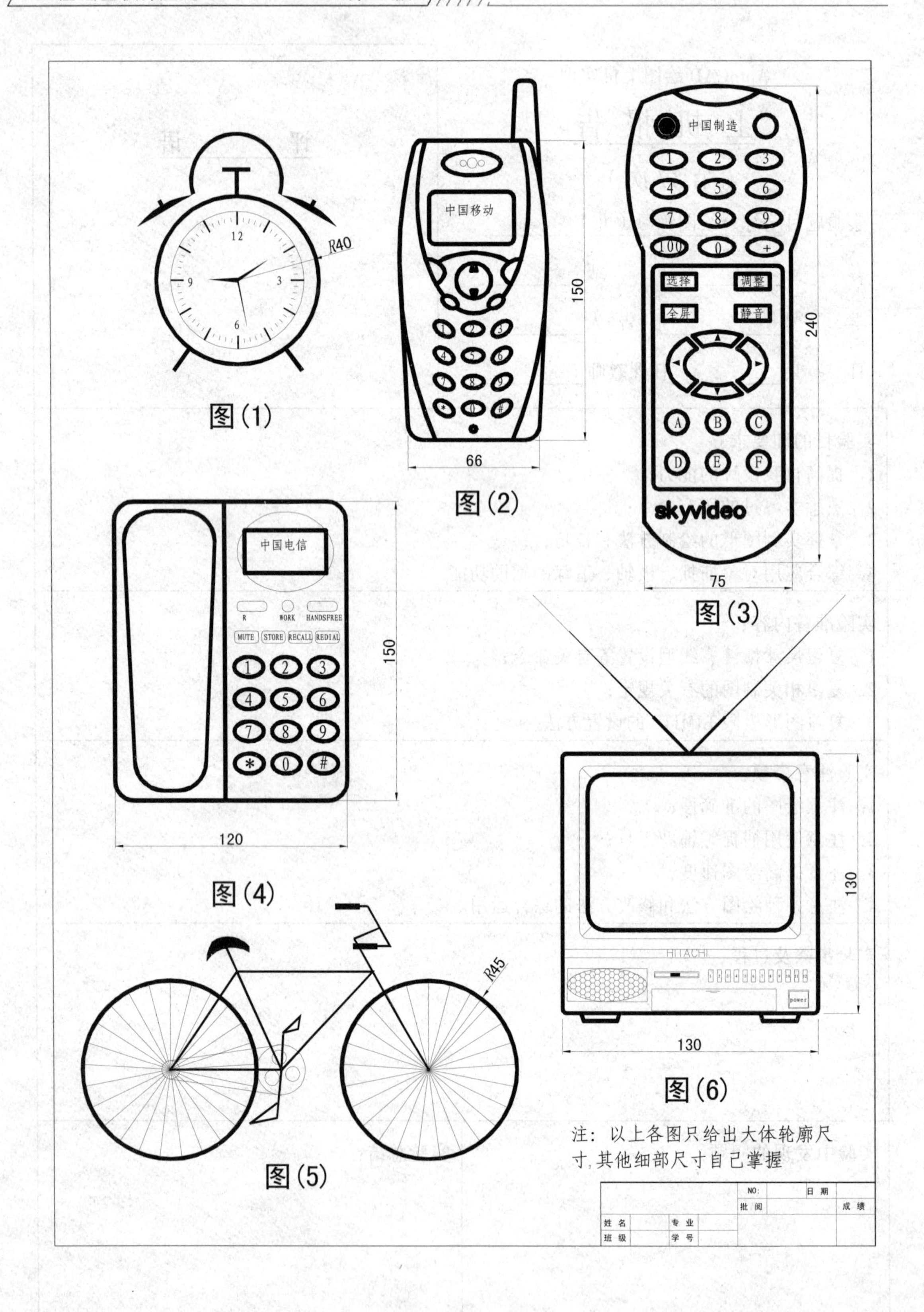

图（1）

图（2）

图（3）

图（4）

图（5）

图（6）

注：以上各图只给出大体轮廓尺寸，其他细部尺寸自己掌握

AutoCAD 绘图上机实训

上 机 报 告

（第 58 次）

实验题目 综合绘图练习（十）

专　　业＿＿＿＿＿ 班　　级＿＿＿＿＿

学　　号＿＿＿＿＿ 报 告 人＿＿＿＿＿

日　　期＿＿＿＿＿ 任课教师＿＿＿＿＿

评　　语

实验目的和要求：

1．掌握正等测轴测图形的绘制方法和技巧；

2．综合应用诸如对象捕捉、极轴、追踪的辅助功能；

3．掌握尺寸修改的方法。

实验准备内容：

1．复习尺寸标注、线型设置等有关命令；

2．复习正等测轴测图制图的有关规定；

3．复习图形极限 LIMITS 的设置方法。

实验注意事项：

1．注意绘图的准确性；

2．注意使用捕捉等辅助工具；

3．注意提高绘图速度；

4．注意各种绘图方法和修改方法的综合运用。

实验步骤及过程：

实验中发现的问题：

实验总结：

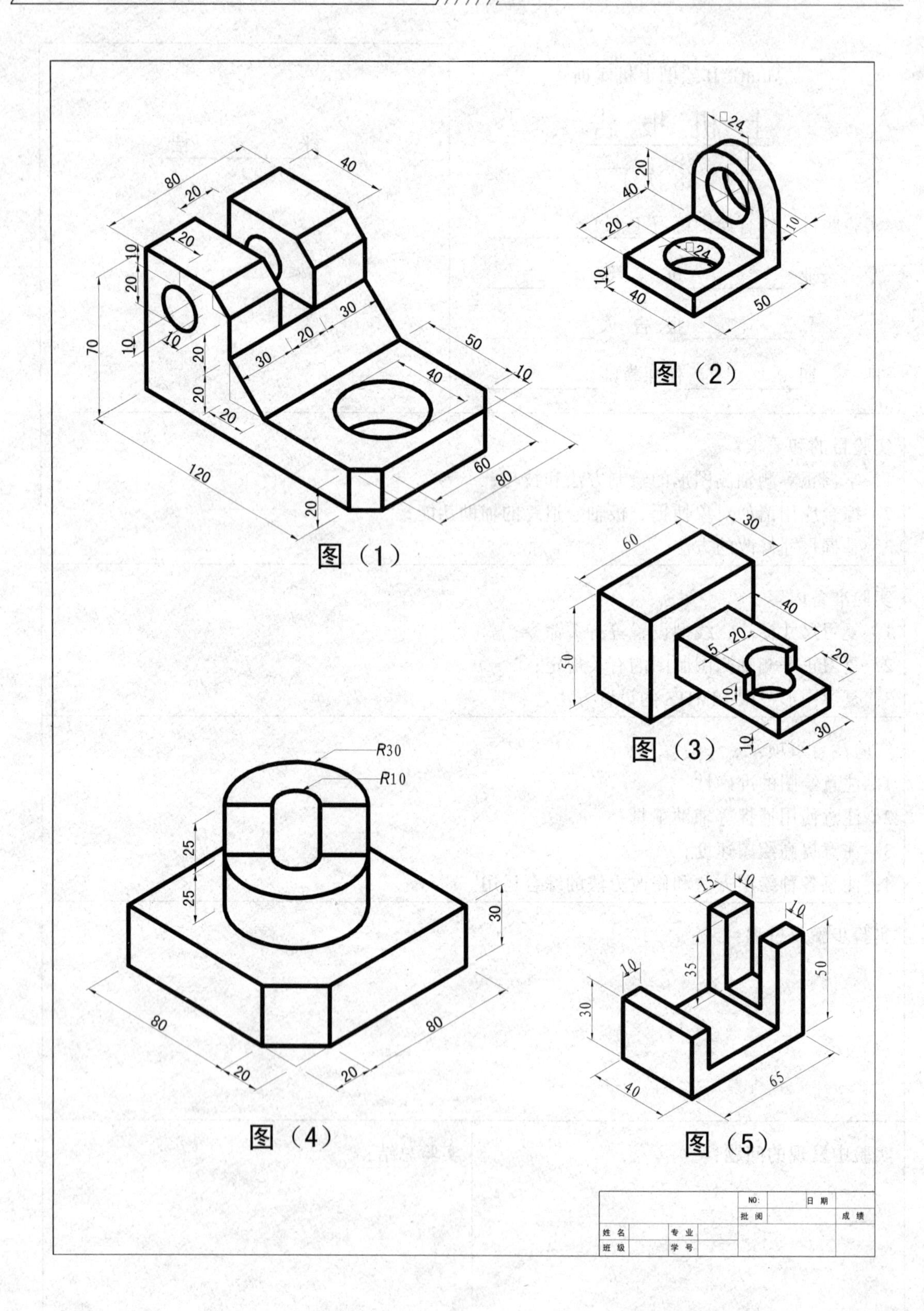

80
20
40
20
10
20
70
10
10
20
20
30
20
30
50
10
40
20
120
20
60
80
图（1）
□24
20
40
20
10
□24
10
40
50
图（2）
60
30
40
20
5
20
50
10
10
30
图（3）
R30
R10
25
25
30
80
80
20
20
图（4）
15
10
10
10
35
30
50
40
65
图（5）
NO:
日 期
批 阅
成 绩
姓 名
专 业
班 级
学 号

附录A AutoCAD常用命令、命令别名及命令功能一览表

命　　令	命令别名	实现的功能
3DARRAY:	3A	创建三维阵列
3DFACE:	3F	创建三维面
3DORBIT:	3DO	控制在三维空间中交互式查看对象
3DPOLY:	3P	在三维空间中使用“连续”线型创建由直线段组成的多段线
ADCENTER:	ADC	管理内容
ALIGN:	AL	在二维和三维空间中将某对象与其他对象对齐
APPLOAD:	AP	加载或卸载应用程序并指定启动时要加载的应用程序
ARC: 🕮	A	创建圆弧
AREA:	AA	计算对象或指定区域的面积和周长
ARRAY:	AR	创建指定方式排列的多重对象副本
ATTDEF:	ATT	创建属性定义
ATTEDIT:	ATE	改变属性信息
ATTEXT:	DDATTEXT	提取属性数据
BHATCH: 🕮	H、BH	使用图案填充封闭区域或选定对象
BLOCK: 🕮	B	根据选定对象创建块定义
BOUNDARY:	BO	从封闭区域创建面域或多段线
BREAK: 🕮	BR	部分删除对象或把对象分解为两部分
CHAMFER: 🕮	CHA	给对象的边加倒角
CHANGE:	-CH	修改现有对象的特性
CIRCLE: 🕮	C	创建圆形
COLOR: 🕮	COL	定义新对象的颜色
COPY: 🕮	CO、CP	复制对象
DBCONNECT:	AAD、AEX、ALI、ASQ、ARO、ASE、DBC	为外部数据库表提供 AutoCAD 接口
DDEDIT: 🕮	ED	编辑文字和属性定义
DDVPOINT:	VP	设置三维观察方向
DIMALIGNED:	DAL	创建对齐线性标注
DIMANGULAR:	DAN	创建角度标注

续表

命　　令	命令别名	实现的功能
DIMBASELINE:	DBA	从上一个或选定标注的基线处创建线性、角度或坐标标注
DIMCENTER:	DCE	创建圆和圆弧的圆心标记或中心线
DIMCONTINUE:	DCO	从上一个或选定标注的第二尺寸界线处创建线性、角度或坐标标注
DIMDIAMETER:	DDI	创建圆和圆弧的直径标注
DIMEDIT:	DED	编辑标注
DIMLINEAR:	DLI	创建线性尺寸标注
DIMORDINATE:	DOR	创建坐标点标注
DIMOVERRIDE:	DOV	替代标注系统变量
DIMRADIUS:	DRA	创建圆和圆弧的半径标注
DIMSTYLE: 🕮	D	创建或修改标注样式
DIMTEDIT:	DIMTED	移动和旋转标注文字
DIST:	DI	测量两点之间的距离和角度
DIVIDE: 🕮	DIV	将点对象或块沿对象的长度或周长等间隔排列
DONUT: 🕮	DO	绘制填充的圆和环
DRAWORDER:	DR	修改图像和其他对象的显示顺序
DSETTINGS:	DS、RM、SE	指定捕捉模式、栅格、极坐标和对象捕捉追踪的设置
DSVIEWER:	AV	打开“鸟瞰视图”窗口
DVIEW:	DV	定义平行投影或透视视图
ELLIPSE: 🕮	EL	创建椭圆或椭圆弧
ERASE: 🕮	E	从图形中删除对象
EXPLODE: 🕮	X	将组合对象分解为对象组件
EXPORT:	EXP	以其他文件格式保存对象
EXTEND: 🕮	EX	延伸对象到另一对象
EXTRUDE:	EXT	通过拉伸现有二维对象来创建三维原型
FILLET: 🕮	F	给对象的边加圆角
FILTER:	FI	创建可重复使用的过滤器以便根据特性选择对象
GROUP: 🕮	G	创建对象的命名选择集
HATCH:	H	用图案填充一块指定边界的区域
HATCHEDIT:	HE	修改现有的图案填充对象
HIDE:	HI	重生成三维模型时不显示隐藏线
IMAGE:	IM	管理图像
IMAGEADJUST:	IAD	控制选定图像的亮度、对比度和褪色度
IMAGEATTACH:	IAT	向当前图形中附着新的图像对象
IMAGECLIP:	ICL	为图像对象创建新剪裁边界
IMPORT:	IMP	向 AutoCAD 输入文件

续表

命　　令	命令别名	实现的功能
INSERT: 📖	I	将命名块或图形插入当前图形中
INTERFERE:	INF	用两个或多个三维实体的公用部分创建三维复合实体
INTERSECT:	IN	用两个或多个实体或面域的交集创建复合实体或面域并删除交集以外的部分
INSERTOBJ:	IO	插入链接或嵌入对象
LAYER: 📖	LA	管理图层和图层特性
-LAYOUT:	LO	创建新布局，重命名、复制、保存或删除现有布局
LEADER:	LEAD	创建一条引线将注释与一个几何特征相连
LENGTHEN:	LEN	拉长对象
LINE: 📖	L	创建直线段
LINETYPE: 📖	LT	创建、加载和设置线型
LIST:	LI、LS	显示选定对象的数据库信息
LTSCALE: 📖	LTS	设置线型比例因子
LWEIGHT:	LW	设定当前线宽、线宽显示选项和线宽的单位
MATCHPROP:	MA	设置当前线宽、线宽显示选项和线宽单位
MEASURE:	ME	将点对象或块按指定的间距放置
MIRROR: 📖	MI	创建对象的镜像副本
MLINE: 📖	ML	创建多重平行线
MOVE: 📖	M	在指定方向上按指定距离移动对象
MSPACE:	MS	从图纸空间切换到模型空间视口
MTEXT: 📖	T、MT	创建多行文字
MVIEW:	MV	创建浮动视口和打开现有浮动视口
OFFSET: 📖	O	创建同心圆、平行线和平行曲线
OPTIONS:	GR、OP、PR	自定义 AutoCAD 设置
OSNAP: 📖	OS	设置对象捕捉模式
PAN: 📖	P	移动当前视口中显示的图形
PASTESPEC:	PA	插入剪贴板数据并控制数据格式
PEDIT: 📖	PE	编辑多段线和三维多边形网格
PLINE: 📖	PL	创建二维多段线
PRINT :	PLOT	将图形打印到打印设备或文件
POINT: 📖	PO	创建点对象
POLYGON: 📖	POL	创建闭合的等边多段线
PREVIEW:	PRE	显示打印图形的效果
PROPERTIES:	CH、MO	控制现有对象的特性
PROPERTIESCLOSE:	PRCLOSE	关闭“特性”窗口
PSPACE:	PS	从模型空间视口切换到图纸空间

续表

命　　令	命令别名	实现的功能
PURGE：	PU	删除图形数据库中没有使用的命名对象，例如块或图层
QLEADER：	LE	快速创建引线和引线注释
QUIT：🕮	EXIT	退出 AutoCAD
RECTANG：🕮	REC	绘制矩形多段线
REDRAW：🕮	R	刷新显示当前视口
REDRAWALL：	RA	刷新显示所有视口
REGEN：	RE	重生成图形并刷新显示当前视口
REGENALL：	REA	重新生成图形并刷新所有视口
REGION：	REG	从现有对象的选择集中创建面域对象
RENAME：	REN	修改对象名
RENDER：	RR	创建三维线框或实体模型的具有真实感的渲染图像
REVOLVE：	REV	绕轴旋转二维对象以创建实体
RPREF：	RPR	设置渲染系统配置
ROTATE：🕮	RO	绕基点移动对象
SCALE：🕮	SC	在 X、Y 和 Z 方向等比例放大或缩小对象
SCRIPT：	SCR	用脚本文件执行一系列命令
SECTION：	SEC	用剖切平面和实体截交创建面域
SETVAR：	SET	列出系统变量并修改变量值
SLICE：	SL	用平面剖切一组实体
SNAP：🕮	SN	规定光标按指定的间距移动
SOLID：🕮	SO	创建二维填充多边形
SPELL：	SP	检查图形中文字的拼写
SPLINE：🕮	SPL	创建二次或三次（NURBS）样条曲线
SPLINEDIT：🕮	SPE	编辑样条曲线对象
STRETCH：🕮	S	移动或拉伸对象
STYLE：🕮	ST	创建或修改已命名的文字样式以及设置图形中文字的当前样式
SUBTRACT：	SU	用差集创建组合面域或实体
TABLET：	TA	校准、配置、打开和关闭已安装的数字化仪
THICKNESS：	TH	设置当前三维实体的厚度
TILEMODE：	TI、TM	使“模型”选项卡或最后一个布局选项卡当前化
TOLERANCE：	TOL	创建形位公差标注
TOOLBAR：	TO	显示、隐藏和自定义工具栏
TORUS：🕮	TOR	创建圆环形实体
TRIM：🕮	TR	用其他对象定义的剪切边修剪对象
UNION：	UNI	通过并运算创建组合面域或实体

续表

命　　令	命令别名	实现的功能
UNITS：📖	UN	设置坐标和角度的显示格式和精度
VIEW：📖	V	保存和恢复已命名的视图
VPOINT：	-VP	设置图形的三维直观图的查看方向
WBLOCK：📖	W	将块对象写入新图形文件
WEDGE：	WE	创建三维实体使其倾斜面尖端沿 X 轴正向
XATTACH：	XA	将外部参照附着到当前图形中
XBIND：	XB	将外部参照依赖符号绑定到图形中
XCLIP：	XC	定义外部参照或块剪裁边界，并且设置前剪裁面和后剪裁面
XLINE：📖	XL	创建无限长的直线（即参照线）
XREF：	XR	控制图形中的外部参照
ZOOM：📖	Z	放大或缩小当前视口对象的外观尺寸

注：表中带有📖符号的命令是常用命令，要求必须掌握。

附录B 各章习题参考答案

第1章

一、单选题

1. A　2. B　3. A　4. A　5. A　6. C
7. C　8. D　9. A　10. C

二、多选题

1. ABCD　2. ABD　3. ABC　4. ABD　5. ABCD　6. AC

第2章

一、单选题

1. C　2. D　3. C　4. C　5. D　6. B
7. C　8. C　9. B　10. D

二、多选题

1. ACD　2. ABCD　3. AD　4. ABC　5. ABCDEF

第3章

一、单选题

1. C　2. D　3. D　4. A　5. B　6. C
7. B　8. D　9. B　10. D

二、多选题

1. BCD　2. CD　3. ABD　4. BCD　5. ABCD

第4章

一、单选题

1. D　2. B　3. C　4. B　5. A　6. C
7. D　8. D　9. D　10. B

二、多选题

1. ABC　2. ABC　3. ABC　4. AB　5. ABCD

第5章

一、单选题

1．A　2．A　3．C　4．A　5．A　6．B
7．A　8．A　9．D　10．C

二、多选题

1．ABC　2．ABC　3．BCD　4．BD　5．ACD

第6章

一、单选题

1．B　2．D　3．D　4．A　5．B　6．C
7．A　8．D　9．B　10．B

二、多选题

1．ABCD　2．AB　3．ABC　4．ABCD　5．BD

参 考 文 献

[1] 张跃峰. AutoCAD 2002 入门与提高[M]. 北京：清华大学出版社，2002.

[2] 刘欲晓. AutoCAD 2007 中文版实训教程[M]. 北京：电子工业出版社，2007.

[3] 王茹. AutoCAD 计算机辅助设计：土木工程类[M]. 北京：人民邮电出版社，2008.

[4] 史宇宏. 边学边用 AutoCAD 建筑设计[M]. 北京：人民邮电出版社，2008.

[5] 陈志民. AutoCAD 2010 机械绘图实例教程[M]. 北京：机械工业出版社，2009.

[6] 陈志民. AutoCAD 2010 中文版实教程[M]. 北京：机械工业出版社，2009.